扬子陆块及周缘地质矿产调查工程丛书

钦杭成矿带(西段)铜金多金属矿成矿规律与成矿预测

徐德明　张　鲲　胡　军
蔺志永　王　磊　胡俊良　等　著

科学出版社
北　京

内 容 简 介

本书系统总结钦杭成矿带（西段）区域成矿地质背景，并对华南大地构造格局及其演化、钦杭结合带的边界和范围等有关区域成矿背景问题进行探讨；选择不同类型的代表性矿床，详细介绍其成矿地质背景、矿床地质特征，分析矿床成因，建立成矿模式和找矿模型；归纳总结工作区的铜铅锌金多金属矿的成矿控制因素，划分成矿系列，总结矿床时空分布规律，并在此基础上划分找矿远景区，明确各找矿远景区的重点找矿方向和目标；应用GIS技术，以矿床模型综合地质信息预测方法体系为主要方法，开展数字成矿预测，在区内共圈定出综合预测区202个，并优选出19个找矿远景区，明确主攻矿种和矿床类型，预测资源量。

本书可供各级地矿行政管理部门、地勘单位和地质科技人员参考。

审图号：GS（2018）5970号

图书在版编目（CIP）数据

钦杭成矿带（西段）铜金多金属矿成矿规律与成矿预测/徐德明等著．—北京：科学出版社，2018.11

（扬子陆块及周缘地质矿产调查工程丛书）

ISBN 978-7-03-059852-3

Ⅰ．①钦…　Ⅱ．①徐…　Ⅲ．①多金属矿床-成矿规律　②多金属矿床-成矿预测　Ⅳ．①TD163

中国版本图书馆CIP数据核字（2017）第265657号

责任编辑：杨光华　何　念 / 责任校对：董艳辉

责任印制：彭　超 / 封面设计：耕者设计工作室

科学出版社 出版

北京东黄城根北街16号

邮政编码：100717

http://www.sciencep.com

武汉精一佳印刷有限公司印刷

科学出版社发行　各地新华书店经销

*

开本：787×1092　1/16

2018年11月第　一　版　印张：17 1/4

2018年11月第一次印刷　字数：406 000

定价：198.00元

《扬子陆块及周缘地质矿产调查工程丛书》

编　委　会

前　言

本书是中国地质调查局地质矿产调查评价专项计划项目“钦杭成矿带地质矿产调查（西段）”所设工作项目“钦杭成矿带（西段）重要金属矿床成矿规律及找矿方向研究”（项目编号：1212011085405）和“钦杭成矿带西段资源远景调查评价”（项目编号：12120113067200）的成果总结。两个项目的起止时间分别为2010年1月至2012年12月、2013年1月至2015年12月，均由中国地质调查局武汉地质调查中心承担。

项目的主要目标任务是查明钦杭结合带（西段）形成和演化过程中的重大地质事件及其与成矿的耦合关系，总结区域成矿规律，建立典型铜金多金属矿床的成矿模式和找矿模型，对区内寻找大型-超大型铜金多金属矿床的远景做出评价，就钦杭成矿带（西段）地质矿产调查下一步工作的部署提出建议。

本书成果建立在对区内60余个矿床现场调查及大量岩石学、地球化学、同位素地球化学、同位素年代学和流体包裹体地球化学研究的基础上，较好地完成了调查项目工作任务，达到了预期目标，其主要成果可概括如下。

（1）在总结钦杭成矿带（西段）地质工作成果的基础上，编制了第一代钦杭成矿带西段1∶100万地质图、地质矿产图、构造纲要图、岩浆岩图等基础系列图件，建立了矿产地数据库、地质图数据库等基础数据库，为实现矿产资源评价的定量化、数字化奠定了基础，也为矿产资源调查评价下一步工作部署提供了科学依据。

（2）在综合分析已有资料的基础上，探讨了华南大地构造格局及其演化，论证了钦杭成矿带的边界和范围，首次将钦杭成矿带作为与扬子地块和华夏地块并列的一级大地构造单元来审视，并对其内部构造单元进行了划分，初步划分出5个二级构造单元、15个三级构造单元。

（3）通过岩石大地构造学研究，结合区域构造和沉积大地构造的分析，提出华南早中生代构造体制的转换发生在中—晚三叠世，而非前人所认为的发生在中—晚侏罗世，其以晚三叠世碱性花岗岩（A型花岗岩）和基性岩的出现、北东向扩张盆地开始发育及晚三叠世较普遍的火山活动和晚三叠世地层与先期地层之间广泛的不整合为标志。

（4）根据成矿物质来源、主导成矿作用的不同，将区内铜铅锌金多金属矿床划分为以岩浆源为主的岩浆热液型（岩控型）、以矿源层来源为主的沉积-改造型（层控型）和主要受构造作用控制的多源热液型矿床三大类；并从找矿实践出发，综合考虑矿体产出特征、成矿地质条件、成矿作用性质、成矿方式等方面的差异，进一步分为斑岩型、夕卡岩型、热液脉型、沉积-热水改造型、沉积-热液改造型、韧性剪切带型、构造蚀变岩型7种类型。

（5）选择不同类型的代表性矿床进行了详细解剖，在详细分析成矿区域地质背景、地质条件和矿床地质特征的基础上，结合地球化学、同位素示踪和同位素年代学研究，探讨了矿床成因,建立了成矿模式,归纳了找矿标志。

(6) 根据铜铅锌金多金属矿床的成因组合、形成构造环境及其随地质历史演化的特点,将钦杭成矿带主要金属矿床划分为7个成矿系列:中—新元古代海底喷流沉积型铜多金属矿床成矿系列、新元古代海相沉积-变质型铁锰矿床成矿系列、古生代海相沉积-叠生改造型铜铅锌矿床成矿系列、加里东期与花岗岩类有关的钨钼金银多金属矿床成矿系列、印支期与花岗岩类有关的钨锡铌钽铀多金属矿床成矿系列、燕山期与花岗岩类有关的铜铅锌金钨锡多金属矿床成矿系列和与区域动力变质热液作用有关的金银矿床成矿系列,并对各系列矿床地质特征、产出环境和时空分布规律进行了归纳和总结。

(7) 采用SHRIMP锆石U-Pb、LA-ICP-MS锆石U-Pb、石英流体包裹体Rb-Sr、辉钼矿Re-Os、矿物(萤石、石榴子石)Sm-Nd等方法,获得一批高精度的成岩、成矿年龄数据,结合近年来所获得的大量数据的统计分析,认为区内与花岗岩有关的矿床成矿时代主要集中在800～717 Ma、440～410 Ma、230～210 Ma、170～90 Ma,分别对应于晋宁期、加里东期、印支期和燕山期,其中燕山期可进一步分为170～150 Ma、130～120 Ma和110～90 Ma三个年龄段,并在此基础上提出如下新的认识:①钦杭成矿带在从板块边缘到陆内活动带漫长而复杂的发展演化过程中,每一次大的构造变动事件都孕育了各种不同类型的矿床,是华南地区最重要的聚矿场所。②与花岗岩有关的成矿作用通常伴随着某一次构造变动事件中较晚期的岩浆侵入活动。例如,加里东期成矿花岗岩形成于志留纪,而奥陶纪花岗岩一般不成矿;印支期成矿花岗岩形成于晚三叠世,而早—中三叠世花岗岩一般不成矿,燕山期成矿岩体通常是较晚期(次)的细粒侵入体。③华南地区印支期花岗岩的规模和成矿价值可能超出了人们以往的认识,华南中生代大规模成矿作用可能在印支晚期就已拉开了序幕,晚三叠世是华南地区中生代大规模成矿的第一个高峰期,其规模仅次于中—晚侏罗世(170～150 Ma)。

(8) 在分析已有资料、建立预测模型、提取预测要素信息的基础上,开展了数字成矿预测,在区内共圈定出综合预测区202个(其中A级89个,B级75个,C级38个),并优选出19个找矿远景区,明确了主攻矿种和主攻矿床类型,预测了资源量。

本书研究工作自始至终得到中国地质调查局资源评价部和总工程师室、中南地区项目管理办公室、武汉地质调查中心各部门领导的关心与支持;资料收集和项目调研得到中南五省(区)国土资源厅和地质矿产勘查开发局,湖南省有色地质勘查局,广东省有色金属地质局及其所属院、队的支持和协助,前期还得到华东五省(江西、安徽、浙江、江苏、福建)地质调查(研究)院的支持;本书中所涉及矿区生产单位的领导和技术专家为项目组矿山考察提供了便利和帮助;工作过程中与"钦杭成矿带地质矿产调查(西段)"各工作项目的技术人员进行了有益的交流与讨论;样品测试得到中国地质大学(武汉)地质过程与矿产资源国家重点实验室、西北大学大陆动力学国家重点实验室、国土资源部武汉矿产资源监督检测中心、中国地质科学院国家地质实验测试中心等单位的支持。在此一并表示衷心的感谢!

本书是项目组成员集体劳动的成果,各章节分别由徐德明、张鲲、胡军、蔺志永、王磊、胡俊良、王晶、卢友月、周岱、龙文国、罗士新、陈希清执笔完成,最后由徐德明统改和定稿。

黄圭成研究员、丁丽雪助理研究员、黄皓工程师参加了项目前期工作;研究生赵朝霞、刘昱恒参加了部分野外调查及资料整理工作。本书中引用了大量前人资料,我们尽可能注明出处,但由于所引用的文献资料较多,难免有所遗漏,敬请有关单位和作者见谅。

尽管本书对钦杭成矿带区域地质背景和区域成矿规律的研究取得了不少进展,也提出了一些新的认识,但由于钦杭成矿带的研究总体上起步较晚,毋庸置疑仍有一些重大基础地质问题和制约找矿突破的关键科学问题需进一步探索,加之我们研究水平有限,书中也难免有疏漏和不妥之处,敬请同行专家批评指正。

作　者

2017 年 10 月

目 录

第0章 绪 论

钦杭成矿带在大地构造上属于扬子和华夏两个古陆块于新元古代早期碰撞拼接所形成的古板块结合带，称为“钦杭结合带”(杨明桂和梅勇文，1997)。该结合带南西起广西钦州湾，经湘东和赣中，往北东延伸至浙江杭州湾，总体呈北东—北北东向反S状弧形蜿蜒于中国东南部，全长约2 000 km，宽100～300 km。本书所指的钦杭成矿带包括钦杭结合带及在构造上与其有密切联系的邻侧部分，但研究范围主要涉及钦杭成矿带(西段)，并延伸到海南岛，行政区划隶属于湖南、广西、广东、海南四省(区)，面积约30万 km^2(图0.1)。

研究区地质工作历史悠久。早在中华人民共和国成立之前，一批先辈地质学家就先后到本区进行过地质矿产考察和研究。中华人民共和国成立后，本区地质矿产工作有了突飞猛进的发展，开展了大量的区调、物探、化探、遥感、矿产勘查及科研工作，取得了丰硕的找矿成果，积累了丰富的地质矿产勘查资料，是国内基础地质调查、矿产勘查和地质科学研究程度较高的地区之一。

20世纪50年代以来，地矿、有色、冶金、核工业、煤炭、武警黄金等地勘单位在区内开展了不同程度的矿产勘查工作。据不完全统计，1999年国土资源大调查以前，全区已探明大型、中型矿床184处，其中包括资源量位居世界第一的锡矿山锑矿，亚洲第一的云浮硫铁矿，国内最大的富铁矿——石碌铁矿，以及七宝山、黄金洞、水口山、黄沙坪、柿竹园、珊瑚、佛子冲、河台、石菉等一大批享誉国内外的大型、超大型的有色金属、贵金属矿床。

1999年以来，又新发现和评价了湖南的芙蓉、荷花坪、锡田、大新、留书塘，广西的盘龙、社垌、三叉冲、思委，广东的园珠顶、高枨、大金山、黄泥坑，海南的新村、抱朗等大型、中型矿床近30处。此外，危机矿山接替资源勘查在一批老矿山深部及外围也实现了找矿重大突破，资源量显著增加。例如，湘东北黄金洞矿区新增资源量金11.52吨；湘南黄沙坪矿区深部发现特大型钨钼多金属矿体，新增资源量三氧化钨13.07万吨、钼3.70万吨、铋4.06万吨、锡12.93万吨、铅+锌59.92万吨、铜4.36万吨、铁矿石4 189万吨；湘南水口山矿区新发现厚层夕卡岩型铜硫矿体和铁铜矿体，新增资源量铜22.23万吨、磁铁矿石1 334万吨；桂东北珊瑚矿区新增资源量三氧化钨11.00万吨、锡2.80万吨、铜1.10万吨、锌1.30万吨、银139吨；桂东南佛子冲矿区新发现矿体40余个，新增资源量铅+锌14.37万吨、银126.62吨；海南石碌矿区新增资源量铁矿石2060万吨、钴矿石130万吨、铜矿石159万吨。充分显示出该成矿带仍有巨大的找矿潜力，尤其是金、铜、铅、锌、锡、铁等矿产找矿前景良好。

研究区地质科研工作起步较早，20世纪初，丁文江、李四光、田崎隽、谢家荣、黄汲清等先辈地质学家就先后来到本区进行了开创性的地质调查研究工作，代表性成果见 *The Geology of China*(Lee，1939)、《南岭何在》(李四光，1943)、*Geology of the Hsinghualing tin deposits Ling wu，Hunan*(Meng and Chang，1935)、《中国主要地质构造单位》(黄汲清，1945)等。

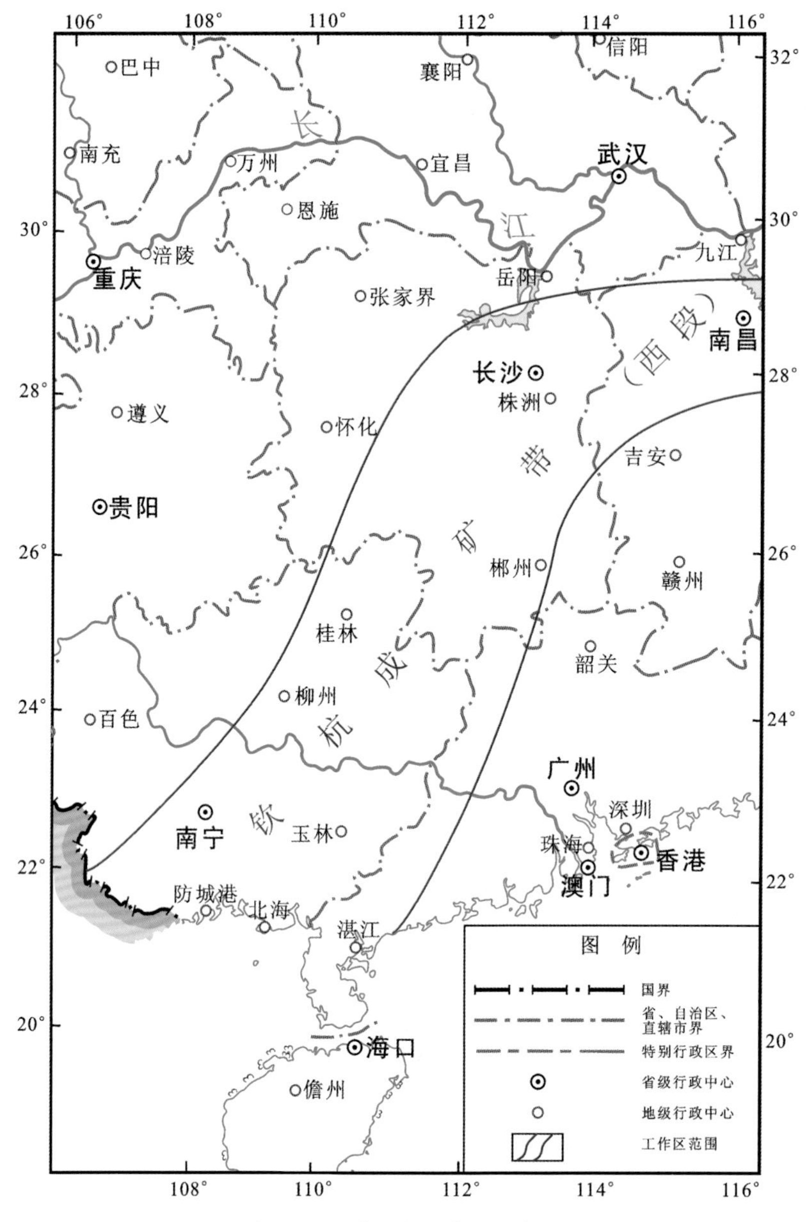

图 0.1　工作区交通位置示意图

1949 年以后,为配合地质勘查工作的进行,有关科研院校及地勘单位在该区开展了多轮专题研究,取得了一批在国内外有重要影响的成果。“六五”期间国家科技攻关项目“南岭地区有色稀有金属矿床的控矿条件、成矿机理、分布规律及成矿预测研究”(项目编号:24-5-21)对区域控岩控矿构造、花岗岩类型及其与成矿的关系、稀有多金属矿床与成矿系列等问题进行了研究;“七五”期间国家重点科技攻关项目“湘桂粤赣地区有色金属隐伏矿床综合预测”(项目编号:75-55-01-05)对板块构造体制、成矿地质环境和区域成矿规律进行了总结，提出了“活动性边缘成矿”和“古水热活动区”成矿的观点；“八五”期间地质矿产部科技攻关项目“武夷-云开典型成矿区成矿地质条件及成矿预测研究”(项目编号:85-01-007)分析了区内有色金属、稀有金属、贵金属成矿地球动力学背景，突出了成矿预测的研究；“九五”期间国土资源部科技攻关项目“云开地区重要成矿区带金、银、铜、铅、锌成矿地质背景及靶区优选研究”(项目编号:95-02-007)建立了各种类型矿床的找矿模式，提出中生代成矿动力主要源自岩石圈演化过程中自身热流值的增高，从而导致板内岩石圈的构造转换及岩浆大规模侵位和成矿作用的集中发生。

1999年国土资源大调查以来，武汉地质调查中心承担的“华南成矿区成矿规律和找矿方向综合研究”(项目编号:200110200026)，提出华南不同时期块体拼合带控制矿化集中区向东南方向迁移，区域岩浆-成矿作用演化与大陆生长密切相关，区域壳幔构造-地球化学格架控制矿集区等认识；“南岭地区锡矿成矿规律研究”和“南岭地区锡矿选区评价与成果集成”，提出地幔上隆、岩石圈减薄引起的玄武岩岩浆底侵作用是华南内陆燕山期花岗岩和成矿大爆发的诱因，地幔流体对锡多金属矿的形成起了重要作用。此外，1979～1982年，湖南、广西、广东等省(区)分别开展了以钨、锡、铜、铀、铅、锌为主的首轮区划工作；1992～1994年，又分别完成了金、银、铅、锌、铜、锑、稀有金属、稀土等矿种的第二轮远景区划；2002～2003年，以蒋中和为组长的科研小组开展了南岭地区矿产资源调查评价重点选区研究，为南岭及其相邻地区地质矿产调查工作部署提供了依据；2006～2013年，以潘仲芳为组长的科研小组开展了中南地区矿产资源潜力评价，为中南地区矿产勘查规划和工作部署奠定了扎实的基础，也为本书的研究提供了重要的基础地质资料。

第1章　钦杭成矿带(西段)区域地质背景

1.1　区域地层

研究区地层分布广泛，自古—中元古代的各时代地层发育较齐全，沉积类型复杂，早古生代及其之前地层以活动型沉积为主，泥盆纪及其以后地层属浅海或陆相稳定型沉积。

1.1.1　前南华系

前南华纪地层主要分布于钦杭结合带两侧的加里东期基底隆起区。区域上，前南华系与上覆南华系呈微角度不整合或平行不整合接触。其中，古—中元古代地层分布零星，主要出露于湘东北、云开、海南岛等地区，包括湘东北的仓溪岩群、云开地区的天堂山岩群和海南岛的抱板群；新元古代早期青白口纪地层分布较广，包括湖南境内的冷家溪群和板溪群、广西境内的四堡群和丹洲群、云开地区的云开群及海南境内的石碌群。板溪群和丹洲群具有不同的岩相和建造类型，可以划分出同期异相的高涧群(湘中)、大江边组(湘南)和鹰阳关群(桂东北)等。

仓溪岩群出露于湘东北浏阳市文家市镇北西清江水库—尤家湾一带和文家市镇南东仓溪一带，为一套绿片岩相变质的沉积-火山碎屑岩及基性、中酸性浅成侵入岩构成的构造杂岩，湖南省地质调查院(2003，2000)根据 Sm-Nd 同位素年龄将其时代归于新太古代—古元古代，但高林志等(2011)获得变质火山岩(绿泥绢云母长英微晶片岩)的锆石 SHRIMP U-Pb年龄为(855±5) Ma，属新元古代。可见仓溪岩群的时代归属还有待于进一步确认，但此套变质构造杂岩应老于冷家溪群，本书暂将其归入古—中元古代。

抱板群零星出露于海南岛九所—陵水断裂带以北的抱板、大蟹岭、冲卒岭、上安和黄竹岭等地。自下而上可划分为戈枕村组和峨文岭组。下部戈枕村组主要为一套片麻岩，以斜长片麻岩为主夹少量黑云斜长变粒岩及麻粒岩，岩石混合岩化强烈，变质程度为高角闪岩相-麻粒岩相；上部峨文岭组以各类片岩为主，其次为石英岩、变粒岩，变质程度为低角闪岩相。抱板群中斜长片麻岩锆石U-Pb一致曲线上交点年龄为(1 824±77) Ma(马大铨 等，1998)，斜长角闪岩全岩 Sm-Nd 等时线年龄为(1 700±20) Ma(梁新权，1995)，而侵入于抱板群的片麻状花岗岩的结晶年龄为 1 379～1 456 Ma(Li et al.，2002；马大铨 等，1998；梁新权，1995；丁式江，1995)。因此，抱板群的形成时代可能为长城纪。它是金的主要赋矿层位。

天堂山岩群分布于桂东南博白三滩—容县杨梅—岑溪筋竹一线之东南侧,以及粤西信宜—高州一带及阳春、茂名等地,总体分别环绕天堂山和云雾山展布。主要由长英质片麻岩、黑云斜长变粒岩、长石石英岩、云母石英片岩及少量大理岩、石榴辉石岩等组成。岩石变质程度普遍为角闪岩相,局部为麻粒岩相。覃小锋等(2006)获得石榴辉石岩的锆石SHRIMP U-Pb年龄为(1 894±17) Ma和(1 847±59) Ma,属古元古代,认为代表天堂山岩群的形成时代;但王磊等(2015)获得黑云斜长变粒岩和黑云斜长片麻岩的锆石SHRIMP U-Pb年龄分别为(970±30) Ma和(970±32) Ma,属中—新元古代,可能代表了一次后期岩浆活动。

冷家溪群主要分布于湘东地区,湘中及湘西地区有零星分布,指伏于武陵运动不整合面之下的一套绢云母板岩、条带状板岩、粉砂质板岩与岩屑杂砂岩、凝灰质砂岩组成的具复理石韵律特征的浅变质岩系,局部地段夹有变基性-酸性火山岩。冷家溪群上部凝灰岩的锆石 SHRIMP U-Pb年龄为(822±10) Ma(高林志 等,2011),属青白口纪早期,为金的重要赋矿层位。

四堡群分布于桂北九万大山地区,其下部(鱼西组)主要为薄层变质砂岩、粉砂岩、钙质砂岩、长石石英砂岩及绢云母板岩,局部地区夹有条带状凝灰岩;中部(文通组)为变质砂岩、粉砂岩和板岩,夹细碧角斑岩、熔凝灰岩、火山角砾岩;下部(九小组)主要为变质砂岩、变粒岩、千枚岩、板岩、片岩。四堡群凝灰岩的锆石 SHRIMP U-Pb年龄为(841.7±5.9) Ma(高林志 等,2010),属青白口纪早期,与冷家溪层位相当,为金、铜重要赋矿层位。

云开群广泛分布于云开大山地区,主要由绢云母石英千枚岩、云母(石英)片岩、云母(长石)石英岩、大理岩和少量钙硅酸盐岩、变质火山岩等组成,其原岩为一套类复理石-复理石夹火山岩建造。岩石变质程度多为绿片岩相,局部为低角闪岩相。张志兰等(1998)采用单颗粒锆石分层蒸发法对云开群罗罅组中的英安斑岩进行了年龄测定,获得高温锆石和低温锆石的结晶年龄分别为 940～922 Ma 和 617～473 Ma,认为前者代表变质火山岩的形成年龄;劳秋元等(1997)采用^{40}Ar-^{39}Ar 阶段加热法对牛坳组底部硅质岩进行同位素定年,获得两个坪年龄分别为(872.8±8.6) Ma 和(447.4±2.2) Ma,认为前者代表其沉积时代;Zhang 等(2012a)获得石窝斜长角闪岩和茶山变基性岩的 SHRIMP U-Pb年龄分别为(997±21) Ma 和(978±19) Ma。因此,云开群的形成时代应为青白口纪。但近年来,在云开群中还获得了一些新元古代晚期的锆石年龄信息(王磊 等,2015;龙文国 等,2013;Wan et al.,2010),其地质意义还有待进一步明确。

石碌群分布于琼西石碌矿区,上部主要为白云质结晶灰岩、白云岩、碳质板岩夹透辉石、透闪石岩及磁铁矿、赤铁矿层,中部主要绢云母石英片岩、石英绢云母片岩、石英岩,下部以石英片及石英岩为主,夹透辉石透闪石岩及少量石英绢云母片岩。石碌矿区透辉石透闪石岩中锆石 SHRIMP U-Pb 年龄变化于(1333±115)～(894±25) Ma(许德如 等,2007),致密块状铁矿石 Sm-Nd 等时线年龄为(841±20) Ma(张仁杰 等,1992),属青白口纪早期,为铁、铜、钴赋矿层位。

板溪群分布于湖南芷江—溆浦—双峰—衡山一线以北的广大地区,由浅变质砾岩、砂岩、板岩、层凝灰岩及碳酸盐岩、碳质板岩等组成,局部有海底喷溢的基性和中酸性火山岩,可见铜矿化或夹含铜板岩,与下伏冷家溪群呈角度不整合接触。在湘中黔阳—双峰—衡阳一带,与板溪群层位相当的地层称高涧群,由浅变质砂岩、层凝灰岩、板岩组成,下部夹碳质板岩、碳酸盐岩,局部有海底喷溢的中酸性熔岩,具弱铜矿化,与下伏冷家溪群呈平行不整合或微角度不整合接触;在零陵—耒阳一线以南的湘东南地区,板溪期沉积为一套条带状含碳质板岩、含白云质碳质板岩夹细晶白云质大理岩,未见底,称大江边组。湖南省临湘市陆城板溪群张家湾组凝灰岩锆石 SHRIMP U-Pb年龄为(802±7.6) Ma(高林志等,2011),属青白口纪晚期。

丹洲群分布于桂北九万大山—越城岭一带,中部、下部主要由变质砾岩、含砾砂岩、泥质粉砂岩、长石石英砂岩及砂质板岩、绢云母(石英)千枚岩、云母石英片岩、钙质片岩、条带状大理岩等组成,局部磷块岩结核,上部为含碳千枚岩夹层状基性-超基性岩及细碧角斑岩。丹洲群合桐组和拱洞组凝灰岩的锆石 SHRIMP U-Pb年龄分别为(801±3) Ma 和(786±6) Ma(高林志 等,2013);LA-ICP-MS 锆石 U-Pb 年龄分别为(801±4) Ma 和(781±5) Ma(崔晓庄 等,2016)。出露于桂东北—粤西北的鹰阳关群,上部以石英绢云母板岩、钙质千枚岩、变质石英砂岩为主,夹结晶灰岩、白云岩透镜体及火山碎屑岩,含磁铁矿-赤铁矿层;下部以火山岩为主,由变质火山角砾岩、细碧角斑岩、角斑岩夹千枚岩、白云岩、硅质岩组成,未见底。变基性岩 TIMS 锆石U-Pb年龄为(819±11) Ma(周汉文 等,2002),凝灰岩LA-ICP-MS锆石U-Pb年龄为(821.3±3.9) Ma(田洋 等,2015),属青白口纪晚期。该层位为区内铁、金、铜、铅、锌的重要赋矿层位。

1.1.2 南华系—志留系

南华系—志留系分布于钦杭结合带印支期拗陷区内的"岛屿状隆起"和结合带两侧隆起区内的加里东期拗陷区中。在湘桂地区,南华系与下伏板溪群呈微角度不整合或平行不整合接触;而在赣湘桂过渡带,两者为连续沉积,局部为平行不整合。

南华系分布广泛,沉积类型复杂,岩相厚度变化大。湘桂地区为海洋冰川沉积和正常海洋与海洋冰川混合沉积的碎屑-泥质岩建造,夹少量间冰期的黑色碳质页岩、砂岩、含锰碳酸盐岩及铁、锰矿层;赣湘桂地区发育正常海洋与寒冷气候条件下的冰筏的混合沉积,下部为远海含砾泥质建造,中部、上部为陆源浊积岩建造;云开地区南华系大绀山组为一套海底喷流沉积建造,主要由千枚岩夹火山岩、火山碎屑岩、沉凝灰岩、黄铁矿层、泥灰岩和硅质岩组成,与下伏云开群平行不整合接触;海南岛南华系石灰顶组为深水盆地相沉积,以石英砂岩、石英岩为主,夹泥岩、硅质岩,石英岩中常含赤铁矿,与下伏石碌群平行不整合接触。

震旦系较南华系分布更为广泛,且发育较全。湘西北地区下部主要为含锰、磷的碳酸盐岩、硅质岩,上部为以白云岩类为主的碳酸盐岩,局部产藻叠层石和微古植物化石;湘中、桂北地区下部主要为黑色板状页岩、碳酸盐岩及少量磷块岩,上部主要为硅质岩;湘东南、桂东地区下部主要为浅变质石英砂岩、长石石英砂岩、凝灰质砂岩、泥板岩、砂质板岩,上部主要为硅质岩、硅质板岩;云开地区下部为绢云母石英砂岩、绢云母长石石英砂岩夹绢云母粉砂质板岩、砂质绢云母板岩等，上部具多层泥质、砂质硅质岩，顶部为硅质板岩。

寒武系分布广、发育全，与下伏震旦系呈整合接触。除湘西南、桂东北为浅海相碳质页岩、硅质页岩、砂岩、灰岩组成的过渡型沉积外，其他地区为浅变质深海相泥砂质浊流沉积，是银、金重要赋矿层位。底部碳质层有铀、钒等元素富集，局部成矿。

奥陶系不及寒武系分布广泛，与下伏寒武系呈整合接触。以类复理石-复理石沉积为特征，下部主要为浅变质的含笔石泥砂质、碳硅质、硅泥质建造；中上部出现砂岩、砾岩，局部夹火山岩、碳酸盐岩层，为银、铅、锌、锰赋矿层位。

志留系零星分布于湘中—湘西南、桂东南及云开地区，与下伏奥陶系呈整合接触。除桂东南钦州地区外，其他地区多缺失中—晚志留世沉积。主要为一套具韵律的砂泥质复理石建造，局部夹硅质岩和基性、中基性火山岩。桂东南地区的志留系是铅、锌赋矿层位之一。

1.1.3　泥盆系—二叠系

受加里东运动的影响，从奥陶纪开始到志留纪末，研究区大部分地区上升为陆。早泥盆世早期开始，海水沿钦防残余海槽从西南向东北进入湘桂地区，从而使泥盆纪地层具有向北东逐渐超覆、变薄的趋势，直至中三叠世海退，形成一个巨型沉积。

泥盆系分布广泛，岩相复杂。湘中地区缺失下泥盆统，中统下部为滨岸砂页岩建造，夹豆状赤铁矿层，向上逐渐过渡为以碳酸盐岩建造为主；湘南—桂东北地区为碳酸盐岩和碎屑岩建造，缺失早泥盆世早期沉积；桂东分属桂林、柳州、南丹沉积区，对应为曲靖(陆相、滨海相碎屑岩建造)、象州(滨海或台地近岸浅水环境，主要为碳酸盐岩建造)、南丹(盆地相或台地较深水环境，为碳酸盐岩、硅质岩建造)三个建造类型；桂东南钦州地区晚古生代地层发育齐全，泥盆系与志留系为连续沉积，泥盆系为深水细碎屑岩、硅质岩；云开地区早泥盆世早期发育以砂砾岩为主的类磨拉石建造，早泥盆世晚期—中泥盆世主要为滨岸陆源碎屑岩和缓坡相碳酸盐岩建造，晚泥盆世为开阔台地相碳酸盐岩夹碎屑岩沉积。它是钨、锡、铅、锌、金的重要赋矿层位。

石炭系较泥盆系分布更广、发育更全。下石炭统为浅海相碳酸盐岩夹海陆交互相含煤碎屑岩建造，向东西两侧渐变为海陆交互相含煤碎屑岩建造、陆相含煤碎屑岩建造或碎屑岩建造；上石炭统主要为一套浅海相碳酸盐岩建造。该层位中的碳酸盐岩为锡多金属矿重要赋矿岩性。

二叠系湘桂地区受两次大的海侵、海退事件影响，下二叠统、中二叠统主要为浅海相碳酸盐岩、硅质岩建造，其次为滨海沼泽相、海陆交互相含煤碎屑岩建造；上二叠统下部(龙潭组)以滨海沼泽相、海陆交互相含煤碎屑岩建造为主，上部为浅海相碳酸盐岩(长兴组)和硅质岩建造(大隆组)异相沉积。桂东南钦州地区受印支运动的影响，钦防海槽逐渐关闭，二叠系为巨厚的磨拉石建造。

1.1.4 三叠系—新近系

三叠系分布广泛,下三叠统、中三叠统多与二叠系相伴出露,上三叠统与下伏地层呈区域角度不整合接触。下三叠统为滨浅海相碳酸盐岩建造或碎屑岩建造;中统常缺失或发育不全,为滨浅海相碎屑岩和碳酸盐岩建造;上三叠统岩相差异大,主要有陆相含煤碎屑岩建造、以陆相为主的海陆交互含煤碎屑岩建造、浅海相铁磷碳酸盐岩-碎屑岩建造等。

下侏罗统分布较广,中侏罗统分布局限,上侏罗统仅见于广西桂柳地区。中侏罗统、下侏罗统主要为陆相盆地含煤碎屑岩建造的砾岩、砂砾岩、长石石英砂岩、碳质页岩夹薄煤等,局部夹火山碎屑岩,整合或平行不整合于上三叠统之上;上侏罗统为陆相喷发-沉积或陆相盆地砂砾岩建造,局部夹煤线,与下侏罗统、中侏罗统呈角度不整合接触。

白垩系散布于大小不等、北北东或北东向展布的盆地中,主要为滨湖、浅湖相砂岩、泥岩和山麓相砾岩,局部夹盐湖相膏泥岩,在桂东南、粤西及海南岛等地含火山碎屑和火山熔岩夹层。下白垩统含石膏、钙芒硝;上白垩统产铜、铀及石膏矿。

古近系发育于活动性裂谷断陷盆地,包括洞庭湖、北部湾大型盆地,以及一些小型断陷盆地。古近系为淡水浅湖相砂泥岩及盐湖相岩盐、泥膏岩、钙芒硝,局部有碳酸盐岩及油页岩。

新近系的陆相盆地沉积发育和分布特征与古近系相同,但盆地活动程度均较古近系大为逊色,整个岩相古地理格局有较大的变化。内陆地区为河湖流相砾岩、砂岩、泥岩;雷琼地区主要为海陆交互相砂岩、泥岩,夹玄武岩、凝灰岩及油页岩和褐煤层。

1.2 区域构造

1.2.1 构造单元划分

钦杭成矿带在大地构造上属于扬子和华夏两个古陆块于新元古代早期(约 820 Ma)碰撞拼接所形成的古板块结合带,称为“钦杭结合带”(杨明桂和梅勇文,1997)。钦杭结合带控制了华南新元古代早期以来的基本构造格局及其演化,两陆块拼合之后华南进入板内或陆内演化阶段,随后大致沿钦杭结合带及鹰潭—定南、政和—大埔古断裂带发生裂解,但再无新的洋壳打开(Li et al.,2010;舒良树 等,2006)。晚三叠世以来,钦杭结合带又多次复活,发生陆内伸展形成裂陷盆地,两侧地壳收缩隆起,形成“两隆夹一拗”的构造格局。本书所指的钦杭成矿带包括钦杭结合带及在构造上与其有密切联系的邻侧部分(图 1.1)。

在综合前人资料的基础上,结合本次工作的认识,以晋宁期华南地区古板块构造格局为基础,将钦杭结合带作为独立的一级构造单元,并以此将研究区划分为扬子陆块、钦杭结合带(湘桂地块)、华夏陆块 3 个一级构造单元。二级构造单元主要依据各块体的地质演化史、构造属性和盖层特征,并突出深大断裂的区划作用来划分。三级构造单元是在二级构造单元的基础上,主要依据隆起与拗陷两类面型构造,结合构造变形及岩浆活动特征等进行厘定。据此,在区内共划分5个二级构造单元、15个三级构造单元(图1.1,表1.1)。各构造单元地质特征简述如下。

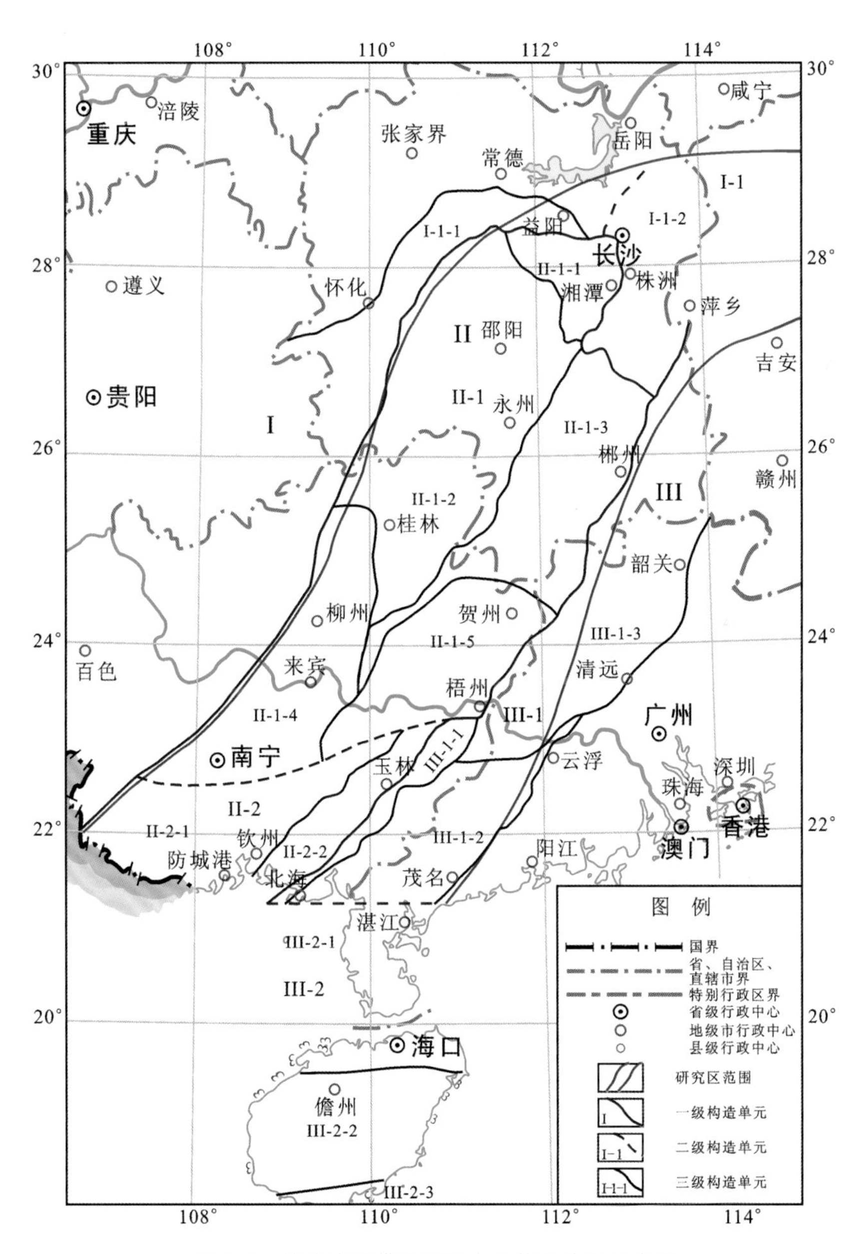

图1.1 钦杭成矿带(西段)大地构造分区示意图

表 1.1　钦杭成矿带(西段)构造单元划分表

一级构造单元	二级构造单元	三级构造单元
扬子陆块 I	I-1 江南造山带	I-1-1 雪峰褶冲带
		I-1-2 九岭褶冲带
钦杭结合带 II（湘桂地块）	II-1 湘桂裂谷带	II-1-1 湘东断隆带
		II-1-2 湘中-桂北拗褶带
		II-1-3 湘东南拗褶带
		II-1-4 桂中拗褶带
		II-1-5 大瑶山隆褶带
	II-2 桂东南沉降带	II-2-1 钦州拗褶带
		II-2-2 大容山-六万大山褶冲带
华夏陆块 III	III-1 武夷-云开造山带	III-1-1 岑溪-博白拗褶带
		III-1-2 云开断隆带
		III-1-3 罗霄褶冲带
	III-2 五指山造山带	III-2-1 雷琼断陷带
		III-2-2 五指山断隆带
		III-2-3 三亚拗褶带

1. 江南造山带(I-1)

该构造单元前寒武系地层出露广泛，主要为板溪群、冷家溪群和四堡群，主体为碎屑岩-火山岩组合，经武陵运动、雪峰运动回返固结后，加里东期以来长期隆起，故前寒武系基底大片出露，厚度巨大，震旦系以后的盖层分布极为零星，且厚度较薄，由于长期隆起剥蚀，从而成为加里东期以来的沉积物质的重要来源区。

该单元可进一步划分为雪峰褶冲带(I-1-1)和九岭褶冲带(I-1-2)两个三级构造单元。

1) 雪峰褶冲带(I-1-1)

该构造单元前寒武纪基底大片出露，以板溪群和少量冷家溪群为主，主体由厚度较大的碎屑岩、泥质岩、凝灰质岩夹少量碳酸盐岩、碳质板岩、熔岩等组成。早古生代寒武纪—奥陶纪沉积盖层分布在南段，晚古生代局部遭受海浸。雪峰期褶皱紧密，岩浆活动强烈，构造变形以断裂为主，构造线自南西到北东由北北东向转为北东东向。

2) 九岭褶冲带(I-1-2)

该构造单元为加里东期以来的长期隆起区，仅在加里东运动末期、海西期—印支期在隆起中央局部发生了拗陷。单元内岩浆活动较强，断裂发育，构造线方向以北东东向为主。

2. 湘桂裂谷带(II-1)

该构造单元分布范围较广，主要包括广西东北部、中部，湖南大部及广东西北部。由于陆源物质丰富,沉积环境稳定,分异作用明显,因此古生代地层尤其发育。区内广泛发育滨海相、浅海相、海陆交互相的碎屑岩、碳酸盐建造及含煤建造;在碳酸盐岩建造中下部,常为铅锌矿的重要赋矿层位。该构造单元侵入岩主要分布于次级隆起区的核心部位,构成加里东期、印支期和燕山期多期次侵入的大型复式岩体,如越城岭、苗儿山、都庞岭和阳明山等岩体,其中印支期—燕山期花岗质岩浆岩演化晚期的侵入体一般与该区的钨、锡、铜、铅、锌、稀土等矿产密切相关。

该单元可进一步划分为湘东断隆带(II-1-1)、湘中-桂北坳褶带(II-1-2)、湘东南坳褶带(II-1-3)、桂中坳褶带(II-1-4)和大瑶山隆褶带(II-1-5) 5 个三级构造单元。值得一提的是湘中-桂北坳褶带和湘东南坳褶带之间以都庞岭-关帝庙断隆带隔开,由于该断隆带范围狭窄,因此在图 1.1 上未予表示。

1) 湘东断隆带(II-1-1)

该构造单元出露地层以南华系—古生界为主,中—新生代内陆盆地广布。南华系—下古生界为浊流沉积,古流向主要为北东向,次为南东向,表明沉积物主要来自盆地的纵向搬运和南东方向的华夏陆块西缘活动陆缘区;上古生界以碳酸盐建造为主,为稳定型沉积,褶皱断裂发育、岩浆活动较强烈,岩相的交接地带及海侵早期的碳酸盐岩沉积体系对沉积型铅锌矿有控制作用。

2) 湘中-桂北坳褶带(II-1-2)

该构造单元为以晚古生代地层为主组成的坳褶带,局部有早古生代次级隆起(白马山和城步-资源隆起)。

白马山隆起早古生代地层广泛分布,晚古生代地层不发育,为加里东期的褶皱隆起,伴随有加里东期白马山和印支期瓦屋塘、高坪等酸性岩体的侵入。

城步-资源隆起是区内出露最老的地层分布区,主要由前泥盆纪地层组成。本区新元古代至早古生代为海槽,加里东运动后褶皱回返,除部分地区接受中-晚泥盆世沉积外,大部分地区都相对稳定,长期遭受剥蚀。区内前泥盆纪地层普遍受到低压型区域热动力变质作用。四堡运动和广西运动,使前泥盆系发生强烈褶皱、断裂和韧性剪切,构造线方向为北北东,紧密线状、倒转褶皱发育。印支期在洞口—城步一带有部分中泥盆世—晚泥盆世的碎屑岩和碳酸盐岩盖层沉积,印支运动使沉积盖层发生褶皱隆起,并形成局部的近南北向宽缓褶皱和近南北向压性及压扭性断层。燕山期未见沉积,其相应的构造活动主要表现为继承性的北东、北北东向脆性断裂活动。晋宁运动在龙胜—元宝山一带伴随有中酸性岩体及基性-超基性岩脉、岩株的侵入,加里东运动伴随有猫儿山、越城岭大量酸性岩的侵入,燕山早期伴随有猫儿山、越城岭复式岩体北部酸性岩的侵入。

3) 湘东南坳褶带(II-1-3)

该构造单元以晚古生代地层为主夹有部分次级隆起(阳明山和九嶷山隆起)的坳褶带。区内基底主要由下古生界低绿片岩相的复理石碎屑岩组成,地层褶皱变形强烈。除次级隆起区晚古生代沉积较薄外,大部分地区都接受了较厚的泥盆纪—中三叠世盖层沉积,以浅海相台地碳酸盐岩沉积为主,次为碎屑岩夹煤、锰及沉积铁矿。印支运动使盖层发生褶皱隆起,并形成沿走向呈波状的近南北向弧形构造,沿次级隆起带核部有酸性岩

(阳明山、花山、塔山、大义山等岩体)侵入。进入中生代后,受太平洋板块和印支板块的双重影响,挤压-推覆、伸展-拉张交替发生,各方向脆性断裂构造十分发育,以北东向为主,形成若干个规模不等、总体方向呈北东向展布的断陷盆地,并伴有基性火山岩的喷发(衡阳盆地)。

其中九嶷山隆起主要由寒武系和部分南华系、震旦系、青白口系组成。青白口系主要分布在鹰扬关一带,下部以火山岩为主,由变质火山角砾岩、细碧角斑岩、角斑岩夹千枚岩、白云岩和硅质岩组成,上部以钙质千枚岩、泥质灰岩为主夹火山碎屑岩。震旦系—寒武系为一套砂泥质类复理石建造,夹有多层含细砾砂岩。加里东运动后本区隆升为陆,褶皱为紧密状复式褶皱,构造线方向主要为北东向和近东西向。印支运动使盖层发生褶皱,形成宽阔的近南北向褶皱,同时隆起区东部边缘临近茶陵-郴州-临武-大宁拼贴带。中生代受燕山期挤压及伸展作用影响,近东西向、北东向、北西向脆性断裂十分发育。区内岩浆岩发育,规模较大,如加里东期大宁花岗闪长岩体,燕山期姑婆山和九嶷山复式花岗岩体。

4) 桂中拗褶带(II-1-4)

该构造单元是一个以古生代为主的长期拗陷区,基底由前泥盆系组成,晚古生代盖层覆盖了全区。广西运动使泥盆系普遍呈角度不整合于前泥盆系之上,印支运动使沉积盖层发生褶皱隆起,形成近东西向开阔背斜、向斜。中新生代本区相对稳定,未接受沉积,仅有小规模的断裂活动。

5) 大瑶山隆褶带(II-1-5)

该构造单元主要由寒武系和部分震旦系组成。震旦系以陆源碎屑复理石建造为主,夹碳质及硅质岩建造;寒武系继承了震旦系的沉积构造背景,为一套砂泥质复理石建造,夹多层含砾石的砂岩。加里东运动后隆升为陆,褶皱为紧密线状复式褶皱。晚古生代沉积盖层不发育,印支运动使盖层发生褶皱,基底中心部位进一步隆起和剥蚀,出露扩大,同时也使盖层形成平展宽阔的近南北向、北东向褶皱和断裂。中生代受燕山期挤压和伸展作用影响,近东西、北东、北西向脆性断裂构造十分发育,既有继承复活的,又有新生的,其中规模较大的断裂有北东向凭祥—大黎深大断裂带,该断裂带形成于加里东期,印支期和燕山期又有强烈活动,在区内控制着加里东期和燕山期岩株和隐伏岩体的分布。

3. 桂东南沉降带(II-2)

该构造单元是多阶段沉陷拗陷区,印支期发生褶皱,燕山期又发生大幅度沉降,断裂活动和岩浆活动强烈,构造线方向为北东向。自西向东包括钦州拗褶带(II-2-1)和大容山-六万大山褶冲带(II-2-2)。地质特征简述如下。

1) 钦州拗褶带(II-2-1)

该构造单元出露大面积泥盆系—下三叠统陆缘斜坡相硅质岩、泥岩、砂砾岩、粉砂岩。晚古生代—早三叠世该带是长期受走滑断裂控制的台盆相沉积,印支期形成褶皱-冲断带,伴随后碰撞花岗岩上侵,并将云开群的片麻岩抬升到地表,直至侏罗纪才转为断陷盆地。

2) 大容山-六万大山褶冲带(II-2-2)

该构造单元位于博白—梧州断裂与灵山—藤县断裂之间,主要发育大面积分布的印支期后碰撞花岗岩，仅在西南部、东北部出露奥陶系—志留系的陆棚相碎屑岩、泥盆系—二叠系陆表海碎屑岩、硅泥质岩、碳酸盐岩沉积，东北部发育中生代、新生代断陷盆地。

4. 武夷-云开造山带(III-1)

该构造单元以茶陵—郴州—梧州—岑溪—博白断裂带为北西界与钦杭结合带相接，可进一步划分为岑溪-博白拗褶带(III-1-1)、云开断隆带(III-1-2)和罗霄褶冲带(III-1-3)，各单元地质特征简述如下：

1) 岑溪-博白拗褶带(III-1-1)

该构造单元为夹持于博白断裂带与陆川断裂带之间的北东向狭长地带。前寒武纪云开群仅见于东北部，古生代地层分布广泛，侏罗系—古近系断续出露。

寒武纪本区由被动大陆边缘转为活动边缘。奥陶系、志留系为浅海陆棚-深海盆地相陆源碎屑复理石建造，北东部岑溪地区基性火山岩活动强烈。晚志留世与早泥盆世早期呈现连续沉积。晚泥盆世—早石炭世主要为硅质岩、含锰硅质岩和泥质岩沉积。中石炭世—中二叠世逐渐上升，为浅水台地碳酸盐岩建造。晚二叠世—三叠世区内无沉积记录，可能经东吴运动已隆升成陆。侏罗纪以来，由于北东向区域断裂走滑拉分活动，本区沿断裂带发生断陷与较强的中性、酸性岩浆喷发，形成侏罗纪—新近纪红色拉分-断陷盆地、火山岩和一系列小岩体、岩脉。

2) 云开断隆带(III-1-2)

该构造单元以陆川断裂带为西界，以吴川—四会断裂带为东界，以罗定—广宁断裂带为北界，为加里东期以来的长期隆起区。海西期—印支期局部接受沉积，加里东期、印支期及燕山期岩浆活动强烈，断裂构造极为发育，是华夏陆块群重要的组成部分和华南地区最古老的变质基底出露区之一。基底具双层结构：下层由天堂山岩群混合岩化片麻岩、变粒岩、片岩及石榴辉石岩组成的固态流变褶皱；上层为中—新元古代褶皱基底，由变质砂岩、泥岩、千枚岩、斜长角闪岩、夕卡岩组成，两者之间为滑脱型韧性剪切带接触。盖层分布于云开大山外围，与基底之间为韧性剪切带或断层接触。该构造单元中发育独特的信宜-贵子构造混杂岩带，该混杂岩带位于广东粤西贵子—分界一带，呈北东—北东东向断续分布，与云开群和加里东期花岗岩呈构造接触。

3) 罗霄褶冲带(III-1-3)

该构造单元分布于湘赣、两广交界部位，茶陵—郴州—梧州—岑溪断裂为西界，韶关—清远断裂为东界，主体为早古生代岩浆弧及前陆盆地沉积。早古生代末盆地褶皱隆起，其后上叠了晚古生代—早三叠纪陆表海沉积，中新生代压(拗)陷盆地及拉分(断陷)盆地沉积，并遭受了多次构造岩浆活动改造。

震旦系—奥陶系为复理石相的碎屑岩与基性火山岩组合；泥盆系—石炭系滨浅海碎屑-碳酸盐岩组合；侏罗纪—白垩纪小盆地呈北东向沿基底主干断裂分布，盆地呈北北东向展布，接受陆相碎屑沉积；受基底断裂影响，侧向迁移明显，形成东超西断格局，在白垩纪晚期—古近纪早期盆地关闭。

出露岩体以加里东期花岗岩规模最大，以石英闪长岩、英云闪长岩、花岗闪长岩为主；

晚三叠世—早侏罗世岩性复杂，发育辉长辉绿岩、闪长岩、石英闪长岩、斜长花岗岩等；中侏罗世—早白垩世以云母二长花岗岩、石英二长闪长岩、花岗闪长岩为主，该期侵入岩与钨、锡多金属关系密切。

5. 五指山造山带(III-2)

五指山造山带地处欧亚板块、印度洋板块和太平洋板块的交接部位，具有极其复杂的大地构造特征和地质构造演化历史，曾经历中岳、晋宁、加里东、海西—印支、燕山和喜马拉雅等构造运动，发育了以东西向和北北东向为主的构造体系，北北东向构造带以白沙断裂（白沙盆地）为主，近东西向构造带自北到南主要包括王五—文教断裂、昌江—琼海断裂、尖峰—吊罗断裂和九所—陵水断裂等；北东—南西向构造带主要由一系列边缘断裂（如白沙断裂和戈枕断裂）及其控制的短轴隆起（如琼中花岗岩穹窿和儋州花岗岩穹窿）和拗陷（岛中东部的白沙盆地等）组成；北西向构造带主要见于海南岛西南部、中部和东北部地区，主要包含尖峰岭—石门山断裂带、乐东—田独断裂带、白沙—陵水断裂带。

该构造单元以王五—文教和九所—陵水深大断裂为界，进一步划分为雷琼断陷带(III-2-1)、五指山断隆带(III-2-2)和三亚拗褶带(III-2-3)(Xu et al.,2013)：

1）雷琼断陷带(III-2-1)

该构造单元位于湛江—雷州一带，王五—文教断裂带以北地区，为新生代形成的近东西向展布的裂谷盆地，是在中生代海南俯冲型岩浆岩弧的基础上发展起来的。该相内基性火山岩广泛分布，约占总面积的50%，其中又以中新世—第四纪火山岩占主导。

2）五指山断隆带(III-2-2)

该构造单元夹持于王五—文教和九所—陵水深大断裂之间。区内出露的地层主要为古生界，其次为元古宇及中—新生界。元古宇地层主要为中元古界抱板群戈枕村组黑云斜长片麻岩或混合质黑云斜长片麻岩和峨文岭组云母石英片岩、石英云母片岩；新元古界青白口系石碌群绢云母石英片岩夹结晶灰岩及石英岩、白云岩、透辉透闪石岩夹富赤铁矿层，以及震旦系石灰顶组石英砂岩、石英岩。侵入岩大致分属于中元古代、海西期—印支期和燕山期3个构造岩浆旋回，岩石类型以二长花岗岩、正长花岗岩和花岗闪长岩为主。海西期—印支期构造岩浆侵入活动规模最大，侵入岩的时代主要为二叠纪和三叠纪；白垩系岩浆活动也非常强烈，形成了大面积的中酸性侵入岩，其中规模较大的保城复式岩体、屯昌复式岩体、千家复式岩体和吊罗山复式岩体等，与区内钼成矿关系密切。

该区自北向南包含几个重要的构造带，其中近东西向昌江—琼海构造带可能在中元古代初期以拗陷带出现，曾导致幔源基性岩浆侵入，还沉积了巨厚的抱板群和石碌群。中岳和晋宁运动分别使它们形成褶皱带，加里东期石碌褶皱带与上覆的石炭系和二叠系不整合接触，该构造带继续遭受挤压，形成东西向褶皱带和断裂带；海西期该构造带仍发生挤压活动，形成一些褶皱带和断裂带；印支期和燕山期，该构造带继续强烈活动，导致岩浆侵入体沿断裂带构成一条巨大的东西向花岗岩穹窿构造带，其中东段分布有燕山晚期屯昌复式岩体和烟塘岩体，明显控制了同期的钼矿化作用。尖峰—吊罗构造带早在加里东期就已经形成，并控制了该构造带北侧古生代的沉积；海西期该构造带继续活动，形成东西向的褶皱带和断裂带；印支期该构造带表现为断裂带形式强烈活动，导致印支期岩体的侵入；燕山期该断裂带继续活动，一方面导致燕山期岩体的多次侵入，另一方面又使岩体强烈的挤压破碎，形成大规模的压性或者压扭性断裂带。九所—陵水构造带可能在加里东期开始形成，海西期因强烈活动导致岩浆沿断裂带侵入；燕山期继续活动，导致酸性岩浆的喷溢和侵入，形成东西向花岗岩穹窿，并表现为明显的压性或者压扭性。海南岛主要的金、铁、钼等重要金属矿产主要集中分布在该构造单元内。

3）三亚拗褶带(III-2-3)

该构造单元位于九所—陵水断裂以南，大面积出露三叠纪—白垩纪花岗岩，在三亚—田独一带少量出露寒武系和奥陶系，主体岩性为一套砂-粉砂-泥-碳酸盐岩建造，至今未发现火山岩夹层，暗示其为一套稳定型的被动陆缘沉积。

1.2.2 表层构造特征

研究区经历了四堡、晋宁、加里东、海西—印支、燕山和喜马拉雅等多次构造运动，形成以下四个方向为主的构造带，构成以隆、拗地块及断褶带组成的极其复杂的地质构造景观。

(1) 北东向构造带：为钦州—杭州北东向基底构造岩浆岩带的重要组成部分，是本区最重要的构造带，构造组分以复式褶皱、断裂、花岗岩为主。断裂构造在区内主要表现为4条北东向近等距离平行展布的深大断裂，即邵阳—资源—永福—来宾断裂带、浏阳—双牌—恭城—大黎断裂带、茶陵—郴州—梧州—博白断裂带、仁化—四会—吴川断裂带。

(2) 东西向构造带：主要为南岭巨型东西向构造带，由一系列复式褶皱和冲断裂、隆拗带、花岗岩带组成，从北向南可划分出：阳明山—宁化—闽清、九万大山—大余—仙游、宜山—全南—厦门、昭平—佛岗—丰良、西大明山—高要—惠来5个二级构造带。

(3) 北西向构造带：构造组分主要为压(张)扭性断裂，局部为褶皱和花岗岩，从西向东等距分布有桂林—广州、新宁—蓝山、邵阳—郴州、常德—安仁4个斜列构造带。

(4) 南北向构造带：规模较小，由波状弧形褶皱和断裂组成，主要有湘南地区的耒阳—临武构造带及湘桂构造带，发育于晚古生代盖层中，主要形成于印支期，部分形成于燕山期。

1. 褶皱构造

区内褶皱构造按构造层可划分为基底褶皱(四堡、晋宁、加里东期)和盖层褶皱(印支、燕山期)。基底褶皱形态具有紧闭、同斜甚至倒卧的共同特征，且叠加褶皱普遍。印支期盖层褶皱主要为南北向，次为北东向、北西向，叠加褶皱普遍。燕山期盖层褶皱则较微弱，以北东—北北东向为主，一般呈宽缓褶曲或拱曲，受印支期后形成的拉张断陷盆地控制。

基底褶皱具有明显的地域差异性。西部扬子地块前加里东期基底褶皱轴向主要为北东向或东西向，局部为北西向，加里东期为北东和南北向；中部湘桂地区加里东期褶皱主要为北东向，次为近东西向和北西向；东部华夏地块加里东期褶皱方位多变，云开地区主要为北东向，大瑶山地区主要为近东西向，罗霄地区主要为北东向、次为北西向。

海西期—印支期盖层褶皱以过渡型褶皱为主，受基底构造控制明显，其中雪峰地区以走向北北东—北东、呈斜列式分布的宽缓褶皱为主，湘南地区则以轴线近南北、向西略弧形弯曲的宽缓背向斜为主，罗霄地区以北东向褶皱为主。

燕山期盖层褶皱较微弱，一般呈宽缓褶曲或拱曲，受印支期后形成的拉张断陷盆地控制，以北东—北北东向为主，且多分布于华夏板块内。

2. 断裂构造

区内断裂构造发育，构造线方向以北东向、近东西向、北西向为主，局部发育近南北向弧形断裂。地表以北东向和东西向断裂规模最大，当与北西向构造复合、交织时，对沉积建造、花岗岩和矿产的分布有着重要的控制作用。

1) 北东向断裂

该方向断裂有加里东期、海西期—印支期和燕山期及不同期次的叠加复合。加里东期北东向断裂的活动特征主要表现为压性或压扭性，局部可见韧性剪切，与同期褶皱轴线方向一致，产于前海西期—印支期构造层内。海西期—印支期北东向断裂主要表现为扭性或压扭性，印支期末主要表现为张性，与海西期—印支期的褶皱轴线方向呈锐角相交，产于海西期—印支期构造层内并贯穿加里东期与海西期—印支期构造层。印支期末的拉张断陷活动控制着区内中新生代陆相盆地的沉积，分布于区内广大地区。燕山期的北东向断裂产于燕山期构造层内或贯穿于区内整个构造层，分布广泛，受印度洋板块和太平洋板块运动的双重影响，张-压性活动交替发生，燕山早期主要表现为压性或压扭性，与同期褶皱的轴线方向一致；燕山晚期主要表现为张性或张扭性。区内燕山期活动的北东向深，大断裂是重要的导岩导矿构造，其活动对本区乃至整个华南地区大面积花岗岩的侵位及钨锡多金属矿床的形成有着明显的控制作用。前燕山期形成的北东向断裂是区内的基础断裂，它们对于后期北东向断裂的形成和发展起着明显的制约作用。自西往东区内分布有新化—龙胜、公田—灰汤—新宁、衡阳—双牌—恭城、茶陵—郴州—连山等 4 条与地质构造演化和成矿作用关系最为密切的区域性深大断裂(带)，其特征简述如下。

(1) 新化—龙胜断裂

该断裂带是雪峰隆起与湘桂地块的分界线，其东侧板溪群和南华系—震旦系呈穹窿状排布，中心部位为花岗岩占据。志留纪后，西侧推覆抬升，东侧相对下降，成为拗陷，被上古生界广泛覆盖。该断裂带总体呈北东 30°延伸，倾向为北西西，倾角为 38°～80°，北陡南缓，为逆冲断层。它一般与元古界及上古生界褶皱平行展布，中段与寒武系褶皱斜交。断距由南向北增大，400～3 300 m 不等。断层破碎带宽 10～50 m，构造透镜体、糜棱岩、硅化、片理化和断层角砾岩都很发育，不同方向擦痕也较常见。地貌上显示陡峭笔直的断层崖和狭窄的断层谷。沿断裂有一系列航磁正异常分布。区域布格重力图上呈现西高东低的重力梯度带。

该断裂对元古代和晚古生代沉积岩性、厚度有明显控制。西部南华系碎屑岩较细且厚，东部较粗且薄。例如，西部长安组厚 1 400 m，富禄组厚 600～800 m，其中页岩较多；东部长安组厚 400 m，富禄组厚 100 m，岩性以砂岩为主。下泥盆统东厚西薄或缺失。下石炭统东部为较薄的纯碳酸盐岩，西部较厚，而且砂页岩、硅质岩夹层较多。龙胜三门街一带丹洲群中强烈的海底中基性火山活动和基性-超基性岩浆侵入活动,可能与该断裂相关。

(2) 公田—灰汤—新宁断裂

该断裂是一条规模巨大的复式断裂带,斜贯湖南中部,北东端入鄂消失于崇阳背斜中,南西端入桂与资源—永福断裂相接。走向北东30°左右,倾向北西,倾角40°左右,局部直立,影响宽度达25 km。沿断裂带出现一系列不规则的串珠状白垩纪盆地,如邵阳盆地、新宁盆地、永福盆地、回龙镇盆地等。断裂带挤压破碎、揉褶变形强烈、地层混乱,角砾岩、构造透镜体、片理化、硅化、糜棱岩化十分发育。在越城岭加里东期—燕山期复式岩体西侧的断裂破碎带中,出现片麻状构造和花岗质糜棱岩,宽4~12 km,走向北东20°~30°。该断裂加里东期已具雏形,对晚古生代及其以后的沉积有一定控制作用,强烈活动于燕山期,近代有活动迹象,1513年在宁乡发生4级地震,1936年在娄底发生5级地震,断裂带中见多处温泉出露,如宁乡灰汤温泉,水温达97.2°。

公田—灰汤—新宁断裂为一重力梯级带,并因半隐伏-隐伏花岗岩带形成串珠状、线状重力低。在断裂北东段,东侧浅部为花岗岩体及冷家溪群地层,西侧为第四系及中—新生代红层;大地电磁测深显示断裂东侧具视电阻率高阻异常,属刚性地幔块体的反映;断裂两侧块体间以壳幔陡倾斜的韧性剪切带(构造弱化带)形成的低阻异常带相分隔,是一条明显的构造块体的分界线。断裂带两侧莫霍面落差1~2 km,岩石圈厚度也具明显差异,西侧50~100 km,东侧150~200 km。

(3) 衡阳—双牌—恭城断裂

该断裂北东端延入赣西北与大桥盆地东缘断裂相接,至修水等地仍有其形迹可循,南端延入广西与凭祥—大黎断裂相接,走向北东35°左右,倾向南东、北西,倾角60°左右,影响宽度达25 km。该断裂穿切前震旦纪及古生代地层,穿切都庞岭加里东期—燕山期复式岩体,控制并断切白垩系红盆。断裂带挤压破碎、揉褶变形强烈,构造透镜体、片理化、硅化、糜棱岩化十分发育。在北东段长寿街一带,该断裂切割连云山岩体,在岩体外接触带出现宽2~5 km的片岩化和混合岩化带;在南岳岩体西南侧,从西往东见有条纹状混合岩、眼球-条带状混合岩、眼球状混合岩等。

该断裂多期活动显著,加里东期已具雏形,并以压-压扭性活动为主,对晚古生代及其以后的沉积有一定的控制作用;燕山期强烈活动,张扭-压扭交替发生。燕山运动早期,断裂发育左型扭错,控制中酸性花岗岩体的侵入,派生出一些走向东西的短轴状褶皱;燕山运动晚期,截切早期形成的岩体,并产生强烈的断裂变质作用,断裂由左型转为右型扭挫,派生出一些走向北西的短轴状宽缓褶皱。物探重力资料显示,有一明显重力梯度带与断裂吻合。

(4) 茶陵—郴州—连山断裂

该断裂为扬子地块与华夏地块之间钦州湾—杭州湾北东向岩石圈碰撞拼贴断裂带的组成部分。向南西延伸与岑溪—博白断裂相连,向北东延伸与萍乡—广丰、江山—绍兴断裂相接。断裂走向北东30°左右,倾向南东,倾角60°左右,影响宽度达50 km。该断裂穿切早古生代地层及加里东期大宁岩体、燕山期九嶷山岩体、骑田岭岩体、锡田岩体,在断裂带附近两侧晚古生代地层有北东向褶皱的形成,控制着茶陵-永新、临武北东向白垩系盆地的沉积,之后又切割断失部分白垩系。断裂破碎带发育,见复式角砾岩、挤压片理、构造透镜体和糜棱岩等,多期活动特征明显。沿断裂带有燕山期A型花岗岩的侵入和中酸性-基性岩脉的分布。物探显示,该断裂与重力梯度带和航磁异常带相对应。

该断裂是湘东南地区一条最重要的控岩、控矿断裂。断裂带西侧拗陷带内燕山早期主要发育花岗闪长斑岩、花岗斑岩等小型超浅成侵入岩体,以及铅、锌、铜、银等中低温热液矿产,如水口山、宝山、黄沙坪等地。断裂带中有具A型花岗岩特征的骑田岭深成岩体侵位,并发育新田岭钨矿、芙蓉锡多金属矿等中高温热液矿产。紧邻断裂带东侧,发育千里山深成花岗岩体及相关的柿竹园钨锡多金属矿、红旗岭钨多金属矿等高温热液矿产,以及野鸡尾铅锌矿等中低温热液矿产。断裂带以东的锡田、瑶岗仙等地发育小型-中型深成花岗岩侵入岩体,并形成锡田锡多金属矿、瑶岗仙钨多金属矿等以中高温热液矿产为主的矿产地。南段岑溪-博白断裂是湘桂地块与云开隆起的分界线。

2)近南北向断裂

近南北向深、大断裂主要分布于区内中西部,大多形成于印支期,部分形成于燕山期。受印度板块和太平洋板块运动的双重影响,断裂多期活动显著,张扭-压扭性活动交替发生。形成于印支期的近南北向断裂,其活动特征主要表现为压性或压扭性,发育于晚古生代盖层中,与盖层中的近南北向波状弧形褶皱走向一致,分布于区内中西部的湖南宁远、道县—广西贺州,湖南常宁—蓝山,湖南城步—广西龙胜、永福一带。燕山期形成的近南北向断裂区内较少,其特征主要表现为利用或改造印支期形成的近南北向波状弧形断裂,以平面上的压扭-张扭活动为主。在同一次构造活动中,同一条断裂,不同方向段,其活动性质不同,在弧形北东方向段表现为张扭性时,弧形北西方向段则表现为压扭性。

(1)道县—贺州断裂带

该断裂带是湘南—桂东北地区一条重要的近南北向深大断裂,断裂沿走向呈近南北向波状弧形展布,区内延长约280 km,以西倾为主,部分地段倾向东,倾角70°左右。断裂穿切古生代地层及大义山印支期岩体和姑婆山燕山期复式岩体,控制部分晚三叠世—早侏罗世盆地沉积,截切侏罗系或白垩系。断裂带挤压破碎强烈,揉褶、片理化、硅化发育,常见复式角砾岩。沿断裂带有成群的石英斑岩和花岗斑岩充填,在新田—宁远—道县一带还见有燕山期基性玄武岩。该断裂形成于印支期,燕山期强烈叠加改造。印支运动以剖面剪切(压性)运动为主,形成近南北向弧形褶皱和断裂,在北段阳明山一带伴有近东西向印支期花岗岩的侵入;燕山运动以平面走滑剪切运动为主,压扭-张扭活动交替发生。

(2)栗木—马江断裂

北起恭城县栗木,中经昭平县走马、北陀、马江,南抵藤县社山,全长200余千米,在区域布格重力图上,沿之有南北向等值线及梯度带,并可南延至梧州以西,其在地表是否南延尚有待追索。北段沿恭城向斜展布,由三四条大体平行的断裂组成8~10 km宽的断裂带,至南部变为一条,并横切加里东期基底褶皱。断面东倾,倾角30°~80°,为逆掩-逆冲断层。个别伴生断裂为倾向相反的正断层,错断寒武系至侏罗系,断距数百米至千余米,由北往南变小。破碎带宽数米至十多米,角砾岩、硅化、黄铁矿化常见。据其与印支褶皱的密切关系,可见断裂形成于印支运动,燕山早期控制了早侏罗世断陷盆地的形成,而后断裂又复活切过盆地,并使后者出现颇为复杂的褶皱。其北部被观音阁断裂斜切,交汇处出现燕山早期花岗岩;南部北陀一带被北东向断裂斜切,交汇处出现温泉和五级地震。

(3) 瓦屋塘—五团—永福断裂带

该断裂带是雪峰隆起带东部边缘的一条重要的深大断裂,属慈利—溆浦—五团近南北向断裂的南段部分。区内延长约 250 km,以西倾为主,部分地段倾向东,倾角 60°左右。断裂穿切前震旦系、下古生界、上古生界、白垩系,穿切加里东期白马山岩体、印支期瓦屋塘岩体、五团岩体,穿切基底及盖层中早期形成的褶皱和断裂。断裂带挤压破碎强烈,地层直立、倒转、揉褶,糜棱岩、构造透镜体、片理化、硅化发育。岩体内见花岗质糜棱岩、片麻状花岗岩,石英被挤压成眼球状,长石呈片状,挤压带宽 3～4 km。断裂右旋位错瓦屋塘岩体 5～7 km。该断裂形成于印支期,强烈活动于燕山期。印支运动以剖面压扭右旋活动为主,在澧县方石坪一带(区外)它使下志留统仰冲于二叠系之上,最大断距可达 600 余米。燕山期构造活动频繁,压扭-张扭活动交替发生,活动性质以平面右旋压扭为主。

3) 近东西向断裂

区内近东西向断裂活动相对较弱,除大瑶山基底隆起带有大黎近东西向断裂出露外,其他大多以基底隐伏断裂、花岗岩带的形式表现,尤以近东西向花岗岩带表现最为突出。该方向断裂主要形成于加里东期,部分可追溯到晋宁期,海西期—印支期活动较弱,燕山期有较强的活动。加里东及前加里东期以韧性断裂变形为主,伴有同方向的紧密线状褶皱;燕山期以脆性断裂变形为主,伴有大量中-酸性花岗岩的侵入,形成阳明山—骑田岭—九峰山、九嶷山—大东山—贵东、姑婆山—佛冈—新丰江等由东西向基底隐伏断裂控制的花岗岩带。这些岩带的共同特征是:沿基底隆起分布;岩性以中-酸性花岗岩类为主;在通过茶陵—郴州—连山断裂带时,均被该断裂右行扭错。

4) 北西向断裂

北西向断裂在本区地表表现不明显,多为遥感和物探推测的基底隐伏断裂,控制了部分北西向花岗岩体及岩带的分布,如大宁、永和、禾洞、雪花顶、大义山、彭公庙、锡田等岩体及五峰仙—川口—将军庙—吴集镇北西向岩带。断裂以平面上脆性压扭与张扭交替活动为主,多期活动明显,主要出露于盖层中,穿切和位错印支期形成的近南北向褶皱和断裂,断裂面较为平直,产状较陡,地表延伸长度一般在 10～35 km,断裂中可见碎裂岩、碎斑岩、复式角砾岩及断层泥等。主要形成于印支期,燕山期活动较强,局部地段形成于加里东期,如大宁、永合、雪花顶、彭公庙等加里东期中-酸性岩体受控于基底隆起的北西向张性断裂。

3. 韧性剪切带

韧性剪切带主要是深部构造层次构造变形的产物,广泛发育于雪峰山、九岭、云开等隆起区的变质褶皱基底中,是韧性带型金矿区内最重要的金矿类型的主导控矿构造。

贾宝华(1991)通过对雪峰-幕阜块体冷家溪群的变形调查,识别出 3 条较大规模的韧性推覆剪切带,自北而南为花垣—慈利—临湘、仙池界—连云山和芷江—安化—浏阳韧性推覆剪切带,往东与宜丰—景德镇、宜春—绍兴等剪切带相连。剪切带岩石发育板劈理、流劈理等构造面理,窗棂构造、布丁(石香肠)构造、褶皱线理、滑痕线理、拉伸线理等线理构造及微褶皱。此 3 条韧性逆冲断裂带是武陵期主干断裂,形成于晋宁期,但受后期改造明显。

湘东北地区的众多金矿都受这些韧性剪切带控制(肖拥军和陈广浩,2004;顾江年 等,2012)。

云开地区的罗定—广宁断裂是具韧性-脆性多期活动的区域性断裂带,早期活动表现为浅-中构造层次的韧性剪切变形。剪切带主要发育于云开群、早志留世花岗岩和中三叠世花岗岩中,沿剪切带发育有糜棱岩、千糜岩、构造片岩等,S-C 组构指示其具右旋剪切性质。剪切带是热液迁移的良好通道,沿构造带有大量石英脉、伟晶岩脉贯入。粤西金矿带中的河台、新洲、黄泥坑等金矿床即受该剪切断裂带的控制。

琼西地区的戈枕断裂带是海南岛一条强韧性剪切变形带,主要发育于抱板群及中元古代花岗岩中,其西侧为抱板群,发育糜棱岩、超糜棱岩、千糜岩等,S-C 组构指示其具右旋剪切性质及由西向东的逆冲特征;东侧奥陶系、志留系或其他时代地层,以脆性变形为主。该韧性剪切断裂带控制了琼西地区金昌、二甲、不磨等一系列金矿床的产出。

4. 逆冲推覆构造和伸展滑覆构造

逆冲推覆构造和伸展滑覆构造一起构成大陆岩石圈的基本构造格架,也是造山带形成的两种紧密相连的动力学机制。岩石圈的滑覆、伸展与减薄是岩石圈遭受挤压后必然产生的一种后续构造现象,区域地质调查和地球物理资料表明,研究区多期、多层次的挤压推覆构造、拉张滑覆构造发育。研究区典型逆冲推覆与伸展滑覆构造带主要有幕阜山-九岭逆冲推覆-伸展滑覆构造带、雪峰山逆冲推覆-伸展滑覆构造带、岑溪-广宁逆冲推覆-伸展滑覆构造带和十万大山逆冲推覆-伸展滑覆构造带。

1) 幕阜山-九岭逆冲推覆-伸展滑覆构造带

幕阜山-九岭隆起南缘在燕山期发育了一套向南逆冲于萍乐拗陷的推覆构造,北侧则发育了一套向北滑向江汉拗陷的伸展滑覆构造,构成了幕阜山-九岭山体的不对称性(朱志澄 等,1987)。九岭南缘逆冲推覆构造,长三百余千米,宽 20～30 km,包括宜丰—南昌(F_1)、上高七宝山—高安新街(F_2)两条断裂带,以及其上、下推覆体,构成双带式逆冲扇或双重逆冲构造(图 1.2)。上推覆体由新元古界双桥山群浅变质岩系组成,逆冲于上古生界和下中生界之上,其根带位于九岭花岗岩体南侧,飞来峰和构造窗发育,推覆距离至少达 15 km;下推覆体主要由上古生界和三叠系—侏罗系组成,逆冲于中新生代红层(白垩系、古近系)及其他下伏地层之上(谢清辉 等,2001;朱志澄 等,1987),推覆距离可达 30 km。

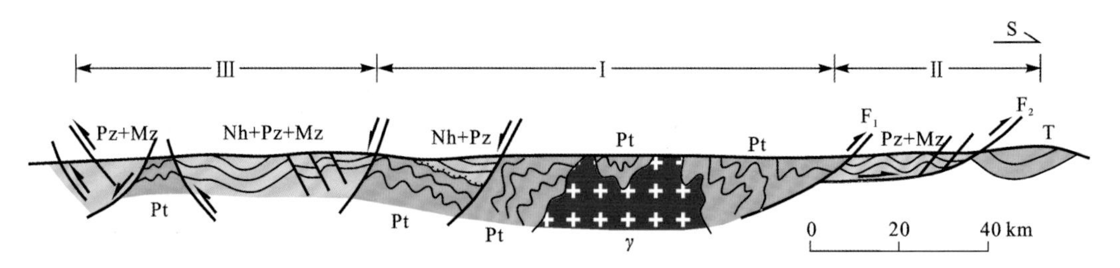

图 1.2　幕阜山-九岭构造示意剖面图(朱志澄 等,1987)

I. 幕阜山-九岭隆起;II. 萍乐拗陷;III. 江汉拗陷。T-三叠系;Mz-中生界;Pz-古生界;Nh-南华系;Pt-元古界;γ-花岗岩。F_1 为宜丰—南昌断裂带;F_2 为上高七宝山—高安新街断裂带

2）雪峰山逆冲推覆-伸展滑覆构造

雪峰构造带处于扬子地块与赣湘桂地块的接壤带，属江南隆起西南段，大致沿桃江—安化—溆浦—黔阳—靖州—三江一线呈向北西凸出的弧形展布，弧顶位于溆浦—安化一带，延伸约 700 km，宽数千米至数万米(图 1.3)。由于前寒武系在本区的大面积出露，传统上雪峰隆起被看成是自南华纪以来就长期存在的古陆剥蚀区。但朱夏等(1983)提出雪峰山是印支期—燕山期的推覆构造以来，人们逐步认识到雪峰山地区存在多期推覆和滑

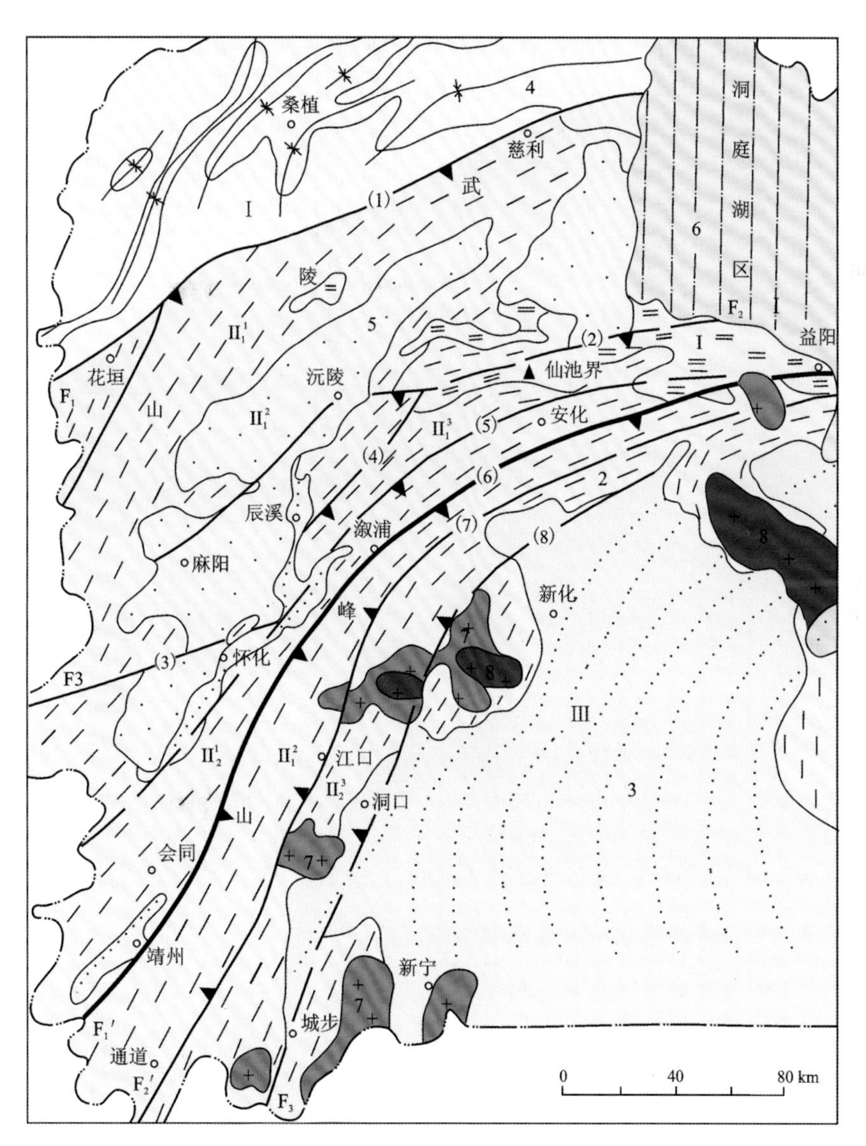

图 1.3　雪峰山区构造单元概略图(贾宝华，1994)

1. 武陵褶皱层(横双线同时表示劈理走向)；2. 加里东褶皱层(斜单线同时表示劈理走向)；3. 印支褶皱层(小点同时表示褶皱轴)；4. 燕山褶皱层及褶皱轴；5. 中新生代断陷盆地；6. 第四纪沉积层；7. 加里东期花岗岩，8. 印支期—燕山期花岗岩；F_1～F_3：武陵期韧性剪切带；F_1'～F_3'：加里东期韧性剪切带；(1)～(8)：印支期—燕山期脆性断裂带；Ⅰ、Ⅱ、Ⅲ分别代表扬子地块东南缘的湘西北构造块体、雪峰山构造块体及湘中构造块体

覆构造,除印支期—燕山期外,该区的逆冲推覆构造在加里东期已经存在(金宠 等,2009;丘元禧 等,1998,1996;贾宝华,1994)。

雪峰逆冲推覆构造带总体表现为叠瓦式逆冲断裂组合的特点,显示出扬子地块向湘桂地块的俯冲(图 1.4)。雪峰逆冲推覆-伸展滑覆构造带大致可分为根带、中带和锋带及相关的后缘带和外缘带。后缘带位于根带后侧,外缘带位于锋带前侧。锋带挤压作用强烈,逆冲推覆发育,并发育陡倾紧闭至同斜倒转平卧褶皱及劈理。外缘带受锋带影响也发生变形,但挤压逐渐变弱,发育中高角度逆冲断层和少量正断层,由紧闭褶皱变为开阔褶皱和单斜挠曲。加里东早期的锋带可能位于湘东南至赣中武功山一带,由此造成那里在寒武纪—奥陶纪的早期褶皱推覆和隆起,从而使湘东南成为志留系的缺失区,湘西北及涟源北西和洞口一带则成为前陆盆地。加里东晚期当华南加里东海槽最后关闭时,推覆体的前锋带已达现今沅麻盆地的东沿和黔东南的天柱、南明盆地一带,印支期可能已经扩展至挂丁—西江断裂乃至凯里—施洞口—铜仁一带,燕山期其前锋带实际上已经扩展到了川东南和黔东北的燕山梳状褶皱带。

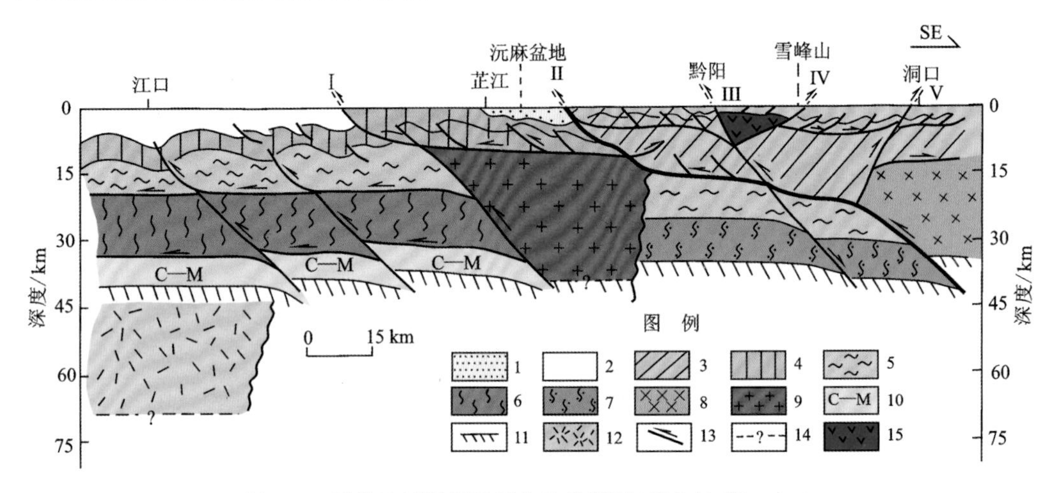

图 1.4 雪峰地区深部地质构造推断图(范小林 等,1994)

1. 中新生代盆地;2. 古生代褶皱系;3. 新元古代—早古生代褶皱系;4. 新元古界(板溪群);5. 中元古界;6. 新太古界—古元古界(扬子古陆);7. 扬子古陆边缘;8. 异地块(海山?);9. 构造侵位岩;10. 壳幔混合层;11. 莫霍面;12. 塑性(碎裂)地幔岩;13. 主要冲断(缝合)带;14. 推断界面;15. 残留古洋壳碎片(?)

3) 岑溪-广宁逆冲推覆-伸展滑覆构造带

岑溪-广宁推覆构造带位于云开地块西北部,西起广西岑溪—梧州一线,东至广东信宜贵子、四会至清远新洲一线,长 270 km,最宽达 70 km。有关粤西地区的推覆构造,最早由钟南昌(1985)提出过罗定推覆构造,后经袁正新(1995)、袁正新等(1988)、张伯友(1994)、彭少梅等(1995)详细研究,厘定了岑溪-广宁推覆构造带。

该逆冲推覆构造带可分为北、西和东 3 个带(图 1.5)。北带分布于西江以北地区,根带在渔劳断裂以西,前锋大体在禄步—四会—新洲一线。西带分布于西江以南,宋桂断裂带以西,容县—梧州断裂带以东的地区,推覆体主要由海西期—印支期混合岩、混合花岗岩和南华系—志留系组成,其中南华系—志留系组成的推覆体形成了一系列北东向的褶皱,而海西期—印支期三堡混合岩和那蓬混合花岗岩则是次一级犁式断层造成的推覆体。

在该带的中部和西部,因燕山期广平岩体和古水岩体侵入及白垩纪盆地的覆盖,使推覆体出露不完整。东带包括西江以南、宋桂断裂以东、贵子—船步断裂以北,吴川—四会断裂带北段以西的地区,推覆体以南华系—震旦系为主,并经历了强烈的剥蚀作用,构造窗发育。

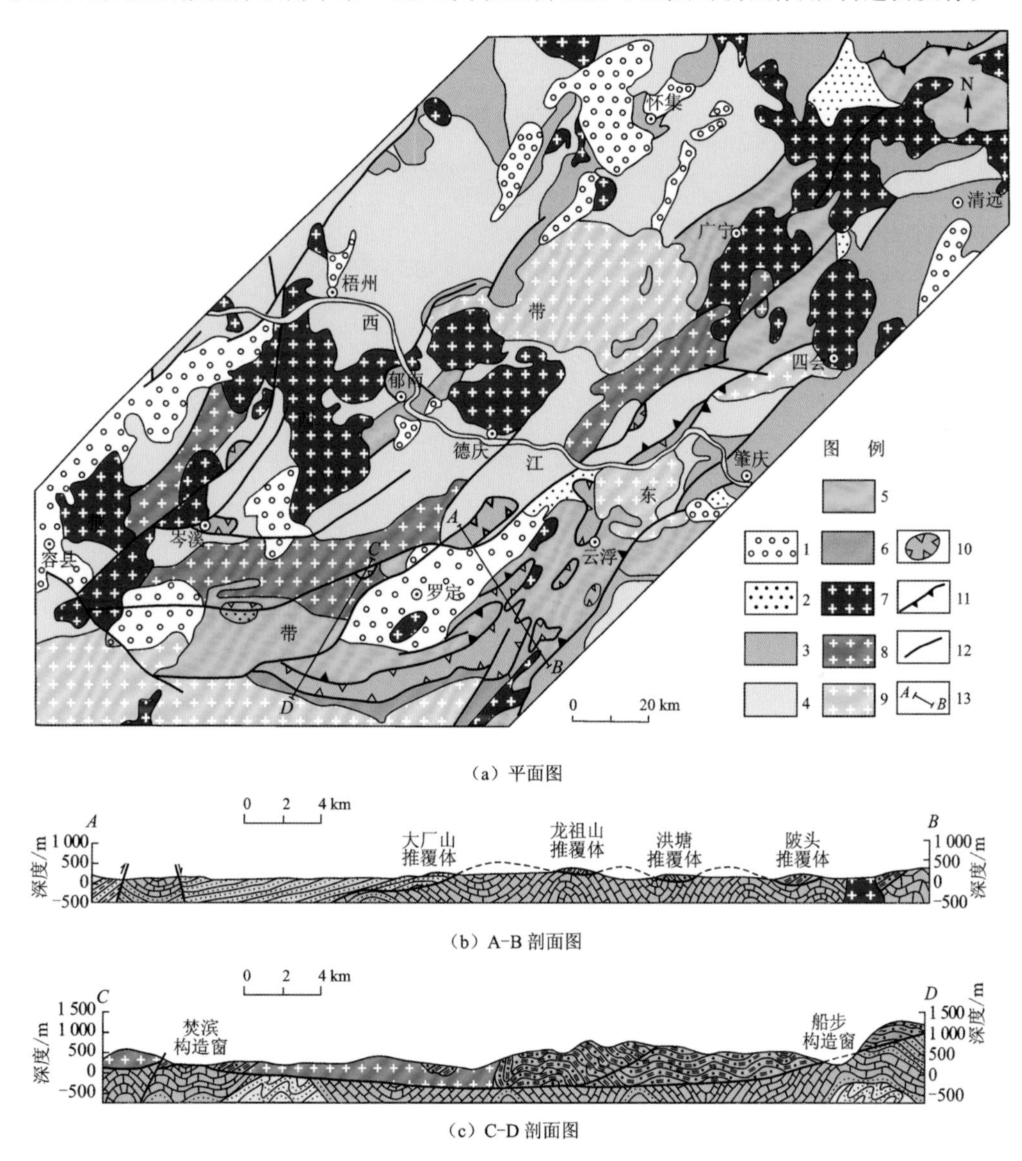

图 1.5　岑溪-广宁推覆构造带地质略图(袁正新,1995)

1. 白垩系—古近系;2. 上三叠统;3. 上古生界;4. 下古生界;5. 南华系—震旦系;6. 云开群;7. 燕山期花岗岩;8. 海西期—印支期花岗岩;9. 加里东期花岗岩;10. 构造窗;11. 推覆断层;12. 一般断层;13. 剖面位置

岑溪-广宁推覆构造带东部的漆洞构造窗和富林构造窗已靠近粤中地块,在其东侧见震旦纪变质岩推覆于粤中地块的寒武系和中泥盆统之上,说明这一带已是推覆构造的前锋。该推覆构造带的西部则有郁南构造窗,其西部出露大片寒武系,属大瑶山隆起,说明该构造窗已接近推覆体的根带,是最后部的构造窗。上述前部与后部构造窗之间的距离为 60 km。据此推测,岑溪-广宁推覆构造带的最大水平推覆距离为 60 km 左右。

4) 十万大山逆冲推覆-伸展滑覆构造带

十万大山逆断推覆构造及其前陆盆地发育在两个性质不同的构造过渡带上,以灵山—防城断裂带分界,西北部属于加里东晚期固结的湘桂地块,而东南部为早古生代末、晚古生代(志留纪—早二叠世)的“残余海槽”,即钦防海槽(图 1.6)。

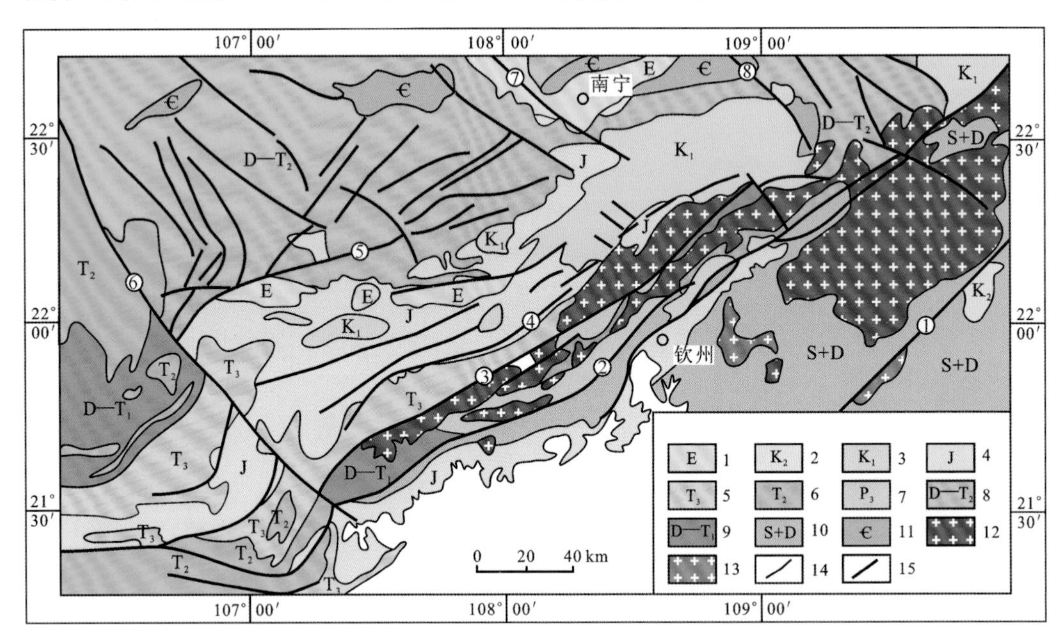

图 1.6 十万大山前陆盆地及邻区地质简图(张岳桥,1999)

1. 古近系;2. 上白垩统;3. 下白垩统;4. 侏罗系;5. 上三叠统;6. 中三叠统;7. 晚二叠世类磨拉石沉积;8. 泥盆纪—中三叠世海相沉积;9. 泥盆纪—早三叠世海相沉积;10. 志留纪和泥盆纪海相复理石沉积;11. 寒武纪海相碎屑岩系;12. 印支期花岗岩;13. 加里东期花岗岩;14. 地质界线;15. 断裂构造。主要断裂构造:①博白断裂带;②灵山—防城断裂带;③小董—扶隆断裂带;④沙坪断裂带;⑤凭祥断裂带;⑥谅山断裂带;⑦右江断裂带;⑧横县断裂带

根据变形强度特征和构造样式,十万大山前陆冲断推覆构造可分为 3 个构造单元(张岳桥,1999):主逆冲断裂带、前陆盆地和前陆腹地(图 1.7)。主逆冲断裂带位于前陆盆地和钦州海西期—印支期造山带之间,其夹持的狭长花岗岩浆岩带长大于 250 km,宽度为 30~50 km,卷入了大量印支期花岗岩体,以及巨厚的晚二叠世类磨拉石建造和早三叠世斜坡相碳酸盐岩、碳酸盐重力崩塌角砾岩,它们被灵山—防城、小董—扶隆和沙坪 3 条北东向的主逆冲断裂切割,沿断裂带形成一系列小型拉分盆地。前陆盆地对应于上三叠统至下白垩统的巨厚陆相沉积楔体,总体为一不对称的向形构造,局部地区发育有背斜构造。该前陆盆地分为东、西两个凹陷,中间为一构造隆起。西部凹陷内充填上三叠统和侏罗系,下白垩统仅残留在向斜核部。东部凹陷内缺失上三叠统,侏罗系和下白垩统陆相红层直接覆盖在古生代碳酸盐岩之上,地层发生平缓褶皱。中间隆起,也叫米引隆起,构造复杂,断层发育,呈北东—南西走向。前陆腹地位于中生代前陆盆地的西北部平缓地形区,喀斯特地貌发育,构造上属于湘桂地块,构造样式以同心式褶皱为主,构造平缓,卷入晚古生代至早三叠世碳酸盐岩地层,核部被中三叠世中酸性火山岩覆盖,侏罗纪及早白垩世砾石层不整合其上。整个前陆腹地被一组共轭剪切断裂切割,走向分别为北西—南东和北东—南西。

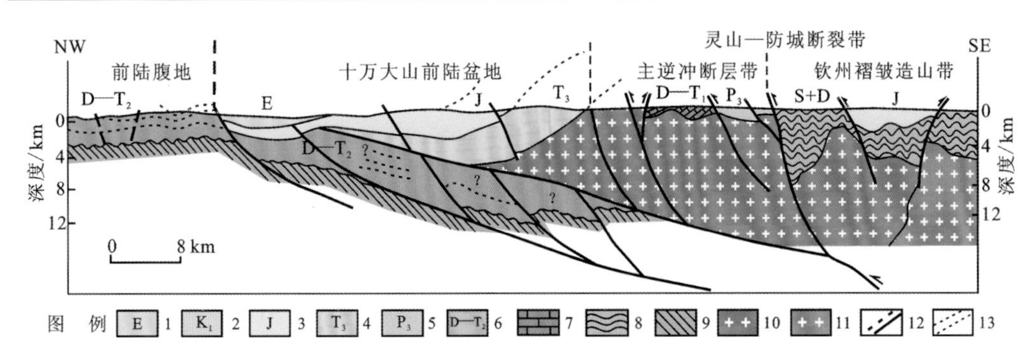

图 1.7　十万大山前陆盆地滑脱构造横剖面示意图(张岳桥,1999)

1. 古近系;2. 下白垩统;3. 侏罗系;4. 上三叠统;5. 上二叠统;6. 泥盆纪—早三叠世海相沉积;7. 泥盆纪—中三叠世海相沉积;8. 志留纪和泥盆纪海相复理石;9. 加里东褶皱基底;10. 印支期花岗岩;11. 加里东期花岗岩;12. 断裂构造;13. 层内界面;? 指推测

结合地震剖面、地表地质、重力和 TM 遥感图像等资料,张岳桥(1999)认为灵山—防城地壳型断裂是十万大山前陆构造滑覆及冲断推覆构造的根带,这条断裂可能是钦州海西期—印支期造山带和华南准台地的主要分界线。十万大山前陆构造变形至少导致沿根带 30 km 以上的地壳缩短。

5. 中生代盆地构造

华南地区中、新生代陆相盆地广为发育,但规模一般较小而成因复杂,晚三叠世—侏罗纪主要为大型拗陷盆地,白垩纪主要为断陷盆地,它们构成 3 条醒目的盆地带,西为沅陵-麻阳-靖州拗陷带、中为南昌-湘南-十万大山拗陷带、东为赣中南-广州拗陷带,它们分别为雪峰山、罗霄-云开大山所分隔。这些拗陷带(盆)呈 S 状展布,是在构造薄弱带上发展起来的,其深部对应地幔隆起带。拗陷带内堆积的是与裂陷活动有关的粗碎屑岩,其间夹有火山杂岩,包括钙碱性火山岩和少量双峰式火山岩。其中,南昌-湘南-十万大山拗陷带即位于钦杭成矿带,带内还分布一系列碱性 A 型花岗岩、正长岩及属于 I 型花岗岩类的花岗斑岩、少量碱性玄武岩,这表明钦杭成矿带在中生代发生了强烈的构造岩浆活动,同时这些侵入岩和火山岩的出现指示了侏罗纪—白垩纪时期地壳拉张作用的存在(付建明 等,2004;陈培荣 等,2002;郭新生 等,2001)。

1.2.3　深部构造特征

1. 区域壳幔结构

1) 地壳速度结构

根据阿尔泰—台湾地学断面资料,贯穿本研究区的凤凰—兴国段地壳速度在 5.2～8.0 km/s,总体上地震波速随深度增大而增大,在 7.0～8.0 km/s 表现为速度梯度带。根据地震波速的变化,可将研究区地壳分为上、中、下三层。其中,上地壳速度为 5.2～6.4 km/s,可进一步分为极低速层(小于 6.0 km/s)和低速层(6.0～6.4 km/s)两个亚层,前者对应于沉积盖层,后者可能为浅变质岩层;中地壳速度为 6.4～7.0 km/s,对应于长英质岩石和深变质岩;下地壳速度为 7.0～8.0 km/s,推测为镁铁质岩层;上地幔速度大于 8.0 km/s。

研究区岩石圈地球物理模型不仅存在纵向分层,也具有横向分块的特点(表 1.2)。凤凰—邵阳段莫霍面急剧抬升,由 46 km 上升至 35.4 km;邵阳—衡阳段莫霍面略有抬升,由 35.4 km 上升至 29 km 左右;衡阳以东莫霍面深度变化较小,深度在 30 km 左右。大致以邵阳为界,西段各层速度较稳定,横向变化不大,显示该段地壳密度横向变化不大;东段速度分层界面起伏较大,反映密度横向有一定变化,在衡阳、茶陵两地 10 km 以下存在低密度体,永新-泰和段由地表至 20 km 平均密度较低[图 1.8(a)]。

表 1.2 凤凰—兴国地壳分层速度及厚度

层序	速度/(km/s)	厚度/km			
		凤凰	邵阳	茶陵	兴国
上地壳	5.2～6.0	2.0	7.4	2.9	4.6
	6.0～6.4	17.9	11.3	16.7	17.6
中地壳	6.4～7.0	22.5	14.8	9.9	8.3
下地壳	7.0～8.0	3.7	1.8	1.1	0.5
合　计		46.1	35.3	30.6	31.0

2) 岩石圈热结构

地学断面岩石圈地温剖面图明显分为三段[图 1.8(b)]:中段(邵阳—衡阳)下地壳及地幔相对两侧地温呈低温,其他资料也显示该段岩石圈明显增厚;东段(衡阳—兴国)相对西段(凤凰—邵阳)莫霍面上、下的地温要高约 100 ℃。在衡阳—茶陵,由地幔向上至深度近 20 km 处,有一显著的局部高温异常。

3) 岩石圈电性结构

地学断面岩石圈大地电磁测深资料显示[图 1.8(b)]邵阳以东壳内低速层和低阻层发育,可能与岩浆岩有关。在衡阳—茶陵,存在由地幔向上地壳涌入呈直立的低阻区,与局部高温异常相对应,推测为中酸性岩体引起,其深部呈融熔状态。区域重力也推断该处有大型中酸性岩体及一条由地表至地幔的穿壳断裂,即常德—南雄深断裂,沿该断裂带金属矿床繁多,是本区重要的控岩控矿构造。

4) 岩石圈结构

深部地球物理资料表明,钦杭古板块结合带岩石圈以低速、低(中)阻、低温为特点(王懋基,1994;胡圣标 等,1994),上地幔软流圈顶面埋深达 200～320 km,其北西侧扬子地块岩石圈厚 180～220 km,南东侧华夏地块岩石圈厚度小于 150 km,大致从江西南昌经湖南文家市—长沙—南宁为岩石圈增厚区(刘建生 等,1993),与新元古代—早古生代巨厚沉积增生楔的展布方向一致,反映其为一条显著的岩石圈不连续带和上地幔凹陷带[图 1.8(c)],指示了岩石圈古俯冲带的存在(饶家荣 等,2012;袁学诚和华九如,2011)。

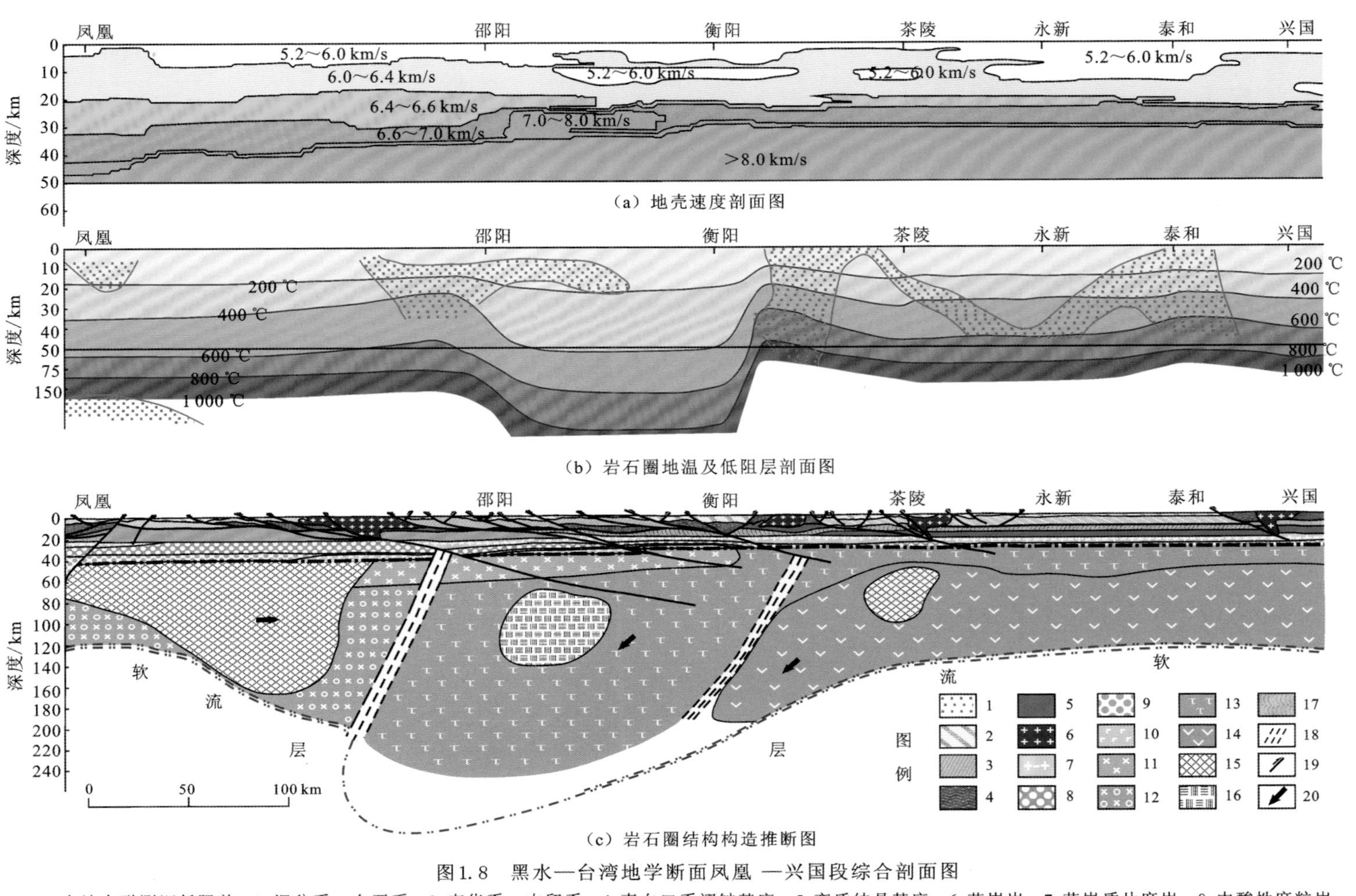

(a) 地壳速度剖面图

(b) 岩石圈地温及低阻层剖面图

(c) 岩石圈结构构造推断图

图1.8　黑水—台湾地学断面凤凰—兴国段综合剖面图

1. 大地电磁测深低阻曾；2. 泥盆系—白垩系；3. 南华系—志留系；4. 青白口系褶皱基底；5. 变质结晶基底；6. 花岗岩；7. 花岗质片麻岩；8. 中酸性麻粒岩；9. 基性麻粒岩；10. 底侵玄武岩；11. 尖晶石二辉橄榄岩；12. 石榴子石二辉橄榄岩；13. 以橄榄岩为主的上地幔岩；14. 中速刚性地幔块体；15. 高速刚性地幔块体；16. 低速地幔块体；17. 壳内韧性剪切带；18. 幔内韧性剪切带；19. 断裂及运动方向；20. 块体运动方向

2. 深部构造单元

已有的研究表明,华南地区大型多金属矿床都产在地质构造相对薄弱的地区,也就是岩石圈减薄相对强烈的地段。这样的构造环境为深源地幔物质的上升提供了通道,有利于形成大矿。因此,研究莫霍面深度的变化具有重要的地质意义。总体来说,研究区莫霍面深度的变化特征是东部浅、西部深,在中部(南岭地区)存在近东西向大型幔拗带。沿桑植—榕江—河池—百色存在一条北北东向巨型幔坡带,该幔坡带及其西侧,莫霍面由东向西急剧下降,其东侧幔隆、幔拗相间展布。莫霍面最浅处位于海南省海口至文昌,为25 km;最深处在黔桂交界处,达43 km。根据莫霍面的起伏及形态特征,可将钦杭成矿带(西段)及其邻区深部构造划分为6个一级构造单元、17个二级构造单元(图1.9)。

武陵山幔坡带(I):位于吉首—从江以西,总体呈北东向展布,属武陵山-太行山-大兴安岭巨型幔坡带的南段。其主体在武陵山区(I_1),向西南延伸至榕江后融入北东向的河池-白色幔坡带(I_2)中。该带由东向西地壳厚度急速增大,莫霍面深度在35～47 km。在恩施地区存在小规模的幔隆和幔拗。

鄂湘赣复杂地幔构造区(II):位于武陵山幔坡带以东,龙胜—郴州—全南以北区域。区内幔隆带与幔拗带相间展布,明显受到北北东向和北西向两组深断裂的影响,以北北东向为主。主要由两隆[麻阳-常德-湘潭-衡阳幔隆(II_2)、南昌-吉安-赣州幔隆(II_5)]两拗[雪峰山幔拗(II_3)、修水-桂东幔拗(II_4)]组成,莫霍面深度在28～39.5 km。

南岭幔拗区(III):为中南地区腰部的东西向地幔拗陷区。以桂林-惠州地幔变异带为界,可划分为两个次级单元。西部为柳州-金秀幔坪(III_1),总体呈向北弧形突出、坡度变化较小的缓坡带,仅在金秀附近存在一小型幔拗,莫霍面深度为33～38 km;东部为灌阳-全南幔拗区(III_2),相对于南北两侧总体呈幔拗带,但没有清晰的幔拗中心,由一系列规模较小的幔凹、幔凸构造组成,莫霍面深度在34～39 km。

南宁-广州复杂地幔构造区(IV):位于南宁-英德幔坡地幔变异带以南、南宁—阳江—香港一线以北区域,总体呈近东西向展布的地幔上隆带。可划分为以下三个次级单元:①南宁-梧州-德庆幔坪(IV_1),莫霍面深度变化小,为32.5～33 km;②信宜幔拗(IV_2),位于博白-阳春,呈近东西向展布,幔拗中心在信宜附近,深度为34.5 km;③佛山幔隆(IV_3),位于云浮-惠州,呈近东西向,幔隆中心在佛山,深度为28 km。

阳江-香港幔坡带(V):属东南沿海幔坡带的南延部分,莫霍面深度为27～31 km。其北段呈北北东向展布,向西南延伸至茂名后融入南宁-北海地幔变异带,并逐渐转为北西向大致沿32 km等深线直线状延伸。

环北部湾复杂地幔区(VI):位于南宁—茂名一线以南,在凭祥、北海、雷州、儋州—文昌、五指山五个地区的陆地及邻近海域,出现多个幔隆、幔拗相间排列(VI_1～VI_5)。其中,以五指山为中心的五指山幔拗规模较大,莫霍面深度为28～30.5 km;在文昌市地区出现全区莫霍面最高点,深度为25 km。

3. 深部线性构造

深断裂通常包括岩石圈断裂和地壳断裂或硅镁层断裂。本次划分深断裂的标志是:

断裂规模大,沿断裂带有呈线性分布的基性、超基性岩及深源中酸性岩出露;在区域布格重力异常图上表现为重力梯度带等线性异常,构成深部构造单元的界线;在 60 km×60 km窗口滑动平均的区域布格重力异常图上仍有明显的断裂。根据地震剖面及其他地球物理资料,在钦杭成矿带(西段)及邻区范围内,共推断出三个方向的深断裂 23 条(图 1.10),其中北东向断裂 13 条($F_1 \sim F_{11}$、$F_{19} \sim F_{20}$),北西向断裂 5 条($F_{12} \sim F_{16}$),近东西向断裂 5 条($F_{17} \sim F_{18}$、$F_{21} \sim F_{23}$)。各方向深断裂都具有平行、等距分布的特点,而且这些断裂在地表也有不同程度的反映,尤其是北东向深部断裂在地表的反映较明显。

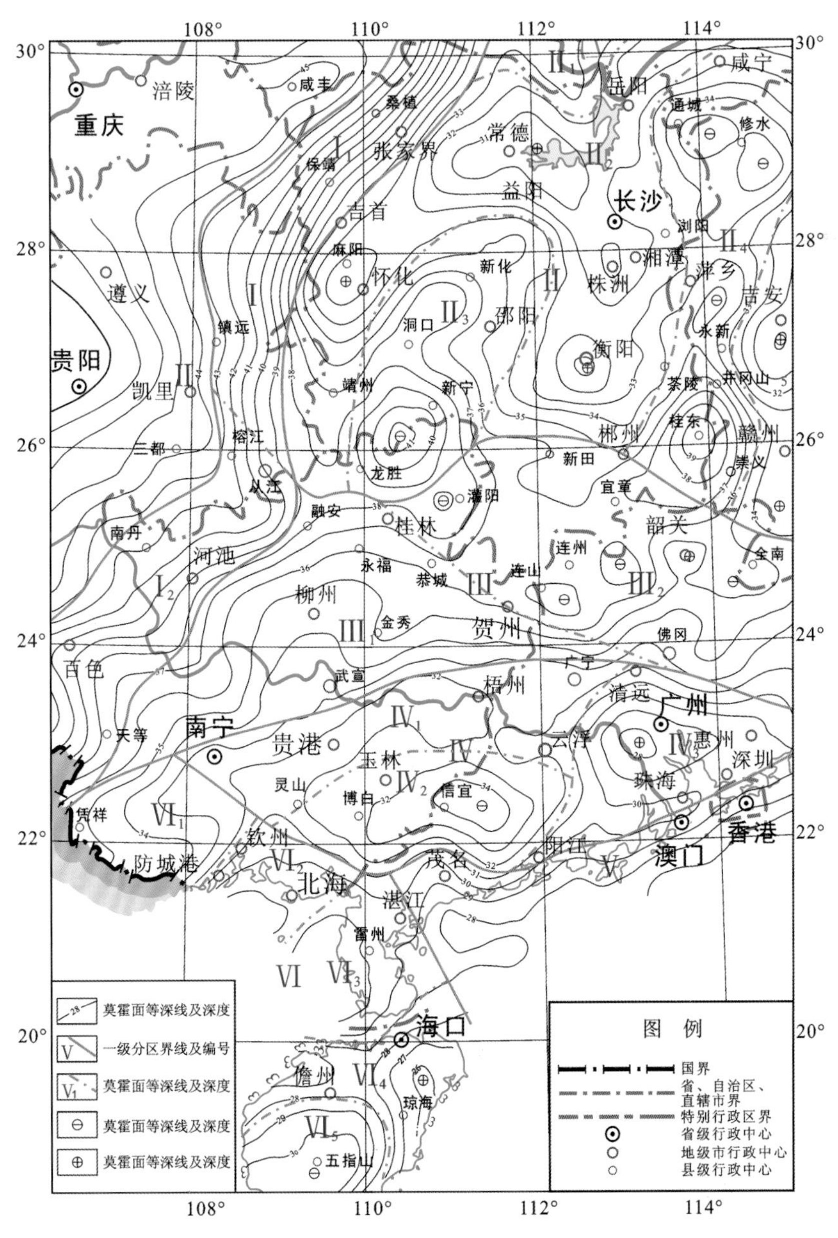

图 1.9　钦杭成矿带(西段)及邻区莫霍面等深线及构造分区示意图

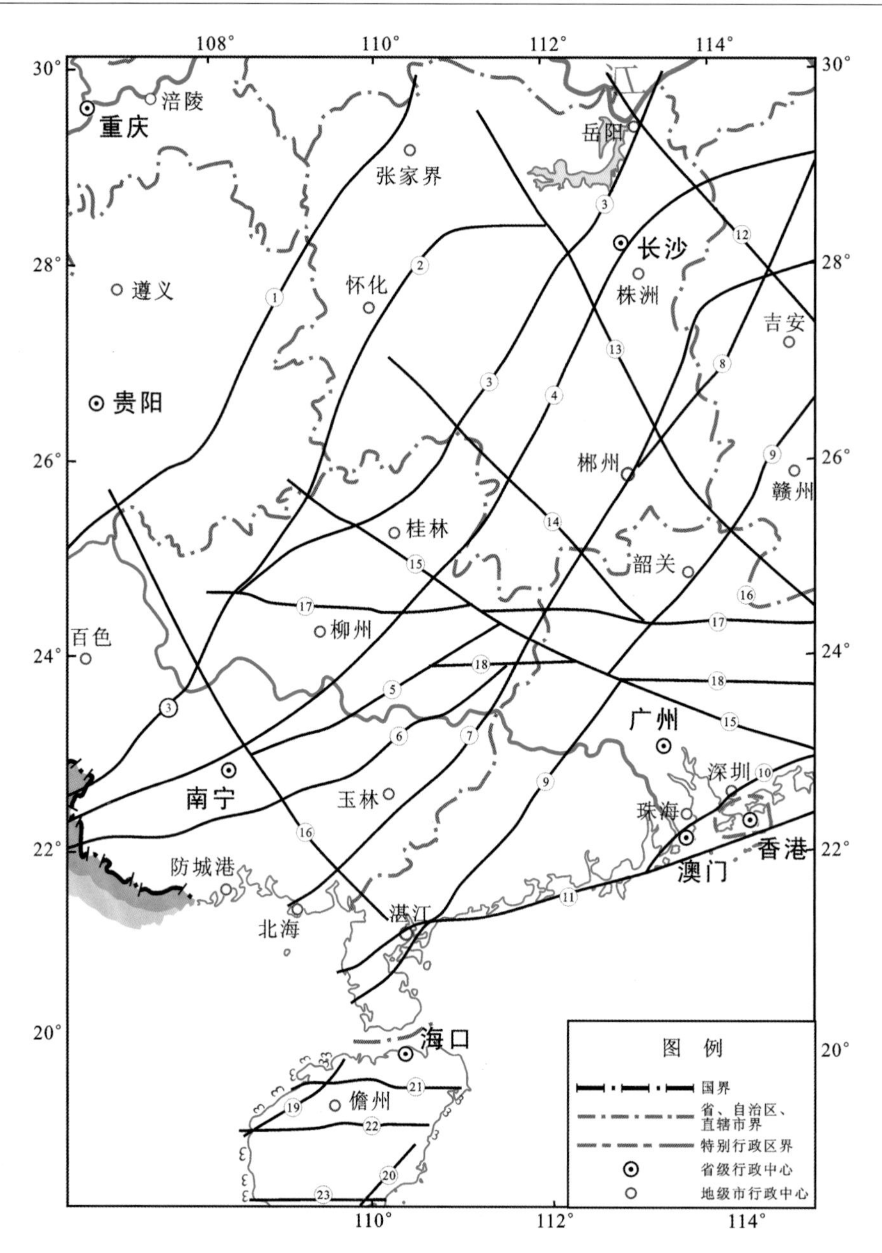

图 1.10　钦杭成矿带(西段)及邻区深断裂推断示意图

①为浙川—桑植—三都深断裂(F_1)；②为溆浦—靖州深断裂(F_2)；③为岳阳—邵东—融安—大新深断裂(F_3)；④为长沙—恭城—龙州深断裂(F_4)；⑤为贺州—南宁深断裂(F_5)；⑥为信都—凭祥深断裂(F_6)；⑦为萍乡—郴州—博白深断裂(F_7)；⑧为瑞昌—宁冈深断裂(F_8)；⑨为吴川—四会深断裂(F_9)；⑩为莲花山深断裂(F_{10})；⑪为吴川—香港—汕头深断裂(F_{11})；⑫为监利—万载—宁都深断裂(F_{12})；⑬为常德—衡山—南雄深断裂(F_{13})；⑭为武冈—蓝山深断裂(F_{14})；⑮为临桂—清远深断裂(F_{15})；⑯为南丹—灵山深断裂(F_{16})；⑰为河池—阳山—平远深断裂(F_{17})；⑱为清远—潮州深断裂(F_{18})；⑲为博厚—三更深断裂(F_{19})；⑳为龙滚—东洲深断裂(F_{20})；㉑为王五—文教深断裂(F_{21})；㉒为昌江—琼海深断裂(F_{22})；㉓为九所—陵水深断裂(F_{23})

1.3 区域岩浆岩

区内岩浆岩发育,分布极为广泛。其中侵入岩以中酸性-酸性花岗岩类为主,另有少量中性、基性-超基性岩;喷出岩主要有玄武质、流纹质、英安质火山岩,少量超基性、粗面质和安山质火山岩。岩浆岩形成时代从中元古代蓟县纪至燕山期均有分布(图1.11),其中以燕山期岩浆活动最为强烈,其次为加里东期和海西期—印支期,新元古代岩浆岩出露零星,中元古代岩浆岩分布局限(仅见于海南岛)。

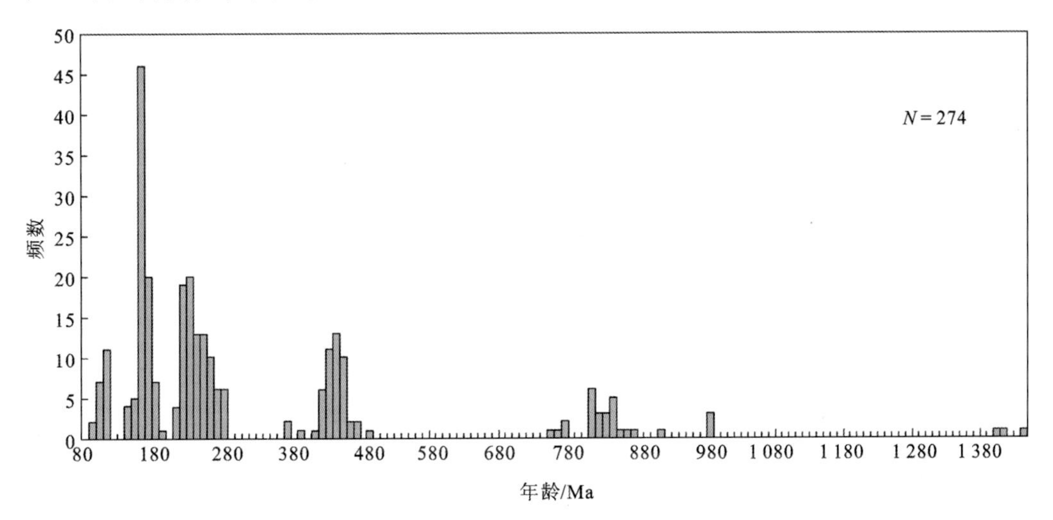

图1.11 钦杭成矿带花岗岩形成年龄-频数图

1.3.1 中性-酸性侵入岩

区内中酸性-酸性侵入岩(花岗岩类)发育,除海南岛外,其他地区中性侵入岩少见。据最新同位素年龄资料统计,区内中性-酸性侵入岩形成时代在1455~90 Ma,以侏罗纪—早白垩世(燕山期)最为集中,且年龄以160~130 Ma居多(图1.11)。

中元古代花岗岩类目前仅见于琼西地区,主要有戈枕、亚炮、尧文等岩体。岩性主要为片麻状黑云母花岗闪长岩、二长花岗岩及少量黑云母正长花岗岩。岩石变形和蚀变作用强烈,片理化、糜棱岩化现象普遍,长石交代结构发育,钾长石残斑常呈眼球状,石英拔丝状、云母条纹状,有白云母、绢云母、绿泥石等新生矿物形成及黑云母析出铁质、石英重结晶等低绿片岩相变质现象。锆石U-Pb同位素年龄为1 397~1 455 Ma(许德如 等,2006;Li et al.,2002;马大铨 等,1998;丁式江,1995),属蓟县纪晚期。

新元古代(晋宁期)花岗岩类主要见于桂北的宝坛、三防和元宝山,湘西南城步茅坪镇—兰蓉乡一带,以及湘东北的岳阳张邦源、平江梅仙、浏阳长三背和大围山等地,多呈小型岩基或岩株状产出,岩性主要为角闪黑云母英云闪长岩、黑云母花岗闪长岩、黑云母二长花岗岩。锆石U-Pb年龄为 840～816 Ma(马铁球 等,2010;柏道远 等,2010;王孝磊 等,2006;钟玉芳 等,2005;Li et al.,2003a,b;李献华 等,2001a),属青白口纪。

早古生代(加里东期)花岗岩类广泛分布于赣西、湘东北、湘中—桂东北、粤西等地区,多呈规模宏大的复式岩体产出,构成特征的花岗岩穹窿,大者面积 1 000 km^2 以上,如武功山、苗儿山、越城岭、万洋山等岩体;小者出露面积在 100 km^2 以上,如板杉铺、大宁、永和、雪花顶、彭公庙等岩体。岩性主要为花岗闪长岩、二长花岗岩。此外,在桂东大瑶山等地区见有呈岩株或岩脉产出的石英闪长岩、花岗闪长(斑)岩、二长花岗岩。形成时代集中于 465～410 Ma(陈懋弘 等,2012;付建明 等,2011;张文兰 等,2011;程顺波 等,2009;伍光英 等,2008),属晚奥陶世—志留纪。

晚古生代—早中生代(海西期—印支期)花岗岩类主要分布于湘中-桂东北、湘东南、桂东南及海南岛等地区,具有点多面广的特点,总体出露面积不大。除少数以独立岩体产出外,多出现于复式岩体中,如湘中白马山、桂东北越城岭等岩体是由加里东期、印支期和燕山期花岗岩构成的复式杂岩体;而湘中关帝庙、湘东南大义山等岩体是由印支期、燕山期花岗岩构成的复式杂岩体。该时期花岗岩的形成时代和岩石组合具有明显地域差异。海南岛岩浆活动时间为二叠纪—三叠纪(287～210 Ma)(陈新跃 等,2011;谢才富 等,2006,2004),岩性以二长花岗岩为主,其次为正长花岗岩,少量花岗闪长岩、石英正长岩、碱长花岗岩;桂东南大容山地区集中于晚二叠世—中三叠世(260～230 Ma)(王磊 等,2016;Chen et al.,2011;邓希光 等,2004),岩性以堇青石黑云母花岗岩、紫苏石榴堇青石花岗岩为主;而华南内陆(湘桂地区)则集中于中—晚三叠世(240～200 Ma)(付建明 等,2011;丁兴 等,2005;王岳军 等,2001),缺失石炭纪—二叠纪侵入岩,岩性主要为黑云母二长花岗岩、花岗闪长岩及二云母花岗岩,少量正长花岗岩。

晚中生代(燕山期)花岗岩类分布极广,其空间分布受基底构造及深大断裂控制明显,往往形成规模宏大的构造-岩浆带,展布方向以北东向、东西向为主,也有部分呈北西向、南北向产出。形成时代为侏罗纪—白垩纪,可分为早、晚两期,其中燕山早期岩浆活动主要集中在中侏罗世与晚侏罗世之交(165～155 Ma),岩性以黑云母二长花岗岩为主,其次为黑云母花岗岩、花岗闪长(斑)岩、花岗(斑)岩;燕山晚期岩浆活动主要发生在早白垩世与晚白垩世之交(105～95 Ma),岩性主要为黑云母二长花岗岩、花岗闪长岩及黑云母花岗岩。在古生代地层组成的拗陷区,广泛分布燕山期花岗质-花岗闪长质小岩体。一般认为,花岗闪长质小岩体(如铜山岭、宝山、水口山)有幔源物质的明显加入,在时空上与铜多金属矿床关系密切;而花岗质小岩体(如千里山、香花岭、黄沙坪)一般为高度演化的过铝花岗岩,与钨、锡矿床关系密切。

1.3.2 基性-超基性侵入岩

区内基性-超基性侵入岩分布广泛,但规模一般较小,大多呈岩墙、岩脉状产出,少数呈小岩株,形成时代从新元古代早期至晚白垩世。

新元古代基性-超基性侵入岩主要分布于湘东北、湘西、桂北、云开及海南岛等地区。新元古代早期(～1 000 Ma),云开地块北缘存在一系列变基性-超基性侵入岩(Wang et al.,2013;Zhang et al.,2012a),海南岛也可能存在该时期的基性侵入岩(马大铨 等,1998);新元古代中期(860～820 Ma)的基性-超基性侵入岩主要出露于湘东北浏阳市文家市、湘西中方隘口、桂北宝坛—三防—元宝山,侵入于冷家溪群或四堡群,形成年龄集中在840～820 Ma(张春红 等,2009;周继彬 等,2007;Li et al.,1999);新元古代晚期(820～740 Ma)的基性-超基性岩广泛分布于湘西桃源走马岗—通道陇城至桂北三门街—龙胜一带,它们侵入于板溪群或丹洲群,形成年龄集中在770～740 Ma(Wang et al.,2008;葛文春 等,2001)。

早古生代基性-超基性侵入岩主要见于云开地区,零星出露于信宜—高州一带,呈岩株或岩脉侵入于前寒武纪地层或早古生代片麻状花岗岩中,单个岩体(岩脉)面积较小,其中以信宜竹雅、高州石板规模较大,岩性主要为苏长辉长岩和变辉长岩。围岩多呈现强烈的韧性流变剪切变形特征,而基性岩未发生韧性流变剪切变形,但多发生了不均匀蚀变。信宜竹雅和高州石板辉长岩锆石结晶年龄分别为(445.1±7.3) Ma和(447.5±5.6) Ma(Wang et al.,2013;周岱 等,2007),代表了辉长岩的侵位时代。

晚古生代—早中生代基性-超基性侵入岩在海南岛和桂东南地区分布较广,呈岩株或岩脉产出,如琼西红水岭辉长辉绿岩、琼东长安角闪辉长岩,后者锆石SHRIMP U-Pb年龄为(238±3) Ma(谢才富 等,2004);桂东南地区主要沿灵山—藤县断裂带分布,岩性以辉长岩为主,少量辉绿岩,偶见辉石岩,角闪辉长岩锆石LA-ICP-MS U-Pb年龄为230～249 Ma(赵国英 等,2016;许华 等,2015)。华南内陆有中—晚三叠世基性侵入岩零星分布,有两种产出状态:①呈包体形式存在,包括产于同期花岗岩体中的残留体及产于火山岩中的深源捕虏体,前者主要沿新化—龙胜断裂带分布,见于隆回老屋里、桃江瓦窑冲等地,岩性主要为角闪辉长岩;后者主要沿双牌—恭城断裂带分布,见于湘南宁远—道县至桂东北恭城—平南一带,产于中生代玄武岩中,岩性主要有辉长岩、橄榄岩、橄榄辉石岩等。桃江瓦窑冲、道县虎子岩辉长岩锆石SHRIMP U-Pb年龄分别为223 Ma、225 Ma(湖南省地质调查院,2017)。②呈岩脉或岩墙产出,如湘东板杉铺志留纪花岗岩体中部枫林—东冲铺等地的辉绿(玢)岩,其全岩K-Ar等时线年龄为238 Ma(湖南省地质调查院,2017)。

晚中生代基性-超基性侵入岩较发育,分布范围广,但规模一般较小,大多呈岩墙、岩脉状产出,少数呈小岩株,主要分布于深大断裂带及其两侧的复式岩体内及其周边,岩性主要为辉绿岩、煌斑岩,在湘西南—桂北及桂东大瑶山等地区还伴有少量辉石岩、辉橄岩,形成时代主要为180～80 Ma(湖南省地质调查院,2017;马铁球 等,2010;贾大成 等,2003;葛小月 等,2003;赵振华 等,1998)。其中,中—晚侏罗世基性-超基性侵入岩主要出露于湘南和湘西南—桂北地区,包括湘南千里山花岗岩体内及其南侧三百铺等地的辉绿(玢)岩、湘西南崇阳坪花岗岩体内外及通道下洞、桂北罗诚等地的辉绿玢岩、辉石岩、辉橄岩、煌斑岩。早白垩世基性侵入岩主要出露于湘东南汝城横山—江头芳一带及桂东南地区,岩石类型主要为辉绿岩。晚白垩世基性侵入岩主要出露于湘东、桂东南、粤西和海南岛,岩石类型主要为辉绿岩、煌斑岩。

1.3.3 火山岩

研究区出露了从古元古代至第四纪几乎所有时代的火山岩,岩石类型包括酸性、中性、基性、超基性及碱性岩类。

古—中元古代火山岩主要出露于海南岛,产于抱板群戈枕村组,零星出露于琼西抱板、大蟹岭、冲卒岭及琼中上安等地。戈枕村组上部主要由混合岩化黑云(角闪)斜长片麻岩、黑云(角闪)斜长变粒岩、斜长角闪(片麻)岩组成;下部为紫苏(二辉)斜长片麻岩、麻粒岩。根据岩石组合关系、野外产出特征,结合岩石地球化学方法判别,片麻岩、变粒岩的原岩主要为中酸性火山岩,斜长角闪(片麻)岩和麻粒岩的原岩主要为中基性火山岩,其原岩的形成时代为1 800～1 637 Ma(马大铨 等,1998),属长城纪。此外,湘东北仓溪岩群中变火山岩原岩的形成时代也可能为古元古代。区内是否存在中元古代火山岩目前尚无定论。从现有资料分析,最有可能形成于该时代的火山岩是赋存于云开地区天堂山岩群中的火山岩,其次是云开岩群中的部分火山岩(覃小锋 等,2006),以变基性岩为主。

新元古代火山岩分布较广,湘东北地区冷家溪群雷神庙组普遍富含火山碎屑物质,下部夹石英角斑岩;桂北四堡群中的火山岩主要是一套半深海相砂泥质复理石建造夹基性-超基性火山岩。湖南板溪群沧水铺组(宝林冲组)和五强溪组,桂北丹洲群、桂东北鹰扬关群,桂东—粤西云开群(部分)、海南石碌群,湘中—桂北地区南华系富禄组、湘南—桂东北地区天子地组,粤西南华系大绀山组中都发育火山岩。

早古生代火山岩主要出露于云开地块西北缘博白—岑溪及广西大明山地区,海南岛奥陶系和志留系地层中有少量分布。博白—岑溪地区早古生代火山岩见于岑溪市糯洞镇油茶林场—山塘、安平镇白板—大爽一带及博白周垌、北流民安水库等地。其中,油茶林场—山塘一带的火山岩整合于上奥陶统之上,已发生强烈变质,形成阳起石岩、斜长阳起石岩等;白板—大爽一带的火山岩产于下志留统浅变质碎屑岩中,主要由细碧岩、角斑岩、枕状玄武岩、凝灰熔岩、火山角砾岩等组成。大明山地区早古生代火山岩见于武鸣县两江一带,呈层状、似层状或透镜状产于下奥陶统底部的砾岩和下部浅变质砂泥岩中,底部主要为沉火山角砾岩、沉凝灰角砾岩;下部为中性角斑岩和少许石英角斑岩、细碧岩。琼西邦溪、猕猴岭等地奥陶系南碧沟组上段由绢云母板岩、变质粉砂岩夹多层阳起石片岩、绿泥石片岩组成,片岩的原岩为基性-超基性火山熔岩、火山碎屑岩;琼东东岭农场江南队—前哨队一带志留系见多层沉凝灰岩和凝灰质砂岩、空列村组见较多沉凝灰岩和凝灰岩,与变质砂岩、板岩互层产出或独立成套出现。

晚古生代—早中生代火山活动较弱,该时代的火山岩仅在广西和海南岛的局部地方可见。按形成时代简述如下。

(1) 泥盆纪火山岩。广西钦州—玉林一带中泥盆统以硅质岩、碧玉岩为主夹凝灰岩及火山熔岩;博白县周垌一带中泥盆统灰岩之中产有石英角斑岩。

(2) 石炭纪火山岩。海南岛石炭系南好组和青天峡组中都见有火山碎屑岩产出,如东岭农场一带南好组上部见沉凝灰岩呈夹层产出、青天峡组上部见厚达39.45 m的含晶屑沉凝灰岩;广西钦州地区下石炭统石夹组上部为硅质岩、硅质页岩夹泥岩及凝灰岩、熔结凝灰岩。

(3) 二叠纪火山岩。仅见于海南儋州市南丰镇—屯昌县西昌园一带,在下二叠统峨查组下段细碎屑岩中夹有基性-超基性火山岩。

(4)三叠纪火山岩。早三叠世火山岩主要出露于广西凭祥、钦州和海南琼海地区。广西钦州地区为一套中基性火山岩,产于下三叠统南洪组中,分布于灵山县新圩北西侧大塘一带,地表仅出露辉石安山玢岩,据钻孔资料,此套火山岩自下而上为火山角砾岩、钙质凝灰质角砾岩、钠长石化熔岩、玄武玢岩、辉石安山玢岩等;凭祥地区为一套酸性-中酸性熔岩、凝灰岩和火山角砾岩,局部出露玄武岩,产于下三叠统北泗组中,分布于凭祥板扣、叫隘、龙州和崇左市江州等地。海南琼海牛岭一带出露早三叠世流纹岩夹流纹质角砾熔岩,其锆石 SHRIMP U-Pb年龄为(247±5) Ma(龙文国 等,2013);九曲江一带下三叠统岭文组见凝灰质细砂岩、流纹质含晶屑玻屑凝灰岩。中三叠纪火山岩分布于广西钦州和崇左江州地区,均为酸性火山岩。钦州地区产于中三叠统板八组中,出露于台马岩体的边缘或顶部,多为流纹斑岩及熔岩、凝灰岩,部分熔岩被中三叠世台马岩体侵入,并在花岗斑岩体中有熔岩包体;崇左江州地区呈层状产于中三叠统百蓬组内,以酸性熔岩为主,次为凝灰质角砾岩、角砾熔岩、凝灰岩。

晚中生代为区内火山活动最强盛的时期,火山岩分布较广,按形成时代简述如下。

(1) 侏罗纪火山岩。主要出露于湘南地区,桂东南、粤西地区有少量分布。湘南地区集中分布于新田—宁远—道县—江永一带,以及蓝山两江口、宜章长城岭、桂东贝溪、汝城横山等地,桂阳宝山—黄沙坪地区有少量分布。新田—宁远—道县—江永一带为基性-超基性火山岩,岩性以碱性玄武岩、橄榄拉斑玄武岩、玄武质火山角砾岩-集块岩为主;蓝山两江口为中酸性火山岩,岩性有英安流纹质火山角砾岩、英安流纹斑岩、流纹岩、凝灰岩等;宜章长城岭、桂东贝溪和汝城横山等地为基性-中基性火山岩,岩性有玄武岩、玄武安山岩、安山岩及安山质熔结角砾岩、凝灰岩等;宝山—黄沙坪地区为中酸性火山岩,岩性主要为英安质火山角砾岩-集块岩,少量流纹斑岩。对于上述火山岩的形成时代,早前采用 K-Ar、$^{40}Ar/^{39}Ar$及 Rb-Sr 等方法获得的同位素年龄为 128～178 Ma(付建明 等,2004;Li et al.,2004;贾大成 等,2003;赵振华 等,1998;黄国祥,1989)。

近年来,刘勇等(2012,2010)获得宁远保安圩中心铺和李宅湘碱性玄武岩的锆石 LA-ICP- MUS U-Pb年龄分别为(212.3±1.7) Ma 和(205.5±3.0) Ma,宜章长城岭安山岩锆石 SHRIMP U-Pb年龄为(159±14) Ma 和(229.3±7.6) Ma,结合道县虎子岩玻基辉橄岩$^{40}Ar/^{39}Ar$ 坪年龄[(204.3±4.09) Ma](赵振华 等,1998)及辉长岩包体 Sm-Nd 年龄[(224±24) Ma](郭锋 等,1997),可能反映了湘南地区晚三叠世基性岩浆底侵和燕山早期岩浆侵位的演变过程。桂东南地区侏罗纪火山岩见于北流市六麻盆地西侧边缘,产于下三叠系—侏罗系天堂组中,顶、底均为凝灰质碎屑岩和沉凝灰岩,中部为沉火山角砾岩或中-酸性凝灰岩,整个火山岩系被下白垩统砾岩不整合覆盖。粤西地区侏罗纪火山岩见于阳春盆地西缘小南山一带,见下侏罗统金鸡组中夹一层厚度为 1～2 m 的凝灰岩。

(2) 白垩纪火山岩。主要分布于湘南、湘东、桂东南、粤西和海南岛。湘南地区出露早白垩世火山岩主要分布于宁远保安圩、黄家坝、立楼寨等地,呈似层状或不规则长条状、管状等产于早白垩世地层下部,岩性为玄武岩及玄武质火山角砾岩-集块岩,同位素年龄为 115 Ma(陈必河,1994)。湘东地区出露晚白垩世火山岩,以长平、醴攸、衡阳等红层盆地中最发育,茶永及临武红层盆地及金井花岗岩体中也有出露。其中,在长平盆地中的浏阳西楼、北盛—长沙春华山、高桥、果园地区,醴攸盆地中的张家碑—杨木港地区,衡阳盆地中的冠市街、春江铺等地区较集中,以玄武质和玄武安山质熔岩为主,少量响岩质碱玄岩、碱玄质响岩，全岩 K-Ar 和$^{40}Ar/^{39}Ar$年龄介于 92～70 Ma(湖南省地质调查院，2017；马铁球 等，2004)。粤西地区仅产出早白垩世火山岩，其中阳春市山表村为一套酸性-中酸性熔岩-熔结火山碎屑岩，岩性有流纹岩、英安-流纹质含角砾熔岩、英安-流纹质含角砾熔结凝灰岩；云安县化龙岗为一套酸性-中酸性火山碎屑岩；高州市长坡镇石狗岭主要为流纹质火山碎屑熔岩及少量熔结火山碎屑岩，中心部位有少量流纹岩出露；高要市白珠镇石马村附近出露安山玢岩。桂东南地区仅有晚白垩世火山岩，多分布于断陷盆地中，主要有太平、自良、水汶、博白、合浦及钦州陆屋、平吉和那务等受基底断裂控制呈北东向展布的盆地，为一套以中性-酸性熔岩、火山碎屑岩、火山碎屑-沉积岩为主的岩石组合，其中以酸性火山岩为主，中性火山岩次之，组成晚白垩世下部的地层。海南岛白垩纪火山岩产于澄迈县旺商、儋州市洛基、通什五指山、保亭同安岭、三亚牛腊岭等陆相火山盆地和琼海阳江、定安雷鸣、白沙—乐东、三亚、藤桥等陆相火山-沉积盆地中，形成于早白垩世。同安岭、牛腊岭、五指山火山盆地中的火山岩一套中基性-酸性岩双峰式组合，岩性主要为英安质火山岩、流纹质火山岩为主，夹安山质火山岩、玄武安山岩、玄武质粗面安山岩及少量玄武岩、安山岩。洛基盆地主要为火山熔岩-火山碎屑岩组合，熔岩以玄武安山岩、安山岩为主；旺商盆地为火山熔岩-火山碎屑岩组合，熔岩主要由英安岩、流纹岩及少量玄武安山岩、安山岩组成。火山-沉积盆地中的火山岩往往以安山质-英安质-流纹质火山碎屑岩、沉积火山碎屑岩夹层产于下白垩统鹿母湾组陆源碎屑岩中，其中阳江盆地鹿母湾组下部产有一些(含橄榄石)玄武岩、碱性橄榄玄武岩、玻基辉橄岩、安山岩夹层。

(3) 新生代火山岩。主要分布于琼北、雷州半岛、涠洲岛，华南内陆仅见于洞庭湖盆地东南缘的宁乡县青华铺、浏阳应家山等地。雷琼地区(含涠洲岛)新生代火山较强烈，活动时间也最长，从古近纪延续至新近纪和第四纪(康先济和付建明，1991；池际尚 等，1988)。岩石类型主要有熔岩、碎屑熔岩、火山碎屑岩。熔岩类包括超基性的玻基辉橄岩和橄榄霞石岩，基性的石英拉斑玄武岩、橄榄拉斑玄武岩、橄榄玄武岩、碱性橄榄玄武岩等。碎屑熔岩类仅见集块熔岩。火山碎屑岩类见有集块岩、集块火山角砾岩、火山角砾岩、角砾凝灰岩、凝灰岩、层凝灰岩等。雷琼地区新生代火山岩堆积的地理环境既有陆相也有海相，其中古近纪和第四纪为陆相，新近纪时既有陆相也有海相。宁乡县青华铺火山岩呈层状或似层状赋存于古新世碳酸盐岩向斜盆地中，与围岩呈整合接触，底板围岩具烘烤现象，底部火山岩中有沉积岩碎块，岩性为玄武安山岩。浏阳应家山古新世火山岩由玄武岩和碱玄质响岩组成，玄武岩位于下部，碱玄质响岩位于上部，玄武岩全岩 K-Ar 年龄为(62.1±0.9) Ma(彭头平 等，2006)。

1.4　区域地球物理特征

1.4.1　区域重力场特征

区内布格重力异常多呈面型分布，其间为线性异常带分割，较明显的重力梯度带主要有城步—南宁—凭祥、德安—萍乡—郴州北东向梯度变异带，以及蒙山—佛冈东西向梯度带、通道—钟山北西向梯度变异带，为深部基底断裂构造带的反映。区内重力场变化较大，布格重力异常最大差值达 140×10^{-5} m/s^2。其中，最大值位于海南岛北端，为 28×10^{-5} m/s^2；最小值位于桂北九万大山和湘西雪峰山地区，为 -112×10^{-5} m/s^2。由北到南，钦杭成矿带(西段)布格重力异常整体可分为“高—低—高”三段，各段重力场值、异常走向也有显著变化。

北段，由邵阳—郴州往北，布格重力异常整体呈重力高。沿幕阜山—桂东一带，由多个长轴北东向的低重异常，组成南北向低重异常带，将该段分隔为东西向高—低—高三块。西侧，以衡阳、湘潭、益阳为中心的三个重力高异常组成的近南北向重力高带，各异常轴向主要为北西向。东侧，为多个长轴北东向的高重异常，组成吉安—南昌重力高带。

中段，位于柳州—清远与邵阳—郴州两线之间，整体呈低重异常段，由多个封闭的低重异常组成。中段以恭城—宁远为界，其西侧的低重异常长轴主要为北东向且规模很大；其东侧异常规模较小，异常长轴以北西西向为主，高低异常带呈北西西向相间展布。区域重力低异常反映了地幔的拗陷，局部重力低异常多反映了酸性、中酸性侵入岩体。

南段，沿海至柳州—清远之间，布格重力异常整体较高，由沿海向内陆重力值逐渐减小。布格异常主要呈近东西向、北东东向的异常条带，高低相间展布。

海南岛重力异常总的变化趋势是东部、南部、北部显高值，中部、西部显低值，以负的布格重力异常为主。异常走向以北东向为主，次为北西和近东西、近南北向。大多数重力高、重力低的中央等值线宽缓稀疏，四周表现出梯度较大的重力梯级带，其中王五—文教和九所—陵水两条重力梯级带规模较大，并将全岛大致分成三个重力异常区。北部重力异常区，对应于雷琼断陷，异常水平梯度大，以重力高为主；中部重力异常区，对应于五指山褶皱带，由重力异常幅度较大的负异常组成，异常走向以北东东为主；南部重力异常区，位于九所—陵水重力梯级带以南的沿海地区，该区为南海地台三亚台缘拗陷带，异常以负值为主，布格重力异常等值线多为北东向，在田独一带往东南向凸出，而在天涯海角一带异常等值线则往北西向凸出，布格重力异常总体比较平稳，反映了地台区的重力场特征。

1.4.2 区域磁场特征

研究区属低磁异常区，航磁 $\triangle T$ 强度为 $-120\sim120$ nT。总体趋势是以萍乡—钦州一线为界，西部磁场简单，东部复杂。

西部桂林—柳州—钦州一带为低弱磁场变化区，强度 $-40\sim20$ nT，局部异常分布零散，多数方向性差，局部异常多呈北东走向的串珠状、条带状，反映本区岩浆活动较弱。

东部萍乡—郴州—梧州一带主要为正负相伴的中强磁场变化区，正异常强度一般为 $20\sim60$ nT，呈北东向、北西向带状分布；负异常连续性差，强度小，一般为 $-40\sim-10$ nT。磁异常与岩浆活动及成矿作用关系密切，多数锡多金属、铅锌多金属矿田和矿床均有明显局部磁异常显示，典型的有水口山、黄沙坪、瑶岗仙、东坡、香花岭、芙蓉、铜山岭等矿田。

海南岛航磁异常总的变化趋势是北部为略显示背景降低磁场，中部为升高变化磁场，南部为正负伴生强磁场。琼南高磁异常带分布于南部沿海地区,磁场强度大,强度和梯度变化都很复杂的正负伴生异常带,在伴生负磁场中叠加有大量的局部异常带;琼中升高磁场区位于王五—文教一带以南,感城—保亭—万宁一线以北,横贯海南岛中部,该区磁场强度较大,梯度变化也较大,东西两端有变窄的趋势;琼北降低磁场区分布于王五—文教以北的沿海地区,异常总体走向多为东西向,局部为北东向、北西向和南北向。

1.5 区域地球化学特征

1.5.1 地球化学场分区

据胡云中(2006)对中国浅表地球化学场的分区,钦杭成矿带(西段)大部分位于华南二级地球化学区,仅南宁—桂林一线北西局部地区属上扬子二级地球化学区、湘东北(长沙以北)属下扬子区。

华南地区地球化学区的突出特点是铁族元素(氧化物)(Fe_2O_3、Cr、Ni、Co、Mn、V、Ti)和Cu、Zn等呈低背景分布;SiO_2、Sn、W、Pb、Nb、U、Sb、Mo、Au、Ag、Hg等呈高背景分布,其中W、Sn、Pb的平均值已达异常域值,W、Sn、Nb、SiO_2为全国各区中最高;As、K_2O为中高背景。上述呈高背景或中高背景分布的元素,在华南地区均有大规模的区域异常分布。其中,Sn、W、U、Sb、Nb、F等已形成规模巨大的地球化学省或地球化学异常集中区;Cu等呈低背景分布的元素,异常规模较小,强度较弱,往往呈串珠状或孤岛状分布在低背景带中。

上扬子地球化学区的突出地球化学特征是铁族元素(氧化物)呈高背景(Fe_2O_3、Cr、Mn)或异常(Co、Ni、V、Ti、Cu、Zn、Hg)分布。上述元素的平均值在全国各区中最高。此外,Au、Pb、As、Sb、Sn、U、B、F、Mo、Nb、P也呈高背景分布,而SiO_2和K_2O呈低背景和中低背景分布。

下扬子地球化学区的铁族元素(氧化物)呈中高背景分布,Au呈高背景分布,与华北地区地球化学区一致;Cu、Pb、Zn、Sn、W、Hg、Sb、As、Mo、B和SiO_2等呈高背景或中高背景分布。区内异常元素多,组合复杂,多成片、成带分布且规模较大,其中的长江中下游Cu、Au、Pb、Zn、Ag、As、Sb、Mo异常带部分位于钦杭成矿带(西段)内。

1.5.2 区域岩石地球化学特征

统计资料表明,区内地层中显著富集的成矿元素为Au、As、Sb、Bi、Mo、Sn、W、Li、Ag、Pb、Zn、Th、U,其中主要成矿元素W、Sn、Pb、Zn、Au、Mo在古生界和元古界都有不同程度富集,Sn以泥盆系最高,含量达3.93 μg/g,富集系数(K)为1.97,其次是奥陶系、四堡群;Pb、Zn分布不均匀,桂北下、中泥盆统泥质岩、湘南中泥盆统砂泥质岩石中都有相当程度的富集,与区内大型-特大型铅锌矿床赋存层位相对应。

不同地区及不同时期花岗岩类的微量元素分布有所差异。桂北地区同熔型岩体明显富集的元素有W、Sn、Ni、Co、V、Ti、U、Th;重熔型岩体W、Sn特别富集(*K*大于5),Nb、Pb、Zn、Li、U、Th、F、Ga、Sc也有较明显的富集,且从四堡期至燕山期主成矿元素W、Sn单向升高。湘南地区加里东期、印支期岩体富集W、Sn、Pb、Zn、Li、As、Ta、U、B、Th,其中W、Sn、Ta、U特别富集;燕山期重熔型花岗岩较印支期相对富集的元素有Cu、Pb、Zn、Ag、Sb、W、Sn、Bi、Li、Nb、Ta、As、U、F、Rb等;燕山期同熔型花岗岩Cu、Zn、V、Sr、Ag、Mo较重熔型高,而W、Sn则相对较低。

1.5.3 水系沉积物地球化学特征

1. 元素地球化学背景值特征

根据水系沉积物测量中39种元素含量的统计分析结果(表1.3),与全国水系沉积物中元素背景值相比,钦杭成矿带(西段)元素背景值具有如下特征。

(1) 除Sr、CaO、MgO、Na_2O等少数元素的背景含量显著偏低,以及Hg、Sb等元素背景含量显著较高外,钦杭成矿带(西段)内其他大部分元素的平均含量与全国均值相当或接近。

(2) 均值比(钦杭元素含量/全国元素含量,下同)为0.85~1.15的元素有Ag、Au、Co、Cr、Cu、F、La、Li、Mn、Nb、Ni、Ti、V、Zn、Fe_2O_3、Al_2O_3、SiO_2等,主要为铁族元素和部分化学性质不活泼的造岩元素,与全国平均值一致。

(3) 造岩元素Sr、CaO、MgO、Na_2O等的均值比为0.11~0.48,其含量不及全国均值的一半,极度偏低,可能与其化学活动性较强及区内相对多雨、水量充沛而大量淋失有关。

(4) 区内与中酸性、酸性岩浆活动和热液活动有关的成矿元素W、Sn、Pb、Sb、Hg、As、Bi、B、Mo、Cd、U、Th等在水系沉积物中背景值显著增高,尤其是As、Sb、Hg、Bi、B、Cd等的均值比大于1.5(1.51~2.61),反映了成矿带内成矿作用的重要特点。

表1.3 钦杭成矿带(西段)水系沉积物中39种元素背景值

元素	钦杭成矿带(西段)(*N*=89 495)						中国			陆壳
	中位数	众数	算术均值	加权均值	标准差	变异系数	中位数	几何均值	算术均值	
Ag	71.86	46.66	87.62	86.10	74.31	0.85	77.00	80.88	93.82	70.00
As	15.16	5.38	18.33	18.21	17.31	0.94	10.02	10.09	13.29	1.70
Au	1.47	3.09	2.28	2.19	7.27	3.19	1.32	1.37	2.03	2.50
B	73.21	80.54	76.70	76.69	37.78	0.49	47.00	42.29	51.25	11.00
Ba	304.34	243.84	354.38	353.06	228.66	0.65	491.16	473.47	521.69	548.00
Be	1.78	1.00	1.95	1.69	1.22	0.63	2.13	2.13	2.28	2.40
Bi	0.48	0.95	0.70	0.68	1.38	1.96	0.31	0.34	0.50	0.08

续表

元素	钦杭成矿带(西段)(N=89 495)						中国			陆壳
	中位数	众数	算术均值	加权均值	标准差	变异系数	中位数	几何均值	算术均值	
Cd	187.26	425.46	421.52	414.62	913.49	2.17	135.00	156.33	258.39	100.00
Co	12.33	10.93	12.65	12.69	5.91	0.47	12.12	11.75	13.10	24.00
Cr	58.85	75.08	67.87	67.59	46.37	0.68	59.39	56.43	67.86	126.00
Cu	23.49	24.95	24.19	24.25	11.47	0.47	21.83	21.56	25.56	25.00
F	458.48	453.37	474.87	475.41	200.87	0.42	492.20	490.34	528.49	525.00
Hg	86.37	53.96	106.46	105.69	83.68	0.79	36.12	35.90	69.06	40.00
La	40.93	23.48	43.77	43.45	15.53	0.35	39.00	38.94	41.10	30.00
Li	35.49	40.09	37.48	37.23	18.49	0.49	31.70	31.21	33.94	18.00
Mn	587.11	80.47	652.49	659.54	475.30	0.73	670.56	658.04	728.47	716.00
Mo	1.03	0.35	1.34	1.34	1.22	0.91	0.84	0.90	1.13	1.10
Nb	17.49	18.16	19.04	18.88	8.00	0.42	15.83	15.90	17.38	19.00
Ni	24.03	31.01	26.81	26.91	17.64	0.66	24.68	23.68	28.66	56.00
P	441.46	250.20	450.53	451.10	188.77	0.42	577.78	582.37	654.02	757.00
Pb	28.74	35.44	34.45	34.17	29.56	0.86	23.53	24.94	29.19	14.80
Sb	1.80	1.45	2.98	2.98	7.54	2.53	0.69	0.76	1.42	0.30
Sn	3.79	1.00	5.42	5.06	9.21	1.70	3.02	3.22	4.13	2.30
Sr	41.73	47.13	44.59	44.55	23.67	0.53	142.90	126.31	163.81	333.00
Th	14.13	25.43	16.30	16.06	8.45	0.52	11.90	12.17	13.54	8.50
Ti	4 353.50	4 403.30	4 563.50	4 561.40	1 579.70	0.35	4 103.70	4 043.50	4 459.40	4 010.00
U	3.31	2.81	3.90	3.85	2.24	0.57	2.45	2.63	3.08	1.70
V	85.14	72.21	91.37	91.48	41.87	0.46	80.41	78.47	87.30	98.00
W	2.52	2.93	3.87	3.76	6.83	1.76	1.83	1.97	2.73	1.00
Y	28.00	15.26	31.82	31.58	15.75	0.49	24.73	24.97	26.31	24.00
Zn	75.17	51.57	84.34	84.25	60.16	0.71	70.04	69.61	77.17	65.00
Zr	327.74	300.48	352.93	351.50	118.66	0.34	271.40	269.45	292.64	203.00
Fe_2O_3	4.43	4.56	4.59	4.59	1.55	0.34	4.50	4.42	4.73	6.17
Al_2O_3	12.53	9.74	12.61	12.60	3.51	0.28	12.83	12.38	12.73	15.03
CaO	0.30	0.67	0.61	0.62	0.80	1.32	1.80	1.62	2.87	5.39
MgO	0.65	0.97	0.68	0.68	0.33	0.48	1.37	1.27	1.56	3.66
K_2O	1.76	1.33	1.88	1.86	0.93	0.49	2.36	2.28	2.40	2.57
Na_2O	0.15	0.14	0.22	0.22	0.24	1.09	1.32	0.94	1.37	3.10
SiO_2	70.34	70.54	69.96	69.99	7.77	0.11	65.31	64.05	64.74	61.70

注:1.本区元素含量数据为1∶20万化探数据经5×5中值滤波后的统计结果;2.单位:Ag、Au、Cd、Hg的质量分数单位为ng/g,其他元素的为μg/g,氧化物的为%;3.参考数据来源:中国数据据任天祥等(1998),陆壳数据据Wedepohl(1995)

2. 区域地球化学场特征

根据1∶20万水系沉积物测量数据编制的各元素地球化学图，钦杭成矿带(西段)地球化学特征总体表现为：富集的元素为W、Sn、Pb、Sb、Hg、As、Bi、B、Mo、Cd、U、Th等，其中As、Sb、Hg、Bi、B、Cd等富集显著；低贫的元素(氧化物)为Sr、CaO、MgO、Na_2O等。后生叠加作用较强的元素(氧化物)为Ag、Mo、Na_2O、Bi、Sn、W、Au、Sb、CaO、Cd等(叠加系数K大于1.2)；具强烈成矿分异的元素有Pb、Ag、W、Sn、Sb、Bi、Au、Cd等(叠加强度$D>3.16$)，成矿分异作用较强的元素为Be、Nb、Hg、Cr、Zn、As、Mo、U、Th、Y等。其中，成矿带内主要成矿元素W、Sn、Bi等分布态势大致相同，高地球化学场区主要集中分布于成矿带中东部，以千里山、骑田岭一带为中心。此外，在越城岭有较大面积高背景场区分布。

Mo的高背景场区主要沿成矿带北西侧展布，与钦杭结合带的西部边界大致吻合。此外，在湘南大义山一带也有呈北西向分布的Mo高背景区存在。

Cu、Ag、As、Sb、Hg等元素的地球化学场呈明显的北西高南东低的态势，与成矿带西侧岩浆岩出露相对较少、断裂活动强烈，中低温元素相对富集的特征一致。在千里山—大义山一带、衡阳盆地南缘和湘东北等地存在有Cu的高强场区，与区内铜矿产的分布相对应。

Au的高值区集中分布于大瑶山隆起和湘西北安化—桃江一带。此外，在湘东北、粤西—桂东南等地，存在局部高场强区，与区内金矿产的分布相对应。

Th、U、La、Nb等元素的高值区域与华南岩浆岩的分布区吻合完好，并较好地反映了花岗岩及其向周边延伸的分布特征。

B、Li、Sr、K_2O、MgO、Na_2O、CaO等元素均表现为北高南低的特征。Ba的分布特征显著，主要在湘西北出现高强场区，呈弯向南东的弧形结构，受北北东—北东东向断裂构造控制明显，是较为清晰的钦杭结合带西北边界指示。

3. 主要成矿元素地球化学分布特征

通过对钦杭成矿带(西段)1∶20万水系沉积物测量数据的重新整理，按表1.4异常确定的异常下限值圈定了钦杭成矿带(西段)高温元素组合(W-Sn-Mo-Bi)、中温元素组合(Pb-Zn-Ag)、低温元素组合(Ag-Sb-As、As-Sb-Hg)及反映岩浆岩分布的元素组合(La-Th-Zr)的组合异常图及其综合异常图(陈希清 等，2015)。

表1.4　钦杭成矿带(西段)水系沉积物元素异常下限值表

元素	全部(N=89 495)		删除后($X\pm3S$)		异常下限(T)	
	均值(X_1)	标准差(S_1)	均值(X_2)	标准差(S_2)	$T=X_2+2S_2$	选用值
Ag	87.62	74.31	73.14	25.79	124.72	125
As	18.33	17.31	15.63	8.36	32.35	32.5
Au	2.28	7.27	1.50	0.67	2.85	3
B	76.70	37.78	72.71	26.47	125.65	125

续表

元素	全部(N=89 495)		删除后($X\pm3S$)		异常下限(T)	
	均值(X_1)	标准差(S_1)	均值(X_2)	标准差(S_2)	$T=X_2+2S_2$	选用值
Ba	354.38	228.66	321.78	147.22	616.23	616
Be	1.95	1.22	1.75	0.66	3.06	3
Bi	0.70	1.38	0.49	0.18	0.86	1
Cd	421.52	913.49	183.44	120.45	424.33	425
Co	12.65	5.91	12.10	4.90	21.90	22
Cr	67.87	46.37	58.22	23.23	104.98	105
Cu	24.19	11.47	23.39	9.95	43.28	43
F	474.87	200.87	463.16	161.61	786.39	785
Hg	106.46	83.68	91.12	45.22	181.55	182
La	43.77	15.53	40.69	9.39	59.47	60
Li	37.48	18.49	35.87	14.75	65.36	65
Mn	652.49	475.30	583.55	325.84	1 235.23	1235
Mo	1.34	1.22	1.10	0.59	2.28	2.3
Nb	19.04	8.00	17.33	4.10	25.54	26
Ni	26.81	17.64	23.71	11.57	46.86	47
P	450.53	188.77	427.26	137.93	703.12	700
Pb	34.45	29.56	29.99	10.76	51.51	55
Sb	2.98	7.54	1.85	1.16	4.17	4.2
Sn	5.42	9.21	3.70	1.51	6.72	8
Sr	44.59	23.67	42.42	18.35	79.13	80
Th	16.30	8.45	14.11	3.71	21.54	25
Ti	4 563.54	1 579.73	4 318.48	1 112.36	6 543.20	6 545
U	3.90	2.24	3.42	1.00	5.41	5.5
V	91.37	41.87	85.55	31.51	148.57	150
W	3.87	6.83	2.60	1.21	5.03	6
Y	31.82	15.75	27.54	6.82	41.17	41
Zn	83.34	60.16	71.74	29.84	131.42	130
Zr	352.93	118.66	332.96	81.37	495.71	495

注:Ag、Au、Hg、Cd的质量分数的单位为ng/g,其他元素的质量分数的单位为μg/g

相关异常图件显示,成矿带内主要成矿元素Sn、W、Bi的分布地域差异明显,一般围绕成矿岩体出现面积大、浓集中心明显的异常,集中分布于湘东锡田,湘南将军庙—五峰仙、香花岭—骑田岭、千里山—瑶岗仙、阳明山—大义山、都庞岭—九嶷山,桂东北越城岭—苗儿山、姑婆山—花山,桂北三防—元宝山,粤西信宜—罗定等地区。而桂中兴安、桂林等地除局部有小范围Sn异常外,大多以低背景区为主,明显贫Sn。区内有关元素的质量分数:Sn高于12 μg/g、W高于6 μg/g、Bi高于1.5 μg/g的异常基本反映了花岗岩体范围;Sn高于20 μg/g、W高于10 μg/g、Bi高于3 μg/g的异常多伴有明显的Cu、Pb、Zn、Ag、As、F复合异常,反映了已知或潜在锡多金属矿田(床)的分布。

Au、Ag异常主要分布于前寒武纪造山带或加里东基底隆起区,即湘东北幕阜山、湘西雪峰山、桂东大瑶山、粤西—桂东南云开及琼西抱板等地区,受深大断裂或大型推覆构造和韧性剪切带控制。在晚古生代拗陷区,Au、Ag异常通常产于区域性褶皱断裂的次级断裂带及火山构造发育地段,尤其是不同类型、不同方向构造的复合部位,并往往与浅成脉岩、次火山岩具有空间和/或成因上的联系,成晕元素以Au、Ag、Pb、Zn、Cd为主,伴有As、Hg、Sb、Ba、Bi、Mo、W、Sn等多种组分,部分Au、Ag异常与铜多金属矿床有关。

Cu、Pb、Zn异常主要发育于晚古生代沉积岩分布区,呈明显的北东向串珠状展布,与中酸性侵入岩、隐伏岩体的分布有关。异常元素组合以Cu、Pb、Zn、W、Sn、Bi、Mo类为主,次为Cu、Zn类异常,多分布在Cu、Pb、Zn多金属矿区或成矿带上。湘东北幕阜山地区伴随大规模Au、W异常,局部有Cu、Pb、Zn、Sb、Ag、Bi等元素异常分布;湘中地区Cu、Pb、Zn异常发育,并与Au、As、Sb异常相伴;湘南—桂东北地区Pb、Zn、Ag异常极为发育,与W、Sn等异常套合较好;桂北融安一带Pb、Zn、As、Sb、Hg等元素异常分布广、强度较高;大瑶山隆起与桂中晚古生代凹陷接合部Pb、Zn、Cu、Ag、As、Sb、Hg等元素异常显著,各元素异常套合好,分带明显。

1.6 有关区域地质背景问题的探讨

1.6.1 华南大地构造格局及其演化

钦杭结合带与成矿带的提出,建立在对华南古板块构造格局及其演化认识的基础上。许多学者从不同的大地构造学观点出发,研究了华南的大地构造特征。黄汲清等(1977)根据“多旋回说”,将华南划分为扬子准地台、华南地槽褶皱区、台湾褶皱系和南海地台;陈国达等(1975)的“地洼学说”突出了我国中新生代的活动特征,将华南划属华夏期地洼区的东南地洼区和云贵地洼区;张文佑(1984)根据“断块构造说”,将华南划属大陆型地壳构造域的华南断褶系和扬子断块区;以李四光为代表的地质力学工作者,认为华南主要是南岭巨型纬向构造带与新华夏等构造体系的复合地区(孙殿卿 等,1982;李四光,1973);王鸿祯(1986)则认为扬子地台东南缘直到浙闽沿海和雷州半岛,都属于不同阶段的大陆边缘区。

20世纪70年代中期,随着板块构造学说的引入,国内学者也开始运用板块构造理论来研究华南大地构造问题。李春昱(1980)最早勾画了中国板块构造的基本轮廓,将华南划属扬子地块,包括西部的扬子地台、中部的江南古陆和东南部的冒地槽。郭令智等(1980)则最先提出华南大地构造演化的“沟—弧—盆”模式,认为扬子地块东南缘为不同世代的岛弧褶皱系,华南东部陆壳是古华南洋向扬子地块的渐进式俯冲后退,不同世代的岛弧由北西向南东依次推演增生而成;郭令智等(1984)在此基础上又提出华南由不同性质和世代的地体拼贴增生而成。赵明德和张培垚(1983)认为由于太平洋板块的多次俯冲,俯冲带逐步向东南方向迁移,依次形成晋宁(雪峰)褶皱带、加里东褶皱带、海西期—印支褶皱带和燕山褶皱带。在上述模式中,扬子地块东南为浩瀚大洋,不存在古大陆。而水涛等(1987,1986)则认为华南存在江南古陆与华夏古陆,两者在晋宁早期(1 000～900 Ma)沿江山—绍兴一带碰撞缝合,但向西南方向开启形成赣湘粤桂残洋盆地。刘宝珺等(1993)进一步认为华夏古陆是1 800 Ma前的闽浙运动形成的原始陆块,西以华南洋与扬子陆块相隔,中元古代末(1 050～1 000 Ma)华南洋向扬子陆块的俯冲使扬子陆块东南缘形成增生的褶皱带,俯冲带不断后退,形成了华夏古陆边缘的沟—弧—盆体系,晋宁运动(850～800 Ma)使扬子地块与华夏地块之间的华南洋在江山以东消失,形成江山-绍兴缝合带,其西仍存在一个华南残留盆地并一直延续到加里东期。但余达淦(1993)、汤加富(1994)、王剑(2000)认为扬子和华夏地块在晋宁期已完全对接,华南地壳的演化实际上是扬子地块和华夏地块多次闭合、张启的过程。以许靖华为代表的一些学者则提出华南是中生代碰撞造山带而不是加里东期后的准地台,分布于扬子地块东南缘的板溪群不是地层单位而是构造混杂体(赵崇贺 等,1996;李继亮 等,1989;许靖华 等,1987)。但国内多数学者不同意华南中生代阿尔卑斯型碰撞造山模式,因为大量的事实表明板溪群是一套成层有序的正常海相地层而不是构造混杂岩(唐晓珊 等,1997;汤加富,1994;刘鸿允 等,1994),江南造山带不是中生代而是前南华纪的碰撞造山带(李献华,1998;Chen et al.,1991;周新民 等,1989)。

20世纪90年代,随着超大陆研究热潮的兴起,人们也试图将华南大地构造演化纳入超大陆聚合与裂解这一全球构造系统中加以整体考虑。越来越多的学者相信,约1 000 Ma时的格林威尔造山运动(华南称四堡运动)使扬子古陆与华夏古陆碰撞对接并与周边其他古陆聚合,华南成为罗迪尼亚(Rodinia)超大陆的组成部分(李献华 等,2008;Li et al.,1995,2002;张业明和彭松柏,2000;王剑,2000)。而且有学者认为,扬子东南缘广泛发育的新元古代镁铁-超镁铁质岩和S型花岗岩是双模式岩浆岩,是地幔柱冲击华南岩石圈的体现,地幔柱导致岩石圈大范围的隆起、侵蚀和去顶作用,并伴随强烈的裂谷化,最终导致罗迪尼亚超大陆的裂解(Li et al.,2005,2003a,b,1999)。同一时期,随着东特提斯研究的不断深入,有学者将华南也纳入特提斯范畴,认为华南是特提斯多岛洋体系(殷鸿福 等,1999)或泛华夏大陆群东南缘多岛弧盆系统(尹福光 等,2003)的组成部分,其古地理面貌颇像今日东南亚之景观。

进入21世纪,随着新理论新技术新方法的普及,尤其是精确定年技术的应用与推广,华南大地构造研究获得了许多新成果。最引人注目的是在华南不同地区的地壳岩石中发现了越来越多的太古宙—古元古代的锆石年龄信息(邢光福 等,2015;Yao et al.,2011;于津海 等,2007;Zhang et al.,2006),扬子和华夏地块内最老锆石年龄分别达到3 800 Ma和4 127 Ma,这些新的年龄信息不仅揭示了华南古老地壳物质的存在,而且进一步证实了可能存在太古宙陆壳基底(胡雄健 等,1991)。因而有学者认为,华南最早的陆核可能自早太古宙(大于3.2 Ga)就已开始形成,并经过中—晚太古宙的生长和古元古代的再造而克拉通化(郑永飞和张少兵,2007)。但与此同时,在江南、武夷等地区,许多原定为中元古代甚至古元古代的地层(如福建麻源群、江西双桥山群、湖南冷家溪群、广西四堡群等)被重新厘定为新元古代(高林志 等,2011,2010,2008;Wan et al.,2007)。这些新的成果和认识,对华南地区前寒武纪大地构造格局及早期地壳形成和演化的传统认识提出了挑战。此外,通过对中生代盆岭构造、花岗岩及大规模成矿作用的地球动力学背景的研究,一些学者提出华南地区前侏罗纪的地质演化主要受特提斯构造体制的控制和印支期挤压造山事件的影响,晚侏罗世以来的构造格局则主要受太平洋构造体制及陆内深部构造-岩石圈地幔作用的联合制约,即认为华南地区在早—中侏罗世经历了从特提斯构造域向太平洋构造域的体制转换(Wang and Shu,2012;舒良树,2012;徐夕生和谢昕,2005;周新民和李武显,2002)。

根据已有的研究,可以大致勾画出华南地区元古代以来的构造格局和演化历程:中—新元古代是华南地质演化历史上一个重要的转折时期,当时的大地构造格局是东南有华夏地块,西北为扬子地块,中间是古华南洋(刘宝珺 等,1993;水涛,1987);大洋俯冲、大陆侧向增生的高峰期在 1 050～900 Ma(舒良树 等,1995;刘宝珺 等,1993);新元古代早期(900～820 Ma),伴随古华南洋的闭合,华夏地块与扬子地块碰撞对接,成为 Rodinia 超大陆的一部分;两陆块聚合不久,受成冰纪(南华纪)Rodinia 超大陆裂解事件的影响,华南大陆沿钦杭结合带及鹰潭—定南、政和—大埔古断裂带发生裂陷,原华夏地块被肢解成武夷、赣中南和云开等古陆残块,中间是裂谷或海槽(舒良树 等,2006)。震旦纪—早古生代,这些海槽进一步扩张变宽,其内被巨厚的碎屑岩(含灰岩)、浊积岩层所充填。加里东运动导致南华纪—早古生代海槽关闭,巨厚沉积物褶皱隆升,在元古代变质基底上形成了加里东期褶皱造山带,并伴随强烈的花岗岩浆活动,使扬子陆块和华夏陆块再次焊接。之后,中—晚泥盆世砂砾岩层角度不整合大规模覆盖在整个华南地区的前泥盆纪岩层之上,至此形成了一个初步统一的中国南方岩相古地理格局,在晚古生代—早中生代接受了稳定的滨海-浅海碳酸盐岩、陆源碎屑岩沉积。印支运动使东特提斯洋关闭并导致华南地区发生强烈的构造-岩浆作用,形成大规模褶皱-推覆系、韧性剪切带和一系列 S 型花岗岩。晚三叠世以来,中国东部平行太平洋岸西的北东向大地构造线已开始出现(毛建仁 等,2014;Wang et al.,2013;郭福祥,1994),川滇陆内北东向扩张盆地开始发育并与鄂尔多斯陆内扩张盆地接续,构成巨大的北北东向地壳扩张减薄沉降带;华南大陆东部活动性显著增强,晚三叠世较普遍地出现火山活动,上三叠统安源群、艮口群、小云雾山组、平桐组、文宾山组等皆具有火山岩。这标志着北西太平洋活动大陆边缘于晚三叠世开始启动,侏罗纪以后总体上延续了晚三叠世以来的构造格局(毛建仁 等,2014;郭福祥,1994)。由于太平洋板块向亚洲陆缘的俯冲作用,华南地区东南部发生了强烈的陆内伸展或裂谷活动,并触发了地幔岩浆活动,幔源岩浆沿深大断裂上涌和底侵,导致华南中生代巨量花岗岩(伴随双峰式火山岩、基性岩墙群)的形成及大规模成矿作用的发生。钦杭成矿带在这一时期(晚三叠世开始)再次活化,成为华南燕山期岩浆活动的策源地及多金属成矿作用最集中的地区(徐德明 等,2015;毛景文 等,2011;杨明桂和梅勇文,1997)。

1.6.2 华夏古陆

讨论钦杭结合带与成矿带还必然要涉及华夏古陆。华夏古陆的概念是由美国地质学家 Grabau(1923)最先提出的,指的是中国东南沿海及其相邻广大地区早古生代时期存在的古陆地。在 Grabau(1924)的论述中,古陆与地槽相对应,华夏古陆位于华夏地槽的东南侧,其界线大致在现今的政和—大埔断裂带一线。由此可见,Grabau 的华夏古陆属于地槽理论框架内的构造单元,并具有时空的确定性。在往后的近 80 余年中,华夏古陆不断出现在中外地质文献中,国内学者如黄汲清(1960,1945)、李四光(1952)、张文佑(1959)等也使用过这一概念,然而不同作者对于它的地质含义及存在的空间和时间多有不同见解。同时,我国学者也较少直接使用“华夏古陆”名称,而多使用“华夏地块”或“华夏陆块”,后者通常是指钦州湾—湘东—杭州湾一线东南的前南华纪变质基底出露区,包括部分沉入东海和南海的陆块。

20 世纪 40～60 年代,是以地槽理论作为地质学主导思想的时期,多数学者开始对华夏古陆持怀疑或否定意见(黄汲清,1945,1960;霍敏多夫斯基,1952;杨鸿达,1953;郭令智等,1965),可视为华夏古陆沉沦的时代。黄汲清(1945,1960)最先确定了华南地区东南部广大地域加里东褶皱带的存在,并称为华夏加里东褶皱带,同时指出华夏加里东褶皱带就是华夏古陆,但其存在的时间显然是指加里东运动之后,而且在空间上大体与 Grabau 的华夏地槽位置相当,而与 Grabau 的华夏古陆位置完全不同,不过其后来提出的南海地台(黄汲清 等,1977)则与 Grabau 的华夏古陆范围大体一致。霍敏多夫斯基(1952)以广东海丰—浙江象山一线将华南地区东南部划分为两部分,西北属于华南加里东褶皱带,东南则称为闽浙太平洋褶皱带。张文佑(1959)是该时期少数支持存在华夏古陆的学者之一,并将其命为华夏台背斜;马杏垣等(1961)持类似的意见,并首次以华夏地块称之。陈国达(1956)专门讨论过华夏古陆问题,他赞同中国东南沿海地区早古生代以前为古陆的认识,但认为单纯的“古陆”名称不能正确表达这一地区构造发展过程,建议称为“华夏活化区”。

20 世纪 80～90 年代,随着中国南方 1∶20 万区调工作的全面完成及多轮国家科技攻关项目的实施,形成了丰富的基础地质资料,在华南尤其是浙闽地区的古老变质岩系中获得了大量前南华纪的年龄数据(水涛,1995;甘晓春 等,1993;李献华 等,1991;胡雄健 等,1991;水涛 等,1986),“华夏古陆”又被重新提出(水涛 等,1986),并在板块构造理论框架下重新认识华南大地构造,逐渐引发了新一轮华夏古陆研究的热潮,这是华夏古陆否定之否定的时代。

进入 21 世纪,随着“华夏地块”“华夏陆块”等名词的广泛使用,相关的学术争议又趋于激烈,“华夏古陆”再次遭到部分学者的质疑。争论的焦点主要集中在华南是否存在早古生代时期的洋盆,即华南加里东褶皱带是地槽褶皱带或板块俯冲造山带(胡受奚和叶瑛,2006;马瑞士,2006)还是板内褶皱带或陆内造山带(舒良树,2012;Li et al.,2010)。从已有资料来看,区内至今没有发现确切的、能代表早古生代洋壳的蛇绿岩,也未发现高压变质岩;加里东期花岗岩发育但没有与之相匹配的同期火山岩系伴生,不具备洋壳俯冲活动大陆边缘的特征。但武夷、赣中南及云开地区被证实有前南华纪变质基底出露,古老碎屑锆石的分布则更为广泛。因此在扬子陆块东南侧的元古代大洋对岸或大洋之中,无疑曾经存在过一个规模较大的古陆块地体。否则,人们无法解释沿江山—绍兴断裂分布的新元古代蛇绿混杂岩带,以及延伸 1500 km 的江南造山带及沿造山带分布的新元古代岩浆岩带的形成(舒良树 等,2006)。但目前对华夏地块的形成和早期地壳演化历史仍很不明确,它是外来漂移块体(王志洪和卢华复,1997)还是早期华南大陆的裂解块体(杨明桂等,1998;杨森楠,1989),还有待进一步研究。

1.6.3　钦杭结合带的边界和范围

虽然华南地区由扬子和华夏两个古陆块碰撞拼接而成的模式已广为接受,但两陆块间结合带的边界和范围尚无定论。相对而言,东段自绍兴—弋阳一线,两陆块的界线比较清楚,其拼合的地质标志(蛇绿混杂岩、高压变质岩、岛弧岩浆岩、S 型花岗岩等)相对齐全(舒良树,2012;杨明桂 等,2009)。但过弋阳后基本上被南华纪以来的沉积盖层所覆,无典型蛇绿混杂岩等直接证据,两者界线有颇多争议,主要有如下几种观点:①自江西弋阳—萍乡,经湖南益阳—新化,进入广西龙胜—三江,至贵州紫云—云南师宗—开远(王剑,2000;郭令智 等,1980);②萍乡—茶陵—郴州—灵山—钦州一线(史明魁 等,1993);③萍乡—茶陵—永州—桂林—南宁—凭祥一线(刘宝珺 等,1993);④过弋阳后往南,其位置大致在弋阳—韶关—北部湾一线或弋阳—吉水—鹰阳关一线(汤家富,1994;余达淦,1993)。

但水涛(1987)、杨明桂和梅勇文(1997)认为板块结合带实际上是呈带状分布的,它包含两大古陆间在特定构造环境下形成的沉积建造和岩浆岩。水涛(1987)将绍兴—江山—鹰潭—萍乡—郴州—连山—北海一线作为钦杭结合带北西界线,浙江上虞—遂昌、武夷—云开隆起西缘为其南东界线。杨明桂和梅勇文(1997)则以凭祥—歙县断裂带作为钦杭结合带的北西界线,北海—绍兴断裂带为其南东界线,前者由凭祥—大黎、恭城—双牌、浏阳—宜丰、景德镇—歙县等深断裂组成,后者由陆川—梧州、临武—郴州、茶陵—萍乡、萍乡—广丰及江山—绍兴等深断裂组成。

我们同意水涛(1987)、杨明桂和梅勇文(1997)关于钦杭结合带呈带状分布的观点,并认为该结合带位于江南山链与武夷—云开山链之间,与以往所称的浙赣拗陷带(杨明桂等,2009)及湘桂拗陷带(史明魁 等,1993)范围大体相当。其北西侧以歙县—景德镇—宜丰、浏阳—益阳—安化—溆浦、新化—城步—龙胜等深大断裂带为界,东段分布有皖南、赣东北和湘东北蛇绿混杂岩(贾宝华 等,2004;李献华,1998;周新明 等,1989),以及一系列年龄为 1 000～900 Ma 的花岗岩和火山岩(舒良树,2012),往西分布于湘北益阳、湘西黔阳及桂北龙胜等地的基性、超基性岩,虽非典型蛇绿岩但具岛弧火山岩系特征(车勤建等,2005;周金城 等,2003;周新华 等,1992;夏斌,1984;郭令智 等,1980),同时在地球物理上该带也是一条明显的地块分界线(饶家荣 等,2012)。南东侧以绍兴—江山、广丰—宜春、茶陵—郴州、岑溪—博白等深断裂带为界,东段绍兴—诸暨—龙游一线同样存在蛇绿岩及岛弧岩石组合(王剑,2000);近年来,在西段的云开隆起西缘也发现了中新元古代古洋壳残片(覃小锋 等,2005;彭松柏 等,1999)和年龄为(906±24) Ma 的同碰撞花岗质片麻岩(覃小锋 等,2006);此外,在九嶷山花岗岩体中则发现了 912 Ma 的继承锆石(付建明 等,2004),它们可能是扬子和华夏古陆碰撞造山时期岩浆活动的产物。

第2章　矿床类型及典型矿床特征

2.1　铜铅锌金多金属矿床主要类型

钦杭成矿带(西段)是华南地区最重要的 Cu-Pb-Zn-Au、Au-Sb-W、W-Sn-Bi-Mo 和 Fe-Mn-S 多金属成矿带。据不完全统计,区内已探明的金属矿床达 607 处,其中超大型矿床 13 处,大型矿床 58 处,中型矿床 113 处。近年来,又先后发现和评价了虎形山钨铍矿、大新金矿、大洞金矿、留书塘铅锌矿(湖南),盘龙铅锌矿、社垌铜钼矿、三叉冲钨矿、思委银铅锌矿(广西),园珠顶铜钼矿、高枨铅锌银矿、黄泥坑金矿(广东),新村钼矿、抱朗金铅锌矿(海南)等大、中型矿床 30 余处,展示了区内仍具有较大的找矿潜力,尤其是铜、铅、锌、金等紧缺矿产找矿前景良好,本项目即以其为研究重点。

对矿床进行分类是矿床学研究的基础,本书根据成矿物质来源、主导成矿作用的不同,将区内铜、铅、锌、金多金属矿床划分为以岩浆源为主的岩浆热液型(岩控型)、以矿源层来源为主的沉积-改造型(层控型)和主要受构造作用控制的多源热液型矿床三大类。考虑区内大多数矿床的现有研究程度,也为了在实际工作中易于把握,主要根据矿体产出特征并综合考虑成矿地质条件、成矿作用性质、成矿方式等方面的差异,进一步将研究区金、银、铜、铅、锌、钨、锡、钼矿床分为 7 种类型(表 2.1)。需指出的是,在同一矿床中,往往有不同类型的矿体产出。例如,七宝山铜多金属矿床中既有夕卡岩型矿体也有热液交代充填型矿体;天堂铜多金属矿床中既有斑岩型矿体也有夕卡岩型矿体。

表 2.1　钦杭成矿带(西段)矿床类型划分简表

类	型	代表性矿床
岩浆热液型	斑岩型	龙头山、古袍(金),园珠顶、石菉、天堂(铜、钼、铅、锌),野鸡尾、银岩(钨、锡)
	夕卡岩型	七宝山、水口山、铜山岭、黄沙坪、天堂(铜、铅、锌)、石菉(铜、钼),牛塘界、新路(钨、锡)
	热液脉型	桃林、三墩、黄沙坪、清水塘、高枨(铜、铅、锌、银),古袍、龙水、思委、长坑(金、银)
沉积-改造型	沉积-热水改造型	白云铺、盘龙、那马(铜、铅、锌)
	沉积-热液改造型	佛子冲、大宝山(铅、锌多金属)
多源热液型	韧性剪切带型	正冲、黄金洞、河台(金)
	构造蚀变岩型	黄泥坑、抱伦、庞西垌(金、银)

2.2 湖南三墩热液型铜铅锌矿

三墩铜铅锌矿床位于湖南省平江县三墩乡北北东约5 km处的梅树湾村。矿区中心地理坐标:东经113°45′38″,北纬28°52′37″。该矿床最早发现于20世纪50年代后期,70～90年代在矿区及其周边开展过普查工作,但找矿进展一直不大。2003年以来,湖南省地质矿产勘查开发局402队在矿区瑚珮—栗山一带再次开展矿产普查,目前获得的铜铅锌资源量(333+334)已达到大型规模。该矿床作为产于岩体内接触带及近年来湘东北地区找矿突破的代表性矿床,较为引人注目。

2.2.1 区域地质背景

三墩铜铅锌多金属矿区位于江南造山带中段湘东断隆带幕阜山穹断中,处于幕阜山岩体南缘与冷家溪群接触带部位[图2.1(a)]。区内出露的地层主要为新元古界青白口系冷家溪群,岩性为一套具复理石建造的深海-半深海相浅变质板岩、千枚岩、石英千枚岩、片岩。在幕阜山岩体西侧梅仙、板口一带出露有小面积的震旦系和寒武系地层,岩性为石英砂岩、硅质岩、碳酸盐岩;白垩系地层分布于西部大洲盆地。

区内断裂构造发育,以北东及北北东向构造为主体构成钟洞—幕阜山断裂带,并以三墩—浆市断裂为界,可将其划分为北西与南东两带。北西带主要展布于燕山期花岗岩体中,断裂极为发育且连续性好,由一系列北北东向、北东向压扭或压性断裂及其配套的断裂构造、挤压破碎带和北东向展布的岩体(脉)组成,在空间上控制了区内燕山期花岗岩的侵入和内生矿产的分布;南东带主要展布于冷家溪群中,断裂不太发育。区域性断裂主要有北北东向天宝山—石浆和天府山—幕阜山两条压扭性断裂;北北西向断裂多为次一级断裂,主要有官滨头—观塘坳、栗山、梅树湾、小洞等张扭性断裂。区域性主构造北北东向深大断裂为区内重要的控矿构造,而次一级的北西向(或近南北向)断裂为主要的容矿构造。梅树湾-栗山铅锌矿即产于主干压扭性断裂与次一级张扭性(或张性)断裂的交汇部位,并明显受张扭性(或张性)断裂(或裂隙)控制。

区内岩浆岩发育,呈岩基、岩株及岩脉产出,侵位于冷家溪群中。根据同位素年龄及岩体间的接触关系,可将岩浆活动划分为晋宁期、燕山早期及燕山晚期三个时期。晋宁期岩体主要有钟洞、梅仙和三墩岩体,岩性主要为黑云母斜长花岗岩,其同位素年龄分别为981 Ma、950 Ma、854 Ma。幕阜山岩体为多期次岩浆活动形成的复式岩体,可划分为燕山早期和燕山晚期两期侵入体,同位素年龄分别为189～145 Ma和136～115 Ma。岩体内捕虏体发育,外接触带混合岩化和热接触变质作用强烈。燕山早期岩体为幕阜山岩体主体,其岩性较单一,主要为(片麻状)粗中粒斑状二长花岗岩。燕山晚期花岗岩可分为三次侵入体,其中第一次侵入体规模大,主要呈岩基状产出,岩性主要为中细粒二云母二长花岗岩,岩体内花岗伟晶岩脉发育,与铜铅锌矿化关系密切;第二、三次侵入体规模小,均呈岩株状产出,其内花岗岩伟晶岩脉不发育,第二次侵入体以细粒斑状黑云母花岗岩为主,第三次侵入体以细粒二云母二长花岗岩为主。

2.2.2　矿区地质特征

1. 地层

矿区出露地层比较简单，主要为冷家溪群第三岩组浅变质岩，局部被第四系覆盖。冷家溪群第三岩组分布在矿区南部，岩性为黑云母片岩、二云母片岩、石英片岩，其中有大量伟晶岩脉及石英脉穿插发育[图 2.1(b)]。第四系主要分布于公路及沟谷两侧。

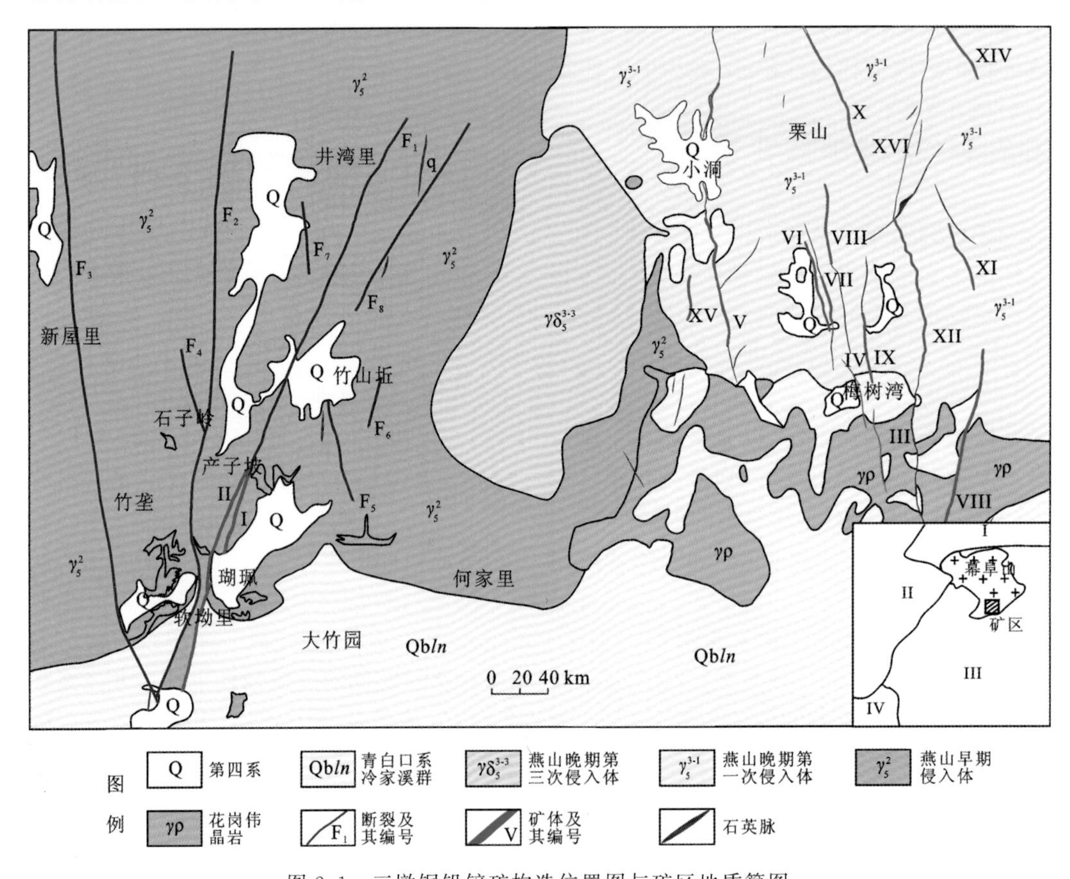

图 2.1　三墩铜铅锌矿构造位置图与矿区地质简图

I. 下扬子被动陆缘；II. 江汉-洞庭断陷盆地；III. 江南造山带；IV. 湘中-桂中裂谷盆地；XV～XII 为矿体编号

2. 构造

矿区内断裂构造发育，有大小断裂 40 余条，其中规模较大、延伸稳定的有 20 余条，按走向可分为南北向、北西向、北北西向、北东向四组。矿区以北北西向和近南北向断裂较为发育，延伸稳定、规模较大，是矿区的容矿构造，断裂带具多期活动特点，力学性质早期为压扭性，后期转换为张扭性。矿区内热液活动强烈，硅化显著，尤其在断裂带内硅化现象最为明显，往往被石英脉充填，石英脉除少数呈透镜状产出外，大部分呈整脉状充填在断裂带内。

3. 岩浆岩

1）岩体地质

区内岩浆岩十分发育，主要出露幕阜山岩体燕山晚期第一次侵入体，在矿区东北角亦可见燕山早期侵入体和燕山晚期第三次侵入体。燕山早期侵入体（γ_5^2）岩性为片麻状粗中粒斑状黑云母二长花岗岩，燕山晚期第一次侵入体（γ_5^{3-1}）岩性为中细粒二云母二长花岗岩（图 2.2），燕山晚期第三次侵入体（$\gamma\delta_5^{3-3}$）岩性为细粒花岗闪长岩。

（a）手标本

（b）正交偏光照片

图 2.2　燕山晚期第一次侵入体手标本和正交偏光照片

2）锆石U-Pb年龄

测年样品（SD2-2）采自燕山晚期第一次侵入体。阴极发光图像（CL）（图 2.3）显示，锆石形态大部分呈短柱状，晶形较完整，无裂纹，振荡环带发育。共完成 20 个锆石测点分析，多数测点位于锆石柱体两端，少数测点在柱体中部，分析结果见表 2.2。虽然锆石的 Th/U 较低（0.034～0.39），但其具有较高的 Th、U 含量和发育振荡环带等特征，表明其为岩浆锆石。除 3 号点数据有明显错误删除外，有效测点为 19 个，其中 15 号点年龄明显较老，14 号点年龄明显较小，其余测点的 $^{206}Pb/^{238}U$ 年龄值集中分布于 129.0～134.9 Ma，投影点均落在谐和线上（图 2.4），加权平均年龄为（131.9±1.1）Ma（MSWD=2.3），可代表燕山晚期第一次侵入体的成岩年龄。15 号测点 $^{206}Pb/^{238}U$ 年龄为 749.5 Ma，结合阴极发光图像分析，应为继承锆石。

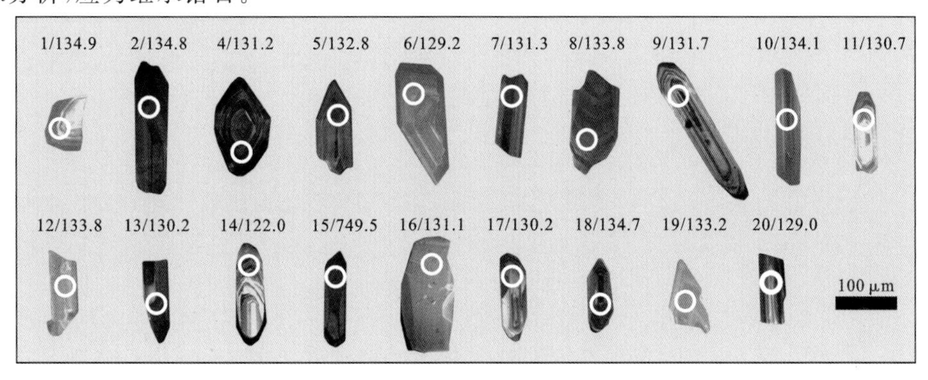

图 2.3　锆石的阴极发光图像及其U-Pb年龄

表 2.2 花岗岩锆石 LA-ICP-MS U-Pb年代学测试结果

测点号	含量				同位素比值						年龄/Ma					
	Pb/10^{-6}	Th/10^{-6}	U/10^{-6}	Th/U	$^{207}Pb/^{206}Pb$		$^{207}Pb/^{235}U$		$^{206}Pb/^{238}U$		$^{207}Pb/^{206}Pb$		$^{207}Pb/^{235}U$		$^{206}Pb/^{238}U$	
					比值	1σ	比值	1σ	比值	1σ	年龄	1σ	年龄	1σ	年龄	1σ
1	231	323	9 563	0.034	0.048 3	0.001 2	0.142 6	0.003 5	0.021 1	0.000 2	122.3	57.4	135.3	3.1	134.9	1.3
2	155	377	6 425	0.059	0.046 3	0.001 3	0.137 0	0.003 8	0.021 1	0.000 2	13.1	63.0	130.3	3.4	134.8	1.5
3	103	243	4 266	0.044	0.001 3	0.130 4	0.003 7	0.021 0	0.000 2	0.393 1	—	—	124.4	3	134.1	1.5
4	174	358	7 255	0.049	0.047 2	0.001 4	0.135 7	0.003 8	0.020 6	0.000 2	61.2	66.7	129.2	3.4	131.2	1.4
5	101	240	4 245	0.057	0.047 4	0.001 8	0.138 2	0.005 4	0.020 8	0.000 3	77.9	88.9	131.4	4.9	132.8	1.9
6	109	279	4 578	0.061	0.050 3	0.001 6	0.142 3	0.004 5	0.020 2	0.000 2	205.6	74.1	135.1	4.0	129.2	1.4
7	84	224	3 476	0.064	0.047 7	0.001 6	0.137 2	0.004 5	0.020 6	0.000 2	87.1	−117.6	130.6	4.0	131.3	1.5
8	110	259	4 530	0.057	0.046 5	0.001 5	0.136 1	0.004 2	0.021 0	0.000 2	33.4	64.8	129.6	3.8	133.8	1.3
9	81	211	3 513	0.060	0.049 5	0.003 2	0.141 4	0.009 0	0.020 6	0.000 3	168.6	154.6	134.3	8.0	131.7	2.1
10	233	376	10 530	0.036	0.046 9	0.001 3	0.136 6	0.004 5	0.021 0	0.000 4	42.7	66.7	130.0	4.0	134.1	2.6
11	120	375	5 185	0.072	0.048 6	0.001 5	0.138 6	0.004 4	0.020 5	0.000 3	131.6	78.7	131.8	3.9	130.7	1.6
12	79	192	3 258	0.059	0.049 2	0.001 7	0.142 8	0.004 7	0.021 0	0.000 2	166.8	79.6	135.6	4.1	133.8	1.3
13	148	399	6 305	0.063	0.048 5	0.001 1	0.137 5	0.003 1	0.020 4	0.000 2	124.2	55.6	130.8	2.7	130.2	1.1
14	210	561	9 618	0.058	0.048 0	0.001 0	0.127 1	0.002 8	0.019 1	0.000 2	98.2	45.4	121.5	2.5	122.0	1.1
15	392	963	2 472	0.390	0.065 5	0.000 9	1.118 8	0.015 3	0.123 3	0.000 8	790.7	27.8	762.4	7.3	749.5	4.5
16	38	286	1 581	0.181	0.047 4	0.002 4	0.133 0	0.006 3	0.020 5	0.000 3	77.9	109.3	126.8	5.6	131.1	1.8
17	141	371	6 038	0.061	0.048 0	0.001 1	0.136 3	0.003 2	0.020 4	0.000 2	98.2	53.7	129.8	2.9	130.2	1.0
18	138	326	5 740	0.057	0.049 1	0.001 7	0.142 5	0.004 1	0.021 1	0.000 2	150.1	83.3	135.3	3.6	134.7	1.3
19	145	358	6 175	0.058	0.049 3	0.001 4	0.143 2	0.004 2	0.020 9	0.000 2	161.2	66.7	135.9	3.8	133.2	1.6
20	154	398	6 752	0.059	0.048 4	0.001 4	0.136 2	0.003 9	0.020 2	0.000 2	116.8	63.9	129.7	3.5	129.0	1.1

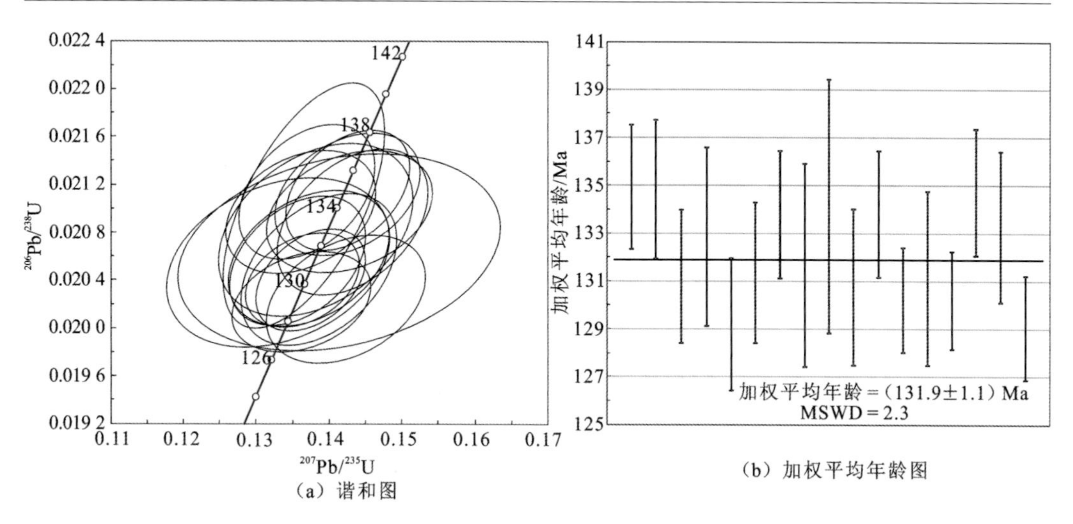

(a) 谐和图　(b) 加权平均年龄图

图 2.4　锆石的谐和图和加权平均图

3) Hf 同位素分析

对测年样品 17 个有效锆石测点(含 15 号继承锆石核)进行了原位 Hf 同位素分析(表 2.3),有关参数计算除继承锆石用测点的年龄计算外,其余采用样品的加权平均年龄。

燕山晚期花岗岩 16 个锆石的原位 Hf 同位素组成相对均匀,其初始$^{176}Hf/^{177}Hf$较一致,分布在 0.282 526～0.282 624,平均为 0.282 589;$\varepsilon_{Hf}(t)$值集中分布在－5.9～－2.4,平均值为－3.7[图 2.5(a)];二阶段模式年龄(T_{2DM})在 1 558～1 338 Ma,平均值为 1 417 Ma。在$\varepsilon_{Hf}(t)$-t图上[图 2.5(b)],燕山晚期锆石测点均落在球粒陨石和下地壳演化线之间,表明其物质来源为中元古代的古老地壳岩石部分熔融。15 号继承锆石核的初始$^{176}Hf/^{177}Hf$为 0.282 453,对应的 $\varepsilon_{Hf}(t)$ 值为 4.8,一阶段模式年龄(T_{DM})为 1 130 Ma,二阶段模式年龄(T_{2DM})为 1 355 Ma,在 $\varepsilon_{Hf}(t)$-t 图上[图 2.5(b)],投影点落在亏损地幔和球粒陨石之间,表明其岩浆源区有直接源于亏损地幔分异的新生地壳的重熔,新生地壳年龄在 1 355 Ma。

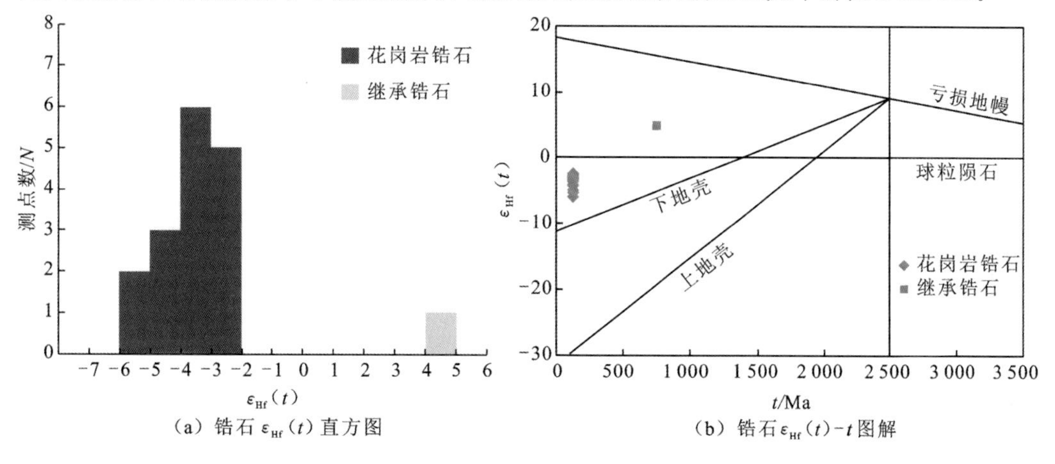

(a) 锆石 $\varepsilon_{Hf}(t)$ 直方图　(b) 锆石 $\varepsilon_{Hf}(t)$-t 图解

图 2.5　锆石 $\varepsilon_{Hf}(t)$直方图和 $\varepsilon_{Hf}(t)$-t 图解

表 2.3　锆石 Lu-Hf 同位素分析结果

测点	$^{176}Hf/^{177}Hf$		$^{176}Lu/^{177}Hf$		$^{176}Yb/^{177}Hf$		t/Ma	$\varepsilon_{Hf}(t)$	T_{DM}/Ma	T_{2DM}/Ma	$f_{Lu/Hf}$
	比值	误差(2σ)	比值	误差(2σ)	比值	误差(2σ)					
1	0.282 554	0.000 018	0.000 975	0.000 003	0.026 140	0.000 080	131.9	−4.9	988	1 496	−0.97
2	0.282 570	0.000 017	0.000 971	0.000 008	0.025 686	0.000 242	131.9	−4.4	966	1 460	−0.97
4	0.282 526	0.000 021	0.000 974	0.000 004	0.025 628	0.000 105	131.9	−5.9	1 028	1 558	−0.97
6	0.282 584	0.000 016	0.000 732	0.000 009	0.019 666	0.000 251	131.9	−3.8	939	1 426	−0.98
7	0.282 605	0.000 019	0.000 830	0.000 020	0.021 906	0.000 564	131.9	−3.1	912	1 380	−0.98
8	0.282 600	0.000 014	0.001 043	0.000 011	0.027 627	0.000 318	131.9	−3.3	925	1 392	−0.97
9	0.282 597	0.000 019	0.000 897	0.000 002	0.024 262	0.000 049	131.9	−3.4	926	1 399	−0.97
10	0.282 624	0.000 016	0.001 042	0.000 014	0.027 703	0.000 383	131.9	−2.4	890	1 338	−0.97
11	0.282 614	0.000 028	0.001 068	0.000 004	0.029 513	0.000 140	131.9	−2.8	906	1 361	−0.97
12	0.282 588	0.000 017	0.000 782	0.000 004	0.020 700	0.000 127	131.9	−3.7	935	1 418	−0.98
13	0.282 616	0.000 016	0.001 003	0.000 014	0.026 896	0.000 377	131.9	−2.7	901	1 355	−0.97
15	0.282 453	0.000 018	0.000 985	0.000 004	0.023 484	0.000 117	749.5	4.8	1 130	1 355	−0.97
16	0.282 575	0.000 015	0.000 511	0.000 002	0.013 413	0.000 053	131.9	−4.1	946	1 445	−0.98
17	0.282 595	0.000 019	0.001 079	0.000 005	0.028 965	0.000 139	131.9	−3.4	932	1 403	−0.97
18	0.282 541	0.000 021	0.000 971	0.000 006	0.025 835	0.000 161	131.9	−5.4	1 006	1 524	−0.97
19	0.282 619	0.000 021	0.000 940	0.000 002	0.024 897	0.000 063	131.9	−2.6	896	1 349	−0.97
20	0.282 613	0.000 016	0.001 165	0.000 002	0.031 296	0.000 053	131.9	−2.8	910	1 364	−0.96

综合表明,燕山晚期第一次侵入体主要物质来源为中元古代地壳岩石的部分熔融,岩浆源区或上升通道可能存在新元古代幔源物质加入。

2.2.3 矿床地质特征

1. 矿体特征

矿区内先后共发现有铜铅锌多金属矿脉 15 条,编号为 III、IV、V_1、V_2、VI～XVI,均受北北西向、北北东向和近南北向断裂控制,矿脉长 310～2 350 m,厚 0.68～5.21 m,各矿脉地质特征见表 2.4。

表 2.4　矿脉基本地质特征一览表

矿脉编号	长度/m	厚度/m	产状/(°)		地质特征
			倾向	倾角	
III	600	0.4～1.5	79～86	53～55	地表由石英角砾岩组成,岩石硅化强烈,局部见黄铜黄铁矿化及铅锌矿化,矿化不连续
IV	500	0.50～2.00	211～56	53～85	主要由石英角砾岩组成,岩石硅化强烈。铜铅锌矿化及萤石化均较好,近地表见褐铁矿化较强烈
V_1	2 050	0.68～4.85	62～101	52～88	主要由构造角砾岩及热液石英岩组成,岩石硅化强烈,铜铅锌矿化均较好,矿化较连续
V_2	900	0.65～4.85	276～315	52～85	主要由构造角砾岩组成,岩石硅化强烈,见铅、锌矿化,矿化不连续
VI	650	0.4～2.0	29～116	63～88	地表由石英角砾岩组成,岩石硅化强烈,局部见铅锌矿化,矿化不连续
VII	1 050	1.05～1.90	75～94	65～83	主要由构造角砾岩组成,岩石硅化强烈,以铅矿化为主,伴生铜,矿化集中于脉体中部,两端矿化变弱
VIII	1 100	0.85～1.00	70～112	83～85	地表由石英角砾岩组成,岩石硅化强烈,以铅锌矿化为主,伴生铜,矿化集中于中北部,南部矿化变弱
IX	900	0.80～1.45	45～102	75～84	地表由构造角砾岩组成,见铜、铅、锌矿化,矿化不均匀,萤石矿化较强
X	1 250	0.70～2.25	35～107	70～82	主要由角砾岩及热液石英岩组成,岩石硅化强烈。矿化在矿体中部稳定且连续性较好,两端则变弱。铜铅锌矿化及萤石矿化均较强烈
XI	500	0.2～3.0	45～265	63～84	地表由构造角砾岩及石英角砾岩组成,岩石硅化强烈,见黄铜、黄铁矿化及铅锌矿化,矿化不连续
XII	2 350	0.40～2.30	78～96	52～70	主要由角砾岩及热液石英岩组成,岩石硅化强烈。以铅矿化为主,伴生铜。地表及浅部矿化较强,深部减弱
XIII	1 700	1.10～6.60	260～283	60～85	主要由构造角砾岩组成,岩石硅化极为强烈,矿化主要为铅锌矿化。地表未见矿化,浅部及深部矿化较强
XIV	550	0.50～2.00	215～262	67～86	主要由构造角砾岩组成,见铅锌矿化,矿化不连续
XV	310	0.8～1.2	268～271		地表由构造角砾岩及石英角砾岩组成,岩石硅化强烈,见铅锌矿化,矿化不连续
XVI	1750	1.00～4.50	87～119	71～88	主要由构造角砾岩组成,岩石硅化强烈,见铅矿化为主。矿化集中于脉体南部,地表未见矿化

V_1号矿脉:分布于西侧观音阁—小洞一带,控制及推测长为2 050 m,中部在小洞一带约有450 m被第四系覆盖,往北被后期V_2号矿脉所破坏。该矿脉严格受北北西向断裂控制,走向为332°~11°,倾向为北东东—南东东,倾角为52°~88°,主要产于燕山晚期第一次侵入的中细粒二云母花岗岩中,中部在第102勘探线附近穿切冷家溪群云母片岩。控制矿脉带宽为0.68~4.85 m,主要由构造角砾岩及热液石英岩组成,岩石硅化强烈。该矿脉铜铅锌矿化均较好,主要表现为黄铁黄铜矿化、方铅矿化、闪锌矿化、萤石矿化,近地表见斑铜矿化及铜蓝。品位为铜0.231%~3.160%,铅0.30%~31.60%,锌0.37%~19.55%。矿化较连续,圈出铜铅锌矿体一个,地表含矿系数为0.87。

VII号矿脉:分布于新田一带,控制及推测长度为1 050 m,该矿脉严格受北北西向断裂带控制,走向为345°~4°,倾向为北东东—南东东,倾角为65°~83°,产于燕山晚期第一次侵入体中细粒二云母花岗岩中。控制矿脉带宽为1.05~1.90 m,主要由构造角砾岩组成,岩石硅化强烈。该矿脉以铅锌矿化为主,伴生铜,矿化集中于脉体中部,两端矿化变弱。主要表现为方铅矿化、闪锌矿化、黄铁黄铜矿化,次为萤石矿化。品位铅0.19%~1.64%,锌0.12%~2.66%,铜0.042%~0.934%。矿脉中部矿化较连续。该矿脉圈出铅锌矿体一个,地表含矿系数0.43。

X号矿脉:分布于北部栗山一带,控制及推测长为1 250 m,该矿脉严格受北西向断裂带控制,走向为305°~17°,倾向为北东东—南东东,倾角为70°~82°,产于燕山晚期第一次侵入体中细粒二云母花岗岩中。控制矿脉带宽为0.70~2.25 m,主要由构造角砾岩及热液石英岩组成,岩石硅化强烈。该矿脉铜铅锌矿化均较好,主要表现为黄铁黄铜矿化、方铅矿化、闪锌矿化、萤石矿化。品位为铜0.221%~1.630%,铅0.51%~16.20%,锌0.16%~19.80%。

XII号矿脉:分布于矿区东部墙坳—吊麦咀一带,控制及推测长为2 350 m,严格受近南北向断裂带控制,走向为348°~6°,倾向为北东东—南东东,倾角为52°~70°,产于燕山晚期第一次侵入的中细粒二云母花岗岩及花岗伟晶岩中,局部切穿冷家溪群云母片岩。控制矿脉带宽为0.40~2.30 m,主要由构造角砾岩及热液石英岩组成,岩石硅化强烈。以铅锌矿化为主,伴生铜。地表及浅部矿化较强,深部减弱。矿化主要为方铅矿化、闪锌矿化,次为黄铁黄铜矿化和萤石矿化。品位为铅0.37%~19.67%,锌0.60%~8.13%,铜0.215%~0.877%。圈出铅锌铜矿体一个,地表含矿系数为0.44。

XIII号矿脉:分布于矿区东南部胜石洞—白家湾一带,控制及推测长为1 700 m,该矿脉严格受近北北东向断裂带控制,走向为350°~13°,倾向为南西西—北西西,倾角为60°~85°,产于燕山晚期第一次侵入体中细粒二云母花岗岩及花岗伟晶岩中,局部切穿冷家溪群云母片岩。控制矿脉带宽为1.10~6.60 m,主要由构造角砾岩组成,岩石硅化强烈。该矿脉地表未见矿化,浅部矿化较强,矿化主要为铅锌矿化。品位为铅0.32%~5.77%,锌0.25%~45.69%。

2. 矿石特征

矿石结构主要有交代残留结构、自形-半自形粒状结构、镶嵌结构等。矿石构造主要有浸染状、细脉状(条带状)、角砾状、致密块状等,近地表因受风化作用呈蜂窝状构造。

矿石的矿物成分较简单，金属主要矿物有方铅矿、闪锌矿、黄铜矿，其次为黄铁矿，偶见磁黄铁矿、辉铜矿、蓝铜矿、砷黝铜矿。脉石矿物主要有石英，其次为萤石、绿泥石、绢云母，偶见方解石、重晶石。次生矿物主要有褐铁矿，偶见孔雀石、铜蓝。

3. 围岩蚀变

围岩蚀变有绢云母化、绿泥石化、硅化、萤石化，偶见碳酸盐化、重晶石化等。其中萤石化、硅化、绿泥石化与矿化关系密切，绿泥石化强烈处往往铜品位较高。

4. 成矿期次

根据矿区内矿石矿物组合、矿化特征、围岩蚀变及硅化构造破碎带之间的相互穿插关系，区内主成矿期可划分为两个矿化阶段。

早期中温热液矿化阶段：矿液多充填于北西—北北西向硅化构造破碎带中，形成的矿物以浸染状、细粒状深灰黑色-黑色方铅矿、深棕-棕黑色闪锌矿、块状黄铜矿为主，围岩蚀变以硅化为主，绿泥石次之。

晚期低温热液矿化阶段：矿液多充填于北北东—北东向硅化构造破碎带中，北西向硅化构造破碎带中次之，形成的矿物以银灰色、粗粒集合体状方铅矿和浅黄色闪锌矿为主，见萤石伴生，围岩蚀变以硅化和绢云母化为主。

2.2.4 矿床成因

1. 矿床地球化学特征

1）微量元素

矿石样品的微量元素测试结果见表2.5。矿石成矿元素Cu、Pb、Zn明显富集，Ag、Au比较富集。矿石的稀土总量很低，$\sum$REE为7.63～36.17 μg/g；$(La/Yb)_N$为3.91～56.59，$(La/Sm)_N$为3.01～14.70，$(Gd/Yb)_N$为1.12～8.53，具有轻稀土(LREE)相对富集、重稀土(HREE)平坦分布的特征(图2.6)，其中LREE分异相对较强，HREE分异相对较弱；δEu为0.44～1.24，Eu同时出现正、负异常；δCe为0.83～3.04，Ce以正异常为主。

表2.5 矿石微量元素组成

样品号	SD1-2-10	SD1-3-5	SD1-2-6	SD1-3-8	SD1-3-12	SD1-2-9	SD1-3-4	SD1-2-7
Cu	24 000	9 660	16 900	2 690	10 400	2 450	9 820	7 800
Pb	100 000	3 010	9 390	28 000	16 200	73 400	24 200	39 200
Zn	74 600	28 200	71 100	65 200	110 000	364 000	69 000	3 280
Cr	5.02	4.34	9.05	4.40	7.87	6.32	24.5	24.1
Ni	5.03	3.24	4.08	11.7	4.09	6.44	6.68	9.27

续表

样品号	SD1-2-10	SD1-3-5	SD1-2-6	SD1-3-8	SD1-3-12	SD1-2-9	SD1-3-4	SD1-2-7
Co	18.2	12.6	28.3	9.09	50.1	31.4	21.4	3.28
W	0.43	0.57	0.56	0.50	0.49	22.4	2.80	1.51
Mo	—	—	—	—	—	0.79	0.66	0.78
Bi	291	12.2	56.2	12.2	70.5	1.53	121	98.2
Sr	4.46	3.04	3.58	13.7	4.92	5.25	4.90	1.36
Ba	9.75	48.7	8.42	7.28	9.21	31.7	26.6	20.0
Nb	—	—	—	—	—	<0.1	<0.1	<0.1
Ta	—	—	—	—	—	<0.05	<0.05	<0.05
Zr	—	—	—	—	—	0.44	0.32	0.16
Sn	—	—	—	—	—	1.86	2.42	1.03
Au	1.06	2.92	13.7	0.26	1.28	12.1	4.53	5.36
Ag	359	20.8	60.8	17.2	94.3	25.1	47.1	45.2
U	—	—	—	—	—	0.18	0.14	<0.1
Th	—	—	—	—	—	0.24	<0.1	<0.1
La	2.99	2.07	0.99	4.6	0.98	4.7	10.7	7.1
Ce	9.66	3.08	4.28	17.2	1.55	6.41	15.7	10.3
Pr	0.59	0.4	0.12	0.7	0.11	0.64	0.93	0.92
Nd	2.01	1.69	0.4	2.38	0.49	2.06	2.65	2.67
Sm	0.39	0.36	0.074	0.46	0.21	0.44	0.47	0.38
Eu	0.064	0.076	0.02	0.21	0.06	0.14	0.17	0.13
Gd	0.5	0.33	0.13	0.58	0.42	0.52	0.58	0.42
Tb	0.078	0.036	0.018	0.072	0.07	0.08	0.074	0.04
Dy	0.47	0.12	0.12	0.34	0.4	0.37	0.3	0.15
Ho	0.1	0.016	0.028	0.057	0.069	0.066	0.05	0.026
Er	0.37	0.32	0.14	0.2	0.26	0.17	0.14	0.074
Tm	0.042	0.005	0.012	0.017	0.027	0.022	0.022	0.012
Yb	0.28	0.032	0.096	0.1	0.18	0.17	0.14	0.09
Lu	0.046	0.005	0.014	0.013	0.03	0.024	0.026	0.013
Y	4.91	0.48	1.43	4.69	2.77	4.32	4.22	0.87
ΣREE	22.50	9.02	7.87	31.62	7.63	20.13	36.17	23.20
LREE	15.70	7.68	5.88	25.55	3.40	14.39	30.62	21.50
HREE	6.80	1.34	1.99	6.07	4.23	5.74	5.55	1.70
$(La/Yb)_N$	7.66	46.40	7.40	33.00	3.91	19.83	54.82	56.59
δEu	0.44	0.67	0.62	1.24	0.62	0.89	1.00	0.99
δCe	1.78	0.83	3.04	2.35	1.16	0.91	1.22	0.99
$(La/Sm)_N$	4.95	3.71	8.64	6.46	3.01	6.90	14.70	12.06
$(Gd/Yb)_N$	1.48	8.53	1.12	4.80	1.93	2.53	3.43	3.86

注:Au 元素的质量分数的单位为 μg/kg,其余微量元素的质量分数的单位为 μg/g。

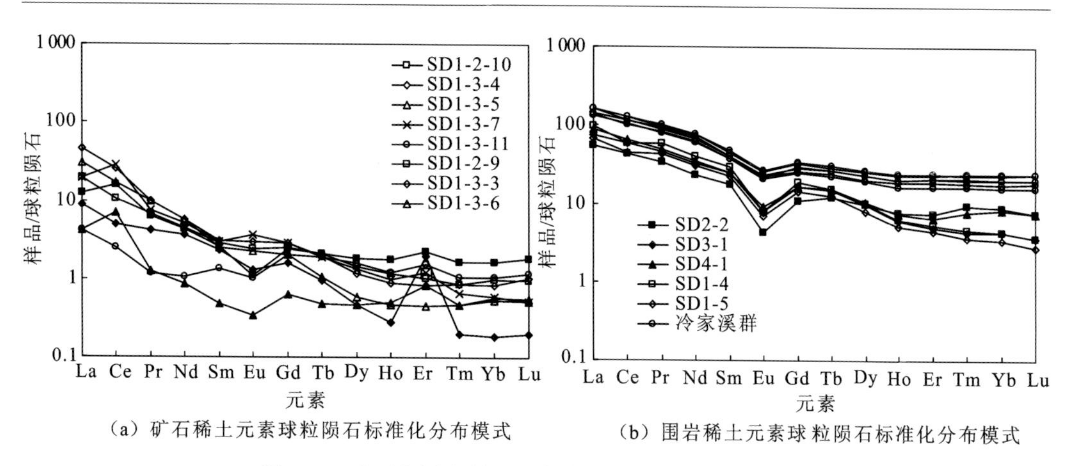

(a) 矿石稀土元素球粒陨石标准化分布模式
(b) 围岩稀土元素球粒陨石标准化分布模式

图2.6 矿石和围岩稀土元素球粒陨石标准化分布模式

矿区花岗岩的稀土元素总量较低($\sum$REE为77.81～107.64 μg/g),$(La/Yb)_N$为6.03～22.10,δEu为0.31～0.46,δCe为0.79～1.03,$(La/Sm)_N$为2.95～3.54,$(Gd/Yb)_N$为1.24～4.28,LREE分异较强,HREE分异相对较弱(表2.6)。冷家溪群稀土元素总量较高($\sum$REE为176.87～230.65 μg/g),$(La/Yb)_N$为6.80～8.17,δEu为0.62～0.71,δCe为0.93～1.03,$(La/Sm)_N$为3.41～3.98,$(Gd/Yb)_N$为1.34～1.55,同样HREE分异相对较弱。

表2.6 花岗岩和冷家溪群稀土元素组成

样号	SD2-2	SD3-1	SD4-1	SD1-4	SD1-5	JLJX0-1	JLJX-03	JLJX-10	DD01-3	DD01-4	DD01-5
	花岗岩					冷家溪群					
La	12.7	17.4	20.7	22.8	15.7	32.72	31.22	38.01	33.64	38.68	38.66
Ce	26.6	35.8	40	36.1	27.2	60.76	62.92	70.66	70.66	77.84	79.34
Pr	3.16	4.37	4.73	5.5	4.02	7.77	7.51	8.75	8.33	8.97	9.65
Nd	10.9	15.1	16.2	18.9	14	28.99	28.04	33.01	31.54	35.4	36.28
Sm	2.67	3.81	3.78	4.49	3.39	5.69	5.69	6.16	6.1	6.78	7.31
Eu	0.25	0.46	0.54	0.47	0.4	1.28	1.21	1.24	1.35	1.47	1.54
Gd	2.26	3.32	3.39	3.83	2.93	5.35	5.13	6.11	5.9	6.59	6.94
Tb	0.45	0.56	0.57	0.58	0.46	0.89	0.85	0.99	0.99	1.08	1.12
Dy	2.5	2.54	2.64	2.56	2.05	5.15	4.89	5.8	5.84	6.5	6.82
Ho	0.44	0.35	0.42	0.36	0.29	1.06	0.92	1.15	1.16	1.3	1.36
Er	1.24	0.81	1.09	0.87	0.73	3.13	2.74	3.42	3.42	3.85	3.91
Tm	0.24	0.11	0.2	0.12	0.093	0.47	0.42	0.52	0.53	0.62	0.6
Yb	1.51	0.74	1.39	0.74	0.58	3.04	2.74	3.42	3.44	4.08	3.97
Lu	0.19	0.091	0.19	0.094	0.071	0.46	0.41	0.51	0.51	0.6	0.6
Y	12.7	9.43	11.8	9.27	7.49	25.7	22.18	27.46	28.32	31.9	32.55

续表

样号	SD2-2	SD3-1	SD4-1	SD1-4	SD1-5	JLJX0-1	JLJX-03	JLJX-10	DD01-3	DD01-4	DD01-5
	花岗岩					冷家溪群					
ΣREE	77.81	94.89	107.64	106.68	79.40	182.46	176.87	207.21	201.73	225.66	230.65
LREE	56.28	76.94	85.95	88.26	64.71	137.21	136.59	157.83	151.62	169.14	172.78
HREE	21.53	17.95	21.69	18.42	14.69	45.25	40.28	49.38	50.11	56.52	57.87
LREE/HREE	2.61	4.29	3.96	4.79	4.40	3.03	3.39	3.20	3.03	2.99	2.99
$(La/Yb)_N$	6.03	16.87	10.68	22.10	19.42	7.72	8.17	7.97	7.01	6.80	6.99
δEu	0.31	0.40	0.46	0.35	0.39	0.71	0.68	0.62	0.69	0.67	0.66
δCe	1.03	1.01	0.99	0.79	0.84	0.93	1.01	0.95	1.03	1.02	1.01
$(La/Sm)_N$	3.07	2.95	3.54	3.28	2.99	3.71	3.54	3.98	3.56	3.68	3.41
$(Gd/Yb)_N$	1.24	3.71	2.02	4.28	4.18	1.46	1.55	1.48	1.42	1.34	1.45

注:冷家溪群数据引用自李鹏春等(2005);稀土元素单位为 μg/g。

稀土元素的地球化学性质相似,在地质作用过程中往往作为一个整体迁移,因而广泛用于矿床成矿流体来源与演化的示踪研究。矿区矿石稀土总量为 7.63～36.171 μg/g,较低的稀土总量特征一般代表热液活动成因。矿石稀土配分模式与花岗岩稀土配分模式曲线类似(图 2.6),都具有右倾型(LREE 较为富集、HREE 较为平坦)的特征,由此说明成矿作用与花岗岩成岩密切相关,热液成分可能源自于岩浆。

Ce 异常通常与 Ca 元素分配有关,Eu 异常通常与斜长石的晶出有关。矿石的稀土元素中存在 Eu 的正异常和 Ce 的正异常组合、Eu 的负异常和 Ce 的正异常组合及 Eu 的负异常和 Ce 的负异常组合,三种组合同时出现在矿石中,暗示经历了复杂的氧化还原演化过程。

2) S 同位素

矿石硫化物 S 同位素测定结果见表 2.7。从分析结果可以看出,硫化物的 $\delta^{34}S$ 值为 −7.84‰～0.77‰,极差为 8.61‰。其中,闪锌矿的 $\delta^{34}S$ 值为 −4.07‰～0.77‰;方铅矿的 $\delta^{34}S$ 值为 −7.84‰～−3.58‰;黄铜矿的 $\delta^{34}S$ 值为 −2.73‰～−2.52‰。在平衡条件下硫化物对 ^{34}S 富集的顺序通常为黄铁矿>闪锌矿>黄铜矿>方铅矿。从矿区矿石中硫化物的 S 同位素组成来看,硫化物间的 S 同位素基本达到了平衡,且矿床中硫酸盐矿物不甚发育,故矿床中几种简单硫化物的 S 同位素组成基本可代表成矿流体的 S 同位素组成。

表 2.7 矿石硫化物 S 同位素测试结果

序号	样号	测定矿物	岩性	$\delta^{34}S_{V-CDT}$/‰			
				数值	变化范围	极差	平均值
1	SD1-1-4	方铅矿	含矿萤石(石英)脉	−5.01	−7.84～−3.58	4.26	−5.99
2	SD1-2-6	方铅矿	硫化物矿石	−7.84			
3	SD1-2-7	方铅矿	硫化物矿石	−7.15			
4	SD1-3-1	方铅矿	含矿石英(萤石)脉	−6.39			
5	SD1-3-11	方铅矿	含矿石英(萤石)脉	−3.58			

续表

序号	样号	测定矿物	岩性	$\delta^{34}S_{V-CDT}$/‰			
				数值	变化范围	极差	平均值
6	SD1-1-2	黄铜矿	含矿萤石(石英)脉	−2.52	−2.73～−2.52	0.21	−2.63
7	SD1-2-2	黄铜矿	硫化物矿石	−2.72			
8	SD1-2-5	黄铜矿	硫化物矿石	−2.73			
9	SD1-2-7	黄铜矿	硫化物矿石	−2.54			
10	SD1-1-1	闪锌矿	含矿萤石(石英)脉	0.77	−4.07～0.77	4.84	−1.70
11	SD1-2-1	闪锌矿	硫化物矿石	−1.86			
12	SD1-2-3	闪锌矿	硫化物矿石	−4.07			
13	SD1-2-6	闪锌矿	硫化物矿石	−3.25			
14	SD1-3-11	闪锌矿	含矿石英(萤石)脉	−0.10			

在S同位素的频率直方图上，$\delta^{34}S$的峰值主要集中在−3‰～−2‰，各种矿石矿物的$\delta^{34}S$也比较接近，为比较小的负数。资料表明，基性岩的$\delta^{34}S$平均值为2.7‰(−5.7‰～7.6‰)，超镁铁质岩$\delta^{34}S$平均值为1.2‰(−1.3‰～7.3‰)，石陨石$\delta^{34}S$为−5.6‰～2.6‰。通过对比矿石与其他岩石的$\delta^{34}S$范围(图2.7、图2.8)，认为三墩矿床中的硫主要来自上地幔或下地壳的深源岩浆，在岩浆上升过程中，混染了部分围岩地层的成分。

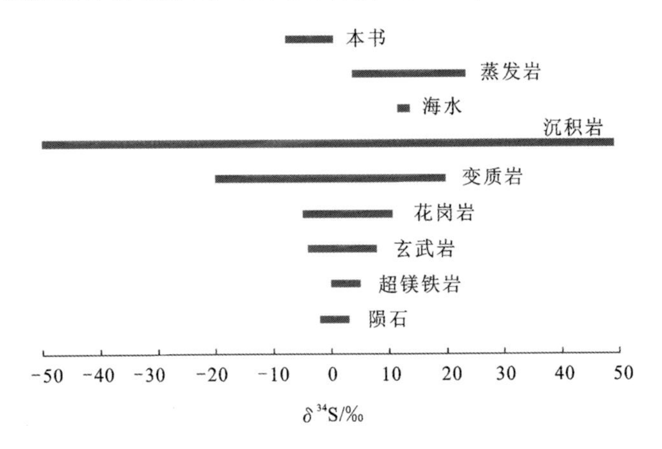

图2.7　不同天然含硫物质中$\delta^{34}S$的特征

3) Pb同位素组成

Pb同位素组成分析结果见表2.8。矿石中硫化物的Pb同位素组成比较稳定，$^{206}Pb/^{204}Pb$为18.128～18.452，$^{207}Pb/^{204}Pb$为15.586～15.849，$^{208}Pb/^{204}Pb$为38.440～39.004，变化范围小，显示普通铅的特征。一般认为来自下部地壳或上部地幔物质的Pb同位素μ比较低，其中地幔μ为8.92，造山带μ为10.87。三墩矿床中矿石矿物的Pb同位素μ变化小，比较集中，明显高于地幔的μ而低于造山带的μ，显示铅的来源为壳幔混合。

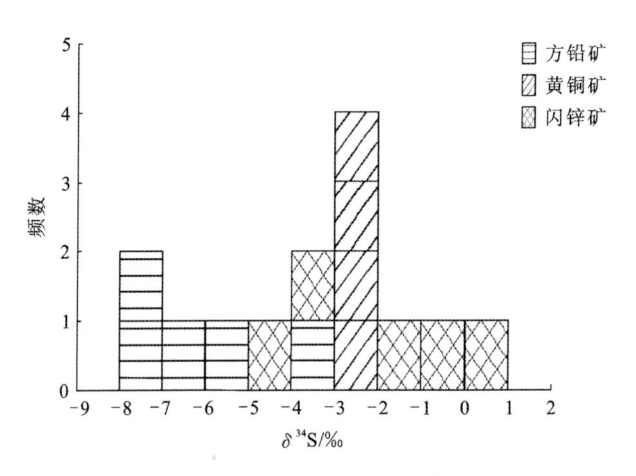

图 2.8　硫化物 $\delta^{34}S$ 频数直方图

表 2.8　三墩铜铅锌矿床硫化物 Pb 同位素组成

样号	样品名称	分析结果						
		同位素比值			表面年龄/Ma	φ	μ	Th/U
		$^{206}Pb/^{204}Pb$	$^{207}Pb/^{204}Pb$	$^{208}Pb/^{204}Pb$				
SD1-1-1	闪锌矿	18.197±0.005	15.612±0.004	38.466±0.01	336	0.598	9.51	3.86
SD1-2-1	闪锌矿	18.128±0.007	15.586±0.005	38.440±0.012	354	0.600	9.47	3.88
SD1-2-3	闪锌矿	18.180±0.006	15.613±0.004	38.551±0.006	349	0.599	9.52	3.91
SD1-2-6	闪锌矿	18.414±0.004	15.836±0.003	39.004±0.005	444	0.609	9.93	4.01
SD1-1-4	方铅矿	18.224±0.004	15.709±0.003	38.784±0.007	430	0.607	9.70	4.00
SD1-3-1	方铅矿	18.335±0.003	15.778±0.003	38.987±0.016	432	0.607	9.83	4.04
SD1-1-2	黄铜矿	18.452±0.004	15.849±0.005	38.901±0.008	432	0.607	9.95	3.95
SD1-2-2	黄铜矿	18.328±0.006	15.722±0.006	38.636±0.014	373	0.602	9.71	3.88
SD1-2-5	黄铜矿	18.289±0.002	15.693±0.002	38.572±0.006	366	0.601	9.66	3.87
SD1-2-7	黄铜矿	18.231±0.003	15.660±0.002	38.634±0.007	369	0.601	9.60	3.92

注：φ 表示 H—H 等时线方程的斜率；μ 表示 ^{238}U 与 ^{204}Pb 的比值。

2. 成矿时代

Sm、Nd 都是稀土元素，在地质作用中比较稳定，能够很好地保存其原有的性质。^{147}Sm 的半衰期很长，适用于地质定年，矿物之间的 Sm/Nd 范围较全岩的大，能获得精度更高的年龄。三墩铜铅锌矿中萤石 Sm-Nd 同位素等时线年龄测试结果见表 2.9。通过萤石 Sm-Nd 法测得的 $^{147}Sm/^{144}Nd$ 为 0.166 4～0.512 9，$^{143}Nd/^{144}Nd$ 为 0.512 059±0.000 005，等时线年龄为(88.8±2.4) Ma(图 2.9)。

表 2.9　三墩铜铅锌矿中萤石 Sm-Nd 同位素等时线年龄测试结果

送样号	样品名称	$w(Sm)/10^{-6}$	$w(Nd)/10^{-6}$	$^{147}Sm/^{144}Nd$	$^{143}Nd/^{144}Nd\pm1\sigma$	$\varepsilon_{Nd}(0)$	$\varepsilon_{Nd}(t)$
SD1-1-1	萤石	0.711 6	1.315	0.327 4	0.512 251±0.000 09	−7.5	−9.0
SD1-1-2	萤石	0.469 9	0.554 2	0.512 9	0.512 360±0.000 09	−5.4	−9.0
SD1-1-3	萤石	0.236 2	0.476 9	0.299 6	0.512 230±0.000 09	−8.0	−9.1
SD1-1-4	萤石	0.804 0	1.796	0.270 9	0.512 217±0.000 08	−8.2	−9.1
SD1-1-5	萤石	1.373 0	4.992	0.166 4	0.512 158±0.000 06	−9.4	−9.0
SD1-1-6	萤石	0.431 6	1.166	0.224 0	0.512 185±0.000 09	−8.8	−9.2
SD1-1-7	萤石	0.297 8	0.457 1	0.394 2	0.512 286±0.000 09	−6.9	−9.1
SD1-1-8	萤石	0.312 9	1.016	0.186 3	0.512 167±0.000 09	−9.2	−9.1
SD1-1-9	萤石	0.555 9	1.680	0.200 1	0.512 177±0.000 09	−9.0	−9.0
SD1-1-10	萤石	0.544 5	0.930 1	0.354 2	0.512 260±0.000 07	−7.4	−9.2

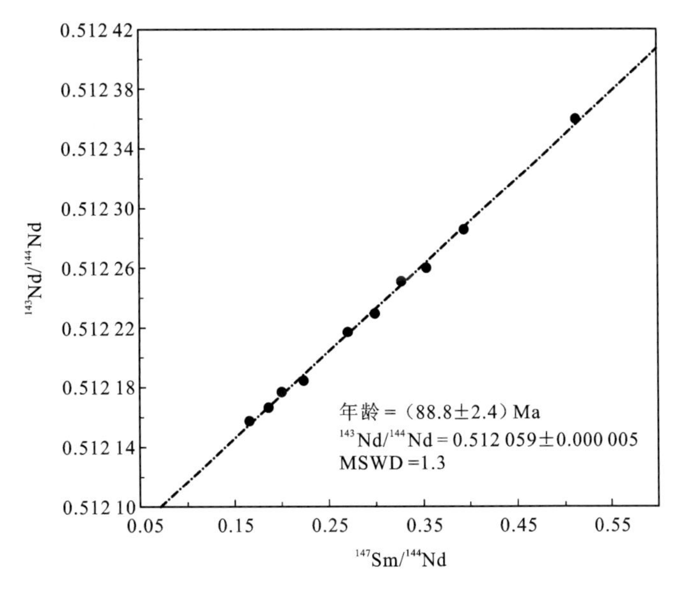

图 2.9　三墩矿区萤石 Sm-Nd 等时线图

$^{143}Nd/^{144}Nd$ 为 0.512 059 大于大陆壳平均 $^{143}Nd/^{144}Nd$ 的 0.511 9，小于球粒陨石均值体 $^{143}Nd/^{144}Nd$ 的 0.512 64；$\varepsilon_{Nd}(t)$ 为 −9.1，在壳幔混合型[$\varepsilon_{Nd}(t)$ 值为 −10～0]范围内；Sm/Nd 变化较大，为 0.28～0.85，平均为 0.485，大于球粒陨石平均值 0.318，具有幔源岩特征。综合表明其源区具有壳幔混合特征。

从野外地质调查和室内岩相学观察来看，萤石样品是同源流体活动的产物；此外，10 件萤石样品数据依据同位素等时线年龄(88.8±2.4) Ma 计算所得到的 $\varepsilon_{Nd}(t)$ 值变化范围较小也说明了其同源性，等时线年龄 88.8 Ma 可以解释为矿床的成矿年龄，为燕山晚期；围岩燕山晚期第一次侵入体的成岩年龄为 131.9 Ma，表明成矿年龄晚于燕山晚期第一次侵入体年龄。

3. 矿床成因及成矿模式

前人研究表明,湘东北地区晚中生代具有两期基性岩浆活动,规模较小,主要为玄武岩、辉绿岩脉和煌斑岩,其中第一期基性岩浆活动在 136 Ma 左右,有代表性的是蕉溪岭煌斑岩;第二期基性岩浆活动在 83～93 Ma,以西楼细碧质玄武岩为代表,大部分晚中生代的基性岩具有洋岛玄武岩(OIB)的地球化学特征,为软流圈物质上涌,混染地壳物质的结果。基性岩浆活动的时代及它们的岩石成因,反映了区域上存在着两次岩石圈伸展活动。

第一次区域上的伸展活动,伴随着岩石圈的拆离和软流圈的上涌,中下地壳岩石部分熔融形成岩浆,对应形成了幕阜山岩体燕山晚期第一次侵入体,其 Hf 同位素特征表明花岗岩主要物质来源于中元古代的地壳岩石的部分熔融,在岩浆熔融的过程中有少量幔源物质的加入。燕山晚期第一次侵入体形成后,由于构造运动,区域应力场的改变,形成了新的断裂带,断裂带穿切燕山晚期第一次侵入体。

在第二次区域上的伸展活动背景下,伴随着岩石圈的拆离和软流圈的上涌,具有幔源特征的基性岩浆侵入,伴随的还有部分熔融混杂了幔源成分的花岗岩岩浆侵入,花岗岩岩浆侵入到浅层发生结晶分异,残留的热液沿着早期形成的断裂带继续运移,由于酸碱度和氧化还原条件的变化,发生充填作用和交代作用,形成矿体。成矿早期形成的矿物以浸染状、细粒状深灰黑色-黑色方铅矿和深棕-棕黑色闪锌矿及块状黄铜矿为主,围岩蚀变以硅化为主,绿泥石次之,成矿晚期形成的矿物以银灰色、粗粒集合体状方铅矿和浅黄色闪锌矿为主,有萤石伴生。

幕阜山花岗岩体呈大岩基状分布于湖南、湖北、江西三省边境,总面积达 2 530 km^2,其分布明显受断裂控制。岩体周边已发现的主要矿种有钨、金、铀、铍、铌、钽、铜、铅、锌等,典型的矿床有三墩铜铅锌矿和桃林铅锌矿,其中三墩铜铅锌矿位于幕阜山岩体南部,桃林铅锌矿位于幕阜山岩体西北部。三墩铜铅锌多金属矿床产在花岗岩体内外接触带,其矿石稀土元素配分特征与花岗岩稀土元素配分特征类似,硫来自上地幔或下地壳的深源岩浆,铅来自壳幔混合,综合表明成矿与幕阜山岩体密切相关。成矿模式如图 2.10 所示。

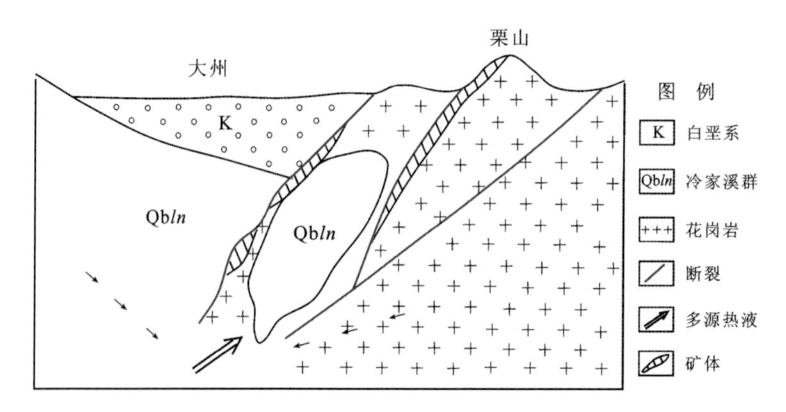

图 2.10 三墩铜铅锌矿床成矿模式图

2.2.5　找矿标志

通过对矿区内各矿脉、矿体地质特征进行综合研究，归纳总结出三墩地区主要的找矿标志有以下几点。

(1) 走向为北西—北北西向、北北东向及近南北向的硅化构造破碎带含矿性较好，北东向的硅化构造破碎带基本不含矿。

(2) 走向呈弧形转弯且具膨大缩小现象的硅化构造破碎带含矿性较好，尤其是弯曲部位更利于成矿。

(3) 矿脉破碎程度高，地表露头具蜂窝状构造，颜色深褐色，可见萤石化、绿泥石化等现象的地段，有较大可能发现矿体。

(4) 矿化往往发育于硅化构造破碎带的中部，有时地表虽不见矿化或矿化较弱，但深部有矿化增强、品位增高的趋势(如XIII号矿脉)。

(5) 硅化构造破碎带中石英呈乳白色微透明、油脂光泽强，石英呈粒状、块状者矿化较强。

(6) 萤石化、硅化、绿泥石化与矿化关系密切，绿泥石化强烈处往往铜品位较高。

(7) 套合好的Cu、Pb、Zn综合异常，特别是Pb异常的峰值区与矿脉带能较好地对应。

2.3　湖南七宝山夕卡岩-热液型铜多金属矿

七宝山铜多金属矿床位于湖南省浏阳市北东约40 km的永和镇，是湖南省硫、铜储量最大的矿床，共有大小矿体200余个。该矿床以矿体赋存部位多变及伴生的贵金属(Au、Ag)、稀散元素(Ga、In、Te、Cd)多且量大为显著特色。

2.3.1　区域地质背景

在大地构造上，该区处于浏阳—衡东北东向断褶带、安化—浏阳东西向构造带和北西向岳阳—平江断裂带的复合部位，即湘东醴陵-浏阳S型构造的次级北西向永和-横山向斜的东端。

区内基底地层由新元古界冷家溪群组成，沉积盖层自泥盆系至第四系均有出露。浅表层构造总体是以东西向构造为基础，北(北)东向构造为主、北西向构造为次的相互交织的构造格架。花岗岩类自雪峰期至燕山期均有产出，岩浆演化自早至晚由偏基性到偏酸性，浅成、超浅成侵入体越来越发育，岩浆分异作用越来越强，矿化也越来越好。酸性、中酸性侵入岩存在两个成因系列：一是以连云山、大围山等岩体为代表的壳源型系列(S型)，控制钨、锡、稀有金属、稀土及铅锌矿化；二是以七宝山、料源等中酸性小岩体为代表的壳幔混源型系列(I型)，控制以铜、铅、锌、金、银为主的矿化。多期次构造岩浆活动、复杂的地质构造，为铜多金属成矿创造了条件。

2.3.2 矿区地质特征

1. 地层

矿区内出露地层简单，由老至新依次为青白口系冷家溪群(Qb*ln*)、南华系莲沱组(Nh_1l)、下石炭统大塘阶(C_1d)及中—上石炭统壶天群($C_{2+3}ht$)(图 2.11)。冷家溪群为一套经区域浅变质的浅海相变质岩系，分布在矿区的南北两侧；莲沱组分布在矿区北侧边缘，为一套浅变质砂岩、砂质板岩，与下伏冷家溪群呈角度不整合接触。大塘阶为灰白色石英砾岩，零星分布于矿区北侧；壶天群为灰白色厚层状白云质灰岩、白云岩，广布于矿区的中部及西部与下伏地层呈明显的角度不整合接触，为矿区主要容矿地层。

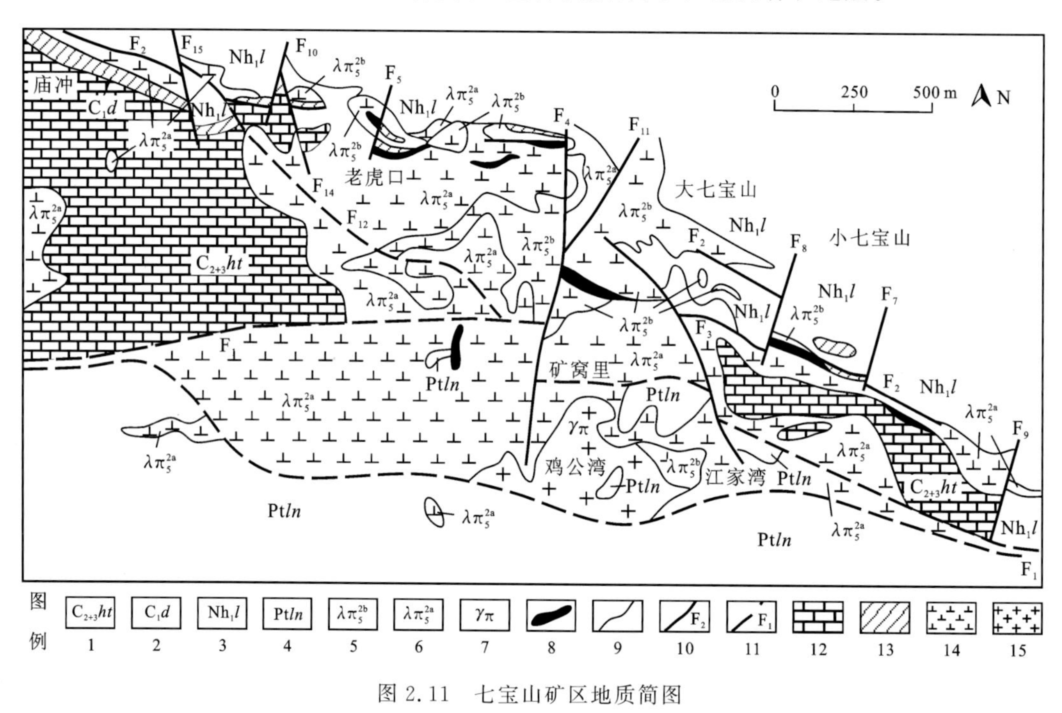

图 2.11 七宝山矿区地质简图

1. 中—上石炭统壶天群；2. 下石炭统大塘阶；3. 南华系莲沱组；4. 青白口系冷家溪群；5. 燕山早期第二次侵入石英斑岩；6. 燕山早期第一次侵入石英斑岩；7. 花岗斑岩；8. 矿体；9. 地质界线；10. 断层及编号；11. 推测地层及编号；12. 灰岩/白云质灰岩；13. 石英砾岩；14. 石英斑岩；15. 花岗斑岩

2. 构造

区内构造较为复杂，褶皱、断裂构造发育。褶皱为铁山-横山向斜，属永和-横山向斜的东段，向斜轴面倾向自东往西由南南西转向南西。区内有近东西向、近南北向、北东向及北西向多组断裂，其中古港—横山断裂从矿区中南部通过，走向东西，往南倾，是一多期活动的区域性大断裂，为矿区主要赋矿构造。

3. 岩浆岩

1）岩体地质及岩相学特征

矿区主要出露七宝山岩体，为燕山期多次侵入的浅成中酸性复式岩体，呈岩株、岩脉产出，主要有花岗斑岩、石英斑岩。岩体地表出露形态复杂，总体为一蘑菇状产出的岩株，主岩体东西长 6 km，南北宽 20～1 000 m，出露面积约 2 km^2。岩体与围岩接触面陡，但形态复杂。岩体顶面具明显爆破特征，爆破角砾岩及由爆破产生的裂隙网脉很多。

石英斑岩主要矿物成分为正长石、石英、斜长石，有少量黑云母，同时也含有少量磷钇矿、锆石、磷灰石等副矿物。石英呈斑晶及基质产出（图 2.12）。石英斑晶粒径一般为 3 mm左右，普遍受到熔蚀而大多呈浑圆状及港湾状；基质石英大多为它形粒状，粒径一般小于 0.02 mm。正长石呈斑晶及基质产出。斑晶正长石多为半自形，粒径为 2～4 mm，卡斯巴双晶发育；基质正长石粒径大多小于 0.02 mm，大多已蚀变为高岭石等黏土矿物。斜长石较少，一般为半自形宽板状，粒径一般为 0.01 mm，常见聚片双晶，在显微镜下测得 An 为 22，属更长石，且已基本蚀变为绢云母。黑云母整体较少，大多已蚀变为绿泥石，黑云母中常包裹自形锆石晶体，锆石周围常发育晕色圈。黑云母中 SiO_2、FeO 和 Fe_2O_3 含量极高，而 MgO 及 CaO 含量极低，属铁叶云母，这是由于在岩浆分异过程中黑云母总是向富铁端元演化。

（a）标本照片

（b）显微照片

图 2.12　七宝山矿区石英斑岩标本照片和显微照片

2）地球化学特征

七宝山石英斑岩的主量元素和微量元素分析结果见表 2.10。从中可以看出，七宝山石英斑岩的硅含量较低，SiO_2 含量为 53.86%～69.60%，低于华南花岗岩及世界花岗岩的平均值，而与铜矿化花岗岩的 SiO_2 含量接近（Blevin and Chappel，1995）。岩石富钾、低钠（K_2O/Na_2O 为 5.6～13.6），以及富铝（Al_2O_3 为13.76%～21.06%，A/CNK＝1.13～3.32）、贫钙（CaO 为 0.294%～1.72%），全碱含量变化较大，Na_2O+K_2O 分布在 3.88%～7.33%，总体属高钾铝过饱和亚碱性岩石。

表 2.10　七宝山岩体主量元素和微量元素分析结果

样品编号	QB5	QB10	QB15	QB16	QB18	QB26	QB27	QB28	QB29
岩石名称	石英斑岩	黄铁矿化石英斑岩	石英斑岩	石英斑岩	石英斑岩	石英斑岩	石英斑岩	花岗斑岩	石英斑岩
SiO_2	66.24	53.86	67.92	59.94	61.08	67.14	63.66	69.46	69.60
TiO_2	0.438	0.738	0.407	0.325	0.42	0.356	0.327	0.492	0.352
Al_2O_3	15.56	21.06	13.81	14.45	15.41	14.49	13.76	17.03	15.94
Fe_2O_3	4.25	5.27	2.23	9.81	4.31	2.86	8.29	1.49	2.92
FeO	1.32	1.43	1.23	1.33	1.09	1.71	1.40	1.34	1.15
CaO	0.436	0.526	3.58	0.503	1.72	0.718	0.60	0.846	0.294
MgO	1.05	1.52	1.71	0.649	1.92	3.64	0.604	1.04	0.668
K_2O	4.59	6.31	1.58	4.41	6.82	5.28	3.98	2.61	3.42
Na_2O	0.435	0.478	2.46	0.501	0.502	0.495	0.479	0.468	0.463
P_2O_5	0.197	0.289	0.18	0.133	0.224	0.182	0.17	0.25	0.048
MnO	0.014	0.019	0.029	0.012	0.03	0.032	0.011	0.024	0.011
灼失量	4.44	6.80	4.37	7.37	5.69	3.47	6.16	5.35	4.88
Cu	1340	7820	1240	208	99	33.4	416	5.45	297
Pb	81.9	128	56.0	58.7	120	82.8	104	52.8	65.4
Zn	100	526	195	34.3	127	190	104	109	42.5
Cr	16.1	15.4	11.3	11.8	11.8	12.2	11.8	5.25	13.0
Ni	4.95	7.29	4.10	2.89	4.22	3.31	3.79	3.21	4.25
Co	6.94	8.39	5.99	6.60	13.70	2.77	9.95	6.43	20.2
W	17.9	40.8	8.2	93.4	29.0	52.2	53.0	3.1	35.5
As	48.7	66.6	35.1	37.7	25.9	15.9	56.9	37.6	32.4
Sb	11.7	13.0	2.01	5.76	0.67	0.46	4.0	3.8	12.4
Bi	11.4	14.0	0.79	5.72	2.51	0.53	26.2	0.09	0.68
Hg	0.23	0.19	0.11	0.35	0.14	0.14	0.26	0.15	0.42
Sr	33.1	39.6	280	10.2	131	11.7	9.59	27.6	17.1
Ba	569	432	100	286	1200	396	366	342	474
V	47.6	66.2	38.1	34.8	45.0	40.5	36.1	53.2	40.4
Au	0.017	0.010	0.009	0.017	0.009	0.001	0.045	0.013	0.009
Ag	1.41	8.54	1.74	0.59	1.04	0.38	4.89	0.10	0.37
Y	11.2	15	6.7	8.25	9.32	6.17	5.16	10.7	10
La	57.2	71.4	13.5	25.9	41.5	35.3	15.5	55.8	26.9
Ce	86.1	107	27.5	41.9	63.0	53.0	24.2	79.3	44.4
Pr	12.6	15.7	4.84	6.57	9.36	7.66	3.77	11.9	7.33
Nd	44.2	54.9	19.1	24.1	33.1	26.3	14	41.9	28.2

续表

样品编号	QB5	QB10	QB15	QB16	QB18	QB26	QB27	QB28	QB29
岩石名称	石英斑岩	黄铁矿化石英斑岩	石英斑岩	石英斑岩	石英斑岩	石英斑岩	石英斑岩	花岗斑岩	石英斑岩
Sm	7.44	9.50	3.82	4.27	5.78	4.33	2.57	7.14	5.59
Eu	1.86	1.93	0.93	0.85	1.37	0.67	0.48	1.55	1.36
Gd	5.94	7.49	2.87	3.47	4.66	3.45	2.11	5.52	4.37
Tb	0.69	0.90	0.38	0.44	0.58	0.38	0.28	0.67	0.58
Dy	2.92	3.85	1.70	1.99	2.44	1.59	1.26	2.82	2.71
Ho	0.46	0.63	0.28	0.33	0.39	0.25	0.21	0.44	0.46
Er	1.28	1.85	0.80	0.96	1.05	0.74	0.64	1.14	1.19
Tm	0.18	0.25	0.11	0.12	0.14	0.10	0.087	0.15	0.18
Yb	1.10	1.57	0.64	0.79	0.91	0.61	0.60	1.00	1.10
Lu	0.14	0.22	0.084	0.1	0.12	0.089	0.075	0.12	0.14
ΣREE	222.11	277.19	76.55	111.79	164.40	134.47	65.78	209.45	124.51
$(La/Yb)_N$	37.30	32.62	15.13	23.52	32.71	41.51	18.53	40.03	17.54
δEu	0.83	0.68	0.82	0.66	0.78	0.51	0.61	0.73	0.81

注：主量元素单位为%，微量元素单位为μg/g。

七宝山石英斑岩显示富轻稀土和大离子亲石元素(Ba、K、Pb等)，贫重稀土元素的特征[图2.13(a)]，同时富集Cu、Pb、Zn、Au、Ag等成矿元素(表2.10)，是华南花岗岩平均值的数倍至数十倍，具有提供成矿物质的基础，石英斑岩可能是矿化的母岩。岩石的Ba、K含量远高于原始地幔值，而与地壳的平均值接近，具有壳源成因特征；但Sr含量则明显低于地壳的平均值，且在微量元素蛛网图上表现出显著的Sr负异常[图2.13(a)]，又显示出幔源岩浆的特点。

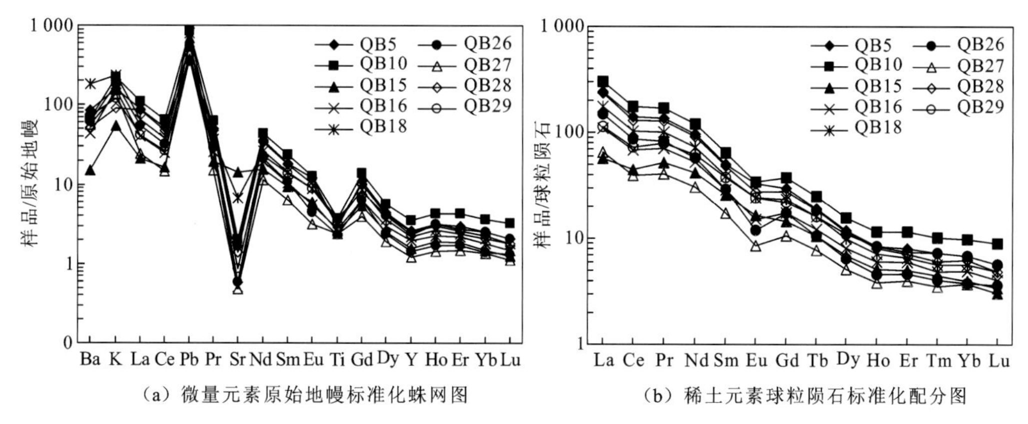

(a) 微量元素原始地幔标准化蛛网图　(b) 稀土元素球粒陨石标准化配分图

图2.13　微量元素原始地幔标准化蛛网图和稀土元素球粒陨石标准化配分图

岩石的稀土元素总量较低，ΣREE为65.78～277.19 μg/g，平均值为154.03 μg/g，低于华南地区花岗岩的稀土总量，而与铜矿化花岗岩的稀土含量较接近(王中刚 等，1989)；$(La/Yb)_N$为15.13～41.51，稀土配分模式为右倾型，具弱的Eu负异常[图2.13(b)]，与同熔型(Ⅰ型)花岗岩相似。由此看来，七宝山矿区石英斑岩的岩浆源区主要为地壳物质部分熔融，但在岩浆熔融的过程中有幔源物质的加入，应属壳幔同熔型花岗岩。

2.3.3 矿床地质特征

七宝山矿床由200多个矿体组成，其中大部分为隐伏矿体。按成矿作用可将矿体分为接触交代作用的夕卡岩型矿体、热液成矿作用的充填型矿体及风化作用的残余型矿体三种类型，以夕卡岩型为主。

夕卡岩型矿体受接触带控制，形态复杂，产状多变，多呈环带状、囊状及各种不规则形状(图2.14)。矿体走向北西—南东，倾向南西，倾角变化大(一般为45°～60°，最大80°以上，最小近于水平)。走向长一般为350～450 m，钻孔穿过最小厚度为1.30 m，最大为103.41 m，平均为29.36 m。矿体斜长200～350 m，个别达622 m，赋存标高多在－100 m以上，局部下延至－320 m。矿体中夹石较多，一般厚3～11 m，成分为夕卡岩、大理岩、夕卡岩化花岗斑岩。成矿元素主要为硫、铜、铁，伴有少量铅、锌。单工程品位：硫5.35%～34.14%，铜0.01%～1.5%；平均品位：硫18.24%，铜0.519%。铁含量一般为20.14%～53.35%，锌为0.719%～2.787%，铅为微量至1.344%。

热液充填型矿体形态简单，基本无分支复合现象。均呈近东西向延伸，一般向南或南南西倾斜。下延深度相差较大，有的在0 m标高以上就已尖灭，有的在－600 m标高以下还继续延深。以I_3矿体为代表，分布在矿区东部小七宝山地段。矿体产状较陡，倾角为55°～70°(图2.15)。长600 m，钻孔穿过最小厚度0.31 m，最大为123.85 m，平均为19.64 m；下延长度一般在300 m左右，最大为534 m。成矿元素以硫、锌、铜为主，伴有少量铅。单工程品位：硫18.12%～42.24%，铜0.182%～1.37%，锌0.17%～13.01%；平均品位：硫27.68%，铜0.248%，锌3.468%。

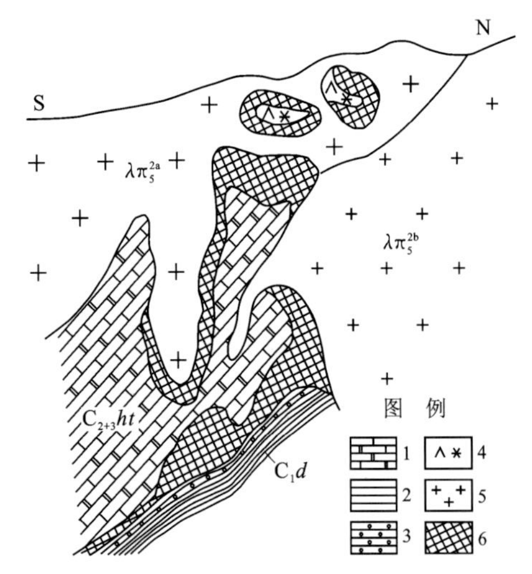

图2.14　夕卡岩型矿体特征示意图

1.壶天群白云质灰岩；2.大塘阶页岩；
3.大塘阶砾岩；4.夕卡岩；
5.花岗斑岩；6.矿体

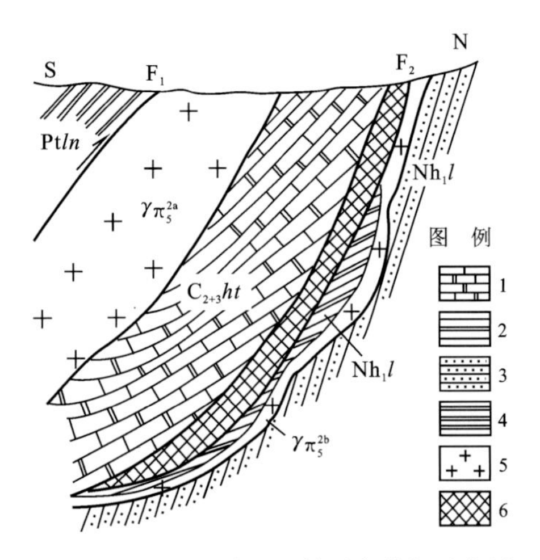

图2.15　热液充填型矿体形态特征示意图

1.壶天群白云质灰岩；2.莲沱组板岩；
3.莲沱组砂岩；4.冷家溪群千枚状板岩；
5.花岗斑岩；6.矿体

氧化矿又可分为铁帽型金银矿和黑土矿。黑土型金矿系超伏的石英斑岩与壶天群碳酸盐岩接触交代而形成的热液矿化带，经长期风化淋滤作用，次生富集成风化淋滤型含金、银、铁、锰、铜、铅、锌等的矿床。原矿石为褐色-黑色，呈土状、粉末状，粒度较细，－100目的粒度占75%以上。土状结构，少量为粉状及角砾状、胶状结构。

矿石中矿物成分较复杂，已发现的金属矿物达40余种，脉石矿物26种。除S、Pb、Zn、Cu、Fe五种主要成矿元素外，具有工业意义的有益伴生元素尚有Au、Ag、Ga、In、Cd、Te等，均达大型规模。矿石结构主要有自形-半自形粒状结构、交代残余结构、乳浊状结构，其次有自形结构、格状结构、斑状压碎结构等。矿石构造主要有块状构造、散粒状构造、浸染状构造、条带状构造、土状构造，其次有角砾状构造、脉状构造、网脉状构造。根据矿物共生组合、组构特征及其相互交代和穿插关系，可分为三个成矿期，即夕卡岩期、石英-硫化物期和表生期。

围岩蚀变普遍而强烈，主要有夕卡岩化、硅化、绢云母化、黄铁矿化、碳酸盐化、高岭土化、铁锰碳酸盐化。夕卡岩化主要发育于侵入体中心附近的侵入体与碳酸盐岩接触带。一般来说，内蚀变带形成少量夕卡岩化花岗斑岩、斜长石化花岗斑岩、斜长岩；正接触带浅部形成石榴子石-透辉石夕卡岩、绿帘石夕卡岩、透辉石-阳起石夕卡岩，深部形成镁质夕卡岩、蛇纹岩；外接触带为蛇纹石化大理岩或大理岩。硅化、绢云母化是矿区最常见的热液蚀变，发育于各种岩石中，往往与黄铁矿化相伴出现，统称黄铁绢英岩化；碳酸盐化发育于花岗斑岩及碳酸盐岩中。

2.3.4 矿床成因

1. 成矿地质背景分析

1) 成矿元素分析

七宝山铜多金属矿床与矿区内石英斑岩体关系密切。虽然石英斑岩的稀土总量和微量元素含量总体较低，大部分微量元素含量低于其相应的维氏值，但一些成矿元素如W、Bi、Ag、Cu、Pb、Zn、Au等高出维氏值数倍至数十倍。表2.11列出了9个石英斑岩样品微量元素的平均值，同时也列出了两件地层围岩(莲沱组板岩)的平均值(由于样品采自近矿围岩，受到了一定程度的矿化影响，其金属元素含量应该较未受矿化影响高一些，但仍然具有对比意义)。从表中可以看出，岩体中的Cu、Pb、W、Ag平均值明显高于板岩，更是明显高于维氏值。由此可见，石英斑岩体为七宝山铜多金属矿床的形成提供了丰富的物质基础，同时也说明本区的成矿作用与岩浆作用在地球化学上是紧密联系的，胡祥昭等(2002)通过对成矿流体的研究也证明了成矿流体来源于岩浆热液。

表2.11　七宝山矿区石英斑岩及板岩主要成矿元素含量　(单位：μg/g)

岩石名称	Cu	Pb	Zn	Cr	Ni	Co	W	As	Bi	V	Au	Ag	Mn
石英斑岩	1 273	83.3	159	12.1	4.2	9.0	37.0	39.6	6.9	44.7	0.014 4	2.10	132
板岩	658	56.9	291	36.8	18.2	9.4	6.9	39.7	5.5	44.4	0.019 1	1.51	288
维氏值	20	20	60	25	8	5	1.5	1.5	0.01	40	0.004 5	0.05	600

2) 构造分析

(1) 断裂构造。东西向横古断层(F_1)是通过矿区南缘的区域性断裂(图 2.11),使中上石炭系与冷家溪群及南华系呈断层接触。该断层早在加里东期已经形成,表现出明显的多期活动性。棉花冲一带断裂带内发育良好的被铁质胶结的张性构造角砾岩,角砾内部石英等矿物显示明显的挤压塑性变形;局部地段发育由张性角砾岩组成的透镜体,说明东西向断层经历了从压扭性到张扭性再到压扭性的转化(其中成矿期为张扭性)。

北西西向断层(F_2)发育在矿区北缘(图 2.11),总体走向 290°左右。区域资料表明,该断裂是浏阳帚状构造的压扭性旋回面,但受成矿期构造的影响,在矿区内主要表现为张性和后期的压扭性。断层内往往发育胶结物为矿质的张性构造角砾岩,大小混杂,棱角明显。此外,张性角砾岩往往还组成挤压透镜体,在龙骨冲口、老虎口西侧及 136 中段都可见到此类现象。

北北东向断裂构造是矿区内发育的另一组断裂构造,具左行压扭性活动特征。该组断裂构造本身并不含矿,但矿液的运移和沉淀,与形成北北东向构造的应力场有关。北西西向断裂构造是良好的含矿构造,东西向断裂构造内也往往发育有矿化。

(2) 岩体接触带构造。七宝山岩体的南侧边界呈东西向,北侧边界为北西西向,其接触面倾角上缓下陡。岩体的接触带是一个经断裂叠加改造的复杂构造带,矿体往往赋存在接触带产状变化,并经断裂叠加改造发生引张的部位(如 I_1 号矿体)。接触带内(尤其是岩体北侧接触带)往往可见到石英斑岩、大理岩角砾被矿质胶结的现象,表明接触带在成矿期遭受了张性改造。此外,当围岩为壶天群灰岩时,矿化以交代成矿为主,夕卡岩化、绢云母化等各种蚀变发育;当围岩为其他岩石时,矿化通常以充填成矿为主。

(3) 断裂叠加不整合面构造。绝大多数研究者认为不整合面只对古风化矿床有意义,而对内生矿床来说,只是古风化残积层对矿液起到某种“屏障”作用。不整合面作为一个构造软弱面,容易被后期(成矿期)断裂叠加改造,导致局部引张而有利于充填或交代成矿。从矿区实际资料分析可知,七宝山矿床的主要矿体受三种构造叠加改造部位的控制,即早期的北西西向压扭性断裂叠加张性构造、断裂叠加接触带构造及断裂叠加不整合面构造,使七宝山矿床的主要矿体沿这些构造呈北西西向分布。

(4) 控矿构造演化。矿区内构造经历了从加里东期至燕山期漫长的地质演化过程。加里东期在南北向挤压应力作用下,形成东西向压性构造;印支期受浏阳帚状构造影响形成北西西向压扭性断裂,并使石炭系与下伏地层的不整合面卷入褶皱弯曲,呈北西西向展布;燕山早期在新华夏构造应力场作用下,导致北西西向断裂、不整合面及东西向断裂的张性、张扭性活动,促使七宝山岩体上侵,并“焊接”围岩,边界条件发生改变。随着新华夏系构造应力场的持续作用,使早先的北西西向断裂、岩体接触带、不整合面再次发生张性改造,局部引张,形成含矿空间,使矿液在这些部位充填、交代成矿。

3) 矿床与岩体空间关系分析

七宝山石英斑岩体在空间上均与七宝山矿体相伴出现。绝大多数矿体分布在离岩体侵入中心 1 000 m 的范围内。主矿体中浅部的顶板及部分底板均为石英斑岩(或花岗斑岩),夕卡岩型矿体就赋存于岩体与围岩的接触带中,部分小矿体直接赋存在岩体内。岩体与围岩地层的接触构造包括捕虏体接触、舌状体接触、平缓超覆接触、穿插接触等,这些接触构造使岩体与围岩接触面积最大化,为矿体的形成提供了更有利的条件,并且当矿体远离岩体时就变薄或尖灭,在岩体 2 000 m 之外,基本无矿体。

2. 成岩成矿时代

1) 成岩年龄

前人曾对七宝山岩体的形成时代进行过研究,沈瑞锦和陆玉梅(1996)测得石英斑岩中磷灰石U-Pb年龄为 227 Ma、全岩 Rb-Sr 等时线年龄为 193 Ma、K-Ar 年龄为 184 Ma;胡祥昭等(2002)获得全岩 Rb-Sr 等时线年龄为 195 Ma。不同方法获得的年龄相差较大。

为了获得更加可靠的岩体形成年龄,本研究采集两件样品(编号 QB28、QB29)对矿区内的石英斑岩进行了 LA-ICP-MS 锆石U-Pb定年。样品中的锆石多数呈自形-半自形,柱面、锥面均可见。部分锆石晶形不完整,可能是锆石破碎过细所致。阴极发光图像显示(图 2.16),大部分锆石具有清晰的震荡环带或线状分带,为典型的岩浆锆石;而线状分带主要是因为母岩浆具有高温和快速冷却的特征;有部分锆石颗粒为"老核新壳"的复合型锆石,具椭圆或它形的继承核,如 QB28 样品中的 8 号点、10 号点和 QB29 中的 12 号点、13 号点,但锆石外部生长环带结构依然很清晰。样品分析点大部分位于锆石边部,少部分位于锆石核部,测试数据见表 2.12。

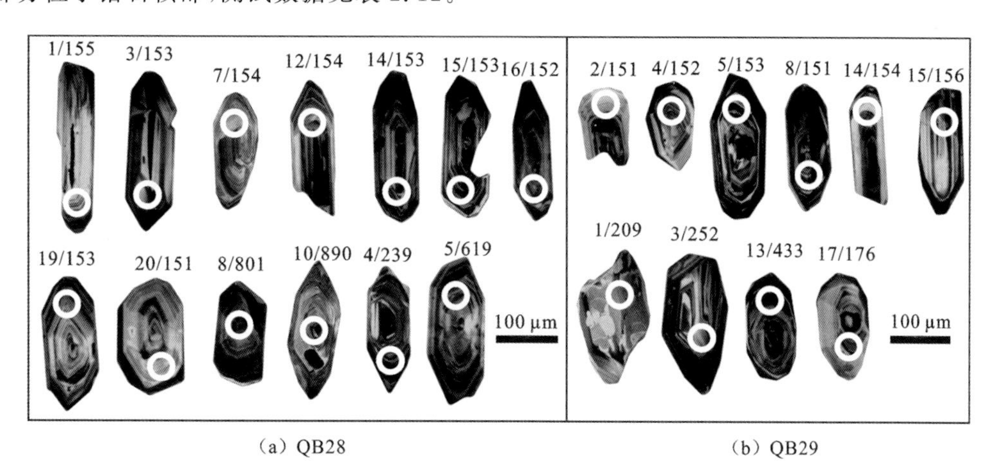

(a) QB28　(b) QB29

图 2.16　七宝山矿区石英斑岩锆石阴极发光图像

样品 QB28 分析了 20 个点。最谐和的 13 个测点,表面年龄集中在 151～154 Ma,加权平均年龄为(152.9±1.3) Ma(置信度 95%,MSWD=0.14)(图 2.17),由于锆石均未见明显变质环带,内外环带年龄值相差不大,且 Th/U 比值为 0.3～0.79,显示岩浆结晶锆石的特点,代表了取样点岩石的侵位年龄。

样品 QB29 也分析了 20 个测点。其中 12 个点位于谐和曲线上或附近,表面年龄在

表 2.12 七宝山矿区石英斑岩 LA-ICP-MS 锆石U-Pb定年数据

样品	点号	含量/(μg/g)			Th/U	同位素比值						年龄/Ma					
		Pb	Th	U		$^{207}Pb/^{206}Pb$	±1σ	$^{207}Pb/^{235}U$	±1σ	$^{206}Pb/^{238}U$	±1σ	$^{207}Pb/^{206}Pb$	±1σ	$^{207}Pb/^{235}U$	±1σ	$^{206}Pb/^{238}U$	±1σ
QB28	01	19.5	176	222	0.79	0.052 1	0.005 6	0.168 9	0.017 2	0.024 3	0.000 7	300	242	158	15	154	5
	02	54.4	321	1 043	0.31	0.044 8	0.001 8	0.149 8	0.005 8	0.024 2	0.000 3	—	—	142	5	154	2
	03	19.2	148	334	0.44	0.055 0	0.003 7	0.180 8	0.012 0	0.024 0	0.000 4	413	155	169	10	153	3
	04	48.4	310	645	0.48	0.054 6	0.002 4	0.285 7	0.012 3	0.037 7	0.000 5	394	103	255	10	239	3
	05	140	245	805	0.30	0.068 3	0.002 1	0.952 6	0.032 1	0.100 8	0.001 9	880	65	679	17	619	11
	06	34.3	253	819	0.31	0.050 9	0.002 4	0.166 3	0.007 3	0.023 8	0.000 3	239	109	156	6	151	2
	07	53.4	503	756	0.67	0.048 0	0.002 6	0.159 9	0.008 8	0.024 2	0.000 4	98.	122	151	8	154	3
	08	58.7	54.3	294	0.18	0.066 1	0.002 2	1.213 9	0.039 1	0.132 4	0.001 5	809	69	807	18	801	8
	09	41.8	328	897	0.37	0.052 8	0.002 8	0.174 0	0.009 0	0.023 9	0.000 4	320	120	163	8	152	2
	10	114	113	447	0.25	0.074 8	0.001 9	1.541 1	0.041 8	0.148 0	0.002 1	1 065	55	947	17	890	12
	11	37.4	329	506	0.65	0.055 0	0.003 0	0.182 6	0.009 6	0.024 1	0.000 4	413	122	170	8	153	2
	12	29.8	235	504	0.47	0.055 9	0.002 8	0.187 5	0.010 0	0.024 1	0.000 5	450	111	174	9	153	3
	13	166	253	637	0.40	0.067 3	0.001 5	1.184 6	0.027 8	0.125 8	0.001 3	855	48	793	13	764	8
	14	67.7	525	1 098	0.48	0.054 0	0.001 9	0.181 1	0.006 2	0.024 0	0.000 3	372	78	169	5	153	2
	15	44.7	361	671	0.54	0.053 2	0.002 6	0.177 9	0.008 5	0.024 0	0.000 3	344	111	166	7	152	2
	16	41.9	274	923	0.30	0.047 9	0.002 0	0.159 6	0.006 7	0.023 9	0.000 3	100	91	150	6	152	2
	17	93.8	112	345	0.32	0.067 4	0.002 1	1.363 6	0.040 3	0.144 7	0.001 6	850	68	873	17	871	9
	18	131	168	560	0.30	0.065 4	0.001 5	1.216 3	0.028 9	0.132 7	0.001 3	787	48	808	13	803	7
	19	33.4	261	554	0.47	0.046 9	0.002 5	0.157 1	0.008 4	0.024 0	0.000 3	56	113.0	148	7	153	2
	20	19.9	174	227	0.77	0.066 8	0.004 2	0.218 9	0.013 4	0.023 7	0.000 4	831	132	201	11	151	3

续表

样品	点号	含量/(μg/g)			Th/U	同位素比值						年龄/Ma					
		Pb	Th	U		$^{207}Pb/^{206}Pb$	±1σ	$^{207}Pb/^{235}U$	±1σ	$^{206}Pb/^{238}U$	±1σ	$^{207}Pb/^{206}Pb$	±1σ	$^{207}Pb/^{235}U$	±1σ	$^{206}Pb/^{238}U$	±1σ
QB29	01	77	650	620	1.05	0.061 2	0.004 4	0.273 7	0.017 9	0.032 9	0.000 6	656	156	246	14	209	4
	02	23.6	224	325	0.69	0.070 7	0.007 3	0.237 7	0.024 7	0.023 7	0.000 6	950	211	217	20	151	4
	03	153	632	1 526	0.41	0.050 5	0.002 5	0.279 8	0.013 5	0.039 9	0.000 6	217	115	250	11	252	4
	04	195	1 729	3 817	0.45	0.045 2	0.001 9	0.149 8	0.006 2	0.023 9	0.000 3	—	—	142	5.5	152	1.79
	05	157	1 269	3 274	0.39	0.047 8	0.001 9	0.159 5	0.006 3	0.024 0	0.000 3	100	83.3	150	6	153	2
	06	184	1 409	3 600	0.39	0.050 2	0.002 0	0.176 4	0.007 0	0.025 2	0.000 3	211	95	165	6	160	2
	07	186	1 259	3 856	0.33	0.056 9	0.002 2	0.195 2	0.007 2	0.024 6	0.000 3	500	53	181	6	157	2
	08	212	1 853	3 616	0.51	0.076 4	0.004 8	0.259 4	0.018 4	0.023 7	0.000 3	1 106	128	234	15	151	2
	09	232	683	2 175	0.31	0.068 9	0.002 7	0.495 7	0.025 1	0.050 7	0.001 4	898	81	409	17	319	9
	10	80	576	1 645	0.35	0.047 3	0.002 7	0.156 5	0.008 8	0.024 0	0.000 4	61	133	148	8	153	3
	11	229	1 001	2 636	0.38	0.101 2	0.004 1	0.518 6	0.022 7	0.036 6	0.000 7	1 656	76	424	15	232	4
	12	548	981	3 377	0.29	0.118 8	0.003 9	1.279 3	0.068 2	0.076 0	0.003 0	1 939	58	837	30	472	18
	13	265	819	1 516	0.54	0.056 4	0.001 9	0.546 1	0.017 7	0.069 5	0.000 8	465	74	442	12	433	5
	14	118	724	1 706	0.42	0.084 1	0.004 5	0.283 3	0.015 1	0.024 2	0.000 4	1 294	104	253	12	154	2
	15	54.1	145	2 049	0.07	0.050 4	0.002 8	0.169 5	0.008 2	0.024 5	0.000 4	213	129.6	159	7	156	2
	16	146	1 072	2 510	0.43	0.055 7	0.002 5	0.196 9	0.009 4	0.025 3	0.000 6	439	97	182	8	161	4
	17	99	452	960	0.47	0.070 5	0.004 6	0.263 6	0.016 8	0.027 6	0.000 5	943	−64	238	14	176	3
	18	143	1 056	2 760	0.38	0.056 4	0.002 7	0.192 2	0.009 9	0.024 3	0.000 5	478	103	178	8	155	3
	19	108	599	757	0.79	0.064 4	0.003 6	0.343 5	0.020 1	0.038 4	0.001 0	754	123	300	15	243	6
	20	67.8	393	1 589	0.25	0.052 9	0.003 5	0.180 8	0.012 9	0.024 2	0.000 6	324	158	169	11	154	4

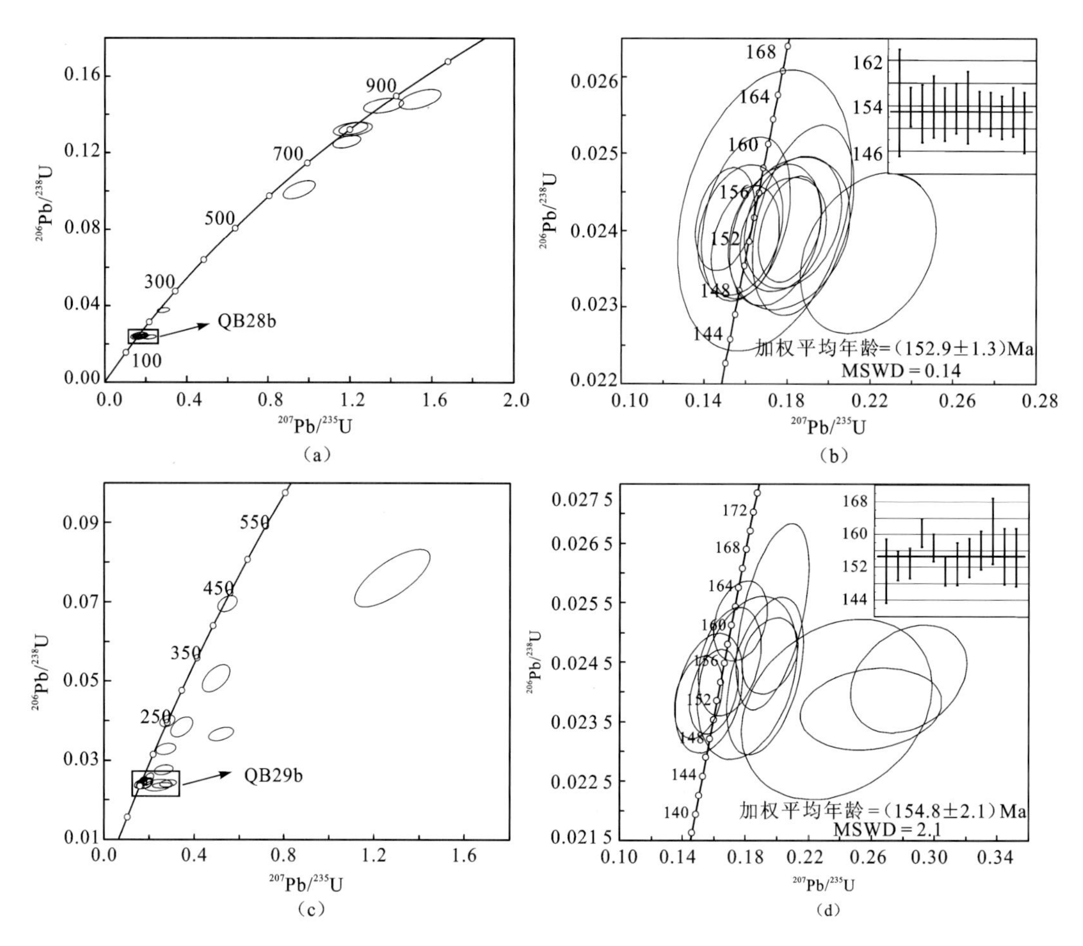

图 2.17　七宝山矿区石英斑岩 LA-ICP-MS 锆石U-Pb年龄谐和图

151～161 Ma,加权平均年龄为(154.8±2.1) Ma(置信度 95%,MSWD=2.1)(图 2.17),锆石均具有岩浆锆石特征,代表了取样点岩石的侵位年龄。

综上所述,七宝山两个石英斑岩样品的年龄分别为(152.9±1.3) Ma 和(154.8±2.1) Ma,代表了岩体的主结晶年龄,说明七宝山石英斑岩侵位年龄为 155～153 Ma,属晚侏罗世。

2）成矿年龄

本次采用石英流体包裹体 Rb-Sr 进行了成矿年龄测定。样品采自老虎口矿段 54 m 中段 3～5 线,为含矿石英脉。样品的 Rb、Sr 同位素分析结果见表 2.13(其中,2 号和 7 号样品进行了重复分析)。石英 Rb 含量为 0.6215～2.886 μg/g,Sr 含量为 0.3416～0.499 6 μg/g;^{87}Rb/^{86}Sr 变化较大(4.524～14.36),^{87}Sr/^{86}Sr 为 0.728 29～0.749 81。其中 6 个相关性较好的样品点拟合成一条等时线(图 2.18),年龄为(153±6) Ma(R=0.997 0),(^{87}Sr/^{86}Sr)$_i$ 为 0.718 84±0.007 2。其他样品相关性较差,可能受到了较强的后期热液干扰。该年龄与前述石英斑岩年龄一致,说明七宝山矿床的形成与石英斑岩时代相同,反映两者之间具有密切的成因联系。

表 2.13 七宝山矿区石英流体包裹体 Rb-Sr 同位素分析结果

序号	样品号	样品名称	Rb/(μg/g)	Sr/(μg/g)	$^{87}Rb/^{86}Sr$	$^{87}Sr/^{86}Sr$	$\pm 1\sigma$	$(^{87}Sr/^{86}Sr)_i$
1	QB22-1	石英	1.335	0.499 6	7.724	0.736 24	0.000 10	0.719 33
2	QB22-2	石英	0.649	0.402 1	4.662	0.728 32	0.000 10	0.718 11
3	QB22-3	石英	1.004	0.450 1	6.450	0.733 74	0.000 09	0.719 62
4	QB22-4	石英	0.852	0.439 7	5.598	0.732 97	0.000 04	0.720 71
5	QB22-5	石英	0.968	0.443 1	6.316	0.735 02	0.000 05	0.721 19
6	QB22-6	石英	1.130	0.477 8	6.840	0.738 21	0.000 05	0.723 24
7	QB22-7	石英	2.837	0.703 8	11.670	0.746 33	0.000 07	0.720 78
8	QB22-8	石英	1.143	0.341 6	9.674	0.739 45	0.000 05	0.718 27
9	QB22-9	石英	2.408	0.485 4	14.360	0.749 81	0.000 08	0.718 37
10	QB22-2	石英	0.622	0.396 8	4.524	0.728 29	0.000 03	0.718 39
11	QB22-7	石英	2.886	0.692 5	12.060	0.747 85	0.000 07	0.721 45

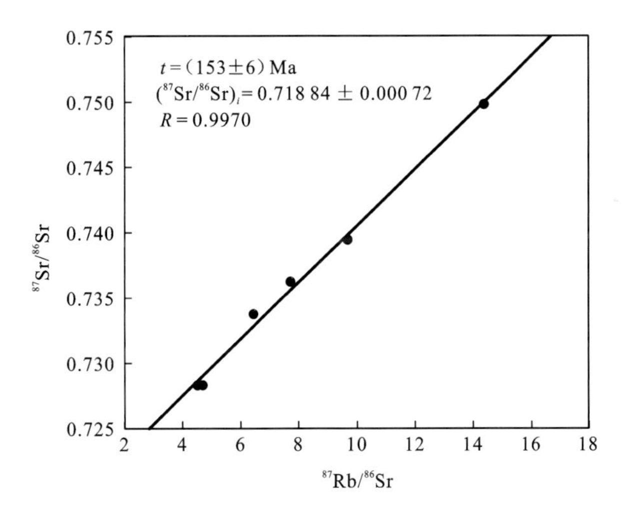

图 2.18 七宝山矿床石英 Rb-Sr 等时线年龄

3. 成矿物质来源

1) Sr 同位素特征

在采用 Rb-Sr 法对矿床进行定年的同时，$^{87}Sr/^{86}Sr$ 值在矿床地质研究中还常来示踪成矿物质来源、岩浆流体、深源流体的壳幔混染作用。为避免放射性^{87}Rb 衰变对 Sr 同位素造成的影响，将$^{87}Sr/^{86}Sr$ 测试值换算到 154 Ma 前的初始 Sr 同位素比值。七宝山矿床石英的 Sr 同位素初始比值$(^{87}Sr/^{86}Sr)_i$为 0.718 11～0.723 24，平均值为 0.719 95，明显高于地幔 Sr 初始比值(0.704)(Faure，1986)，与大陆地壳的 Sr 初始比值的平均值(0.719)(Faure，1986)相当。因此，七宝山矿床的成矿物质可能主要来源地壳。

2) S同位素特征

七宝山铜多金属矿床矿石的$\delta^{34}S$总体变化较小，为3.24‰～4.84‰，极差为1.60‰，平均值为4.20‰；矿化石英斑岩$\delta^{34}S$总体变化也较小，为2.22‰～3.86‰，极差为1.64‰，平均值为2.81‰(表2.14)。矿化石英斑岩的$\delta^{34}S$较矿石小，更趋近于0。

表2.14 七宝山矿床硫化物的硫同位素组成

编号	样品描述	采样位置	分析矿物	$\delta^{34}S$/‰
QB2	块状黄铁矿矿石	老虎口矿段40 m中段之33 m分段13线	黄铁矿	4.50
QB4	块状黄铁矿磁铁矿矿石	老虎口矿段40 m中段之33 m分段93线	黄铁矿	4.11
QB6	块状黄铁矿矿石	老虎口矿段40 m中段之33 m分段7线	黄铁矿	4.45
QB6	块状黄铁矿矿石	老虎口矿段40 m中段之33 m分段7线	黄铁矿	4.68
QB8	块状粗粒黄铁矿矿石	老虎口矿段40 m中段5线	黄铁矿	4.29
QB9	块状细粒黄铁矿矿石	老虎口矿段40 m中段5线	黄铁矿	4.84
QB12	含铜磁铁矿矿石	鸡公湾矿段80 m中段12线	黄铁矿	3.24
QB19	含铜黄铁矿矿石	大七宝山矿段146 m矿段28线	黄铁矿	3.47
QB1	黄铁矿化石英斑岩	老虎口矿段40 m中段之33 m分段13线	黄铁矿	2.84
QB17	黄铁矿化石英斑岩	大七宝山矿段80 m矿段26线	黄铁矿	3.86
QB20	闪锌矿化石英斑岩	大七宝山矿段146 m矿段28线	黄铁矿	2.22
QB20	闪锌矿化石英斑岩	大七宝山矿段146 m矿段28线	黄铁矿	2.30

通常认为，在S同位素分馏达到平衡条件下，共生硫化物(包括硫酸盐)的$\delta^{34}S$按硫酸盐→辉钼矿→黄铁矿→磁黄铁矿和闪锌矿→黄铜矿→方铅矿的顺序递减(张理刚，1985；郑永飞和陈江峰，2000)。由于本次只分析了黄铁矿的$\delta^{34}S$，参考陆玉梅等(1984)所测数据，七宝山铜多金属矿床矿石共生矿物组合中硫化物的$\delta^{34}S$大致表现出$\delta^{34}S_{黄铁矿}$(平均值为3.72)>$\delta^{34}S_{黄铜矿}$(平均值为3.48)>$\delta^{34}S_{闪锌矿}$(平均值为3.47)>$\delta^{34}S_{方铅矿}$(平均值为1.36)的趋势，其中黄铜矿的$\delta^{34}S$大于闪锌矿，表明矿床中主成矿期共生的硫化物S同位素分馏并未达到平衡，但$\delta^{34}S$均为低的正值，且离散度小，接近陨石S同位素组成。石英斑岩中硫化物的$\delta^{34}S$接近陨石硫，说明岩体中硫来源于地幔；而矿石中硫化物的$\delta^{34}S$略高，说明在矿床形成过程中有少量地壳硫的加入，这反映了七宝山矿床中的硫主体来源于地幔并有少量地壳硫的混溶。

3) Pb同位素特征

Pb同位素分析结果见表2.14。矿石的$^{206}Pb/^{204}Pb$为18.315～18.396，平均值为18.359；$^{207}Pb/^{204}Pb$为15.629～15.737，平均值为15.675，极差为0.108；$^{208}Pb/^{204}Pb$为38.376～38.856，平均值为38.609。矿化斑岩的$^{206}Pb/^{204}Pb$为18.318～18.412，平均值为18.373；$^{207}Pb/^{204}Pb$为15.652～15.717，平均值为15.697；$^{208}Pb/^{204}Pb$为38.569～38.734，平均值为38.651。矿石中Pb的各同位素变化范围均较小，而石英斑岩变化范围

更小。这种特征与湘南宝山等同类矿床的 Pb 同位素组成十分相似，而与南岭层控型铅锌矿床的 Pb 同位素组成相差较大(刘姤群和张录秀，2001)。层控矿床的 Pb 同位素组成可以是正常铅、异常铅或者二者的混合，说明该类矿床成矿作用过程和物质来源的复杂性；相反，与岩浆活动相关的七宝山等矿床的 Pb 同位素组成稳定，变化范围较小，反映该类矿床成矿物质来源比较单一，即主要为岩浆来源。

采用 H-H 单阶段铅演化模式计算(郑永飞和陈江峰，2000；张理刚，1985)得到七宝山矿床硫化物 Pb 同位素的相关参数(表 2.15)。其中，矿石的 μ 为 9.53～9.74，平均值为 9.62；φ 为 0.590～0.600，平均值为0.595；Th/U 为 3.77～3.95，平均值为 3.85。矿化斑岩的 μ 为 9.58～9.69，平均值为 9.67；φ 为 0.595～0.597，平均值为 0.596；Th/U 为 3.82～3.89，平均值为 3.86。矿石和石英斑岩的 μ 和 φ 及 Th/U 都极为相近，说明二者的铅来源是一致的。同时，其 μ 都高于地幔(8.92)，但明显低于上地壳(13.22)；Th/U 大于上地壳(3.33)和地幔(3.35)，但小于下地壳(5.80)。这表明，区内铜多金属矿床(点)的 Pb 同位素组成具下地壳富钍(铅)贫铀(铅)的特点，显示其成岩成矿物质来源于下地壳或地壳深部(刘姤群和张录秀，2001)。

表 2.15 七宝山矿床硫化物的 Pb 同位素组成

样号	样品类型	分析矿物	分析结果						
			同位素比值			表面年龄/Ma	φ	μ	Th/U
			$^{206}Pb/^{204}Pb$	$^{207}Pb/^{204}Pb$	$^{208}Pb/^{204}Pb$				
QB2	矿石	黄铁矿	18.384±0.007	15.689±0.007	38.509±0.015	295	0.594	9.64	3.79
QB4	矿石	黄铁矿	18.315±0.002	15.661±0.002	38.376±0.005	310	0.596	9.59	3.77
QB6	矿石	黄铁矿	18.384±0.002	15.737±0.003	38.856±0.007	351	0.600	9.74	3.95
QB8	矿石	黄铁矿	18.326±0.006	15.665±0.004	38.632±0.015	307	0.596	9.6	3.87
QB12	矿石	黄铁矿	18.350±0.001	15.629±0.001	38.577±0.004	247	0.590	9.53	3.83
QB19	矿石	黄铁矿	18.396±0.003	15.666±0.003	38.705±0.008	258	0.591	9.6	3.87
QB1	石英斑岩	黄铁矿	18.390±0.003	15.711±0.001	38.571±0.006	316	0.596	9.69	3.82
QB17	石英斑岩	黄铁矿	18.318±0.004	15.652±0.003	38.569±0.01	297	0.595	9.58	3.85
QB20	石英斑岩	黄铁矿	18.412±0.006	15.717±0.006	38.734±0.015	308	0.596	9.69	3.88
QB20	石英斑岩	黄铁矿	18.373±0.007	15.707±0.006	38.728±0.016	324	0.597	9.68	3.89

在 $^{207}Pb/^{204}Pb$-$^{206}Pb/^{204}Pb$ 图[图 2.19(a)]上，所有样品落在上地壳演化线附近或上地壳与造山带演化线之间，表明铅来自成熟度较高的物源区。而在 $^{208}Pb/^{204}Pb$-$^{206}Pb/^{204}Pb$ 图[图 2.19(b)]中，所有样品点均落在造山带与下地壳演化线之间，并靠近造山带演化线，这类现象通常被解释为亏损 U 的下地壳与富集铀的上地壳混合或相互作用的产物(Doe and Stacey，1979)。根据 Zartman 和 Doe(1981)的铅构造模式，起源于下地壳古老的深成岩或火山岩的后生矿床或岩石的 Pb 同位素成分代表了下地壳 Pb 同位素成分，这些岩石具有 U 亏损的麻粒岩相特殊的同位素特征。从七宝山铜多金属矿床 Pb 同位素成分具有位于下地壳与造山带演化线之间且接近造山带演化线的 Pb 同位素特征来看，矿

床中的铅不像是地幔来源,而可能是地壳深部(或下地壳)幔质岩石(火山岩、深成岩)和大陆地壳(碎屑沉积岩)深部混熔岩浆分异演化的产物。

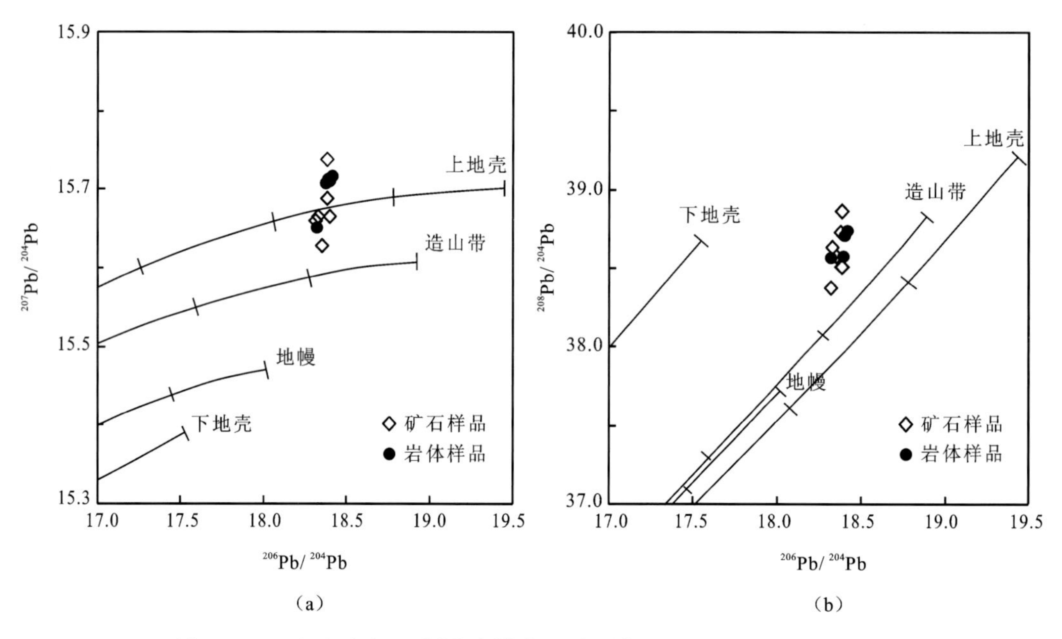

图 2.19 七宝山矿床 Pb 同位素模式图(底图据 Zartman and Doe,1981)

4. 矿床成因及成矿模式

七宝山铜多金属矿床及其邻区的地质背景和矿床地质-地球化学特征的综合研究表明,七宝山矿床的成矿物质主要来自于与含矿斑岩体有联系的深部岩浆分异演化而析出的含矿气-液流体;与此同时,含矿斑岩体定位-结晶时,通过周围受热地下水的对流循环作用,可能从围岩中萃取了少量成矿物质加入到成矿作用。

燕山期石英斑岩体的成因是由地壳物质和地幔源物质共同作用形成的壳幔同熔花岗岩,其地球动力学过程应为地幔物质受到挤压上隆并发生部分熔融形成玄武岩浆,其热能的聚集促使下地壳熔融,两种岩浆混合,然后在构造的作用下岩浆开始上涌,而在上升过程中不断吞噬上地壳物质,最后在近地表位置冷却形成岩体。所以,岩体地球化学特征表现出壳源和幔源的双重特性。同时,我们对成矿元素的分析认为地层中不具有如此之高的金属成矿元素,而应该主要来自于地幔。岩浆作为载体携带成矿元素从地幔到近地表,整个上升过程不停地进行了各种地球化学作用,并且在构造裂隙等各种导矿构造作用下充填交代成矿。因此,该矿床为同源伴生型矿床,其成因类型属岩浆期后热液交代充填型矿床。早期热液中含大量氟阴离子、氯阴离子,pH 很低,多呈酸性、弱酸性;到了中期,岩浆继续沿构造裂隙或减压部位运移,热液也不断从母岩中分泌出来。当溶液流经碳酸盐岩石时,溶液很快被中和,使原来酸性、弱酸性的含矿热液,变为中性甚至偏碱性溶液。这时溶液中的硫化物析出,形成矿体。根据以上过程,结合矿床生成的时间、空间、构造和成矿流体的研究,建立了七宝山多金属矿床的成矿模式(图 2.20)。

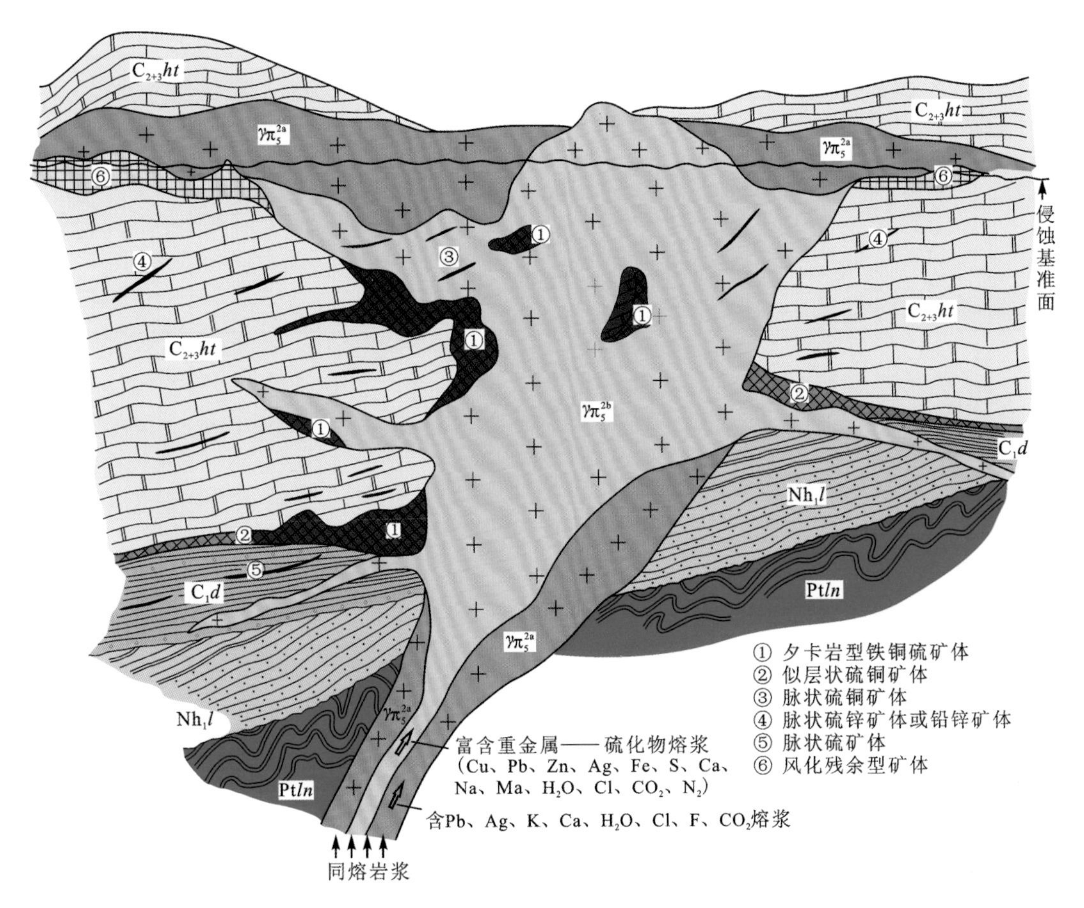

图 2.20　七宝山铜多金属矿床成矿模式图(陆玉梅 等,1984)

2.3.5 找矿模型

综合各种找矿信息,建立七宝山铜多金属矿床的找矿模型见表 2.16。

表 2.16　七宝山铜多金属矿床综合找矿模型(陆玉梅 等,1984)

标志分类		夕卡岩型矿体	充填型矿体
地质特征	地层标志	中—上石炭统壶天群地层与燕山期花岗斑岩接触带	下石炭统大塘阶与中—上石炭统壶天群界面上
	构造标志	受层间断裂控制	主要受岩体、爆破裂隙控制
	围岩蚀变	夕卡岩化、蛇纹石化	硅化、黄铁矿化、绢云母化
	氧化带特征	岩体中心的褐黄色团块状褐铁矿是寻找夕卡岩型矿体的直接标志	大塘阶顶部断续可见红褐色块状、土状、蜂窝状褐铁矿,是充填型矿体在地表的直接反映
	岩浆岩标志	与花岗斑岩关系密切,矿体主要分布在岩体周围 1 km 范围内,超过 2 km 几乎无矿体存在;石英斑岩或花岗斑岩中铜、铅、锌丰度高出维氏值数倍至数百倍,平均含量:铜 0.0213%,铅 0.0077%,锌 0.016 5%	

续表

标志分类		夕卡岩型矿体	充填型矿体
地球化学特征	重砂异常	重矿物种类较为复杂,有铜矿物、铅矿物、黄铁矿、黄金、白钨矿、泡铋矿等,特别是铜矿物、铅矿物、黄铁矿、黄金等重砂异常的吻合,是寻找铜多金属矿床的标志	
	元素异常	铜、铅、锌含量高出背景值数倍至数十倍,可作为原生铜、铅、锌矿床存在的信息:异常值分别为 50 μg/g、200 μg/g、80 μg/g 的铜、铅、锌异常,基本能反映有矿化存在;而分别为 100 μg/g、300 μg/g、150～200 μg/g 的铜、铅、锌异常,可反映有强烈矿化或有工业矿体存在	
地球物理特征		航磁、地磁异常是寻找磁铁矿的直接标志;激电异常是指示黄铁矿体存在的信息	

2.4 湖南黄金洞韧性剪切带型金矿

黄金洞金矿床位于湖南省平江县黄金乡,地理坐标:东经 113°58′00″～114°04′00″,北纬 28°31′00″～28°41′00″。黄金洞金矿床是湖南有名的大型金矿山之一,也是钦杭成矿带上一个典型的韧性剪切带型金矿床,其开采历史悠久。2007～2015 年进行了深边部接替资源勘查工作,新增 333 及以上金资源量 29.7 t。

2.4.1 区域地质背景

黄金洞金矿床在区域上位于雪峰弧形褶皱隆起区东段,九岭复式背斜西南倾伏端,长寿断陷盆地东南部,北东向构造与东西向构造的交汇部位。区域内出露地层从老到新依次为新元古界青白口系冷家溪群板岩、杂砂岩,震旦系硅质岩、碳质板岩,古生界灰岩、泥灰岩、粉砂岩及中生界砂砾岩。

区内构造主要有两组:近东西向组和北北东向组。东西向构造控制着区内新元古界和震旦系—寒武系地层,它成生时代较早并具有多期多次活动的特点,根据地表构造形迹和地球物理资料可以确定 3 条区域规模的韧性推覆剪切带(图 2.21),即北部的黄金洞-平江韧性推覆剪切带;中部的连云山-长沙韧性推覆剪切带;南部的青草-株洲韧性推覆剪切带。北北东向构造主要为中新生代形成的盖层构造,既影响盖层,也影响基底,主要由一些北北东走向的逆冲剪切、伸展剪切或平移—伸展剪切型的脆性断裂构造组成。

区内岩浆活动频繁,从雪峰期到燕山期均有分布,从早到晚依次有雪峰期梅仙、三墩花岗闪长岩,加里东期西江、文家铺石英闪长岩,燕山期幕阜山、连云山、金井、望湘二长花岗岩等岩体,燕山期岩体岩性主要为二长花岗岩,属 S 型花岗岩。

2.4.2 矿区地质特征

矿区出露地层简单,主要为新元古界青白口系冷家溪群,次为第四系。冷家溪群为一套浅变质浊积岩建造,岩性为板岩、千枚状板岩、纹层状和条带状板岩、变质砂岩,含凝灰质和火山碎屑,局部夹少量透镜状灰岩。

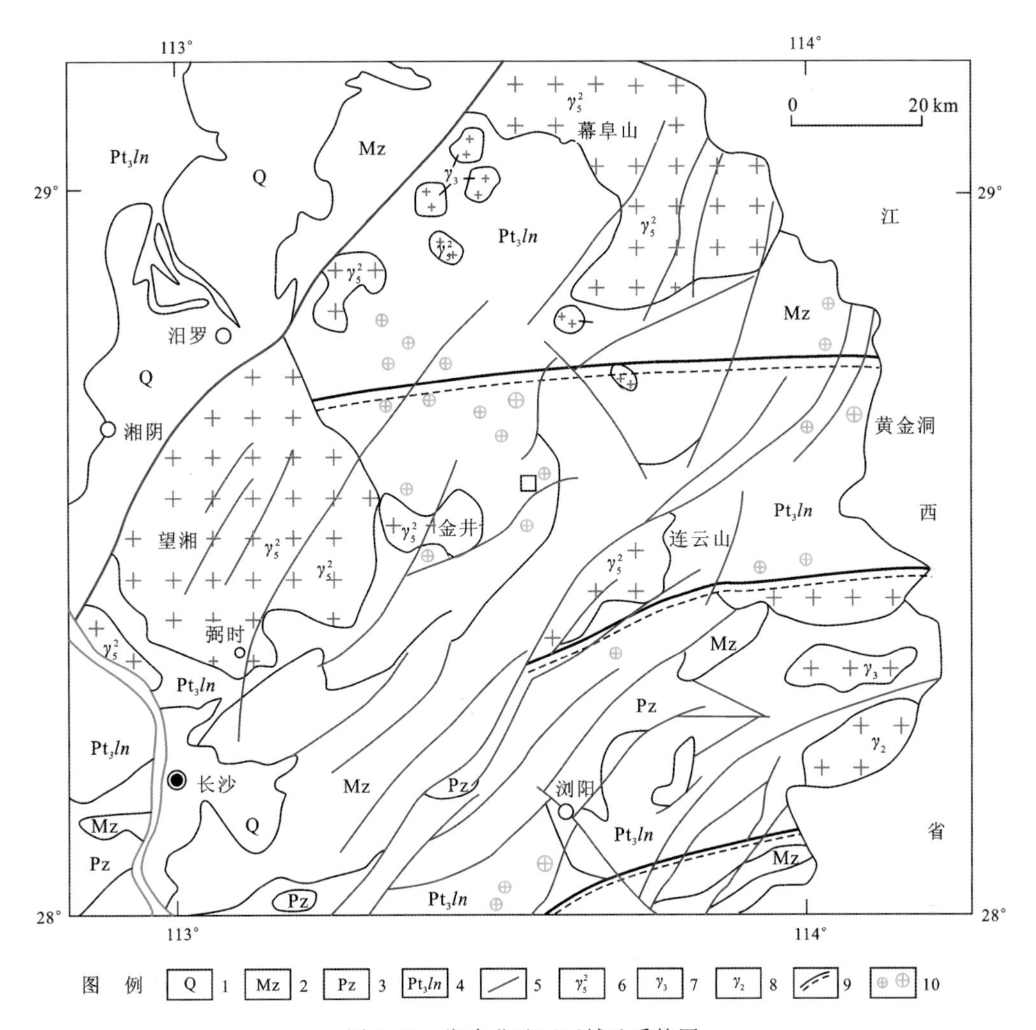

图 2.21　湘东北地区区域地质简图

1. 第四系；2. 中生界；3. 古生界；4. 新元古界冷家溪群；5. 断层；6. 燕山期花岗岩；7. 加里东期花岗岩；8. 雪峰期花岗岩；9. 韧性剪切带；10. 金矿点、金矿床

矿区主要为一轴向为 290°的复式背斜、向斜构造，并形成一系列大致平行轴向的挤压破碎带。主要褶皱构造为黄金洞-胆坑复式向斜，该向斜由一系列大致平行的倒转褶皱组成，轴向 290°，向东倾状，向北倾斜，向南倒转(图 2.22)。控矿构造主要为与倒转褶皱轴线大致平行的断裂破碎带，多分布于背斜两翼，成群成组出现，近东西或北西西走向，均形成规模不等的挤压破碎带，内有含金石英脉充填。另有北东向、北西向两组断裂，为成矿后断裂。

矿区内岩浆岩不发育，仅在东北部杨山庄矿段南约 2 km 处见规模极小的两条斜闪煌斑岩脉。此外，矿区北约 4 km 处的团山咀一带有黑云母花岗岩小岩株出露。在矿区南西方向 20 km 外，见有连云山岩体出露，其与本区的矿化关系不详，矿区南西 7～9 km 处有隐伏岩体存在。

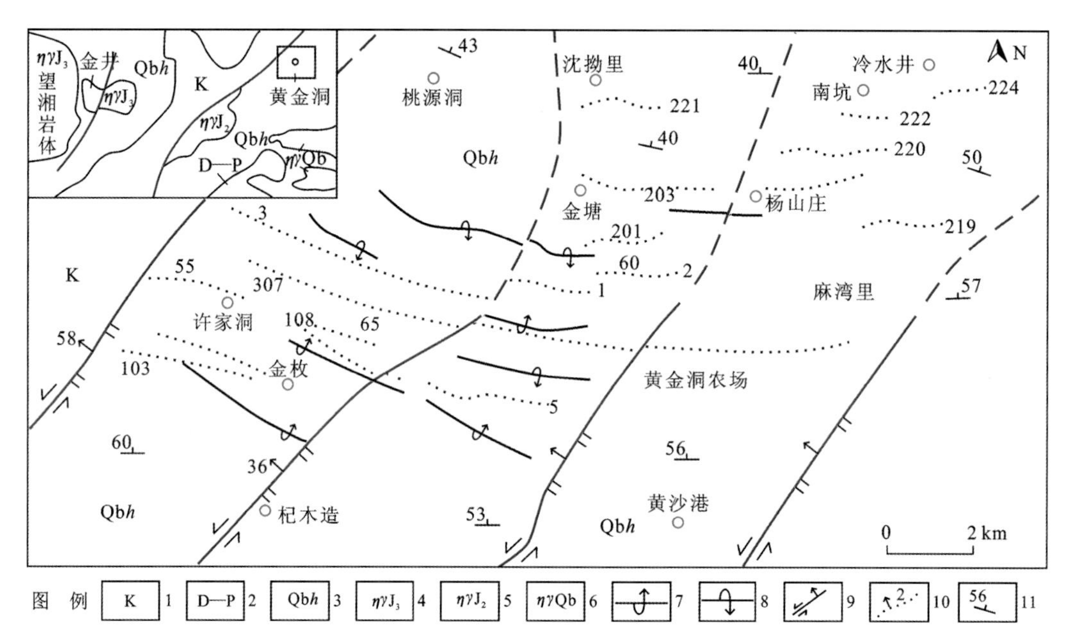

图 2.22　黄金洞金矿区地质简图

1. 白垩系;2. 二叠系—泥盆系;3. 青白口系黄浒洞组;4. 晚侏罗世二长花岗岩;5. 中侏罗世二长花岗岩;6. 青白口纪二长花岗岩;7. 倒转背斜;8. 倒转向斜;9. 走滑断裂;10. 矿脉及编号;11. 产状

2.4.3　矿床地质特征

中元古界冷家溪群为赋金地层,矿石类型主要有含金石英脉型和含金板岩型两种,以前者为主,后者较少,一般两种矿石混合出现。含金石英脉型主要有不等粒镶嵌结构、交代残余结构、花岗变晶结构等,块状、条带状、角砾状、网状构造。含金板岩型主要有鳞片变晶结构、显微鳞片花岗变晶结构,条带状、片状构造及角砾浸染状构造等。矿脉中矿化不均匀,矿化体呈断续状分布,常出现无矿段。矿体呈脉状、透镜状、细脉状、扁豆状分布与矿化体中。一条矿脉中常有多个矿体产出。矿化体最长 170 m,最短 10 m,一般 20～40 m。矿体最长 70 m,最短 10 m,一般为 20～30 m。矿体厚度最大达 2 m,最小 0.1 m,一般厚度为 0.4～0.8 m。

矿石矿物主要是自然金、毒砂、黄铁矿,次为方铅矿、闪锌矿、黄铜矿、车轮矿、黝铜矿、辉铜矿等。矿物主要为石英、绢云母,次为白云石、绿泥石、方解石、长石、白云母等。次生矿物有褐铁矿、孔雀石、臭葱石、高岭石等。

矿区围岩蚀变主要有(砷)黄铁矿化、绢云母化、硅化、白云石化和绿泥石化等,分带现象不明显,常构成混合蚀变带。产于矿脉两侧,蚀变带宽度为 3～30 m,一般上盘较宽,蚀变强度各处不一。蚀变具有多期性与叠加性。与成矿关系最密切的是(砷)黄铁矿化、绢云母,其次是硅化。

根据矿物共生关系、矿化特征等,本区成矿作用可分为四期,分别为石英-白云母期、石英-黄铁矿期、石英-多金属硫化物期和块状石英期。金的富集主要在二期、三期。

矿床中金的赋存状态主要有两种金矿物和间隙式固溶体金。金矿物主要是自然金和方锑金矿。方锑金矿仅在杨山庄矿段有所发现。自然金主要以细粒-微细粒状，呈包体金、晶隙金、裂隙金的形式存在于金属硫化物、石英中或者它们的晶隙、裂隙中。两矿段金的粒度有显著的差异，金塘矿段多在0.1 mm以下，杨山庄矿段金的粒度相对较大，多在0.1～0.5 mm。间隙式固溶体金是指存在于矿物晶格间隙中的原子态或离子态金。刘英俊等(1989)利用电子顺磁共振(EPR)波谱仪查明，黄金洞含金毒砂有Au^{+}替代Fe^{2+}进入毒砂晶格之中。

2.4.4 矿床成因

1. 地球化学特征

1) 成矿元素分析

表2.17中列举了9个矿石样品和8个围岩样品的金属元素含量平均值。从矿石和围岩成矿元素平均值分析来看，矿石明显富集矿化元素Au、As、Sb、Bi等元素，较富集Ag、Pb、Hg；围岩Au、Ag、Pb、Zn、As、Sb、Bi等元素含量均高于地壳克拉克值，尤其是As、Sb、Bi元素含量分别高出9倍、3倍和39倍，而Cu、Co、Ni、Hg则偏低。从成矿元素上地壳标准化图(图2.23)可以看出，金矿石富含成矿元素Au、As、Sb等元素，围岩也较富含Au、As、Sb元素。表明冷家溪群可以为成矿提供成矿物质。

表2.17　黄金洞矿床成矿元素分析结果表　(单位：μg/g)

	样数	Au	Ag	Cu	Pb	Zn	Co	Ni	As	Sb	Bi	Hg
矿石	9	4.965 2	0.23	32.49	61.13	78.81	12.51	24.08	7 463.67	16.60	0.51	0.209
围岩	8	0.005 5	0.06	24.75	24.70	96.09	11.35	40.64	15.65	1.51	0.35	0.033
地壳		0.003 5	0.05	47	16	83	18	58	1.7	0.5	0.009	0.083

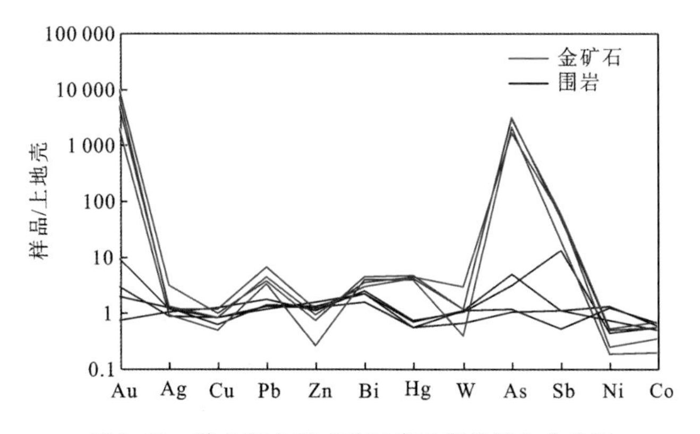

图2.23　黄金洞金矿成矿元素地壳标准化曲线图

2) 微量元素分析

微量元素测试分析结果见表 2.18。矿石的 ΣREE 为 23.849～131.88 μg/g,LREE/HREE 为 5.21～7.14,$(La/Yb)_N$为 5.42～7.46,LREE 分馏显著,HREE 弱分馏;δEu 为 0.62～0.67,中等的 Eu 亏损;围岩的ΣREE 为 171.46～208.65,LREE/HREE 为 6.67～7.70,$(La/Yb)_N$为 5.90～7.14,δEu 为 0.59～0.64,中等的 Eu 亏损。从微量元素蛛网图可以看出[图 2.24(a)],金矿石和围岩的微量元素富集特征类似,表现为富集元素 Pb、Nd,亏损元素 Sr、Ti。在稀土元素球粒陨石配方图上[图 2.24(b)],金矿石和围岩都具有富轻稀土元素、贫重稀土元素和右倾斜稀土配分模式,围岩样品和矿石样品具有类似稀土元素配分特征,不同之处在于,围岩稀土元素总量更高。矿石和围岩微量元素和稀土元素组成特征的相同性,反映两者之间的成因联系,即矿石的微量元素可能来源于围岩。

表 2.18 黄金洞矿床微量元素分析结果表

送样号	HD-7	HD-11	HD-13	HD-16	HP-1	HP-2	HP-3	HP-4
岩石名称	金矿石(石英脉)	细网脉状矿石	金矿石	金矿石	条带状板岩	条带状板岩	粉砂质板岩	粉砂质板岩
Cu	23.3	33	14.3	28.3	24	24.1	17.5	36.1
Pb	77.2	116	57.7	64.7	20.8	23.5	23.9	30.4
Zn	64.7	79.7	17.9	49.7	109	85.2	91.3	76.6
Cr	39.6	61.6	24.3	58.9	42.2	42.3	32.7	43.6
Ni	12	24.9	8.8	23.4	60.4	36.5	61.4	21.2
Co	6.11	12.3	3.44	9.63	11.6	8.63	10.1	9.64
W	5.78	2.25	0.78	2.3	2.12	2.12	1.29	2.05
As	8 190	14 900	10 000	15 100	5.66	24.2	5.05	15.4
Sb	23.1	24.4	8.29	20.2	0.21	0.44	0.44	5.42
Bi	0.57	0.49	0.65	0.71	0.37	0.25	0.37	0.4
Hg	0.22	0.21	0.2	0.24	0.036	0.029	0.029	0.038
Sr	79.6	91.9	36.9	56.6	38.1	34.4	53.5	39.9
Ba	89.6	206	42.2	96.2	349	365	208	261
V	25.7	58.6	14.8	34.2	97.6	99	71.7	81.1
Au	7 810	11 400	3 100	15 400	4.48	13.9	2.94	1.16
Ag	0.07	0.063	0.049	0.17	0.047	0.062	0.066	0.058
Ti	1 670	2 960	2 770	2 980	4 840	5 280	4 460	4 540
Mn	279	313	110	128	330	300	474	518
La	15.4	26.8	4.46	15.6	43.2	40.5	40.6	34.2
Ce	26.3	45.4	7.91	26.6	83.6	77.4	77.2	66.8
Pr	4.1	7.3	1.27	4.2	10.3	9.62	9.92	8.41

续表

送样号	HD-7	HD-11	HD-13	HD-16	HP-1	HP-2	HP-3	HP-4
岩石名称	金矿石（石英脉）	细网脉状矿石	金矿石	金矿石	条带状板岩	条带状板岩	粉砂质板岩	粉砂质板岩
Nd	15.4	27.3	4.98	15.6	38.2	35.7	37.4	31.6
Sm	3.03	5.69	1.08	3.27	7.35	6.9	7.63	6.36
Eu	0.59	1.14	0.24	0.62	1.46	1.31	1.39	1.23
Gd	2.66	5.14	1.12	2.9	6.66	6.23	6.84	5.67
Tb	0.42	0.86	0.19	0.47	1.08	1.02	1.12	1
Dy	2.4	4.8	1.09	2.59	6.4	5.97	6.5	6.22
Ho	0.47	0.94	0.18	0.52	1.24	1.16	1.27	1.21
Er	1.42	2.64	0.57	1.57	3.56	3.29	3.43	3.4
Tm	0.23	0.46	0.089	0.25	0.64	0.62	0.63	0.62
Yb	1.48	2.98	0.59	1.65	4.34	4.14	4.1	4.16
Lu	0.21	0.43	0.08	0.22	0.62	0.6	0.59	0.58
Y	11.1	22.1	4.42	11.8	30.6	28.8	30.1	29.4
ΣREE	74.11	131.88	23.85	76.06	208.65	194.46	198.62	171.46
LREE	64.82	113.63	19.94	65.89	184.11	171.43	174.14	148.6
HREE	9.08	17.82	3.829	9.95	23.92	22.43	23.89	22.28
LREE/HREE	7.14	6.38	5.21	6.62	7.70	7.64	7.29	6.67
$(La/Yb)_N$	7.46	6.45	5.42	6.78	7.14	7.02	7.10	5.90
δEu	0.64	0.64	0.67	0.62	0.64	0.61	0.59	0.63
δCe	0.81	0.80	0.81	0.81	0.97	0.96	0.94	0.97

注：Au 元素的质量分数的单位为 ng/g；其余微量元素的质量分数的单位为 μg/g。

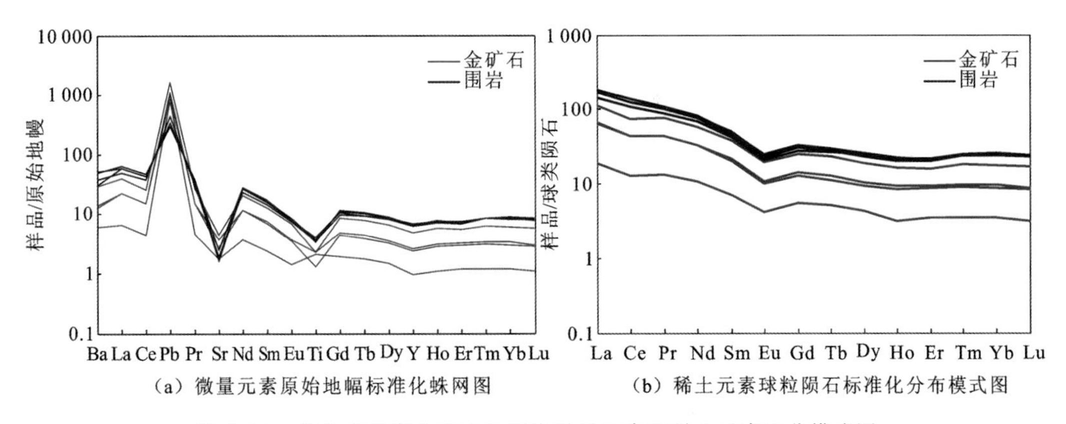

（a）微量元素原始地幔标准化蛛网图　（b）稀土元素球粒陨石标准化分布模式图

图 2.24　黄金洞矿床金矿石和围岩微量元素和稀土元素配分模式图

2. 成矿物质来源

1) S同位素分析

对黄金洞金矿床中的黄铁矿和毒砂进行了S同位素分析,结果表明矿石中硫化物的$\delta^{34}S$值介于11.82‰~−7.31‰(表2.19)。其中,黄铁矿的$\delta^{34}S$为−11.82‰~−7.31‰,毒砂的$\delta^{34}S$为−11.36‰~−8.28‰,并具有塔式分布的特点(图2.25),反映了沉积岩或变质岩来源特征(图2.26)。由于黄金洞金矿床硫化物较为简单(主要为黄铁矿和毒砂),因此所获得的S同位素组成可代表含矿热液流体总的S同位素特征(Ohmoto and Rye,1979)。而据罗献林(1990)、柳德荣等(1994)、刘亮明等(1999)的研究,湘东地区冷家溪群成岩期黄铁矿的$\delta^{34}S$为−10‰~−12‰。黄金洞矿区矿石样品S同位素组成与冷家溪群成岩期黄铁矿的S同位素组成相近,反映其含矿流体的硫可能主要来源于赋矿围岩。

表2.19 黄金洞金矿床矿石硫化物的S同位素组成

序号	样品编号	样品名称	$\delta^{34}S$/‰	序号	样品编号	样品名称	$\delta^{34}S$/‰
1	HD5	黄铁矿	−7.31	7	HD18	黄铁矿	−8.61
2	HD6	黄铁矿	−7.59	8	HD10	毒砂	−8.28
3	HD10	黄铁矿	−8.43	9	HD11	毒砂	−9.04
4	HD11	黄铁矿	−10.95	10	HD15	毒砂	−9.42
5	HD15	黄铁矿	−10.40	11	HD16	毒砂	−11.36
6	HD16	黄铁矿	−11.82	12	HD18	毒砂	−8.82

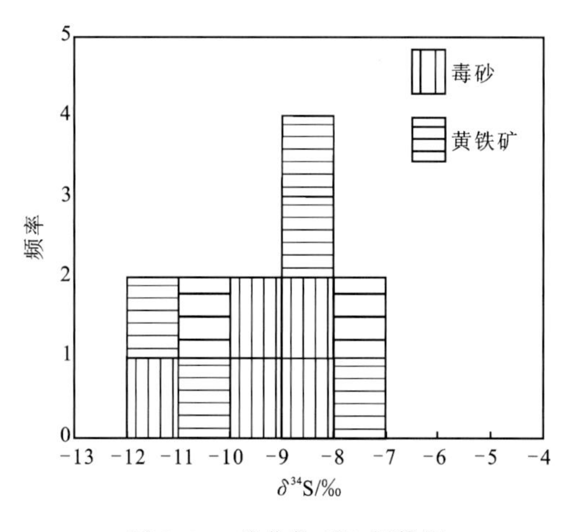

图2.25 硫化物$\delta^{34}S$频数图

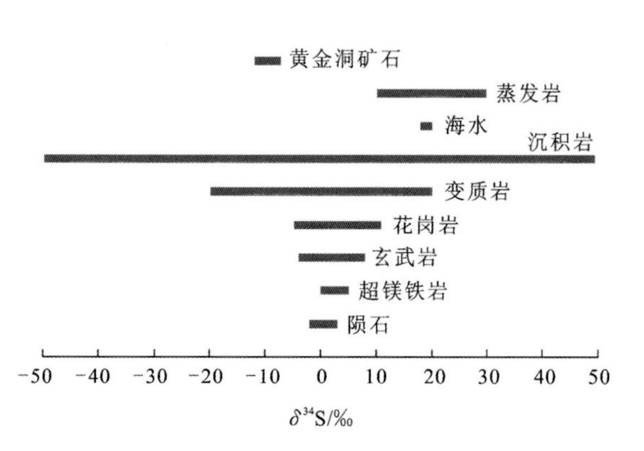

图2.26 不同天然含硫物质中$\delta^{34}S$的特征

2) Pb同位素分析

黄金洞矿区矿石Pb同位素分析结果见表2.20。硫化物的$^{206}Pb/^{204}Pb$为17.984~18.128,$^{207}Pb/^{204}Pb$为15.630~15.787,$^{208}Pb/^{204}Pb$为38.319~38.846。矿石硫化物Pb

表 2.20　黄金洞金矿 Pb 同位素组成

样号	测定矿物	同位素比值			表面年龄/Ma	φ	μ	Th/U
		$^{206}Pb/^{204}Pb$	$^{207}Pb/^{204}Pb$	$^{208}Pb/^{204}Pb$				
HD6	黄铁矿	18.003±0.004	15.674±0.005	38.319±0.014	544	0.619	9.66	3.91
HD10	黄铁矿	18.037±0.004	15.709±0.005	38.449±0.012	560	0.620	9.73	3.96
HD11	黄铁矿	18.094±0.005	15.722±0.005	38.674±0.01	535	0.618	9.75	4.03
HD15	黄铁矿	17.984±0.005	15.663±0.005	38.440±0.015	545	0.619	9.64	3.97
HD16	黄铁矿	17.995±0.003	15.630±0.003	38.434±0.007	500	0.614	9.57	3.96
HD18	黄铁矿	18.013±0.002	15.649±0.002	38.393±0.005	509	0.615	9.61	3.94
HD10	毒砂	18.091±0.008	15.689±0.007	38.618±0.016	500	0.614	9.68	4.00
HD15	毒砂	18.050±0.007	15.703±0.007	38.612±0.015	544	0.619	9.71	4.02
HD16	毒砂	18.040±0.004	15.640±0.004	38.468±0.011	480	0.612	9.59	3.95
HD18	毒砂	18.128±0.005	15.787±0.004	38.846±0.014	584	0.623	9.87	4.09

同位素组成较稳定，变化范围小，呈线性关系排列，说明硫化物矿物中 Pb 同位素来源比较单一。

一般认为来自下部地壳或上部地幔的物质铅 μ 值比较低，其中地幔环境 μ 为 8.92，造山带 μ 为 10.87。黄金洞矿区矿石 Pb 同位素的 μ 为 9.57～9.87，变化范围小，且明显高于地幔的 μ 而低于造山带的 μ。在 Pb 同位素构造模式图上(图 2.27)，投影在造山带上方，可以认为铅主要是上地壳来源。根据 Zartman 和 Doe(1981)的铅构造模式计算表明，黄金洞金矿的铅单阶段模式年龄为 480～584 Ma，变化范围较小。

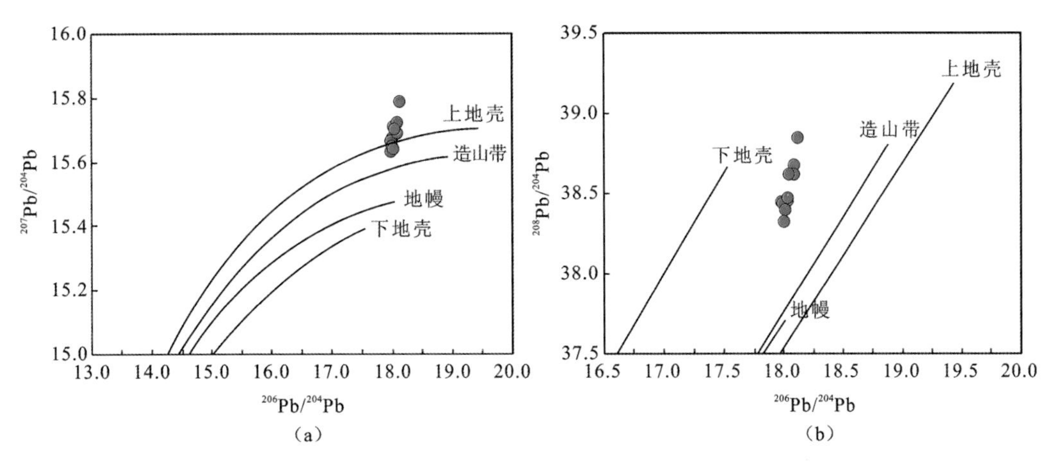

图 2.27　黄金洞金矿 Pb 同位素构造模式图

3. 成矿时代

本书采集一组脉石英进行了石英流体包裹体 Rb-Sr 同位素分析(表 2.21)，但未获得等时线。董国军等(2008)采用石英流体包裹体 Rb-Sr 法获得等时线年龄为(152±13) Ma，

表 2.21 石英 Rb-Sr 同位素分析结果表

序号	样号	样品名称	Rb(×10⁻⁶)	Sr(×10⁻⁶)	$^{87}Rb/^{86}Sr$	$^{87}Sr/^{86}Sr$	±1σ	等时线年龄/Ma
1	HD4	石英	0.063 51	0.535 2	0.343 9	0.762 77	0.000 06	未获得
2	HD7	石英	0.475 9	1.054	1.309	0.759 16	0.000 03	
3	HD8	石英	0.832 3	0.818 3	2.948	0.762 61	0.000 06	
4	HD12	石英	0.092 09	0.391 6	0.682 3	0.772 90	0.000 05	
5	HD14	石英	0.193 8	0.431 7	1.303	0.776 39	0.000 02	
6	H1	石英	0.074 41	1.147 00	0.188 00	0.759 88	0.000 07	462±18
7	H3	石英	0.363 70	0.752 40	1.402 00	0.768 31	0.000 03	
8	H5	石英	0.893 50	1.083 00	2.395 00	0.774 95	0.000 02	
9	H3-1	石英	0.417 20	0.757 40	1.598 00	0.769 69	0.000 10	
10	H5-1	石英	1.185 00	1.129 00	3.048 00	0.778 59	0.000 04	
11	HD01-1	石英	0.034 01	0.249 2	0.395 7	0.764 91	0.000 001	152±13
12	HD01-2	石英	2.488	0.771 4	9.365	0.781 10	0.000 05	
13	HD01-3	石英	1.346	0.164 6	23.83	0.817 18	0.000 07	
14	HD01-4	石英	4.926	0.773 2	18.54	0.802 33	0.000 08	
15	HD01-5	石英	0.949	0.408 5	6.743	0.777 41	0.000 03	
16	HD01-6	石英	0.214 8	0.270 9	2.3	0.770 82	0.000 01	

资料来源:1～5 为本书;6～10 来自韩凤彬等(2010);11～16 来自董国军等(2008)

$(^{87}Sr/^{86}Sr)_i$ 为 0.763 600±0.002 4;韩凤彬等(2010)采用石英流体包裹体 Rb-Sr 法获得等时线年龄为(462±18) Ma,$(^{87}Sr/^{86}Sr)_i$ 为 0.758 91±0.000 50。这暗示着黄金洞金矿可能存在着多期成矿,高的$(^{87}Sr/^{86}Sr)_i$ 指示其形成的物质来源于地壳。

4. 矿床成因

本区域构造主要有近东西向和北东向两组。矿化规律表现为矿脉带从北西向转为近东西向,倾角由陡变缓的地段,在两组构造裂隙交叉处形成矿体。在成矿期构造复活发育或断层分枝处,往往是矿体的富集处。断层泥较厚,而且带砂性,往往矿体较富。

断裂构造是本区矿体分布赋存与富集的先决条件和主要因素;而火成岩体因为距矿区较远,其与成矿的关系不明显,但不排除深部隐伏岩体存在从而增强元素的活性和提供成矿物质来源的可能性;地层不同的岩性对成矿也有一定的影响,一般来说,在其他条件相同的环境下,泥质板岩较砂质板岩和条带状板岩对成矿更有利。因此,本矿床的成因类型应属于中温热液充填型金矿床,工业类型为含金石英脉型。

从黄金洞矿田来看,最有利于金成矿的地层或部位多为泥质、砂质岩石和它们的交界处,含矿岩系多为颜色较深的暗色泥质、粉砂质板岩。这些岩石或它们的交界部位往往是构造薄弱带,在构造作用下,容易产生构造空间,因而有利于成矿。

5. 成矿模式

黄金洞金矿床矿化是黄金洞-平江韧性剪切带长期活动的结果，剪切带构造是金矿化的主要控矿构造。剪切带构造不仅为成矿物质的运移和定位创造空间条件，而且还通过力学-化学耦合机制参与活化转移成矿的各个环节。韧性剪切活动改变了岩石的组构特征，促使矿物、岩石细粒化和矿物晶格变形，增加元素的活性，加速流体的对流循环。剪切带为热液流动提供了运移通道，并为成矿物质沉淀提供了场所。与东西向或近东西向的一系列倒转背斜近乎平行的断裂构造既是控矿构造也是储矿构造，而这种多期次继承性活动断裂的复合地段更是有利的成矿部位。

冷家溪群为矿源层，分散在其中的金元素在构造和热改造变质过程中发生长距离的活化转移。在区域变质阶段，金、碱金属络合物和碱性溶液沿着岩石裂隙孔隙运移，形成金等成矿元素的初始富集。加里东运动使冷家溪群中形成的成矿热液活性增强，成矿热液沿着韧性剪切带向浅部和次级的脆性断裂迁移时，因酸碱度和氧化还原条件的变化，初始富集的金元素和其他成矿元素在容矿断裂的有利部位沉淀成矿，形成了加里东期金矿脉。

印支期和燕山期剧烈的构造运动，韧性剪切带活动方式发生改变，区域上新生成了一系列次级构造，部分断裂构造穿切加里东期断裂，特别是燕山期伴随着大规模的岩浆活动，成矿热液沿断裂裂隙重新活化转移，成矿元素在韧性剪切断裂带的浅部脆性断裂和次级断裂的有利部位进一步富集成矿，即形成了印支期和燕山期金矿脉。其成矿模式如图 2.28所示。

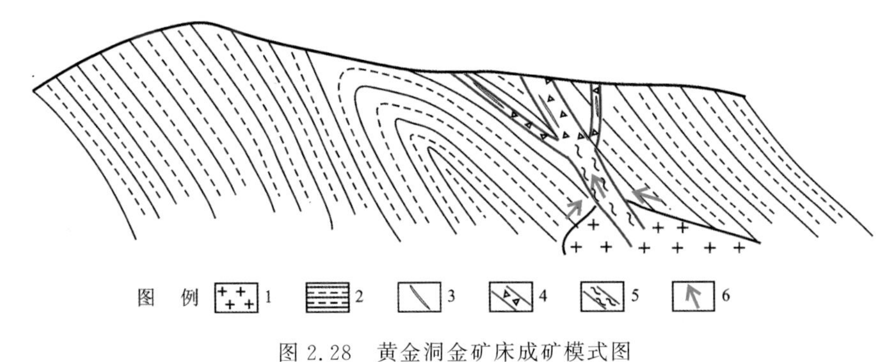

图 2.28　黄金洞金矿床成矿模式图

1. 侵入岩体；2. 冷家溪群；3. 矿体；4. 脆性断裂带；5. 韧性断裂带；6. 矿液运移方向

2.5　广西古袍斑岩-热液脉型金矿

古袍金矿位于广西贺州市昭平县马江镇湾岛村内。地理坐标：东经 110°56′24″，北纬 23°54′21″。矿山建立于 20 世纪五六十年代，2006 年以前在古袍矿区开展金矿找矿工作的对象是构造破碎蚀变带、含金石英脉带，找矿成效不理想。2006 年重新部署工作，对斑岩体开展调查,并在古袍矿区大王顶矿段开展详查工作,取得了找矿突破,发现了斑岩型金矿,表明大瑶山地区金矿具有上为石英脉型,往下过渡为构造蚀变岩型-斑岩型特点。

2.5.1 区域地质背景

古袍金矿位于钦杭结合带西南段,大瑶山加里东期东西向隆起中部的古袍凹陷带内,凭祥—大黎深断裂南侧(图 2.29)。区内主要发育寒武系小内冲组和黄洞口组浅变质砂岩、粉砂岩、硅质岩和碳质页岩组成的类复理石建造。矿区外围出露震旦系培地组泥岩、条带状板岩、粉砂岩、硅质岩,以及泥盆系莲花山组—贺州组石英砂岩、泥质粉砂岩、底砾岩和那高岭组泥质粉砂岩、细砂岩及页岩。

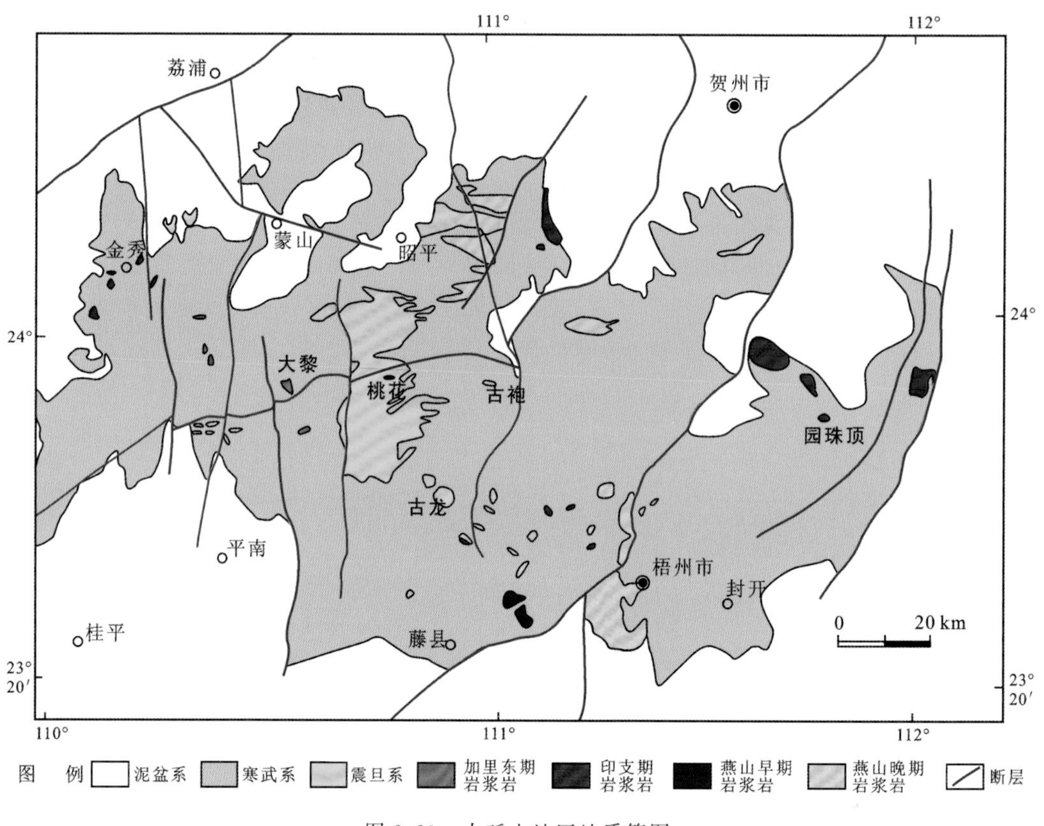

图 2.29 大瑶山地区地质简图

区内构造活动强烈,经历了加里东期、印支期、燕山期等多期构造运动,褶皱和断裂构造发育(图 2.29)。区域构造以近东西向大瑶山复背斜及大黎断裂带为格架,基底构造以紧密复式线状褶皱和区域压扭性断裂为主,晚期叠加有北东向、北西向及近南北向构造。

区内岩浆岩活动强烈而频繁,出露岩体以加里东期侵入岩为主,其次为燕山期,少量岩体属于印支期(图 2.29)。加里东期岩体主要分布于大瑶山隆起区内部,多呈岩脉、岩墙、小岩株产出,岩性主要为石英闪长岩、花岗闪长岩、花岗斑岩和石英斑岩;燕山期岩体主要分布于大瑶山隆起周边，多呈岩株、岩基出现，也有岩脉产出，岩性主要为花岗闪长岩、二长花岗岩和黑云母花岗岩。

2.5.2 矿区地质特征

1. 地层

矿区出露的地层主要为下—中寒武统小内冲组($\epsilon_{1\text{-}2}x$)、中—上寒武统黄洞口组($\epsilon_{2\text{-}3}$h)。其中，黄洞口组分布最广，岩性主要为泥质砂岩、粉砂岩、板岩及碳质板岩等，与矿化关系密切的大王冲等花岗斑岩体侵入于该组地层中(图 2.30)。小内冲组分布于矿区西南角和西北角，岩性主要为砂岩、长石石英砂岩、粉砂质页岩与砂质页岩、页岩互层，局部夹碳质页岩，顶部为硅质岩。

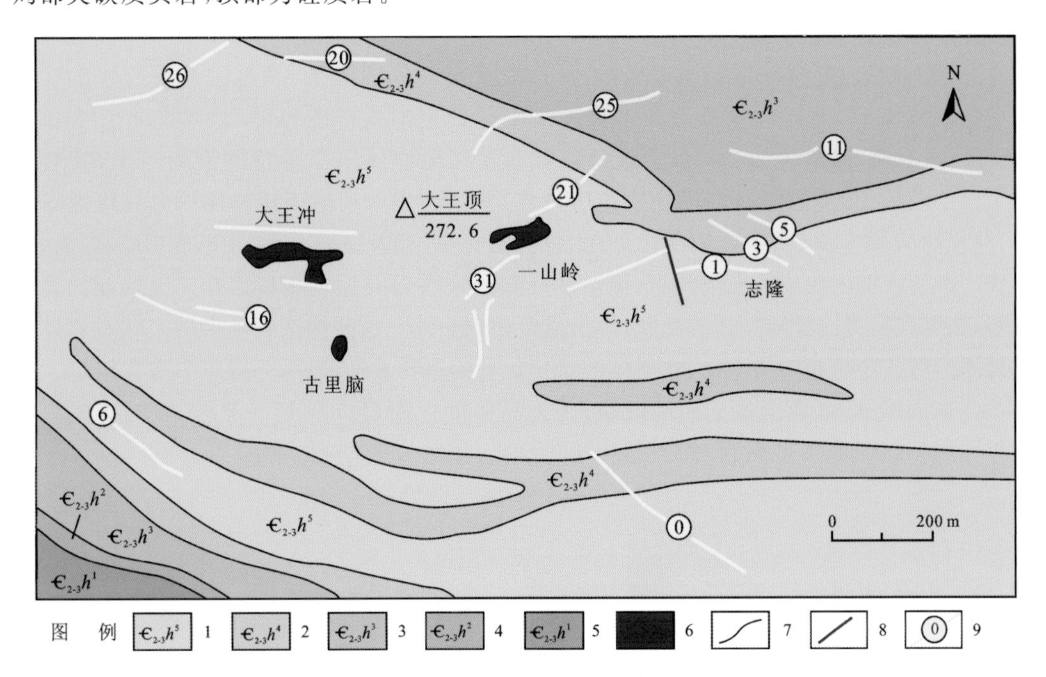

图 2.30 古袍矿区地质简图

1. 中—上寒武统黄洞口组泥质砂岩、细粒泥质砂岩夹板岩；2. 中—上寒武统黄洞口组厚层细-中粒泥质砂岩夹薄层板岩及泥岩；3. 中—上寒武统黄洞口组泥质砂岩夹薄层粉砂岩及板岩；4. 中—上寒武统黄洞口组碳质板岩及泥岩；5. 中—上寒武统黄洞口组中厚层细粒泥质砂岩夹薄层灰绿色板岩；6. 加里东晚期花岗斑岩；7. 地质界线；8. 断层；9. 含金石英脉及编号

2. 构造

1) 褶皱构造

矿区主体褶皱构造为古袍-思孟复式向斜。古袍-思孟复式向斜轴向为 120°左右，向

西倾伏。褶皱的北翼较为舒展开阔,而南翼则较为紧闭。轴部地层为黄洞口组第五段,两翼地层为黄洞口组第二—四段及小内冲组。在向斜的核部、北东翼发育有次一级的背斜、向斜构造。复向斜向西逐渐扬起,局部由于向斜槽部隆起而出现黄洞口组第三段、第四段。在向斜东部地层有局部倒转现象。由于区内断裂构造十分发育,岩层产状较为凌乱而没有规律可循,甚至许多局部地方很难判定岩层的产状,因此这种倒转存在一定的假象。古袍-思孟复式向斜派生了几个次级褶皱,主要有志隆向斜和超德复向斜。

2) 断裂构造

矿区断裂构造十分发育而且复杂,几乎各个方向的小断层均有出现,但具规模的主要有近东西向、北西向和北东向三组断裂(图 2.30)。

东西向断裂:沿矿区主体褶皱构造古袍-思孟复式向斜的轴部出露,由一系列挤压破碎带和断裂组成。古袍岩体基本沿此带侵入并受后期挤压作用而生成一系列的构造破碎蚀变带。其中常有密集的含金石英脉充填(志隆矿段①号脉),是本区主要的控岩控矿构造。该组断层走向为 70°～90°,倾向北西,倾角为 50°～70°。

北西向断裂:断裂破坏花岗斑岩体,常形成含金破碎蚀变带,是本区主要的控矿容矿构造。总体来看,北西向构造破碎带为一组平行产出的构造破碎带,总体走向为 110°～130°,倾向南西,倾角为 30°～50°。该断裂带在花岗斑岩体内呈平行的系列产出,其数量在 10～20 条。该组裂隙带在后期构造应力作用下,产生剪切的压扭作用而形成压性剪切带,花岗斑岩蚀变强烈,主要为绢云母化、绿泥石化、硅化及黄铁矿化,常形成串珠状、囊状、带状产出的石英团块或黄铁绢英岩;构造蚀变强烈地段岩石呈现糜棱岩化。受热液的叠加影响,充填有石英细脉和黄铁矿细脉,可形成金矿(化)体。这些构造破碎带的产状在岩体内随岩体的产状变化而同步变化,在岩体产状变化与构造相叠加部位,一般可形成富矿包。

北东向断裂:断裂形成的时间最晚,多为高角度正断层。一般不含金,但对矿体常有破坏作用。该组断裂走向为 20°～40°,倾向西北,倾角为 70°～85°。

3. 岩浆岩

1) 岩体地质

矿区内花岗斑岩体发育,主要有大王冲、古里脑和一山岭等小岩体,组成大王顶小岩体群。岩石呈灰白色、灰绿色、深灰绿色,具斑状、似斑状结构或变余斑状结构。基质为它形粒状结构或交代假象结构、交代残余结构。斑晶主要为石英、更长石、钾长石、黑云母,矿物粒度一般为 0.5～4.5 mm,含量为 10%～15%。石英斑晶为半自形-它形粒状,常见波状消光。长石斑晶受交代成绢云母,自形程度低,常常呈假象。黑云母斑晶半自形-片状,常见假六方形晶体,一般含量小于 5%。基质成分与斑晶成分基本一致,主要是酸性长石、石英和黑云母等。副矿物主要有磷灰石、榍石、锆石和金红石等,极少量的黄铜矿、辉锑矿、辉钼矿和闪锌矿等。岩石至少经历了两次以上的破碎、蚀变和矿化作用。主要蚀变类型有硅化、绢云母化、绿泥石化、碳酸盐化(白云石化)和钾长石化,最常见的是前三种,以上蚀变多相互叠加。与蚀变有关的矿化有黄铁矿化、黄铜矿化和辉钼矿化,在强烈蚀变部位可见黄铁绢英岩化。

2）成岩时代

桂林冶金地质学院(1986)(现为桂林理工大学)曾获得古袍矿区古里脑岩体锆石U-Pb 年龄为 465 Ma。本次对大王冲岩体进行了锆石 LA-ICP-MS U-Pb年龄定年。所选锆石样品(GP1-2)多为自形柱状,环带构造发育(图 2.31),为典型岩浆锆石。共完成 20 个测点分析,分析结果见表 2.2。其中,8 号测点位于锆石核部,从图 2.31 可以看出明显为继承锆石核,其$^{206}Pb/^{238}U$ 年龄为 1 706 Ma;其余测点均位于锆石边部,$^{206}Pb/^{238}U$ 年龄为 351～461 Ma,其中 16 个最谐和点的年龄加权平均值为 428.1 Ma(MSWD=17,95%置信度)(图 2.32),代表花岗斑岩的形成时代,属加里东期。

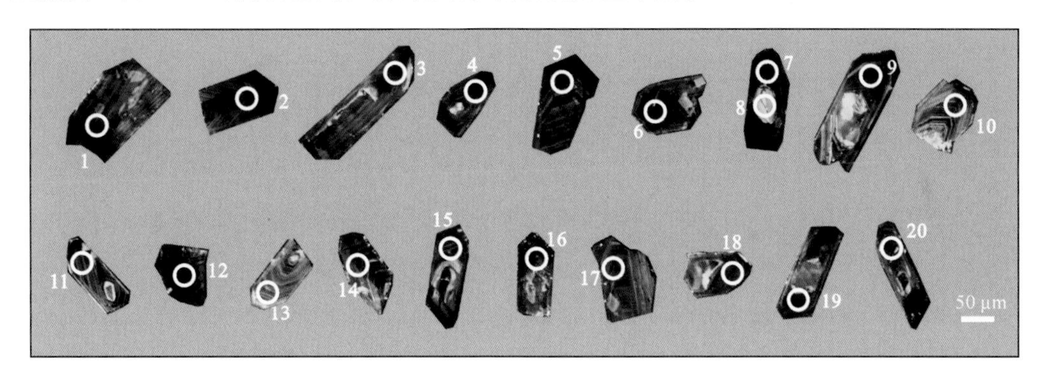

图 2.31　古袍矿区大王冲花岗斑岩锆石阴极发光图像

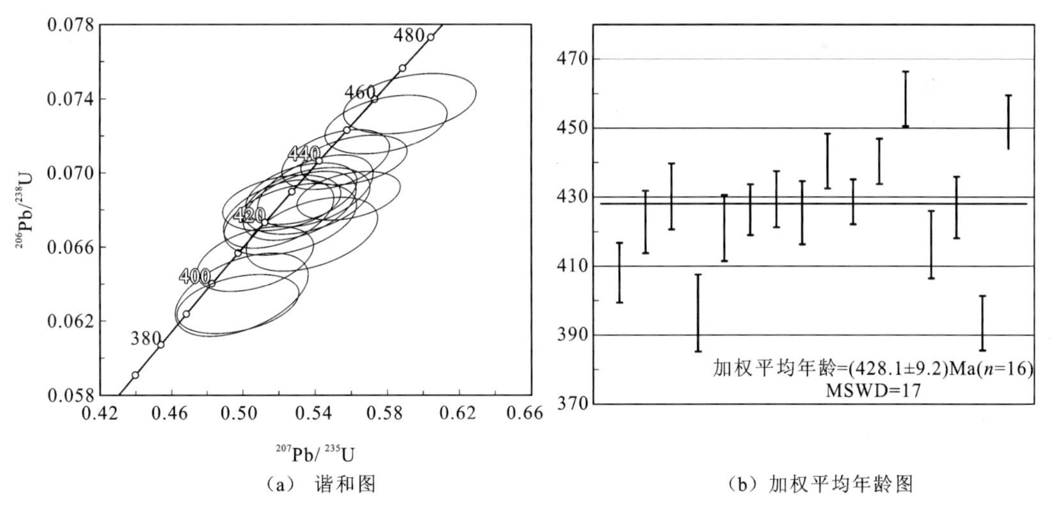

(a) 谐和图　　(b) 加权平均年龄图

图 2.32　古袍花岗斑岩 LA-ICP-MS 锆石U-Pb年龄谐和图和加权平均年龄图

2.5.3　矿床地质特征

1. 矿体特征

金矿体主要以含金石英脉的形式存在,石英脉有两种赋存状态。

表 2.22 古袍花岗斑岩 LA-ICP-MS 锆石 U-Th-Pb 同位素分析结果

点号	含量/(μg/g)			Th/U	同位素比值						年龄/Ma					
	Pb*	Th	U		$^{207}Pb/^{206}Pb$	±1σ	$^{207}Pb/^{235}U$	±1σ	$^{206}Pb/^{238}U$	±1σ	$^{207}Pb/^{206}Pb$	±1σ	$^{207}Pb/^{235}U$	±1σ	$^{206}Pb/^{238}U$	±1σ
GP1-2-1	135.5	241	1 833	0.131 3	0.055 4	0.001 5	0.506 4	0.013 3	0.065 4	0.000 7	428	67.6	416	8.9	408	4.3
GP1-2-2	215.9	420	2 826	0.148 5	0.054 6	0.001 4	0.519 4	0.012 6	0.067 8	0.000 7	398	55	425	8.4	423	4.5
GP1-2-3	202.8	446	2 623	0.170 2	0.055 7	0.001 3	0.539 7	0.013 1	0.069 0	0.000 8	443	53.7	438	8.6	430	4.8
GP1-2-4	164.1	272	2 303	0.118 2	0.056 1	0.001 7	0.498 6	0.015 2	0.063 4	0.000 9	454	66.7	411	10.3	396	5.6
GP1-2-5	188.5	317	2 450	0.129 5	0.055 5	0.001 6	0.526 0	0.015 0	0.067 5	0.000 8	435	64.8	429	10.0	421	4.8
GP1-2-6	243.7	559	3 070	0.182 0	0.054 3	0.001 5	0.521 0	0.013 4	0.068 4	0.000 6	387	65.7	426	9.0	426	3.7
GP1-2-7	172.3	319	2 478	0.128 7	0.054 4	0.001 8	0.464 9	0.014 7	0.061 0	0.000 8	387	69.4	388	10.2	382	5.1
GP1-2-8	167.6	142	413	0.343 2	0.154 9	0.003 6	6.593 3	0.177 3	0.302 9	0.004 7	2 800	39.5	2 058	23.8	1 706	23.2
GP1-2-9	182.4	315	2 210	0.142 5	0.055 9	0.001 2	0.581 2	0.013 1	0.074 1	0.000 7	456	48.1	465	8.4	461	4.5
GP1-2-10	182.7	348	2 377	0.146 3	0.055 1	0.001 3	0.532 1	0.012 6	0.068 9	0.000 7	417	58.3	433	8.4	429	4.1
GP1-2-11	134.09	228	1 778	0.128 1	0.055 8	0.001 4	0.531 0	0.012 8	0.068 2	0.000 8	456	57.4	432	8.5	425	4.6
GP1-2-12	156.5	286	2 005	0.142 5	0.055 8	0.001 2	0.551 3	0.012 2	0.070 7	0.000 7	443	52.8	446	8.0	440	4.0
GP1-2-13	180.4	324	2 346	0.138 2	0.058 2	0.001 2	0.558 5	0.011 8	0.068 7	0.000 5	600	48.1	451	7.7	429	3.2
GP1-2-14	287.4	708	3 587	0.197 3	0.056 9	0.001 2	0.561 5	0.012 1	0.070 7	0.000 5	487	80.5	453	7.8	440	3.3
GP1-2-15	255.0	494	3 083	0.160 2	0.057 6	0.001 5	0.592 4	0.015 1	0.073 7	0.000 7	522	55.6	472	9.6	459	3.9
GP1-2-16	239.7	519	3 261	0.159 2	0.057 9	0.001 5	0.538 0	0.014 9	0.066 7	0.000 8	524	59.3	437	9.8	416	4.9
GP1-2-17	120.05	157	1 621	0.096 9	0.056 2	0.001 4	0.535 4	0.014 1	0.068 5	0.000 7	457	27.8	435	9.4	427	4.4
GP1-2-18	165.2	286	2 370	0.120 8	0.056 7	0.001 6	0.496 5	0.014 0	0.062 9	0.000 7	480	63.0	409	9.5	393	4.0
GP1-2-20	217.4	996	3 449	0.165 9	0.055 8	0.001 4	0.434 4	0.010 9	0.056 0	0.000 5	443	55.6	366	7.7	351	3.0

（1）以细脉状存在于花岗斑岩内。整个斑岩体蚀变普遍而强烈，具面型蚀变特点，并具有弱的金矿化；斑岩体中含金石英细脉金品位较高，脉宽 5～30 mm，属细脉浸染状矿化，矿体与蚀变斑岩无明显界线，矿体需由分析结果圈定。这类矿体主要分布于矿区西部古里脑，据勘查报告统计，88%的金矿体赋存在花岗斑岩体内（图 2.33）。部分石英脉中见到长石，为长石-石英细脉[图 2.34(a)]，显示岩浆期后热液成因特征。

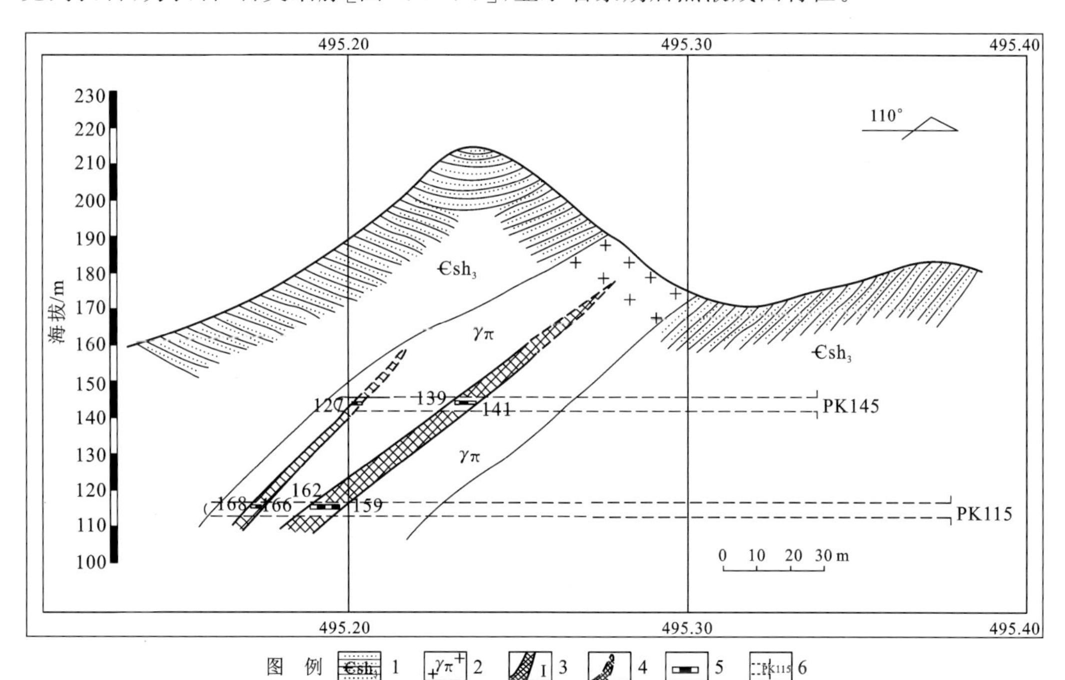

图 2.33　广西古里脑金矿矿体剖面图

1. 寒武系水口群上亚群砂岩；2. 花岗斑岩；3. 金矿体及编号；4. 推测矿体；5. 采样位置及编号；6. 坑道投影位置及编号

（a）含金矿长石-石英细脉

（b）构造破碎带中石英脉

图 2.34　花岗斑岩中的含金矿长石-石英细脉和构造破碎带中石英脉

（2）以脉状存在于构造破碎带内。细砂岩中的构造破碎带内也发育众多含金石英脉[图 2.34(b)]，与花岗斑岩体内赋存矿体不同的是这类石英脉较宽，有一定规模，一般宽几厘米到几十厘米,长上百米。其中最具代表性的是志隆矿段主矿体(①号脉),产于寒武系黄洞口组细砂岩中,是一条近东西向构造破碎带控制的含金石英脉,已知长度为710 m,平均厚度为0.66 m,工业矿化地段平均品位为11.2 g/t,向北倾,倾角约70°,脉宽为10~20 cm,走向延伸达500 m,倾向延伸超过200 m。

2. 矿石特征

1) 矿石结构

基质具有细粒花岗、变余花岗的变余斑状结构;斑晶具有显微鳞片变晶结构、自形及半自形粒状变晶结构、它形粒状变晶结构及碎裂结构。主要构造有块状构造、星散浸染状构造和网格状细脉构造,极少数矿石由于碎裂呈现糜棱岩化。

2) 矿石的矿物成分

主要矿石矿物为黄铁矿,次为自然金、辉钼矿、白钨矿、黄铜矿,偶见毒砂、辉铋矿、闪锌矿、方铅矿、辉锑矿、辉铜矿、磁铁矿、钛铁矿。脉石矿物以石英为主,次为绢云母、绿泥石、白云石等,副矿物有金红石、白钛石、电气石、锆石、磷灰石等。

3) 矿石化学成分

有用组分主要为金,其含量为1.00~8.40 μg/g,平均含量为3.39 μg/g。其中花岗斑岩体内部的破碎蚀变岩型金矿体金平均含量为2.92 μg/g。花岗斑岩体外部石英脉型金矿体金平均含量为6.26 μg/g。

4) 矿石伴生有益有害组分

其他伴生元素含量不明显,不能达到综合利用的要求;有害元素主要为砷、铜,但其含量很低,对金矿加工冶炼不构成影响。

5) 金矿物及赋存状态

自然金以不规则粒状及细脉状为主,它形粒状次之,自形金少见,赋存状态以裂隙金为主,粒隙金和包裹金次之。金的载体以黄铁矿等硫化物为主,特别是呈脉状、细脉状产出的黄铁矿含自然金最多,次为脉石矿物(主要为石英),尤其以黄铁矿脉及其两旁的脉石矿物含自然金较多。

3. 围岩蚀变

区内围岩蚀变类型主要有硅化、绿泥石化、绢云母化和黄铁矿化等。其中,硅化和黄铁矿化蚀变与金矿关系最为密切。

1) 硅化

区内硅化现象十分普遍,主要沿断裂带分布,有早晚两期硅化。早期硅化,石英(粒径为0.5~2.0 mm)多呈断续脉状穿插于受变质岩石中,压碎强烈,粒化明显,与金矿关系密切,有的粒化物具有后期重结晶现象;晚期硅化,石英(粒径为0.5~2.5 mm)常呈梳状构造,或呈连续脉状穿插于受变质岩石中,形成热石英岩,常具有波状消光,虽然具有碎裂现象，但远不及早期硅化石英强烈。

2）绿泥石化

常见于石英脉与围岩交界处及石英脉内的围岩夹石中，绿泥石常呈淡绿色-绿色半自形晶叶片状集合体(粒径为 0.02～0.2 mm)出现，可分别交代黏土矿物、长石、黑云母，或充填于孔隙中。

3）绢云母化

在近矿围岩及岩体接触带附近分布普遍，绢云母常呈半自形小片状(粒径为 0.01～0.10 mm)、显微鳞片状集合体出现，可分别交代黏土矿物、长石、黑云母和绿泥石。在岩体的接触带附近，一般绢云母化较强，可形成绢云母角岩，在蚀变的花岗斑岩中，基质完全被绢云母交代，长石斑晶中的绢云母沿解理呈棋盘状交代。岩石强烈绢云母化时，形成石英绢云母岩或黄铁绢英岩，原岩岩性已难辨别。

4）黄铁矿化

常与硅化相伴生，与金矿关系密切，一般富矿地段，特别是构造破碎地段，黄铁矿化增强，强烈蚀变出现黄铁绢英岩化。含有浸染状同生黄铁矿的花岗斑岩在断裂或裂隙通过的地方，常是金的富集地段。黄铁矿可分为高温、中温两期形成。高温期黄铁矿多呈自形-半自形，粒径为 0.03～1 mm，具压碎现象，呈浸染状或细脉状分布，含金较高。后期中温黄铁矿多呈半自形-它形，粒径较均匀，在 0.03～0.5 mm，有的偶见压碎现象，常与黄铜矿伴生，主要呈浸染状分布，含金较低。

2.5.4　矿床成因

1. 矿床地球化学特征

1）微量元素特征

古袍矿区花岗斑岩、砂泥质板岩和含矿石英脉的微量元素分析结果见表 2.23。从微量元素蛛网图和稀土元素配分图(图 2.35)可以看出，含矿石英脉的微量元素特征表现为富集 U、Pb，亏损 Ba、Nb；砂泥质板岩的微量元素富集特征表现为富集 U、Pb，亏损 Ba、Nb、Sr；花岗斑岩的微量元素富集特征表现为富集 U、Pb，亏损 Ba、Nb。三者除砂泥质板岩 REE 总量相对较高和明显亏损 Sr 元素外，其他微量元素富集特征都较为相似。含矿石英脉、砂泥质板岩和花岗斑岩的稀土元素配分模式都表现为右倾斜特征，LREE 富集，HREE 相对平坦。从成矿元素上地壳标准化图(图 2.36)可以看出，砂泥质板岩及花岗斑岩中都富含成矿元素 Au、Ag、Bi、W、Mo 等元素，都与含矿石英脉中成矿元素的富集特征相似。微量元素和成矿元素特征表明花岗斑岩和砂泥质板岩都可能为成矿提供物质来源。

表 2.23　古袍矿区矿石和围岩微量元素分析结果表

样号	GP1-2	GP1-3-1	GP1-3-3	GP1-4-1	GP1-4-2	样号	GP1-2	GP1-3-1	GP1-3-3	GP1-4-1	GP1-4-2
	花岗斑岩	石英脉	石英脉	砂泥质板岩	砂泥质板岩		花岗斑岩	石英脉	石英脉	砂泥质板岩	砂泥质板岩
Cu	55.10	8.06	8.88	172.00	46.30	U	4.12	2.17	3.02	3.64	5.39
Pb	25.20	15.30	16.60	64.90	22.90	Th	9.98	2.49	4.54	8.36	18.00
Zn	26.80	9.83	31.20	69.20	137.00	La	20.30	6.15	13.60	23.50	55.30
Cr	9.15	38.70	30.30	51.40	104.00	Ce	36.90	10.40	25.80	40.10	97.20
Ni	4.52	20.50	41.50	93.20	46.70	Pr	4.61	1.45	3.76	5.10	12.20
Co	5.21	4.11	20.00	34.00	21.90	Nd	16.60	5.26	15.00	17.10	42.80
Rb	105.00	19.70	47.40	117.00	230.00	Sm	3.46	1.01	4.36	3.13	7.92
W	5.02	5.93	10.10	6.78	6.86	Eu	0.72	0.22	1.12	0.6	1.48
Mo	7.60	4.58	5.22	62.80	1.61	Gd	3.47	1.11	5.63	2.99	7.47
Bi	1.50	1.95	2.28	4.00	1.12	Tb	0.58	0.19	1.28	0.46	1.14
Hg	0.033	0.100	0.062	0.028	0.012	Dy	3.48	1.18	8.22	2.67	6.03
Sr	219.00	131.00	437.00	15.70	47.60	Ho	0.77	0.25	1.66	0.56	1.19
Ba	522.00	45.80	140.00	477.00	970.00	Er	2.19	0.69	4.51	1.68	3.38
V	50.40	—	—	160.00	111.00	Tm	0.46	0.13	0.82	0.31	0.59
Nb	10.70	2.44	4.52	7.31	15.2	Yb	3.10	0.79	5.22	1.88	3.92
Ta	1.35	0.35	0.60	0.80	1.66	Lu	0.45	0.11	0.67	0.28	0.53
Zr	106.0	16.6	33.1	57.2	95.2	Y	20.80	7.47	44.00	14.30	28.50
Hf	3.96	0.55	1.12	1.91	3.39	δEu	0.64	0.64	0.69	0.60	0.59
Ga	17.90	4.41	9.24	12.5	27.7	δCe	0.94	0.85	0.88	0.90	0.92
Sn	3.24	2.15	2.55	2.96	5.43	REE	97.09	28.94	91.65	100.36	241.15
Au	0.054 0	0.286 0	0.204 0	0.038 1	0.086 6	LREE	82.59	24.49	63.64	89.53	216.90
Ag	0.32	0.18	0.14	0.60	0.13	HREE	14.50	4.45	28.01	10.83	24.25

注：微量元素的质量分数的单位为 μg/g。

2) 同位素特征

(1) S同位素组成

矿区石英脉型矿石的$\delta^{34}S$为$-3.84‰\sim4.0‰$，平均值为1.35‰(21个样品)；细脉浸染状矿石的$\delta^{34}S$为$0.38‰\sim2.17‰$，平均值为1.38‰(10个样口)。两种类型的矿石S同位素组成与陨石硫接近，反映硫来源于深部同熔岩浆。

(2) H、O同位素组成

H、O同位素分析结果见表2.24。石英的$\delta^{18}O$为$11.75‰\sim15.18‰$，$\delta^{18}H_2O$为$1.731‰\sim10.04‰$，δD值为$-56.1‰\sim-33.9‰$。H、O同位素大部分投影点落在岩浆水范围内，少数点向大气降水漂移，说明成矿介质中大气降水混入较少，以岩浆水为主。

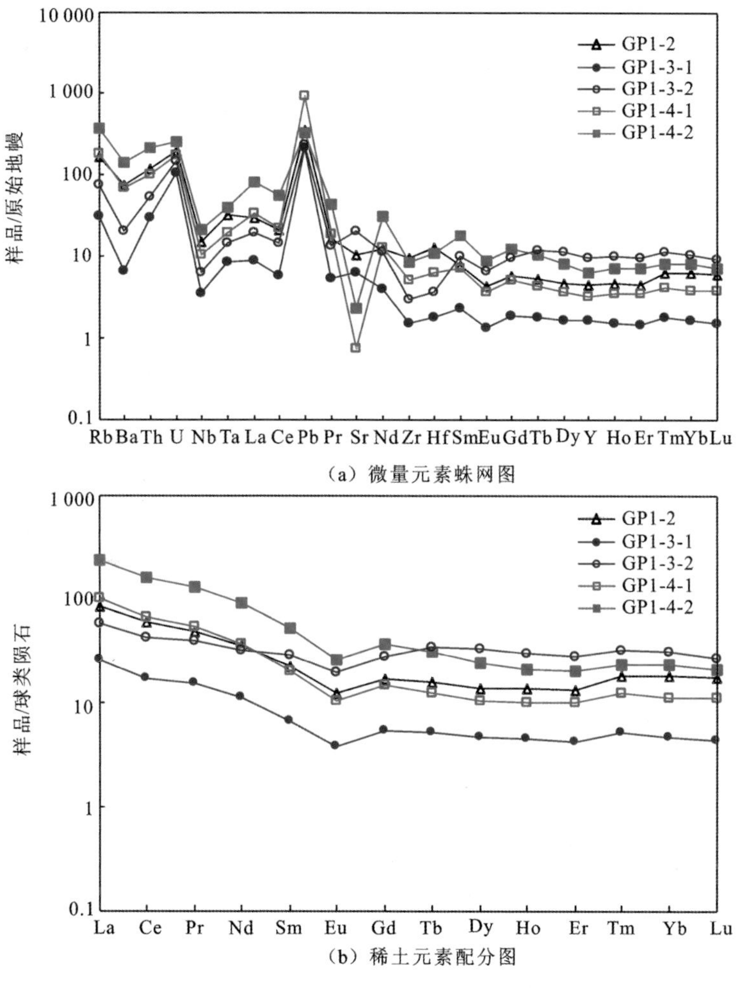

(a) 微量元素蛛网图

(b) 稀土元素配分图

图 2.35 古袍金矿微量元素蛛网图和稀土元素配分图

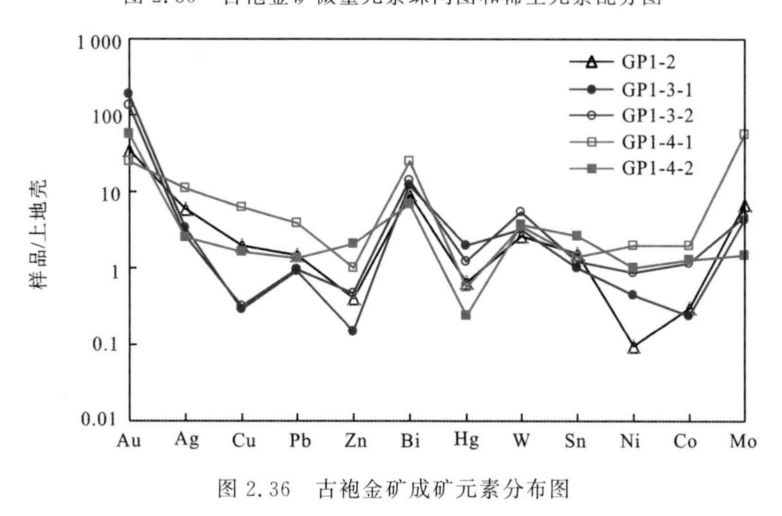

图 2.36 古袍金矿成矿元素分布图

表 2.24 古袍金矿含金石英脉中石英 H、O 同位素组成

样号	地点及产状	测定矿物	$\delta^{18}O/‰$	$\delta^{18}H_2O/‰$	$\delta D/‰$
A1-11	古袍金矿含金石英脉	石英	12.70	1.731	−44.3
A6-13-1	古袍金矿含金石英脉	石英	13.96	6.524	−42.7
A6-12-2	古袍金矿含金石英脉	石英	15.18	10.04	−33.9
A6-13-3	古袍金矿含金石英脉	石英	12.18	6.59	−56.1
A6-13-4	古袍金矿含金石英脉	石英	12.75	6.98	−43.9
A6-13-5	古袍金矿含金石英脉	石英	11.75	2.79	−51.7
A1-25	古里脑岩体中石英脉	石英	12.66	4.118	−45.3
A1-33	古里脑岩体	石英	14.11	7.07	−47.9
A1-164	古里脑岩体	石英	13.71	8.594	−50.0

(3) Pb 同位素组成

古袍矿区 Pb 同位素组成相对稳定，极差小，变化范围较窄，μ 变化也小(表 2.25)。表明铅来源较单一，均化程度较高，反映成矿背景为造山带构造-岩浆活动环境。

表 2.25 古袍金矿 Pb 同位素组成

样号	测定对象	$^{206}Pb/^{204}Pb$	$^{207}Pb/^{204}Pb$	$^{208}Pb/^{204}Pb$	模式年龄/Ma	μ	φ	Th/U
A1-33	矿石中黄铁矿	18.767	15.727	38.914	67	9.68	0.57	3.77
A1-71	矿石中黄铁矿	18.648	15.705	38.858	126	9.65	0.58	3.80
A1-95	矿石中黄铁矿	18.515	15.753	39.030	278	9.75	0.59	3.95
A1-139	矿石中黄铁矿	18.502	15.721	38.864	249	9.69	0.59	3.88
AA1	矿石中黄铁矿	18.422	15.679	38.634	256	9.62	0.59	3.82
AA2	矿石中黄铁矿	18.648	15.724	38.944	149	9.68	0.58	3.84
AA3	矿石中黄铁矿	18.217	15.674	38.348	395	9.63	0.60	3.81
AA4	矿石中黄铁矿	18.306	15.737	38.644	406	9.75	0.60	3.90
AA5	花岗斑岩中黄铁矿	18.005	15.520	38.002	364	9.35	0.60	3.75
AA6	花岗斑岩中长石	18.114	15.505	37.970	266	9.31	0.59	3.67

3) 流体包裹体特征

石英和黄铁矿包裹体测温结果表明，矿物流体包裹体爆裂温度为 150～450 ℃，相当于中高温热液阶段产物，温度变化范围较大。不同期次和不同类型的石英包裹体爆裂温度有所差异：不含矿的白色石英脉的包裹体爆裂温度居两端(150～220 ℃或 290～450 ℃)，含矿烟灰色石英脉温度居中(212～360 ℃)；岩体内细脉浸染状矿石包裹体爆裂温度为 293～376 ℃，高于破碎带内石英脉型矿石包裹体的爆裂温度。

矿物流体包裹成分分析结果表明(表 2.26)。成矿溶液的气相成分以 H_2O 和 CO_2 为主，含少量 CH_4、CO 和极微量的 H_2，表明成矿介质为热水溶液；液相成分中含 Cl^- 普遍较高，且 $Cl^- \gg F^-$，同时岩体内石英细脉 SO_4^{2-} 的浓度大，个别破碎带内石英脉也含一定含量的 SO_4^{2-}，显示成矿流体主要呈 Cl^- 或 SO_4^{2-} 的配合物进行迁移。

表 2.26　古袍金矿矿物中流体包裹体成分

岩性	样号	测量矿物	气相成分质量百分数/%					液相成分质量百分数/%						
			H_2	CO	CH_4	CO_2	H_2O	Na^+	K^+	Mg^{2+}	Ca^{2+}	F^-	Cl^-	SO_4^{2-}
破碎带内石英脉(超德)	A1-11	黄铁矿	0.12	0	2	19.95	78.03	—	—	—	—	—	—	—
	A1-4	石英	0.007	0.2	0.32	15.88	83.59	—	—	—	—	—	—	—
	A1-13		0.002	0	0.13	4.49	95.39	—	—	—	—	—	—	—
	A1-16		0.004	0.13	0.52	5.76	93.6	—	—	—	—	—	—	—
	A1-11		0.007	0.18	0.29	4.26	38.57	0.75	0.14	0.05	0.29	0.03	2.4	3.03
	A1-85		0.004	0.08	0.14	8.54	91.23	0.3	0.1	0.03	0.11	0	1.47	0
	A1-108		0.003	0.12	0.12	13.43	86.0	0.04	0.01	0.02	0.05	0	0.2	0
	A1-132		0.003	0.06	0.08	7.07	91.2	0.28	0.08	0.002	0.04	0	1.18	0
岩体内石英细脉(古里脑)	A1-36	黄铁矿	0.002	0.26	0.13	11.17	88.44	—	—	—	—	—	—	—
	A1-56		0.01	0.79	0.50	20.1	78.61	—	—	—	—	—	—	—
	A1-95		0.14	3.20	0.25	48.07	48.33	—	—	—	—	—	—	—
	A1-36	石英	0.03	0.57	0.08	7.40	91.92	—	—	—	—	—	—	—
	A1-56		0.009	0.21	0.10	6.33	73.46	0.06	0.73	0.44	0.24	0	0.31	18.1
	A1-95		0.027	0.26	0.04	4.74	90.75	0.54	0.03	0.04	0.01	0.02	0.22	3.32

2. 成矿时代

本次对产于花岗斑岩中的含矿石英脉进行了石英包裹体 Rb-Sr 同位素测定(表 2.27)，获得等时线年龄为(269.8±4.9) Ma(图 2.37)，属中二叠世，相当于海西期。朱桂田等(2005)曾对古袍矿区花岗斑岩和花岗斑岩内石英脉体中的石英进行了 Ar-Ar 测年，获得$^{40}Ar/^{39}Ar$坪年龄值为 245～188 Ma；而前述矿石铅的模式年龄为 406～67 Ma，主要在 406～126 Ma。这些数据表明，古袍金矿是加里东期、海西期、印支期及燕山期等多期构造热液叠加作用的产物。

表 2.27　古袍矿区石英脉 Rb-Sr 同位素分析结果

原送样号	样品名称	Rb/(μg/g)	Sr/(μg/g)	$^{87}Rb/^{86}Sr$	$^{87}Sr/^{86}Sr$	1σ
GP1-1-1	石英脉	1.605 0	1.746 0	2.659 0	0.740 91	0.000 06
GP1-1-2	石英脉	21.990 0	1.089 0	58.340	0.732 39	0.000 04
GP1-1-3	石英脉	1.336 0	0.859 3	4.500	0.747 77	0.000 06
GP1-1-4	石英脉	0.146 8	0.947 2	0.448	0.732 28	0.000 02
GP1-1-5	石英脉	0.739 9	0.642 9	3.330	0.743 48	0.000 05
GP1-1-6	石英脉	1.423 0	1.682 0	2.448	0.739 84	0.000 02

值得指出的是，肖柳阳等(2015)对矿区含钨钼石英脉进行了辉钼矿 Re-Os 同位素测年，获得等时线年龄为(436.6±3.8) Ma，与矿区花岗斑岩体的成岩时代一致；而且在采矿坑道中发现含金石英脉明显切割含辉钼矿-白钨矿石英脉，故认为金矿化事件晚于钨钼

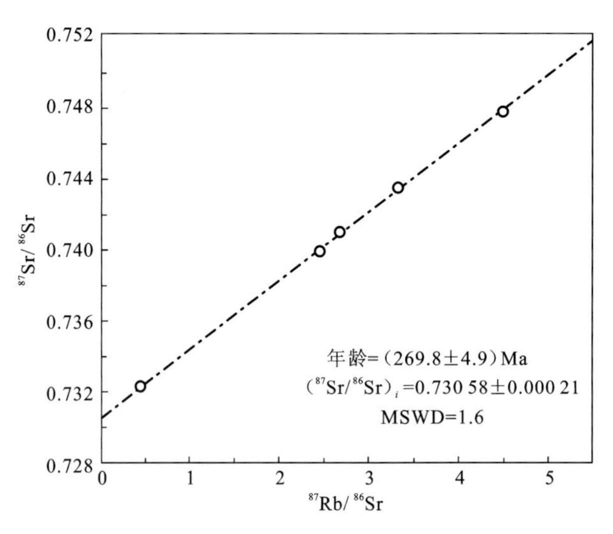

图 2.37 古袍金矿石英包裹体 Rb-Sr 等时线图

矿化,且与加里东期花岗斑岩无成因联系。但我们认为,本矿区金矿为中高温热液产物,且金矿石中有白钨矿、辉钼矿等典型高温矿物伴生,因此部分加里东期含钨钼石英脉被含金石英脉切割的现象,并不能排除加里东期花岗斑岩与金矿化之间的成因联系。

3. 成矿模式

综合各种成矿地质要素和物理化学条件,总结古袍金矿成矿过程如下(图 2.38)。

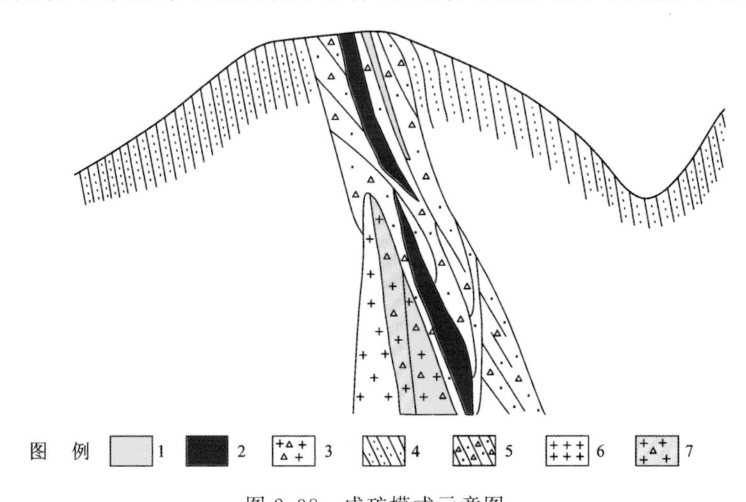

图 2.38 成矿模式示意图

1. 含金石英脉矿体;2. 含硫化物石英脉矿体;3. 细脉浸染状矿体;4. 砂岩;5. 破碎砂岩;6. 花岗斑岩;7. 破碎花岗斑岩

(1) 源区形成。在加里东期区域构造活动中产生的深大断裂切穿地层、基底、地壳深部,引起地壳局部熔融,被熔融的物质有地壳深部物质、含成矿元素较高的基底地层(前寒武系)、寒武系浊积岩、硅质岩和碳质岩等成矿元素经过初次富集的岩层。原来不均匀的各个部分被共同熔于一体，元素重新组合形成基本均匀的同熔型岩浆。据包裹体测温，岩浆温度应当大于 580 ℃。

(2) 同熔岩浆上侵。加里东期区域内发生规模较大的深源同融岩浆活动，岩浆在上侵过程中由于温度和压力的降低而发生分异，形成硅酸盐熔浆及其上部与其保持热力学平衡的蒸气和热液（温度高于水的临界温度时全部为蒸气，低于临界温度时为气体和液体）。蒸气和热液的温度在 560～170 ℃，属富卤素和碱的 NaCl-H_2O 体系。

(3) 岩浆冷凝及岩浆矿床形成。硅酸盐熔浆和气液继续上侵，在接近地表的不同深度冷凝定位并形成不同类型矿床。在浅部地层围岩中成为斑岩体岩枝，形成斑岩型矿床，成矿温度为 293～376 ℃，成矿元素组合 Au、W、Mo；热液继续向上，沿着一些构造破碎带发生热液运移和矿质沉淀，即形成了含矿石英脉。

(4) 后期叠加改造。海西期、印支期和燕山期区域构造活动，形成区域岩浆，再次发生硅酸盐熔浆和气液上侵，由于构造活动区域构造应力场的改变，新形成了一些构造裂隙，热液沿着新形成的构造裂隙运移和矿质沉淀，形成了海西期含矿石英脉、印支期含矿石英脉和燕山期含矿石英脉，后期含矿石英脉切割了早期钨矿化石英脉。

2.6　广西盘龙沉积-热水改造型铅锌矿

盘龙铅锌矿位于广西壮族自治区武宣县城南东约 12 km 的桐岭镇盘龙村。矿区中心地理坐标：东经 112°28′42″，北纬 22°57′35″。该矿床是广西一系列产于上古生界与下古生界不整合面附近的典型铅锌多金属矿床之一，其所处的大瑶山西侧铅锌多金属矿成矿带是广西最具找矿远景的铅锌多金属成矿带。

2.6.1　区域地质背景

在大地构造上，盘龙铅锌矿区位于桂中拗陷与大瑶山隆起的交接部位（图 2.39）。区域出露地层主要有下古生界寒武系、奥陶系，上古生界泥盆系、石炭系、二叠系，局部出露中生代、新生代地层。下古生界为一套浅变质复理石陆源碎屑岩建造；上古生界底部为滨浅海相陆源碎屑岩，其上为滨海、浅海相碳酸盐岩-泥质岩系；中生代、新生代为陆相断陷盆地碎屑沉积。铅锌矿主要产于下泥盆统上伦白云岩和官桥白云岩中。

下古生界寒武系基底发育轴向近东西向的紧密线状复式褶皱，上古生界盖层则发育北东向的开阔向斜，向斜的两端及翼部都被断层错断；断裂构造主要有北东东向的凭祥—大黎断裂、近南北向的东乡—永福断裂两条区域性深大断裂贯穿区内，沿断裂发育破碎带及硅化蚀变带，形成构造透镜体、糜棱岩、断层角砾岩等。与这两条主要断裂平行的一系列次级断裂密集分布，并有共轭的东西向、北西向小断裂及层间破碎带发育，这些构造是主要的控矿、赋矿构造。

区内岩浆岩不甚发育。在寒武系、泥盆系中有少量中酸性侵入岩和基性-超基性侵入岩呈小岩株或岩脉产出。主要有盘龙矿区外围北北东方向 32 km 处出露的九贺花岗岩体和北东方向 16 km 处出露的东乡花岗岩体,形成于燕山早期。

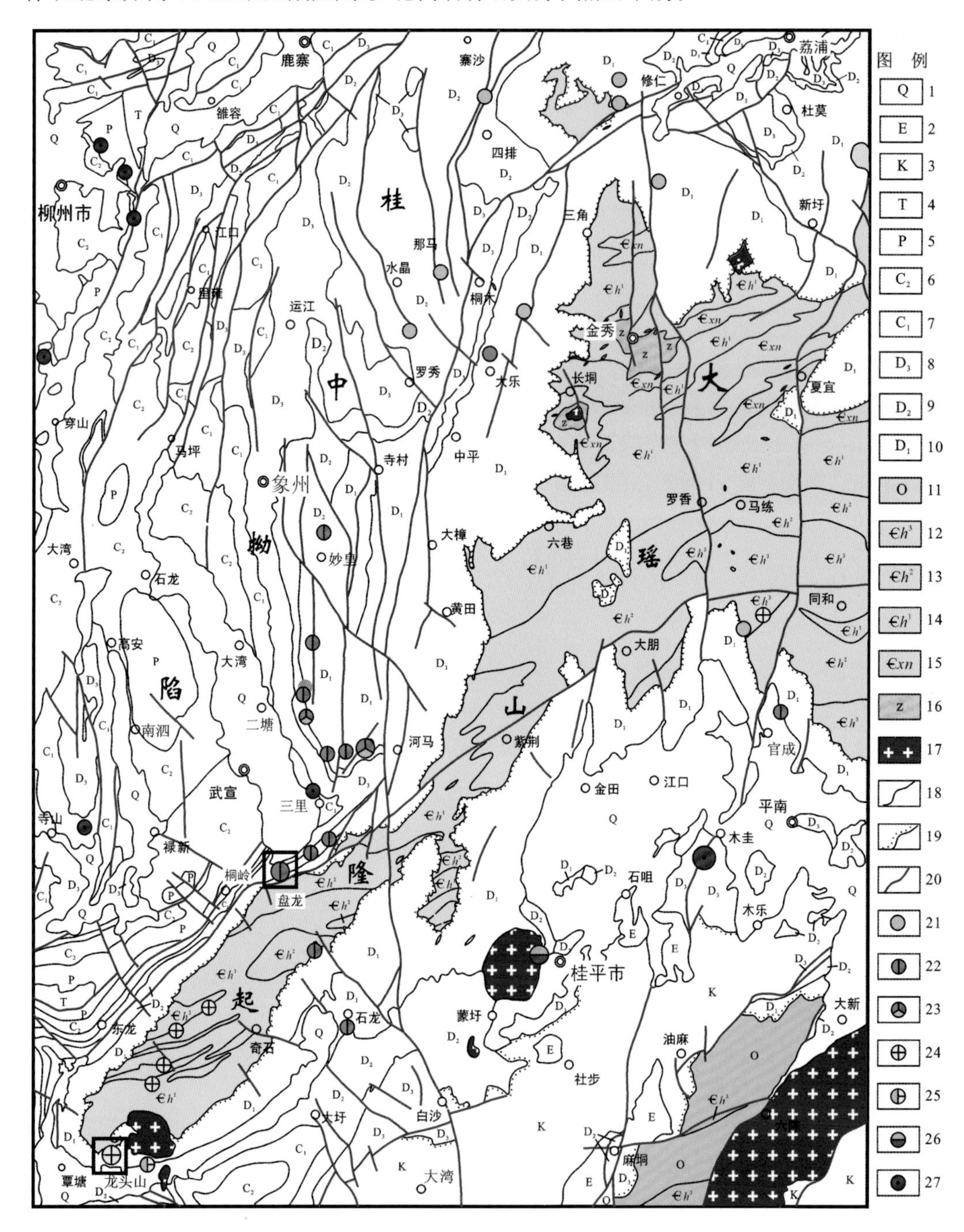

图 2.39 大瑶山西侧区域地质简图

1. 第四系;2. 古近系;3. 白垩系;4. 三叠系;5. 二叠系;6. 上石炭统;7. 下石炭统;8. 上泥盆统;9. 中泥盆统;10. 下泥盆统;11. 奥陶系;12. 寒武系黄洞口组上段;13. 寒武系黄洞口组中段;14. 寒武系黄洞口组下段;15. 寒武系小内冲组;16. 震旦系;17. 花岗岩;18. 地质界线;19. 不整合界线;20. 断层;21. 铜矿床;22. 铅锌矿床;23. 铅锌多金属矿床;24. 金矿床;25. 铜(银)金矿床;26. 钨锡矿床;27. 锰矿床

2.6.2 矿区地质特征

矿区出露地层有寒武系、泥盆系及第四系[图 2.40(a)]。寒武系仅出露黄洞口组(€*h*)第一段，为浅变质砂岩和泥岩互层。泥盆系出露较全，下泥盆统分为 7 个组：莲花山组(D_1l)，以砂岩为主，与下伏寒武系呈角度不整合或断层接触；那高岭组(D_1n)，以细砂岩为主，夹少量泥岩；郁江组(D_1y)，以泥岩为主；上伦组(D_1sl)，上部以中厚层状中-粗晶白云岩为主，夹白云质灰岩，局部夹少量硅质岩，层间挤压破碎带发育，并伴有重晶石化及铅锌矿化、白云石化、硅化现象，为本矿区主要含铅锌矿部位，中部、下部以薄-中层状细-微晶白云岩为主，靠近底部夹少量灰岩；二塘组(D_1e)，以灰岩与泥灰岩互层为主，间夹泥质灰岩、钙质页岩和白云岩；官桥组(D_1g)，以白云岩为主，夹少量灰岩、生物碎屑灰岩及泥灰岩；大乐组(D_1d)为泥灰岩。中泥盆统分为两个组：东岗岭组(D_2d)，以灰岩、白云岩、白云质灰岩为主，间夹泥灰岩、生物碎屑灰岩等；巴漆组(D_2b)，为硅质岩与灰岩互层。上泥盆统出露融县组(D_3r)，为灰岩、鲕粒灰岩、生物碎屑灰岩夹白云岩。

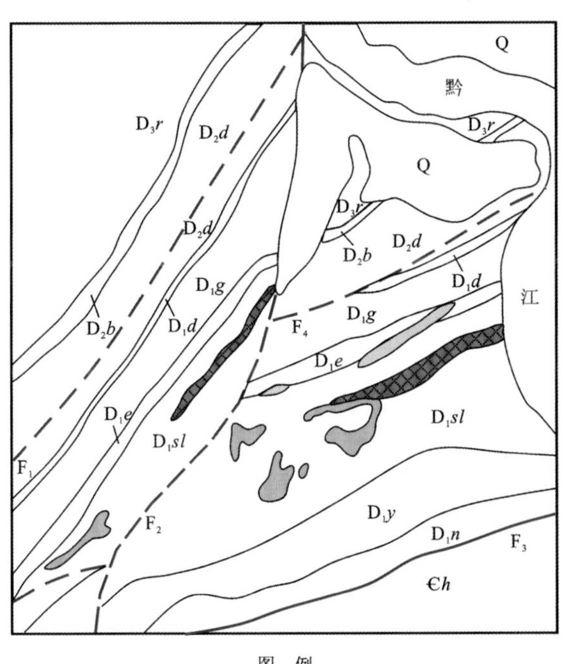

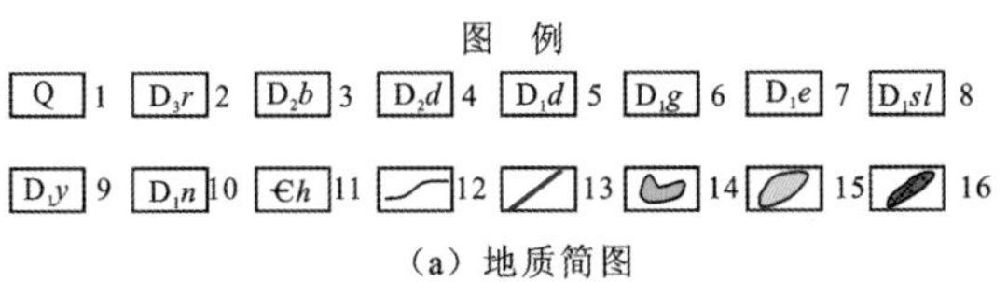

(a) 地质简图

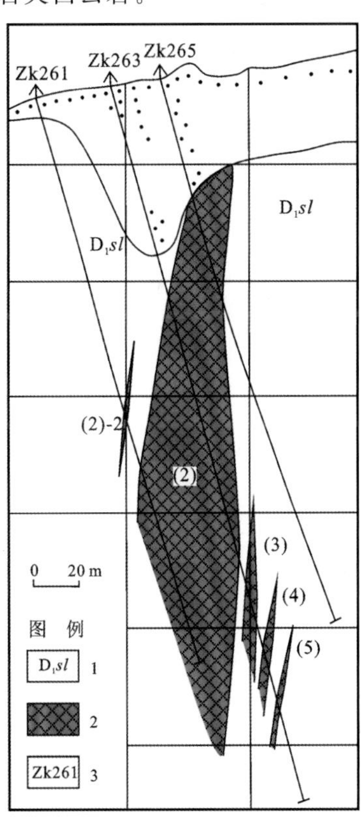

(b) 26线剖面示意图

图 2.40 盘龙铅锌矿区地质简图及 26 线剖面示意图

图(a)：1. 第四系；2. 上泥盆统融县组；3. 中泥盆统巴漆组；4. 中泥盆统东岗岭组；5. 下泥盆统大乐组；6. 下泥盆统官桥组；7. 下泥盆统二塘组；8. 下泥盆统上伦组；9. 下泥盆统郁江组；10. 下泥盆统那高岭组；11. 寒武系黄洞口组；12. 地质界线；13. 断裂及编号；14. 铁、锰堆积范围；15. 重晶石堆积范围；16. 铅化矿化带范围

图(b)：1. 下泥盆统上伦组；2. 矿体；3. 钻孔

矿区内断裂构造比较发育,主要有北北东向断层 F_1、近南北向断层 F_2 和北东东向断层 F_3(图 2.40)。其中 F_3 及其次一级的层间破碎带是凭祥—大黎区域性断裂的组成部分,控制着区内铅锌矿体及矿床的分布。层间成矿破碎带宽几米至几十米,长一般大于 1 000 m,产状与地层产状基本一致,倾向为 310°～340°,倾角为 70°～85°;破碎带由压碎角砾岩组成,角砾呈次棱角状-次圆状,砾径多为 0.5～40 mm,少部分大于 40 mm,角砾成分主要为白云岩,胶结物为硅质、铁质、泥质、白云石、方解石和重晶石,普遍具铅、锌及黄铁矿化。矿区内未见岩浆岩出露。

2.6.3 矿床地质特征

1. 矿体特征

矿区已发现铅锌矿体 25 个,其中原生矿体 20 个,氧化矿体 5 个。原生矿体产于上伦组白云岩层间破碎带中,呈似层状、透镜状,总体倾向北西,倾角较陡,与围岩产状大体一致。大岭矿段为本矿区目前主采矿段,地表矿化带长 3 500 m,宽 60～100 m;总体倾向 340°,倾角为 75°～88°;由多层矿体(2～6 层)组成,层与层之间距离为 3～28 m。原生矿体走向长 50～1 300 m,厚 0.23～20.32 m,单工程最厚 42.58 m,平均品位铅 0.082%～3.69%、锌 0.32%～9.19%,单样最高品位:铅 10.25%、锌 20.17%。氧化矿矿体长 100～250 m,宽 50～168 m,厚 4.18～42.13 m,平均品位铅 1.51%～4.23%、锌 0.99%～10.39%,单样最高品位铅 11.35%、锌 37%。

2 号矿体为矿区的主矿体[图 2.40(b)],分布于大岭矿段。工程控制走向长 1 300 m,已控制最大斜深 352 m,厚 1.84～42.58 m,平均厚 18.11 m,总体倾向 340°,倾角 75°～85°。单工程品位为铅 0.31%～3.69%、锌 1.54%～6.23%,矿体平均品位为铅 1.48%、锌 3.06%。厚度变化系数 52.16%,品位变化系数铅为 84.08%,锌为 50.89%,属厚度品位较稳定、均匀的矿体。该矿体在走向上中间较富,而东西两端较贫;在倾向上上富下贫,并且下部多分枝。矿体多伴生有黄铁矿、重晶石,平均含黄铁矿 9.65%、重晶石 18.27%。成矿元素除 Pb、Zn 外,尚有伴生 Ag。

2. 矿石特征

矿石矿物组成简单,金属矿物主要有闪锌矿、黄铁矿、方铅矿及少量黄铜矿、毒砂和白铁矿。脉石矿物主要有白云石、重晶石、方解石和石英。

矿石结构有它形-半自形粒状结构、胶状结构、草莓状结构、交代残余结构等(图 2.41);构造有浸染状构造、块状构造、条带-条纹状构造、揉皱构造、角砾状构造、网脉状构造等。

3. 围岩蚀变特征

矿区含矿围岩蚀变比较简单,蚀变类型主要有重晶石化、白云石化、黄铁矿化和硅化

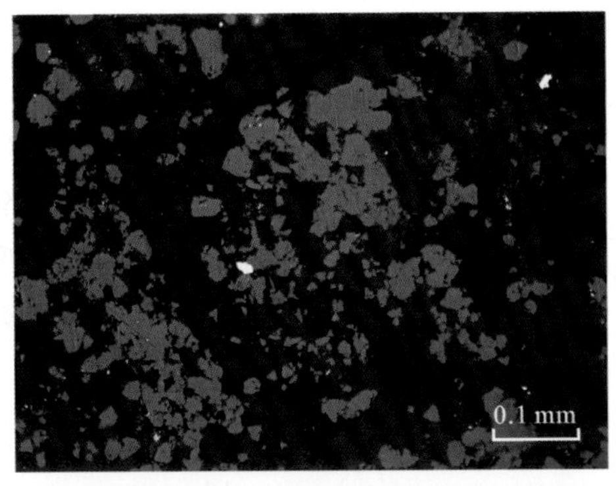

(a) 它形粒状结构，闪锌矿呈它形粒状（集合体）

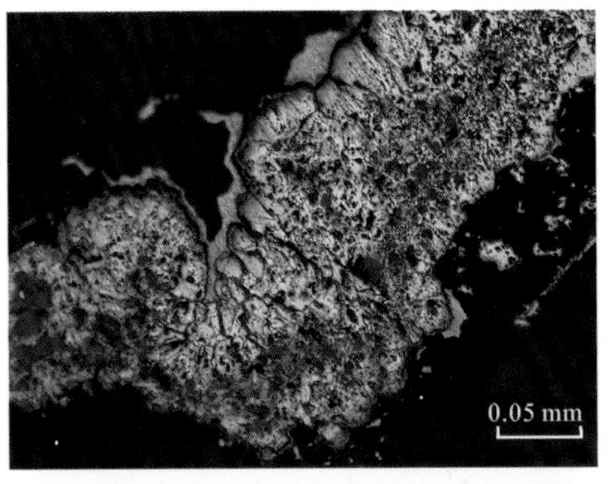

(b) 胶状结构，裂心结核中黄铁矿呈半胶状体

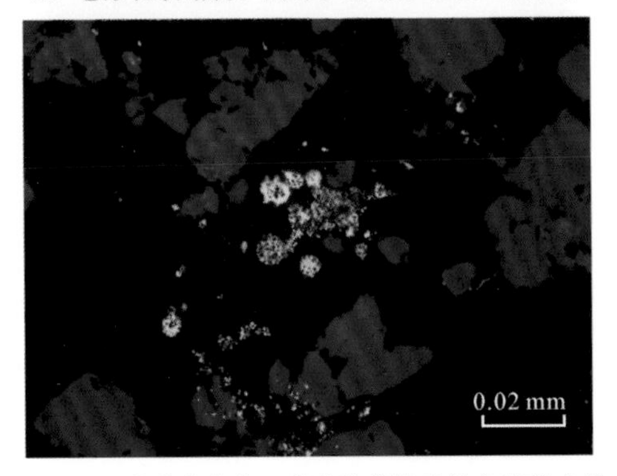

(c) 草莓状结构，草莓状黄铁矿被方铅矿交代

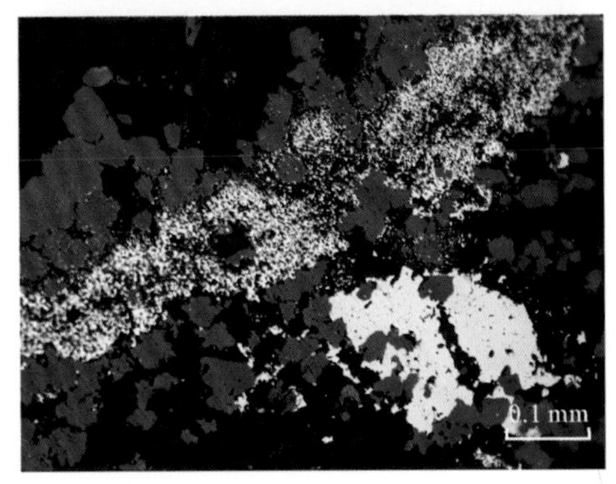

(d) 交代结构，闪锌矿被半胶状黄铁矿、方铅矿交代

图 2.41　盘龙铅锌矿床矿石显微照片

等，均与成矿关系密切。重晶石化沿层间破碎带发育，呈透镜状、团块状及细脉状产出，重晶石交代白云岩呈角砾状，而白云石脉、方解石脉又穿插交代重晶石，重晶石化带与金属硫化物富集带基本吻合。白云石化是主要的近矿围岩蚀变之一，形成了广泛分布于矿区的灰色白云岩和以单矿物出现的纯白云岩。硅化一般在含矿层或邻近的岩层内，主要沿重晶石-铅锌矿化带发育。黄铁矿呈浸染状分布在围岩及矿石中。

2.6.4　矿床成因

1. 矿床地球化学特征

1）微量元素特征

盘龙铅锌矿区矿石和围岩（大理岩）的微量元素分析结果见表 2.28。从表中可以看出，矿区内矿石和围岩都富集壳源元素，尤以 Ba、Sr、Zn 和 Pb 的高度富集为特征，而 Cr、Co、Ni 等幔源亲铁元素及 Hf、Ta、Zr、Nb 等高场强元素的含量较低，可能反映了海底火山和热流区强烈的化学分异和沉积物的快速堆积（Rona，1978）。

表 2.28 盘龙矿区岩、矿石微量元素分析结果表

样号	PL1	PL4	PL5	PL6	PL8	PL2	PL3	PL9
Cu	25.40	5.27	7.78	15.10	14.90	16.60	2.79	1.50
Pb	9 530	87.6	6 790	7 500	9 120	7 773	21.8	6 100
Zn	22 800	828	13 600	17 800	114 000	43 008	225	77 407
Cr	1.65	3.18	6.17	5.20	3.52	1.88	1.71	1.80
Ni	5.34	5.22	10.10	16.70	20.00	33.70	3.09	14.00
Co	3.46	1.37	0.90	1.12	1.60	21.50	22.50	16.00
Rb	—	—	—	—	—	2.58	2.81	2.04
Mo	0.74	7.48	13.30	31.90	5.17	2.97	2.36	2.03
Bi	0.047	0.053	0.085	0.16	0.32	—	—	—
Sr	—	—	—	—	—	2 601	117	2 665
Ba	—	—	—	—	—	2 026	3 181	5 661
V	5.02	11.60	9.75	10.3	9.07	3.60	4.52	4.49
Nb	—	—	—	—	—	0.18	0.31	0.19
Ta	—	—	—	—	—	0.037	0.050	0.021
Zr	—	—	—	—	—	1.61	3.06	1.63
Hf	—	—	—	—	—	0.049	0.082	0.047
Ga	—	—	—	—	—	0.95	0.28	0.75
Sn	160	4.5	13.5	6	5.5	0.073	0.065	0.078
U	—	—	—	—	—	1.27	0.78	1.35
Th	—	—	—	—	—	0.15	0.28	0.097
Y	0.67	1.48	0.66	0.77	1.13	0.49	0.92	0.27
La	7.24	4.29	4.25	4.16	4.04	0.61	1.14	0.51
Ce	4.17	5.96	2.66	3.62	4.36	1.48	2.23	0.62
Pr	0.36	0.69	0.22	0.33	0.50	0.20	0.23	0.06
Nd	1.42	2.64	0.80	1.17	1.93	0.77	0.94	0.23
Sm	1.15	0.58	0.37	0.50	0.65	0.18	0.22	0.05
Eu	32.20	2.32	8.49	10.80	9.47	0.16	0.19	0.20
Gd	1.23	0.53	0.43	0.53	0.64	0.16	0.29	0.09
Tb	0.02	0.06	0.02	0.02	0.04	0.01	0.02	0.005
Dy	0.10	0.30	0.10	0.12	0.22	0.08	0.16	0.03
Ho	0.03	0.06	0.02	0.03	0.04	0.01	0.03	0.008
Er	0.08	0.15	0.08	0.11	0.11	0.03	0.06	0.02
Tm	0.08	0.03	0.02	0.04	0.03	0.01	0.01	0.003
Yb	1.32	0.23	0.20	0.44	0.32	0.02	0.09	0.02
Lu	0.48	0.05	0.06	0.15	0.09	0.00	0.01	0.002

续表

样号	PL1	PL4	PL5	PL6	PL8	PL2	PL3	PL9
ΣREE	49.87	17.88	17.72	22.02	22.45	3.74	5.64	1.86
LREE	46.54	16.48	16.79	20.58	20.95	3.41	4.95	1.68
HREE	3.33	1.40	0.93	1.44	1.50	0.33	0.68	0.17
LREE/HREE	14.00	11.74	18.02	14.31	13.99	10.35	7.24	9.79
$(La/Yb)_N$	3.93	13.38	15.24	6.78	9.06	18.39	8.70	19.49
δEu	82.24	12.56	64.90	63.69	44.35	2.89	2.23	8.77

注：PL1.铅锌矿石；PL2.铅锌矿石；PL3.方解石大理岩；PL4.方解石白云石大理岩；PL5.铅锌矿石；PL6.铅锌矿石；PL8.铅锌矿石；PL9.铅锌矿石。图 2.42 中同此。微量元素的质量分数的单位为 μg/g。

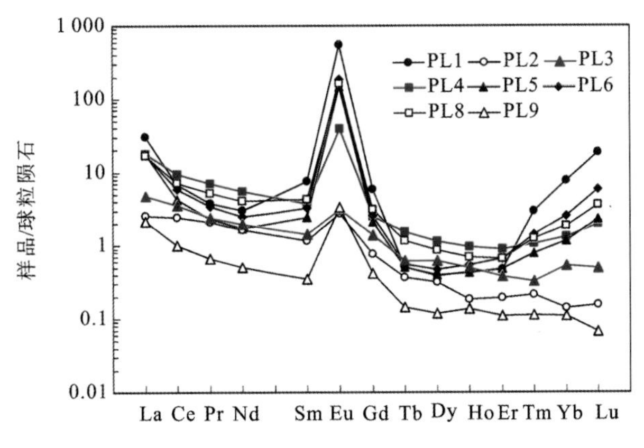

图 2.42　盘龙矿区岩石、矿石稀土配分图

微量元素 Th/U 能较好地区分正常海水沉积与热水沉积，大多数沉积岩中 Th 的含量高于 U 的含量，而热水沉积由于有较高的沉积速率，通常相对富含 U，因此热水沉积岩的 Th/U 小于 1（杨瑞东 等，2009；Rona，1978）。盘龙铅锌矿区矿石和大理岩的 Th/U 为 0.07～0.35，表明其可能属热水沉积成因。矿石的 Zn/(Pb＋Zn)是判断块状硫化物矿床是否为热水沉积的重要标志(Davidson，1992；侯宗林和郭光裕，1991)，火山热水沉积块状硫化物矿床的 Zn/(Pb＋Zn)较高，平均值接近 1。盘龙铅锌矿床矿石的 Zn/(Pb＋Zn)为 0.67～0.93，平均值为 0.81，表明该矿床主要是热水沉积成矿作用的产物。此外，沉积物中 Ba 的富集和重晶石的产出也是热水活动的重要标志（林方成，2005），盘龙矿区各类样品中 Ba 的含量远高于正常碳酸盐岩中 Ba 的含量(10 μg/g)，说明本矿区大理岩和矿石是热水沉积的产物；热液含金属沉积物的 Zr 含量一般小于 50 μg/g，而深海含金属沉积物中 Zr 含量通常大于 100 μg/g(Murray et al.，1991)，本矿区类样品的 Zr 含量很低，与热液含金属沉积物的 Zr 含量相似。

稀土元素具有相似的地球化学性质，在地质作用过程中往往作为一个整体迁移，因而广泛应用于矿床成矿流体来源与演化的示踪研究中（彭建堂 等，2004；王国芝 等，2003）。盘龙铅锌矿区矿石和围岩的稀土总量都很低(表 2.28)，而且稀土配分型式极为相似(图 2.42)，表明矿石对地层围岩具有明显的继承性。低的稀土总量一般代表热液活动形成，同时表现出 LREE 富集、Eu 正异常的特征，这说明矿床受热水作用影响较大(燕长海 等，2008；郑荣才 等，2006；Klinkhammer et al.，1994)。

矿石富集 LREE 和显著的 Eu 正异常，与后太古代正常沉积物稀土分布特征显然不同，而与现代大洋底热液及热液喷口附近沉积物中稀土元素组成相似(Olivier and Maud，2006；丁振举和刘丛强，2000；丁振举和姚书振，2000；Klinkhammer et al.，1994)。喷流含矿热水具有 Eu 正异常，而正常沉积碳酸盐岩 Eu 负异常或无异常。矿石的 δEu 为2.89～82.24，而弱矿化白云岩的稀土组成趋近于正常海水沉积物，反映出海水与海底喷流热液共同参与了盘龙铅锌矿的成矿作用，成矿物质来源与两者的混合程度有关。

2）S 同位素特征

矿区金属硫化物的 δ^{34}S 为－18.52‰～3.5‰(表 2.29)，变化范围较大，这表明硫化物形成过程中物理化学条件变化较大。在平衡条件下，热液硫化物富集 δ^{34}S 的顺序为：黄铁矿＞磁黄铁矿＞闪锌矿＞方铅矿。区内样品分析结果不具备这一特点，表明含矿流体 S 同位素分馏未达平衡。这种共生硫化物之间同位素的不平衡关系在海底块状硫化物矿床中十分常见，它可能是矿石在海底生长过程中发生频繁破碎、机械迁移及再沉积等作用造成的。本矿床绝大多数硫化物样品的 δ^{34}S 值集中在零值附近，说明其主要来源于上地幔或深部地壳。由于没有证据表明区内存在后期深源岩浆作用，因此其可能反映了海底喷流沉积来源的特点。少数样品(PL2 和 SP6)的 δ^{34}S 表现出较大负值，显示出明显的硫酸盐细菌还原特征，暗示当时海水硫酸盐浓度至少在局部地段已达到 1 mmol/L 以上(Canfield et al.，2000)，且当时为一种滞留、缺氧和分层的大洋环境(周树青 等，2008)，表明盘龙铅锌矿在铅锌富集过程中有大量细菌参与。

矿区重晶石的 δ^{34}S 为 17.6‰～29.2‰(表 2.29)，与同时期海水中硫酸盐的 δ^{34}S (17.5‰～25.2‰)(Johnson et al.，2009；Klinkhammer et al.，1994)接近，说明重晶石中的硫来自于热液喷发地点的同期海水硫酸盐，与生物作用的关系不是很密切。

表 2.29 盘龙铅锌矿床 S 同位素组成

样号	样品名称	$\delta^{34}S_{CDT}$/‰				资料来源
		黄铁矿	重晶石	闪锌矿	方铅矿	
PL2	铅锌矿石	−18.52	—	—	—	本书
PL6	铅锌矿石	−6.91	—	—	—	
P73A	条带状重晶石	—	28.0	—	—	薛静等(2012)
P121B	条带状重晶石	—	27.7	—	—	
P501A	块状重晶石	—	29.2	—	—	
P501B	块状重晶石	—	17.6	—	—	
P125	角砾状铅锌矿石	3.5	—	3.5	—	
P87	角砾状铅锌矿石	−6.4	—	1.6	—	
P105	条带状铅锌矿石	0.4	—	−2.6	—	
P123	块状铅锌矿石	3.1	—	−2.7	—	

续表

样号	样品名称	$\delta^{34}S_{CDT}$/‰				资料来源
		黄铁矿	重晶石	闪锌矿	方铅矿	
SP3	块状铅锌矿石	−4.9	—	−1.1	—	李毅(2007)
SP12	块状铅锌矿石	−1.4	—	−0.2	—	
SP17	胶状铅锌矿石	2.5	—	—	—	
SP18	条带状铅锌矿石	−2.0	—	—	—	
SP19	鲕状铅锌矿石	3.0	—	—	—	
SP21	块状铅锌矿石	2.8	—	—	−1.5	
SP22	块状铅锌矿石	−1.4	—	0.8	—	
SP23	块状铅锌矿石	—	—	—	−1.1	
SP5	重晶石	—	26.0	—	—	
SP6	重晶石铅锌矿矿石	17.9	26.4	—	—	
SP14	重晶石铅锌矿矿石	—	23.8	—	—	

3) Pb 同位素特征

盘龙铅锌矿区 Pb 同位素分析结果见表 2.30。矿石中硫化物的$^{206}Pb/^{204}Pb$为 18.304～18.438(平均值为 18.370),极差为 0.134;$^{207}Pb/^{204}Pb$为 15.711～15.852(平均值为 15.774),极差为 0.141;$^{208}Pb/^{204}Pb$为 38.597～39.060(平均值为 38.801),极差为 0.463。上述同位素比值的极差均小于 1,说明铅来源比较稳定,大部分 Pb 同位素组成呈良好线性关系,表明成矿热液铅来源较为单一。根据 H-H 单阶段铅演化模式计算,盘龙矿区矿石铅的 μ 为 9.70～9.96,平均值为 9.81,高于地幔铅的 μ(8.00～9.00),这种高的 μ 暗示了以地壳为主的成矿物质来源。

表 2.30　盘龙矿区硫化物 Pb 同位素分析结果

样号	样品名称	$^{206}Pb/^{204}Pb$	$^{207}Pb/^{204}Pb$	$^{208}Pb/^{204}Pb$	模式年龄/Ma	μ	ω	Th/U	资料来源
PL2	铅锌矿石	18.308±0.001	15.716±0.001	38.623±0.003	380	9.71	38.97	3.88	本书
PL6	铅锌矿石	18.304±0.001	15.711±0.001	38.597±0.001	377	9.70	38.83	3.87	
P300	块状矿石	18.377±0.001	15.774±0.001	38.802±0.003	399	9.81	39.89	3.94	薛静等(2012)
P305	块状矿石	18.368±0.001	15.763±0.001	38.763±0.003	392	9.79	39.67	3.92	
P101	浸染状矿石	18.438±0.002	15.852±0.002	39.060±0.005	445	9.96	41.41	4.02	
P102	浸染状矿石	18.401±0.003	15.808±0.003	38.912±0.008	421	9.88	40.56	3.97	
P121	条带状矿石	18.376±0.001	15.774±0.001	38.797±0.003	400	9.81	39.88	3.93	
P122	条带状矿石	18.386±0.001	15.791±0.001	38.854±0.003	412	9.85	40.23	3.95	

在铅构造模式图中(图 2.43),矿石铅呈线性分布,总体为单阶段演化的正常铅,且所有投点均位于造山带上方,推断铅的最初来源与上地壳和造山带关系密切,因此可以认为盘龙铅锌矿床的铅可能主要来自地壳的再循环物质。矿石铅的 ω 为 38.83～41.41,平均值为 39.93,显示铅源的物质成熟度较高。Th/U 为 3.87～4.02,与地壳的 Th/U(约为

4)接近,也显示了其物质主要来源于地壳。

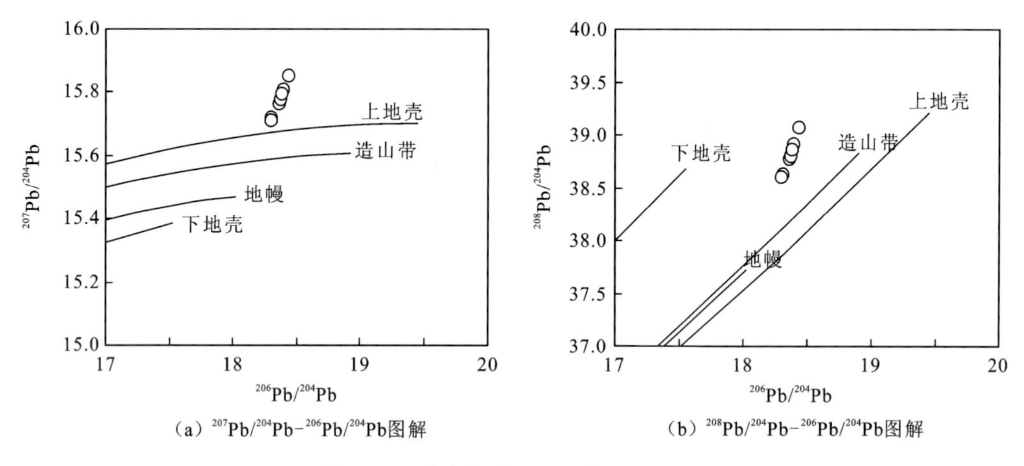

(a) $^{207}Pb/^{204}Pb-^{206}Pb/^{204}Pb$图解　　(b) $^{208}Pb/^{204}Pb-^{206}Pb/^{204}Pb$图解

图 2.43　盘龙铅锌矿区铅构造模式图

2. 矿床成因

盘龙铅锌多金属矿床的矿体主要赋存于下泥盆统上伦白云岩层间挤压破碎带中,矿体呈层状与地层整合产出,矿层延伸规模大。矿石具有条纹状、条带状、块状、浸染状、胶状构造和草莓状构造等。矿石矿物种类简单,主要是闪锌矿、黄铁矿和方铅矿。

铅锌多金属矿化与热水沉积硅质岩和重晶石岩密切相关。层状矿体中及其上下盘附近,出现化学沉积的重晶石岩及少量硅质岩,它们发育齐全、分异良好,这些岩石目前被认为是典型热水沉积岩的标志。

矿石与围岩的稀土元素分析表明,矿石的沉淀受到古海洋热水流体/海水对流混合机制控制,矿床形成与热水沉积作用密切相关。矿石的 S 同位素指示硫主要来源于上地幔或深部地壳,总体反映了喷流沉积的特点;Pb 同位素显示铅具有壳源特征,主要来源于地壳再循环物质;矿石的铅模式年龄为 377～445 Ma,与赋矿地层年代一致,这些均表明矿石的铅很可能来源于围岩地层,也说明了矿床的同生性。

综上所述,盘龙铅锌矿床应属于沉积-热水改造型矿床。

3. 成矿模式

在成矿早期(早泥盆世),沉积-成岩阶段形成成矿元素初步富集的矿源层。印支运动褶皱隆升成陆后,大气降水渗入地壳深部增温,与盆地残留水混合而成地热水,一方面溶解深部岩石及膏盐矿物,另一方面成为循环对流萃取围岩中的成矿物质,在少量深源岩浆带来的矿质参与下,形成一种富含成矿金属元素的热卤水,在构造挤压驱动下,含矿热卤水沿着构造通道上升运移至白云岩中的层间破碎带,通过渗滤交代白云岩,进行叠加、改造。随着温度或压力降低、pH 等物化条件的变化,含矿热卤水原有的平衡被破坏,以卤络合物解体,与还原硫结合形成硫化物逐渐在有利的岩相-构造部位沉淀、富集形成原生铅锌矿体(图 2.44);氧化矿则是在原生铅锌矿体形成后经表生风化作用形成。

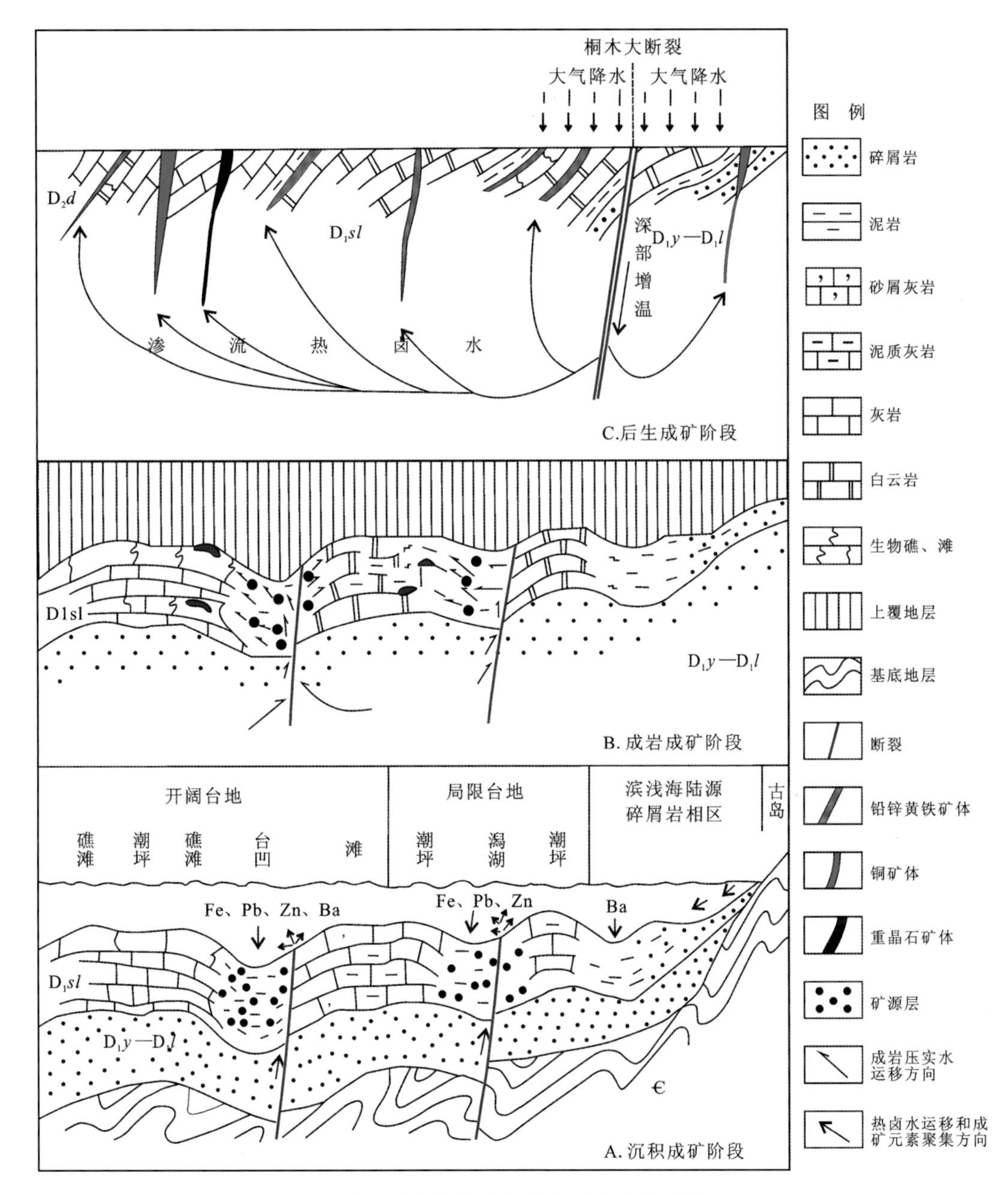

图 2.44　广西盘龙铅锌矿成矿模式图(袁少平 等,1989)

€为寒武系;D_1l 为莲花山组;D_1y 为郁江组;D_1sl 为上伦组;D_2d 为东岗组

2.6.5　找矿标志

(1) 地层岩性标志:下泥盆统上伦组白云岩。岩石组合是以白云岩为主的泥灰岩-生物碎屑灰岩-生物碎屑白云岩夹硅质岩组合,显示特定的层位及岩性组合。其中铅锌矿的富集程度往往与含矿白云岩的厚度呈正相关关系,含矿白云岩沿走向及倾向逐渐尖灭。

(2) 构造标志:矿床受北东向凭祥—大黎深大断裂带控制,矿体赋存于次级破碎带中。层间滑动造成的层间挤压破碎带是重要容矿部位,层间挤压破碎带膨胀部位矿体厚度变大,同时矿石品位也增高;收缩部位矿体厚度则薄,矿石品位也相对低。

(3) 围岩蚀变标志:重晶石化、白云岩化、硅化、黄铁矿化,以及风化剥蚀后形成的残积-堆积重晶石、"铁帽"。

(4) 物化探标志:化探 Pb、Zn 异常发育,重磁推测有隐伏花岗岩体存在的部位是重要找矿地段。

2.7 广西龙头火山-斑岩型金矿

龙头山金矿区位于广西贵港市西北约 14 km 的龙头山。矿区中心地理坐标:东经 109°29′00″,北纬 23°09′20″,该矿床作为华南内陆已发现的、为数不多的与火山-次火山岩有关的热液型金矿床之一,其成矿地质背景、矿床地质特征和矿床成因备受关注。

2.7.1 区域地质背景

在区域构造上,龙头山金矿区位于大瑶山隆起西南段龙山鼻状复背斜西南倾伏端,西与桂中拗陷相邻(图 2.45)。区内地质构造复杂,岩浆活动频繁,金、银、铋、铜、铅、锌、毒砂矿床(点)众多,是广西贵金属、有色金属矿化集中区之一。

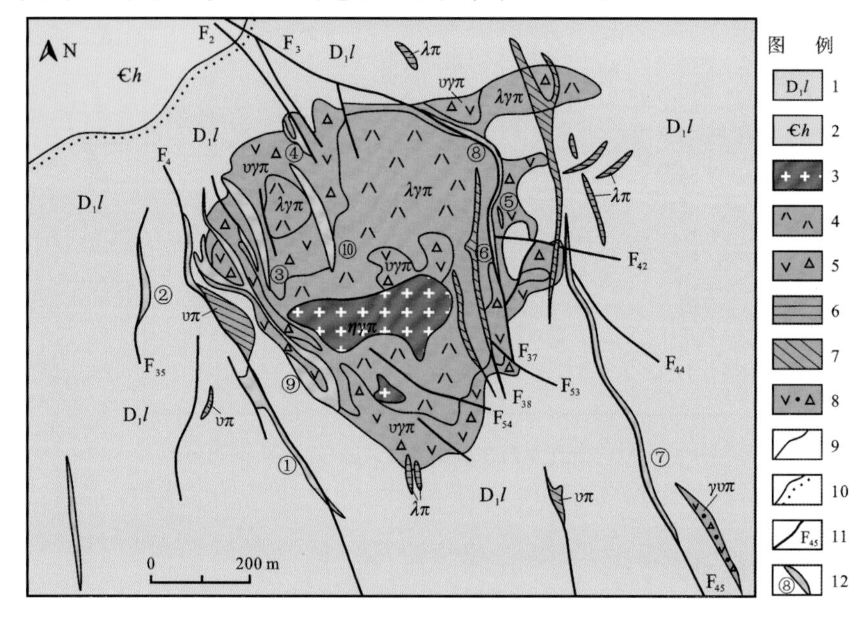

图 2.45 龙头山金矿区地质简图(广西壮族自治区第六地质队,1994)

1.下泥盆统莲花山组砂岩、粉砂岩;2.寒武系黄洞口组浅变质砂岩、板岩;3.花岗斑岩;4.流纹斑岩;5.隐爆角砾岩;6.石英斑岩;7.霏细斑岩;8.火山角砾岩;9.地质界线;10.不整合地质界线;11.断层及编号;12.金矿体及编号

区内出露的地层有早古生代寒武纪浅变质碎屑岩，晚古生代志留纪、石炭纪、二叠纪浅海-滨海相碳酸盐岩和碎屑岩，中生代三叠纪滨海相泥质灰岩、灰岩及页岩，白垩纪内陆湖盆相紫红色砂砾岩、砂岩及泥质粉砂岩等。

区内褶皱构造主要为龙山复背斜，轴部地层为寒武系，翼部地层为泥盆系—石炭系。复背斜两翼及转折端次级背斜、向斜构造发育。断裂构造主要有北东向、北西向、南北向三组，北东向凭祥—大黎断裂带斜贯全区。南北向、北西向与近东西向三级断裂构造是本区内的导矿、容矿构造。

区内岩浆活动较强烈，出露的岩浆岩包括酸性、中酸性侵入岩和喷出岩，主要分布于龙山复背斜南东翼的大平天山—西山一带，主要有大平天山花岗闪长岩-黑云母花岗岩复式岩体、罗容中酸性杂岩体和西山黑云母二长花岗岩-黑云母花岗岩复式岩体。大平天山岩体位于龙头山矿区东北部，其中花岗闪长岩的 LA-ICPMS 锆石U-Pb年龄为(96.2±0.4) Ma(段瑞春 等,2011)，属晚白垩世，相当于燕山晚期；罗容杂岩体位于西山岩体西南部，其中角闪辉石二长岩的 LA-ICPMS 锆石U-Pb年龄为(163.40±0.40) Ma(黄炳诚 等,2012)，属中—晚侏罗世，相当于燕山早期。火山—次火山岩分布于龙头山、大平天山西部狮子头—狮子尾一带，岩石类型主要有花岗斑岩、流纹斑岩、隐爆角砾岩、石英斑岩、霏细斑岩等，呈岩株、岩筒、岩墙或岩脉产出，龙头山流纹斑岩和花岗斑岩的锆石 SHRIMP U-Pb年龄分别为(103.3±2.4) Ma、(100.3±1.4) Ma(陈富文 等,2008)，属中白垩世，相当于燕山晚期。

2.7.2　矿区地质特征

1. 地层

矿区出露地层有寒武系黄洞口组下段和下泥盆统莲花山组，两者呈角度不整合接触(图 2.45)。寒武系黄洞口组下段分布于龙头山北坡及砷矿沟一带，岩性为浅变质细砂岩、粉砂岩、泥质粉砂岩、碳质板岩和斑点状板岩。下泥盆统莲花山组分为上、中、下三段，下段分布于矿区北西部，主要为石英砂岩夹细砂岩，底部为底砾岩与黄洞口组呈角度不整合接触；中段分布于矿区中部龙头山火山-次火山岩体周围，为泥质粉砂岩夹石英砂岩、细砂岩、不等粒砂岩；上段分布在矿区的南缘，为紫红色泥质粉砂岩夹泥岩。

2. 构造

矿区构造为残留火山颈及围岩中的褶皱、断裂构造。基底地层为寒武系黄洞口组，呈北东东向紧密线状褶皱；盖层为下泥盆统莲花山组，呈比较平缓的上叠式单斜构造。断裂构造发育有走向为北西向、南北向、北东向与东西向四组(图 2.45)，这些断裂是本区控岩、控矿、储矿构造。北西向断裂一般规模较大，属先扭后张的张扭性断裂，是主要控矿、储矿构造；南北向断裂为张扭性断裂，分布于岩体东部，有霏细斑岩脉充填，局部金、银矿化较强并形成金矿体；北东向断裂属压扭性断裂，沿断裂裂隙带普遍有金、银矿化，局部富集形成矿体；东西向断裂属压性断裂，分布于岩体内及岩体东、西两侧，规模较小。

3. 岩浆岩

1) 岩体地质

矿区岩浆活动强烈,发育有龙头山岩体及众多的酸性、中酸性岩脉、岩株或岩枝。龙头山岩体是由火山岩、次火山岩组成的复式岩体,在平面形态呈不规则卵圆形(图 2.45),南北长 720 m,东西宽 690 m,面积约 0.5 km^2;在剖面上呈岩筒状,略向北西倾斜(图 2.46)。岩体主要由花岗斑岩、流纹斑岩、隐爆角砾岩组成。花岗斑岩出露于岩体的中心,侵位于流纹斑岩中,呈岩株或岩枝产出,主要由石英、钾长石、更长石及黑云母组成。流纹斑岩分布于花岗斑岩的外缘和岩体中部至北部,具变余斑状-碎斑状结构,斑晶主要由石英、长石组成;基质具隐晶-微粒结构,主要由微粒石英和长石组成。隐爆角砾岩分布于岩体边部流纹斑岩的外缘,呈环带状断续分布,具角砾状构造,角砾成分主要为酸性熔岩和砂岩类及少许凝灰质岩屑、长英质晶屑等;基质为流纹熔岩物质胶结,具隐晶-霏细或显微晶质结构,是矿区主要含金银岩石之一。

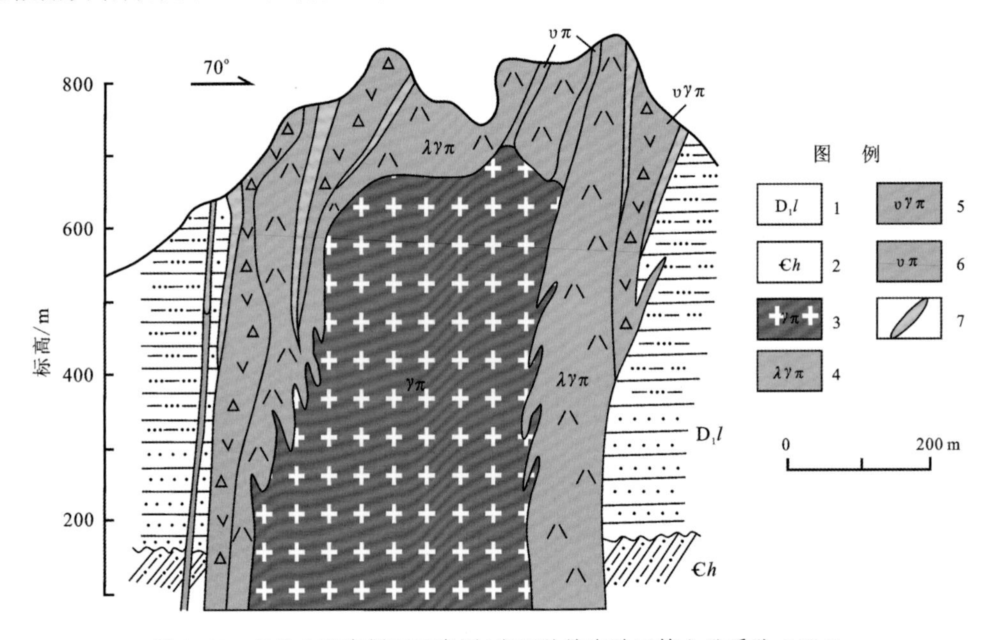

图 2.46 龙头山矿床剖面示意图(广西壮族自治区第六地质队,1994)

1. 下泥盆统莲花山组;2. 寒武系黄洞口组;3. 花岗斑岩;4. 流纹斑岩;5. 隐爆角砾岩;6. 霏细斑岩;7. 金矿体

2) 地球化学特征

龙头山火山-次火山的岩石化学分析结果见表 2.31。从表中可以看出,岩石的 SiO_2 含量变化较大,含量为 60.65%~88.66%,个别样品明显偏高,应为热液蚀变(硅化)强烈所致;TiO_2 含量较低(0.304%~0.593%),具岛弧岩石特征;与国内其他地区流纹岩对比,K_2O、Na_2O、CaO 含量偏低,而 Fe_2O_3 含量明显偏高。通过计算可得,其里特曼指数(δ)均小于 1,含铝指数(A/CNK)均≫1.1。因此,它们属于钙碱性系列的铝过饱和岩石,是一套陆相中心式流纹质火山-次火山喷出-侵入岩系,属同源不同阶段的产物。

龙头山火山-次火山岩的 Au、Ag、Cu、Pb、Sn、Bi、Mo、W 等成矿元素含量较高，高于酸性岩维氏值及上地壳平均值，而 Zn、Hg 含量低于或接近酸性岩及上地壳平均值[表 2.31，图 2.47(a)]。其中，Au 的含量为 0.194～4.98 μg/g，是酸性岩维氏值(0.004 μg/g)的 50～1200 倍；Cu 的含量为 44.6～206 μg/g，是酸性岩维氏值(20 μg/g)的 2～10 倍。岩体的 Rb、Sr、Ba 含量显著偏低，说明它们在蚀变过程中被大量带出。值得注意的是，从岩体上部至岩体深部，Cu、As、Sb、Bi 等元素含量趋于增高，而 Sn 则趋于降低；尤其是往岩体下部 Cu 含量显著增高(朱桂田，2002)，这意味着在龙头山金矿下面有可能找到 Cu 的工业矿体。综上所述，该矿床地球化学异常场源于岩体，即火山-次火山岩体为成矿母岩。

表 2.31　龙头山矿区岩石、矿石主量元素和微量元素分析结果表

样品号	LTS1-2	LTS1-3	LTS1-4	LTS1-1	LTS1-6	LTS2-1	LTS1-5-3	LTS1-5-4	LTS1-7
SiO_2	70.50	61.65	71.51	88.66	71.26	—	—	—	—
TiO_2	0.340	0.327	0.593	0.304	0.387	—	—	—	—
Al_2O_3	12.45	10.24	11.56	5.01	12.83	—	—	—	—
Fe_2O_3	8.39	15.17	10.08	2.08	8.44	—	—	—	—
FeO	0.891	1.08	0.972	0.932	0.981	—	—	—	—
MnO	0.02	0.011	0.018	0.014	0.015	—	—	—	—
MgO	2.26	2.68	1.94	1.16	1.68	—	—	—	—
CaO	0.266	0.212	0.194	0.184	0.162	—	—	—	—
Na_2O	0.774	0.745	0.774	0.377	0.686	—	—	—	—
K_2O	0.124	0.104	0.147	0.078	0.130	—	—	—	—
P_2O_5	0.022	0.026	0.094	0.069	0.039	—	—	—	—
灼失量	3.81	7.58	1.94	0.938	3.28	—	—	—	—
总量	99.85	99.83	99.82	99.81	99.89	—	—	—	—
Cu	51.0	141	83.4	206	44.6	48.9	32.0	62.1	599
Pb	55.0	19.1	36.7	131	23.9	46.3	28.1	64.0	4.34
Zn	32.9	23.1	20.4	83.2	27.5	10.2	13.6	17.2	10.1
Cr	31.5	31.0	50.6	33.7	35.8	82.8	28.3	22.7	104
Ni	8.57	16.5	3.59	5.42	11.4	14.4	16.6	5.82	29.3
Co	14.9	29.5	1.07	3.65	9.83	3.67	18.8	4.67	50.2
Rb	2.79	1.89	7.93	2.36	3.81	2.63	3.78	3.82	256
W	10.2	13.4	18.5	16.5	4.56	41.7	10.6	6.7	—
Mo	1.98	3.59	8.50	6.37	2.64	4.88	2.04	5.37	2.09
Bi	23.9	26.0	10.7	1910	16.6	36.0	4.78	5.25	—
Hg	0.087	0.13	0.026	28.2	0.16	1.19	0.067	0.17	—
Sr	35.4	25.4	35.7	19.4	16.0	26.9	40.4	15.1	26.4

续表

样品号岩性	LTS1-2	LTS1-3	LTS1-4	LTS1-1	LTS1-6	LTS2-1	LTS1-5-3	LTS1-5-4	LTS1-7
Ba	34.6	19.0	45.3	52.6	32.6	25.6	21.1	15.5	770
Nb	14.0	10.2	14.5	7.1	12.6	11.2	13.2	2.34	23.1
Ta	2.15	1.48	1.53	0.81	1.84	1.56	2.48	0.34	1.76
Zr	125	105	190	191	129	137	126	46.2	256
Hf	4.42	3.66	6.00	6.48	4.40	4.55	4.50	1.58	6.82
Ga	31.4	22.8	27.1	16.3	25.6	30.3	31.8	4.56	26.6
Sn	137	73.2	345	125	69.8	189	126	14.6	4.95
Au	4.98	1.21	0.283	0.254	0.194	0.606	2.17	0.134	—
Ag	0.71	51.8	1.50	9.98	8.01	11.4	2.65	34.1	—
U	4.55	3.17	9.10	2.26	4.44	3.19	5.13	1.41	5.35
Th	17.2	12.7	17.2	4.39	13.8	10.6	20.2	3.23	24.66
Y	17.7	9.88	19.6	22.2	23.2	11.4	13.1	2.93	39.7
La	8.39	9.09	70.6	8.80	50.2	5.36	11.4	1.47	57.21
Ce	15.3	16.7	120	16.4	91.3	10.8	20.9	2.71	114
Pr	1.93	2.09	14.0	2.20	11.0	1.50	2.71	0.36	12.47
Nd	6.70	7.86	47.3	8.34	38.0	5.83	9.02	1.30	46.2
Sm	1.64	1.86	8.84	2.14	6.48	1.46	1.52	0.31	8.85
Eu	0.89	1.26	2.14	0.72	1.46	0.59	0.55	0.19	1.71
Gd	2.03	1.76	7.88	2.62	6.39	1.60	1.86	0.41	7.63
Tb	0.44	0.34	1.00	0.60	0.86	0.33	0.31	0.077	1.23
Dy	3.04	1.91	4.59	4.02	4.54	2.05	2.16	0.53	7.36
Ho	0.67	0.37	0.84	0.88	0.88	0.44	0.50	0.12	1.44
Er	1.91	1.07	2.47	2.45	2.45	1.26	1.54	0.33	4.01
Tm	0.36	0.22	0.44	0.46	0.41	0.26	0.30	0.066	0.58
Yb	2.47	1.47	2.84	2.86	2.69	1.80	2.08	0.39	3.89
Lu	0.36	0.22	0.39	0.40	0.35	0.26	0.29	0.061	0.57
ΣREE	46.13	46.22	283.33	52.89	217.01	33.54	55.14	8.32	267.60
$(La/Yb)_N$	2.44	4.44	17.83	2.21	13.39	2.14	3.93	2.70	10.55
δEu	1.49	2.10	0.77	0.93	0.69	1.17	1.00	1.63	0.62

注:LTS1-2-含矿隐爆角砾岩;LTS1-3-含矿隐爆角砾岩;LTS1-4-隐爆角砾岩;LTS1-1-含矿硅化花岗斑岩;LTS1-6-花岗斑岩;LTS2-1-含矿硅化砂岩;LTS1-5-3-硫化物型矿石;LTS1-5-4-硫化物型矿石;LTS1-7-泥质粉砂岩;主量元素单位为%,微量元素单位为μg/g。

龙头山火山-次火山岩的稀土元素总量变化较大,ΣREE 为 46.13～283.33 μg/g;$(La/Yb)_N$为 2.21～17.83,稀土配分模式为平缓右倾型,轻稀土、重稀土之间分馏程度较低;轻稀土稍富集且相互间有较明显分馏,重稀土相对亏损但相互间分馏不明显[图 2.47(b)];

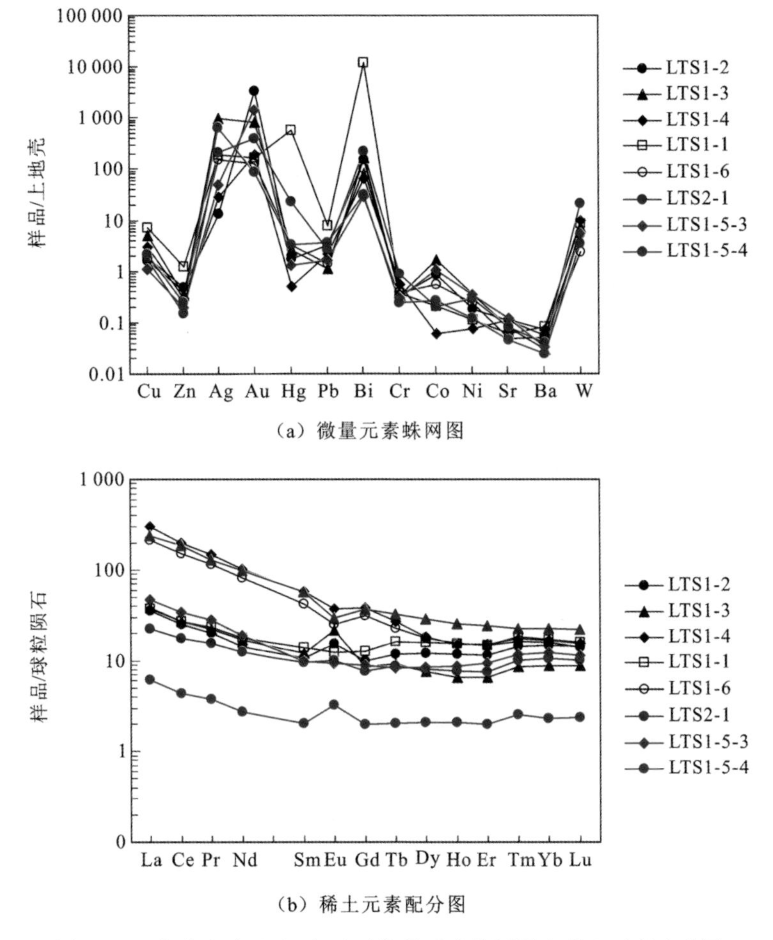

图 2.47 龙头山矿区岩石、矿石微量元素蛛网图和稀土元素配分图

δEu 值为 0.69～2.10,变化较大,其中部分隐爆角砾岩和硫化物矿石具有明显 Eu 正异常,可能由于岩石中含有较多围岩角砾或晚期碳酸盐化所致。

2.7.3 矿床地质特征

1. 矿体特征

龙头山矿区已发现大小矿体 30 余个,呈脉状或不规则透镜状产于火山岩筒外接触带断裂破碎带中和次火山岩体内部,沿走向及倾向有膨胀、收缩、分支复合现象。断裂破碎带中的矿体主要有 I、II、VII 等大小矿体 8 个,其中以 I 号矿体规模最大,该矿体赋存于岩体西侧外接触带北西向断裂 F4 中,走向为 310°～340°,倾向南西(局部北东),倾角为 82°～86°,地表出露标高 500～650 m,矿体产状与断裂产状一致,已控制矿体长度 740 m,矿体连续性较好,矿体厚为 0.20～21.1 m,一般厚 1～4.50 m,平均品位金为 3.53 g/t、银为 12.07 g/t。次火山岩中的矿体主要有 III、V、VIII、IX 等大小矿体 27 个,其中以 IX 号矿体规模最大,该矿体呈脉状赋存于岩体西侧隐爆角砾岩中,沿岩体边缘接触带分布,并随接触带弯曲呈舒缓波状延伸,总体走向为 310°～338°,倾向南西,倾角为 81°～86°,矿体厚 0.56～14.7 4m(平均为 5.21 m),平均品位金为 2.49 g/t、银为 18.81 g/t。

2. 矿石特征

矿石的金属矿物主要有自然金、黄铁矿,其他金属矿物有毒砂、黄铜矿、黝铜矿、辉铜矿、蓝辉铜矿、方铅矿、闪锌矿、磁铁矿。次生氧化矿物有铜蓝、孔雀石、臭葱石、泡泌矿、褐铁矿、赤铁矿等。脉石矿物主要为石英、电气石,次为绢云母、白云母、高岭石等。

矿石结构主要有自形、半自形-它形粒状结构、变余微晶(显微柱粒状变晶)结构、斑状结构、熔蚀结构和填隙结构。矿石构造主要有角砾状构造、浸染状构造、蜂窝状构造和条带状构造。

3. 围岩蚀变

龙头山矿区的围岩蚀变主要有电气石化、硅化、钾长石化、黄铁矿化、钾长石化、绢云母化、高岭土化、绿泥石化,局部有透闪石、阳起石、绿帘石化、碳酸盐化和角岩化等,其中硅化、电气石化、黄铁矿化与金矿关系密切。

电气石化是龙头山金矿区分布最广泛的热液蚀变,矿石中常见电气石-石英细脉。在火山-次火山岩中,电气石主要交代长石和黑云母,有时完全交代长石斑晶和基质。在外接触带,电气石交代砂岩及粉砂岩中的泥质胶结物,并常见金红石和电气石相伴出现。电气石化是多期热液蚀变的产物,常伴有石英、黄铁矿、黄铜矿和金矿,是与成矿作用密切相关的重要蚀变作用。

硅化普遍发育于次火山岩体内、外接触带和断裂破碎带中。SiO_2交代岩石中的长石或角砾成分,或以石英呈细脉状、网脉状充填于岩石的裂隙中。硅化与电气石化叠加形成电英岩化带,是金矿富集带。由于强硅化作用,岩石中 SiO_2 含量明显增高,强硅化的花岗斑岩(样品 LTS1-1)的 SiO_2含量高达 88.66%(表 2.31)。

黄铁矿化普遍发育于火山岩体内及其围岩中,以流纹斑岩、隐爆角砾岩及次火山岩体外接触带的断裂、裂隙中最强。黄铁矿多呈星点状、团块状和细脉状分布,也有呈黄铁矿、石英、电气石脉充填于岩石裂隙中,还有以大脉充填于断裂中。黄铁矿化贯穿整个成矿期,与金矿化关系密切。由于黄铁矿化及近地表的氧化作用,致使隐爆角砾岩中 Fe_2O_3 的含量普遍较高,其中样品 LTS1-3 高达 15.17%(表 2.31)。

4. 成矿期次

根据矿物共生组合及其生成顺序,将龙头山金矿床成矿作用划分为三期六个成矿阶段。

1) 气化-热液成矿期(I)

火山爆发后期,火山通道上部处于半开放状态,释放火山能量,排散火山气体;随着温度和压力的逐渐下降，熔浆中的水等挥发分逐渐从岩浆中分离析出，形成高温含矿气水热液。可分为三个成矿阶段：①电气石阶段(I_1)，以形成大量电气石[图2.48(a)]为特征，矿物成分较单一，几乎全为电气石，这是气化-热液演化的早期阶段。矿区内电气石分布广泛，产于火山-次火山岩体内部及内外接触带。另有少量金红石伴生，含量小于1%。②电气石-石英-黄铁矿阶段(I_2)，除生成电气石外，开始出现石英和黄铁矿，还有少量磁黄铁矿、毒砂[图2.48(b)]及辉铋矿生成。同时，金开始沉淀，属早期金矿化。③黄铁矿-石英阶段(I_3)，本阶段以生成石英、黄铁矿为主，电气石含量大为减少，是火山气化-热液的晚期阶段。

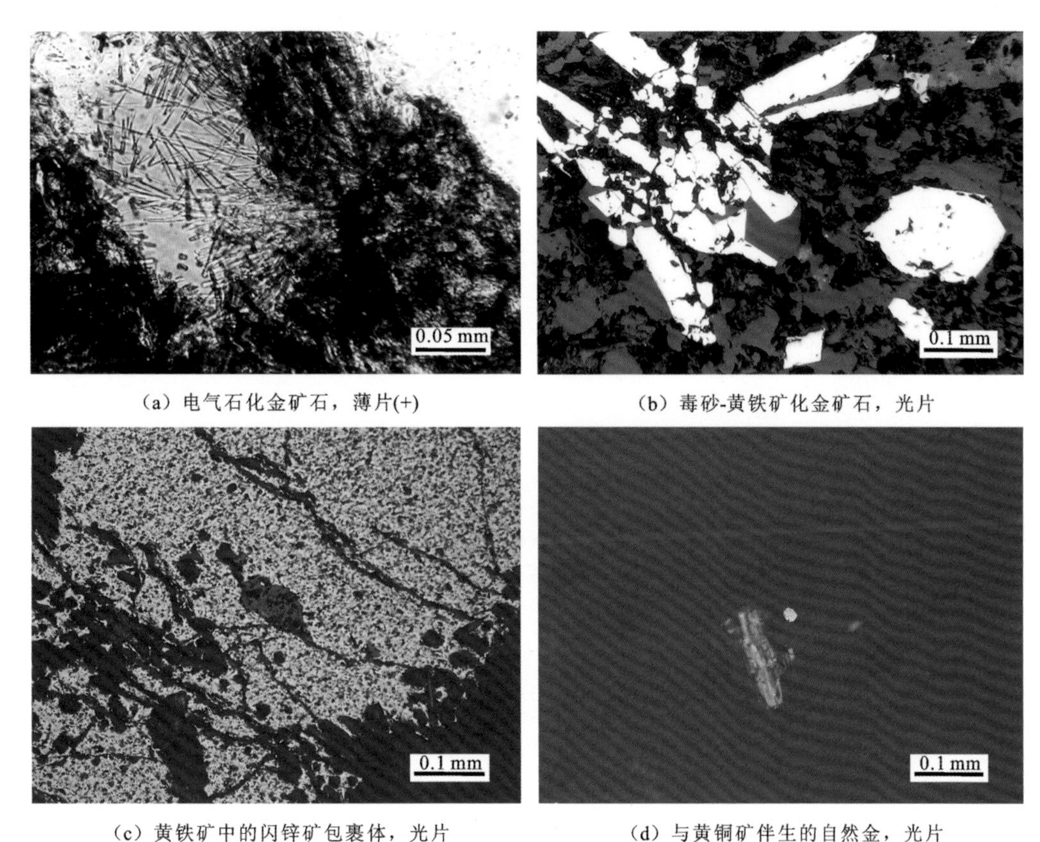

(a) 电气石化金矿石，薄片(+)　(b) 毒砂-黄铁矿化金矿石，光片

(c) 黄铁矿中的闪锌矿包裹体，光片　(d) 与黄铜矿伴生的自然金，光片

图2.48 龙头山金矿区矿石显微照片

2) 热液期(II)

随着热液演化和次火山岩(花岗斑岩)的侵入，补充成矿物质，增温并加速了金等成矿物质的活化、迁移，是金的主要成矿时期。可分为三个成矿阶段：①绢云母-石英-黄铁矿阶段(II_1)，次火山岩前缘气化-热液沿火山通道边部对围岩进行交代，此阶段仍以形成石英、黄铁矿为主，并开始出现绢云母，另外还见有少量钾长石、黑云母、绿泥石、高岭石和碳酸盐类矿物。这一阶段是金的主要矿化阶段。②石英-多金属硫化物阶段(II_2)，此阶段在岩体边部原电英岩化带及外接触带生成含黄铁矿等硫化物的石英脉、石英-电气石脉，金属

硫化物种类较多,除黄铁矿外,还有毒砂、辉铋矿、黄铜矿、辉铜矿、闪锌矿、方铅矿等,闪锌矿和方铅矿有时还呈包裹体的形式赋存于黄铁矿中[图 2.48(c)]。此外,还有少量钾长石、绢云母、碳酸盐、高岭石。金在此阶段大量富集,生成粒度较大的自然金[图 2.48(d)],充填于石英或黄铁矿的裂隙与晶体之间。此阶段是金的主要富集阶段,也是矿床下部铜(伴生金)的主要成矿阶段。③碳酸盐-石英阶段(II_3),是热液活动的最后阶段,生成少量方解石、萤石、绿泥石、透闪石等低温矿物,也见有少量黄铁矿、脆硫锑铅矿等,此阶段金的沉淀已处尾声。

3) 表生期(III)

金矿床形成以后,经构造抬升和风化剥蚀接近甚至暴露于地表,在大气和水的长期作用下,金矿体遭受风化淋滤,局部发生次生富集。在这一过程中,金属硫化物变成氧化物、氢氧化物,如褐铁矿、臭葱石、孔雀石等,矿石变成多孔状。粗粒的树枝状、苔藓状自然金可能是此期生成的。

2.7.4 矿床成因

1. 矿床地球化学特征

1) 微量元素和稀土元素

区域上寒武系黄洞口组下段和下泥盆统莲花山组地层中 Au、Ag 为贫化元素,而在矿区范围内,寒武系黄洞口组下段 Au 的平均含量达 15.65～19.47 ng/g,是地壳平均含量的 4～5 倍;泥盆系莲花山组下段和中段含 Au 分别为 113.79 ng/g 和 27.35 ng/g,是地壳平均含量的 7～29 倍;其他贫化或富集元素相继变为富集及特富集元素(谢抡司 等,1992;黄民智 等,1999)。矿石中的元素组合与火山-次火山岩一致[表 2.31,图 2.47(a)],含量较高的元素主要有 Au、Ag、Cu、Pb、Sn、Bi、Mo、W 等,且元素组合中 Au、Ag 与 W、Mo、Bi 等高温岩浆元素同时出现,说明成矿物质主要来自同源岩浆的分异流体,即花岗质岩浆是成矿物质的直接提供者。

硫化物矿石及各类含矿蚀变岩的稀土元素总量均很低(ΣREE 小于 60 μg/g),表明蚀变过程中稀土被大量带出,但稀土配分型式总体变化不大[表 2.31,图 2.47(b)],反映了它们对火山-次火山岩及地层围岩具有继承性。

2) 稳定同位素

龙头山矿区不同样品的 S 同位素分析结果见表 2.32。从表中可以看出,龙头山矿床中矿石的 S 同位素组成变化不大,$\delta^{34}S$ 为 0.10‰～3.26‰,极差为 3.16‰,平均值为 1.65‰,接近于陨石硫,总体显示为深源硫的特点。而且,硫化物矿石的 $\delta^{34}S$ 平均值(1.41‰)低于火山-次火山岩的 $\delta^{34}S$ 平均值(2.21‰),表明龙头山矿床中硫主要来自深部岩浆,但可能有少量地层硫的加入。

表 2.32 龙头山矿区 S 同位素分析结果表

样品编号	样品名称	测定对象	$\delta^{34}S_{CDT}$/‰	资料来源
LTS1-5-1	硫化物矿石	黄铁矿	1.87	本书
LTS1-5-2	硫化物矿石	黄铁矿	2.71	
LTS1-5-3	硫化物矿石	黄铁矿	2.09	
ZY414	硫化物矿石	黄铁矿	0.60	广西壮族自治区地质矿产局(1992)
ZY416	硫化物矿石	黄铁矿	1.20	
ZY454	硫化物矿石	黄铁矿	1.70	
ZY456	硫化物矿石	黄铁矿	2.20	
ZY471	硫化物矿石	黄铁矿	0.30	
ZY480	硫化物矿石	黄铁矿	1.80	
ZY485	硫化物矿石	黄铁矿	0.50	
ZY487	硫化物矿石	黄铁矿	0.10	
ZY490	硫化物矿石	黄铁矿	0.60	
L1	流纹斑岩型矿石	矿石	1.80	胡明安等(2009)
L4	流纹斑岩型矿石	矿石	2.09	
L5	流纹斑岩型矿石	矿石	3.26	
LT3	硫化物矿石	矿石	1.82	
L11	含矿石英脉	矿石	2.21	
LT-10	隐爆角砾岩	全岩	1.90	
LT-1	花岗斑岩	全岩	1.98	
L14	角砾熔岩	全岩	2.22	

矿石中硫化物的 Pb 同位素比值$^{206}Pb/^{204}Pb$ 为 18.440～18.517、$^{207}Pb/^{204}Pb$ 为 15.591～15.607、$^{208}Pb/^{204}Pb$ 为 38.708～38.905(表 2.33),Pb 同位素组成变化范围小,表明铅的来源单一。μ 为 9.44～9.47,φ 为 0.576～0.582,在 Pb 同位素$^{207}Pb/^{204}Pb$-$^{206}Pb/^{204}Pb^{208}$和 $Pb/^{204}Pb$-$^{206}Pb/^{204}Pb$ 构造模式图上,样品点落在造山带附近或造山带与上地壳演化线之间,反映铅可能来源于重熔岩浆的分异演化。三个样品的铅单阶段模式年龄分别为 89.8 Ma、154 Ma 和 90.0 Ma,分别对应于矿区中—晚白垩世岩浆活动事件(陈富文 等,2008;曾南石 等,2011)和区域上中—晚侏罗世岩浆活动事件(黄炳诚 等,2012),据此推测龙头山金矿床中的铅主要来自中—晚白垩世火山-次火山岩,部分来自其岩浆上升过程中混入的早期(中—晚侏罗世)岩浆物质。

表 2.33 龙头山金矿床矿石中硫化物的 Pb 同位素分析结果

样品编号	测定对象	同位素比值			表面年龄/Ma	φ	μ	Th/U
		$^{206}Pb/^{204}Pb$	$^{207}Pb/^{204}Pb$	$^{208}Pb/^{204}Pb$				
LTS1-5-1	黄铁矿	18.500±0.004	15.591±0.002	38.765±0.010	89.8	0.576	9.44	3.82
LTS1-5-2	黄铁矿	18.440±0.002	15.607±0.002	38.708±0.006	154	0.582	9.47	3.83
LTS1-5-3	黄铁矿	18.517±0.002	15.601±0.003	38.905±0.010	90.0	0.576	9.46	3.87

2. 成矿物理化学条件

矿床中不同成矿阶段石英流体包裹体成分分析结果见表 2.34。从表中可以看出,液相成分主要由 Na^+、K^+、Ca^{2+}、Mg^{2+}、F^-、Cl^-、SO_4^{2-} 等组成,阳离子以 Na^+ 质量分数最高(30.37～40.17 mol%),次为 K^+(6.84～10.22 mol%);阴离子以 Cl^- 质量分数最高(51.45～56.15 mol%),SO_4^{2-}(0.05～0.43 mol%)较低,F^-(0.04～0.30 mol%)最低。气相成分主要由 H_2O、CO_2、N_2、CH_4、CO 等组成,其中以 H_2O 质量分数最高(96.92～97.80 mol%),次为 CO_2(2.02～2.90 mol%),H_2、O_2 未检出。由此可见,成矿流体属富卤素、富碱质的 NaCl-H_2O 体系。主要成矿阶段的流体成分随物质组分的演化略有相对增减之外,其总体成分具有统一性。

表 2.34 龙头山金矿床石英流体包裹体成分分析结果表(黄民智 等,1999)

成矿阶段	单位	液相成分							气相成分				
		Na^+	K^+	Ca^{2+}	Mg^{2+}	F^-	Cl^-	SO_4^{2-}	H_2O	CO_2	N_2	CH_4	CO
A	$\times10^{-6}$	52.71	30.17	6.52	1.65	0.06	150.41	1.12	969.36	70.77	0.62	0.51	2.06
	摩尔数	2.293	0.772	0.163	0.068	0.003	4.24	0.012	53.85	1.61	0.02	0.03	0.06
	χB/%	30.37	10.22	2.16	0.90	0.04	56.15	0.16	96.92	2.90	0.04	0.05	0.09
B	$\times10^{-6}$	21.58	6.14	0.57	0.12	0.14	42.67	1.08	766.36	38.68	0.37	0.09	1.87
	摩尔数	0.94	0.10	0.014	0.005	0.007	1.204	0.01	42.58	0.88	0.01	2.02	0.05
	χB/%	40.17	6.84	0.60	0.21	0.30	51.45	0.43	97.80	2.02	0.02	0.05	0.11
C	$\times10^{-6}$	64.14	28.87	2.75	0.70	0.17	113.27	0.26	564.43	38.78	0.39	0.47	1.42
	摩尔数	2.01	0.74	0.07	0.03	0.009	3.195	0.003	31.36	0.88	0.01	0.03	0.04
	χB/%	33.18	12.22	1.15	0.50	0.05	52.75	0.05	97.03	2.72	0.03	0.09	0.12

A 为电气石阶段和电气石-石英-黄铁矿阶段,B 为绢云母-石英-黄铁矿阶段,C 为石英-多金属硫化物阶段;χB 为质量分数

矿床的成矿物理化学条件随成矿阶段的演化而发生变化。通过对矿石中不同阶段石英流体包裹体的测定,获得均一温度为 170～560 ℃,爆裂温度为 200～460 ℃(表 2.35),表明矿床形成温度较高、变化范围较大。早期(I)为 220～560 ℃,其中主成矿阶段(I_2)形成温度在 320～440 ℃,峰值为 370 ℃;晚期(II)为 170～440 ℃,其中主成矿阶段(II_2)形成温度在 280～400 ℃,峰值为 335 ℃。表明龙头山金矿是在中-高温范围内,以中温为主的条件下形成的。根据 0 m 标高上下与花岗斑岩有关铜矿化部位的气液相包裹体获得的盐度、均一温度与压力的关系,估算其平均压力为 39.5 MPa,成矿深度大约在 1.4 km。在此上部的金矿化地表最大出露标高在 880 m 左右,因此金矿体的定位深度应接近或略小于 0.5 km(黄民智 等,1999)。

流体包裹体中气相包裹体的盐度 $w(NaCl)_{eq}$ 为 9.4%～20.4%(平均值为 15.2%),密度为 0.94～1.06 g/cm^3(平均值为 0.98 g/cm^3);多相包裹体的盐度 $w(NaCl)_{eq}$ 为 33.9%～53.6%(平均值为 41.8%),密度为 0.89～1.12 g/cm^3(平均值为 1.06 g/cm^3),属高盐度和高密度的热流体。流体的 $\lg f_{O_2}$、$\lg f_{S_2}$、$\lg f_{CO_2}$ 值分别为 −22～−35、0.2～

−10.9、−3～−7，主成矿阶段在相应的平衡温度条件下，其PH为4.48～4.41，氧化还原电位(Eh)为−0.623～−0.418 eV，处于弱酸性强还原环境。

表2.35　龙头山金矿床成矿温度测定结果表(黄民智 等，1999)

成矿期及成矿阶段		均一温度/℃		爆裂温度/℃	
		变化范围	峰值	变化范围	峰值
气化-热液期(I)	电气石阶段(I_1)	380～560	460	—	—
	电气石-石英-黄铁矿阶段(I_2)	320～440	370	—	—
	黄铁矿-石英阶段(I_2)	320～220	240	—	—
热液期(II)	绢云母-石英-黄铁矿阶段(II_1)	380～440	420	420～440	440
	石英-多金属硫化物阶段(II_2)	280～400	335	300～420	360
	碳酸盐-石英阶段(II_3)	170～280	220	200～320	220

3. 成岩成矿时代

前人采用不同的方法对龙头山岩体及其矿化蚀变作用进行了较多的同位素年代学研究。黄民智等(1999)采用锆石U-Pb法获得流纹斑岩和花岗斑岩的年龄分别为107.7 Ma和103.5 Ma，而陈富文等(2008)采用SHRIMP法获得锆石U-Pb年龄分别为(103.3±2.4) Ma和(100.3±1.4) Ma，他们都认为流纹斑岩和花岗斑岩是同期不同阶段岩浆活动的产物；曾南石等(2011)则采用钾氩稀释法获得强绢云母化的早期花岗斑岩中绢云母的K-Ar年龄为(101.66±2.3) Ma，认为代表岩浆期后自变质年龄。这些测年数据表明，火山-次火山岩浆活动及其后的热液蚀变作用属于同一时代(107～100 Ma)，岩浆活动与矿化是近连续的，金矿化主要与该期蚀变有关。

矿区内还存在较晚期的花岗斑岩和石英斑岩等岩脉。曾南石等(2011)获得两个绢云母化和高岭石化的晚期花岗斑岩样品的K-Ar年龄分别(91.76±1.84) Ma和(90.10±1.80) Ma，而在陈富文等(2008)的锆石SHRIMP U-Pb定年结果中也同样有(91±2) Ma的年龄数据。据此可以认为，区内晚期花岗斑岩的侵入和热液蚀变事件发生于92～90 Ma，相当于晚白垩世。绢云母化和高岭石化的分布范围大体与花岗斑岩体相吻合，其中强高岭石化主要出现在浅部，300 m标高以下的斑岩脉一般仅受到绢云母的交代，300～540 m标高则同时出现以上两种蚀变，该期蚀变作用与铜矿化关系密切，并仍有少量金继续沉淀。

4. 矿床成因及成矿模式

综上所述，龙头山金矿的成矿作用与燕山晚期流纹斑岩和花岗斑岩有关，金矿体受火山机构及岩体内外接触带断层、裂隙控制。成矿流体和成矿物质主要源于岩浆喷气和岩浆分异的热液流体，属火山-次火山斑岩型金矿床。其成过程与矿机理概述如下。

燕山晚期早白垩世岩浆活动形成龙头山陆地中心式喷溢-侵入的火山-次火山岩，由中心向边缘依次为浅成、超浅成侵入相→侵出相和喷溢相，岩性依次为花岗斑岩→流纹斑岩→隐爆角砾岩等，构成火山-次火山复式岩体，它们是Au、Ag等元素的载体和成矿母岩。富含Cl、B、CO_2等气液流体的高温岩浆在上侵过程沿途萃取地层中的成矿物质，并与其本身携带的成矿物质混合形成含矿热液流体，在高温酸性条件下，流体中的 Au 与 Cl 结合形成氯络合物而呈$[AuCl_2]^-$、$[AuCl_4]^-$等形式，由高能位向低能位的岩体边缘或内外接触带的扩容多孔状岩石及断裂、裂隙构造空间运移富集。在高温气成-热液期电气石阶段，由于火山爆发，火山通道上部处于开放和半开放状态，释放能量，排散气体，岩石产生强烈的硼酸交代，形成新生矿物电气石。随着气化逸散，温度逐渐降低，硫的浓度渐增，转入金-黄铁矿-电气石-石英阶段，部分 S 与 Fe 结合形成黄铁矿，在大量 SiO_2 结晶成石英后，溶液介质发生改变，金的氯络合物变得很不稳定而离解，金则沉淀下来，所以自然金多见于石英晶体边缘和晶隙中。随后，由于晚白垩世花岗斑岩(脉)的侵入，进一步补充成矿物质，热能增加，驱动成矿热液继续迁移，并产生碱交代，生成绢云母，从而进入金-绢云母-石英-黄铁矿阶段。随着岩浆热液的不断演化，含矿流体的温度逐渐降低，活动能量减少，进入金-石英-多金属硫化物阶段，S 与 Fe、Cu、As、Bi、Pb、Zn 等作用，在形成大量新生多金属硫化物的同时，由于 Fe、Cu、Pb、Zn 等大量还原剂的出现，它们置换金络合物中的金，金被还原沉淀并富集成矿。在岩浆热液演化晚期低温条件下，岩石发生较强的氟交代和碳酸盐交代作用，生成新生矿物方解石、萤石等，仍有少量金继续沉淀，形成裂隙充填型矿体。

根据上述形成机理，建立龙头山金矿成矿模式如图 2.49 所示。

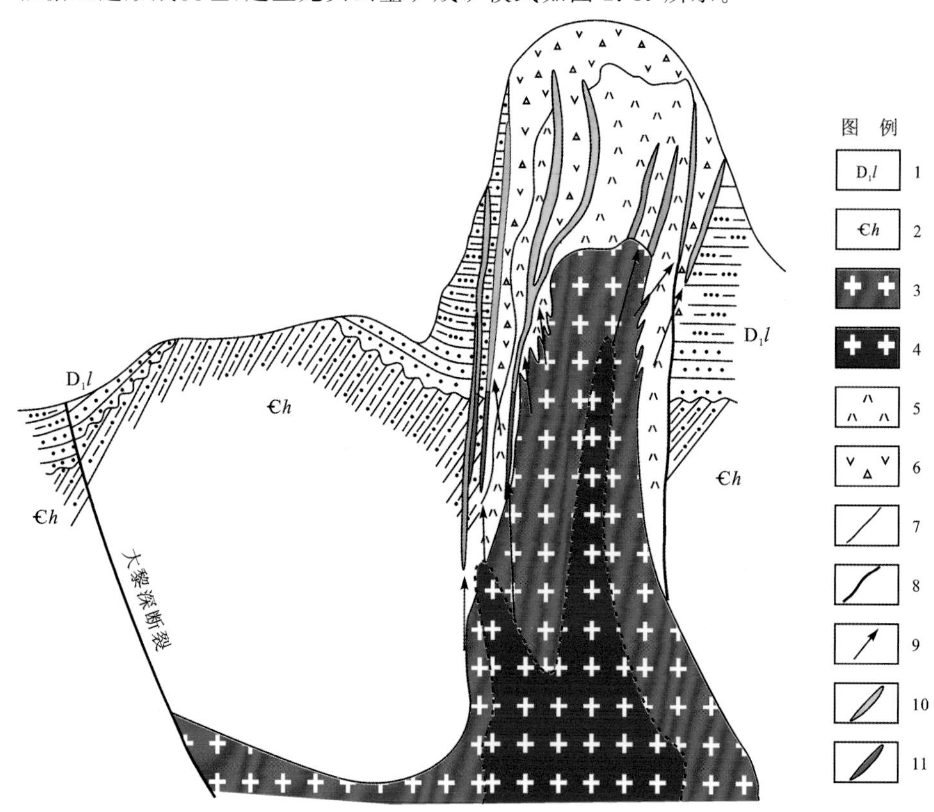

图 2.49　广西龙头山金矿成矿模式图

1. 泥盆系莲花山组；2. 寒武系黄洞口组；3. 早白垩世花岗斑岩；4. 晚白垩世花岗斑岩、石英斑岩；5. 流纹斑岩；6. 隐爆角砾岩；7. 地质界线；8. 断裂、裂隙；9. 含矿流体运移方向；10. 金矿体；11. 铜矿体

2.7.5　找矿标志

龙头山金矿属火山-次火山斑岩型矿床，矿化富集主要与燕山晚期岩浆热液活动有关，矿床是在中、高温条件下形成的，矿体的定位受火山机构及其岩性组合、岩体内外断裂、裂隙构造的控制。其找矿标志主要如下。

(1) 火山机构及其特征岩石组合：金矿产于花岗斑岩、流纹斑岩、隐爆角砾岩组成的火山-次火山岩岩筒的内外接触带上，金矿化呈细脉浸染状和脉状充填，火山机构边缘的多孔状岩石往往是矿体位置所在。

(2) 控矿构造：在次火山岩体边部和外接触带的断裂、裂隙发育地段往往有矿体存在。岩体内外接触带附近的断裂破碎带，遭受电气石化、硅化形成坚硬的电英岩带，是寻找金矿体的主要标志。断裂的膨大、转折、分支复合处是形成富矿体的有利部位。

(3) 围岩蚀变：强烈的热液蚀变带是金矿体的产出部位。蚀变作用主要有电气石化、硅化、钾长石化、黄铁矿化、绢云母化、高岭土化、绿泥石化，局部有透闪石、阳起石、绿帘石化、碳酸盐化和角岩化等。其中硅化、电气石化、黄铁矿化、毒砂化与金矿关系密切。

(4) 褐铁矿帽：金矿化与黄铁矿化关系密切，并与硅化、电气石化相伴产出，而黄铁矿在近地表氧化带中易被氧化而变成褐铁矿。在硅化、电气石化强烈地段，地表常见褐铁矿分布，而褐铁矿是金的吸附体，因此往往是金的富矿地段。

(5) 化探异常：区域上显示 Au、Ag、As、Sb、Pb、Bi、Sn、W、Mo、Cu、B 综合异常，Au、Ag、Cu、As 异常分带清晰。

(6) 地貌特征：龙头山次火山机构及其热液蚀变作用，特别是硅化，使岩石变得坚硬，耐风化力强，常形成正地形或险要山峰。

2.8　广西佛子冲沉积-热液改造型铅锌矿床

佛子冲铅锌矿位于广西壮族自治区岑溪市北东约 50 km，北至梧州市 80 km，行政区属岑溪市诚谏镇和苍梧县广平镇管辖。矿区中心地理坐标：东经 111°11′35″，北纬 23°04′00″。该矿田是华南地区目前所发现的唯一产在奥陶系—志留系中的大型铅锌多金属矿床，已探明的铅锌和银储量均达到大型规模。

2.8.1　区域地质背景

佛子冲铅锌矿床处于云开隆起北西缘，南岭东西向构造带中段南缘及博白—岑溪深断裂带北东端等多种构造体系的复合部位。区内出露地层比较齐全，以下古生界寒武系、奥陶系、志留系浅变质陆源碎屑沉积岩为主，沿博白拗陷盆地有上古生界泥盆系、石炭系、二叠系及中生界、新生界的侏罗系、白垩系、古近系及第四系地层分布。

区内构造复杂，构造线总体呈北东向。主体构造是博白—岑溪深大断裂，具多期活动特点，次级断裂有北西向、南北向及东西向。该断裂带是桂东南主体构造格架的重要组成部分，总体呈北东走向，切割深达莫霍面，活动时间长，是主要的控岩、控矿构造。

区域内岩浆活动频繁，岩浆岩分布广泛，加里东期、海西期—印支期、燕山早期、燕山晚期直至喜马拉雅期均有岩浆活动，形成种类繁多、形态各异、规模不等的岩基、岩株、岩墙和岩被。这些岩浆岩有深成岩、浅成岩和喷出岩，生成时代主要是燕山期和海西期。岩性主要有黑云母花岗岩、花岗闪长岩、石英闪长岩、花岗斑岩、英安斑岩等，其中以黑云母花岗岩、花岗闪长岩等酸性岩为主，构成北东向的构造岩浆岩带。

2.8.2 矿区地质特征

佛子冲矿区内出露的地层为下古生界奥陶系、志留系(图 2.50)。奥陶系岩性以浅变质砂岩、粉砂岩为主，夹少量板岩及白云质灰岩、泥质灰岩和泥质粉砂岩，灰岩夹层分布不

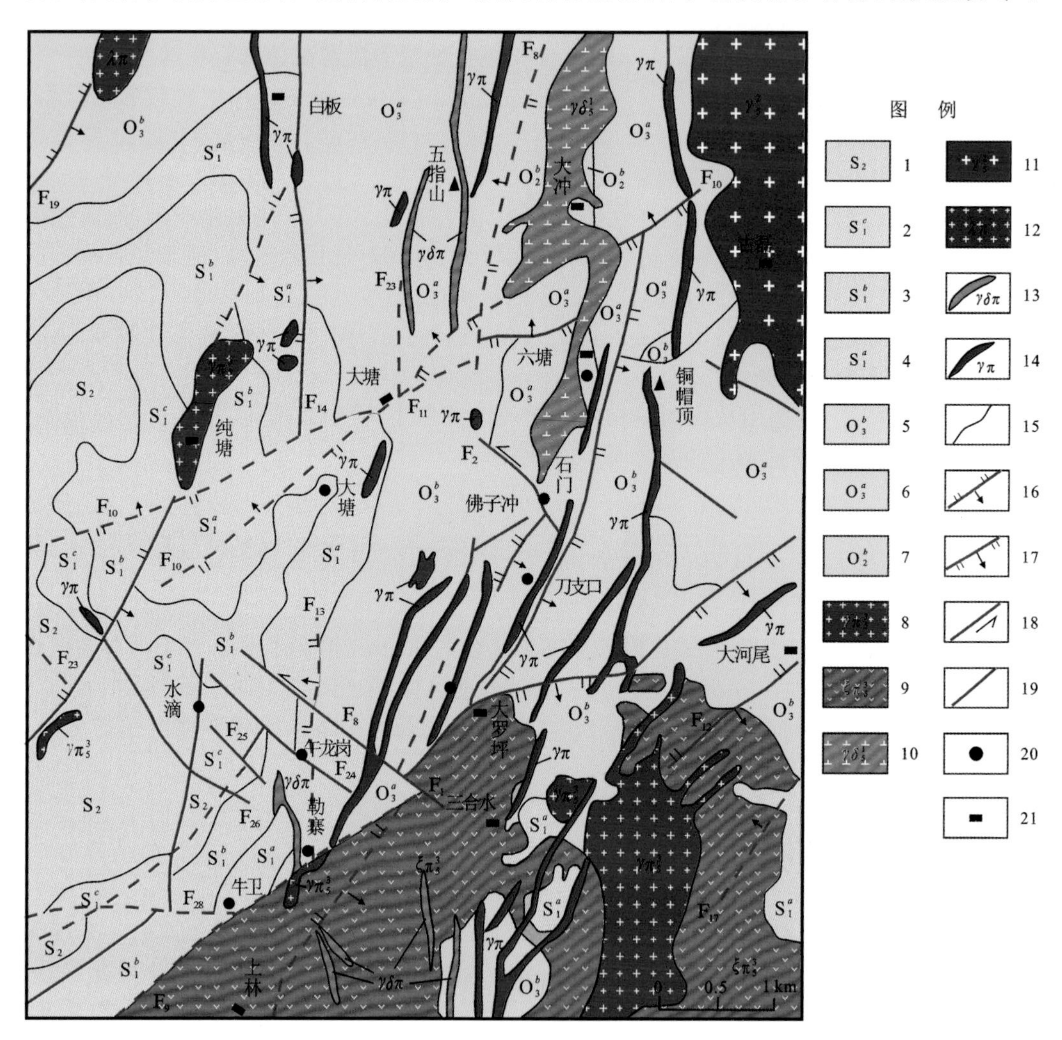

图 2.50 广西佛子冲铅锌矿田地质简图

1. 中志留统；2. 下志留统上组；3. 下志留统中组；4. 下志留统下组；5. 上奥陶统上组；6. 上奥陶统下组；7. 中奥陶统上组；8. 燕山晚期花岗斑岩；9. 燕山晚期流纹英安斑岩；10. 印支期花岗闪长岩；11. 燕山早期黑云母花岗岩；12. 石英斑岩；13. 花岗闪长斑岩；14. 花岗斑岩；15. 地质界线；16. 逆断层；17. 正断层；18. 平移断层；19. 性质不明断层；20. 矿床(点)；21. 地名

稳定，而且多具黑白相间条带状的特征，属滨海-半深海碎屑沉积。志留系岩性以板岩为主，夹砂岩及角砾状、扁豆状灰岩，属浅海-半深海复理石沉积，灰岩中常包含泥质粉砂岩、板岩角砾，角砾大小不等，属同生角砾构造。

矿区内褶皱、断裂构造发育(图 2.50)。褶皱较紧，局部有倒转现象。褶皱轴向有南北向、北北东向和北东向，主要有佛子冲背斜、大冲背斜、六九顶背斜、塘坪向斜。其中佛子冲背斜纵贯全区，是矿区主干褶皱，轴向北东 20°～30°，被北东向大塘断裂(F_{10})和牛卫断裂(F_9)切成三段。北段位于三叉口—大塘一带，核部地层主要为中奥陶统，两翼为上奥陶统，大冲花岗闪长岩沿背斜核部侵入；中段北起大塘，向南经佛子冲至牛卫，核部由中奥陶统、上奥陶统组成，翼部由上奥陶统上部和下志留统组成，由于受北东向和北西向压扭性断裂的错移，背斜成不规则叠瓦状断块，加之后期酸性、中酸性岩浆岩的侵入，使背斜显得残缺不全；南段位于牛卫断裂以南，大部分被晚白垩世流纹斑岩、英安斑岩所覆盖，仅有少量上奥陶统出露。

断裂构造有北北东向、北东向、近南北向和北西向四组。北北东向断裂主要分布于佛子冲背斜的核部和两翼，以龙树洞断层(F_1)、太平顶断层(F_7)为代表。龙树洞断层位于佛子冲背斜西翼近轴部，走向北东 33°，倾向南东，延长约 4 km。断层东侧(上盘)中奥陶世地层逆掩于断层西侧的晚奥陶世地层之上。在 300 m 中段 12 号穿脉坑道中可见厚 10 m的破碎、片理化带，显示压扭性特征。近南北向断裂以铜帽顶断层(F_{12})、白板断层(F_{14})为代表。铜帽顶断层延长 10 km 以上，断层倾向东，其南段有凤凰顶花岗斑岩岩墙贯入，北段为花岗斑岩脉充填。

矿区岩浆活动强烈，酸性、中酸性岩发育，并见有少量中基性岩。侵入岩主要有广平岩体、大冲岩体和广布全区的花岗斑岩，形成时代主要为印支期和燕山期。其中，广平岩体分布于矿区东北部，主体为中细粒黑云母二长花岗岩，呈岩基产出，向东延伸出矿区，其 LA-ICP-MS 锆石U-Pb年龄为(160.3±2) Ma(广东省地质调查院和广东省佛山地质局，2013)，形成于晚侏罗世。大冲岩体分布于矿区北部根竹至大冲、佛子冲一带，主体为花岗闪长岩，呈岩枝和岩脉侵入于佛子冲背斜核部，其锆石 SHRIMP U-Pb年龄为(258.2±3.2) Ma(程顺波 等，2012)，形成于晚二叠世。花岗斑岩类分布于全矿区，岩性较复杂，主要有二长花岗斑岩、花岗闪长斑岩、石英斑岩 等，以不规则状岩株或岩脉产出，岩脉走向为南北向和北东向，长数米至数千米，宽不足 1 m 至百余米，常有黑云母花岗岩和中基性岩包体，龙湾二长花岗斑岩全岩 Rb-Sr 等时线年龄为 127.6 Ma(翟丽娜 等，2008)，形成于早白垩世。喷出岩主要分布于矿区东南部河三至都梅、上林一带，岩性主要为流纹斑岩和英安斑岩，英安斑岩全岩 Rb-Sr 等时线年龄为(128±11) Ma(雷良奇，1995)，形成于早白垩世。

2.8.3 矿床地质特征

1. 矿体特征

佛子冲铅锌矿床总体呈北北东向展布，从北东至南西依次分布有六塘、石门-刀支口、大罗坪、水滴、勒寨-午龙岗、牛卫、龙湾七个矿段。根据矿体形态、产状特征，大致可分为以下三种类型。

(1) 层状、似层状矿体:产于中—上奥陶统碳酸盐岩夹层中,是佛子冲矿区最主要的矿体类型,广泛分布于六塘、石门-刀支口、大罗坪、龙湾等矿段,矿体产状与地层一致。矿体厚度变化不大,一般为1～4 m,最厚为17 m。矿体层数较多,常有3～6层,多者十余层,大致平行排列(图2.51)。单个矿体延长一般为200～500 m,最大为700 m;延深一般为200～300 m,最大延深400 m;矿体赋存标高一般为200～300 m,最高为450 m,最低为－167 m。

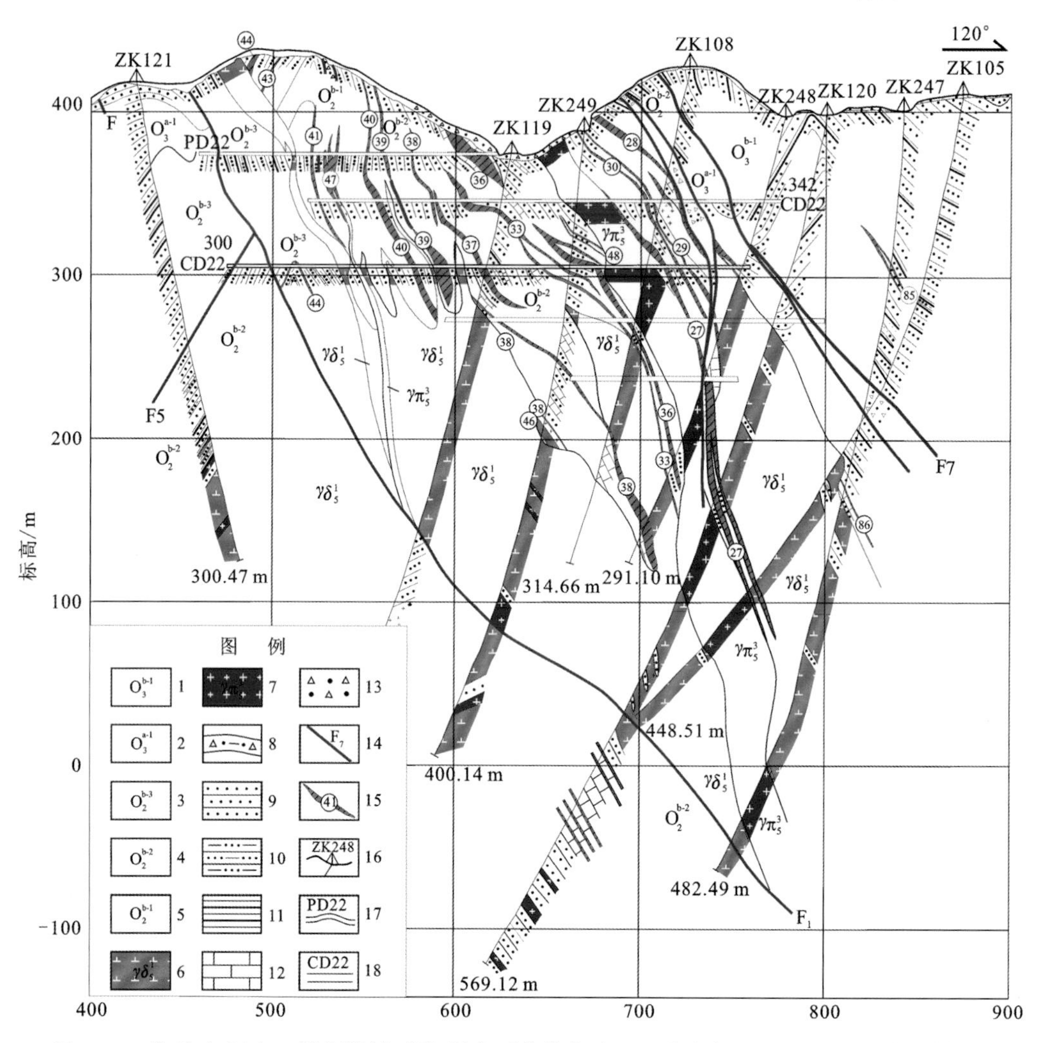

图2.51 佛子冲矿区22勘探线剖面图(据广西壮族自治区地质矿产局204队,1987资料修编)

1.上奥陶统中组下段;2.上奥陶统下组下段;3.中奥陶统上组上段;4.中奥陶统上组中段;5.中奥陶统上组下段;6.印支期花岗闪长岩;7.燕山晚期花岗斑岩;8.第四系黏土层;9.砂岩;10.粉砂岩;11.板岩;12.灰岩;13.构造角砾岩;14.断层及编号;15.矿体及编号;16.钻孔及编号;17.平硐及编号;18.坑道及编号

(2) 不规则状矿体:矿体主要产于下志留统,受层位及断裂双重控制,一般出现在断层与灰岩交切部位,以勒寨-午龙岗、牛卫矿段为代表,矿体产状与地层基本一致(图2.52)。沿层矿化范围不大,但矿体形态较复杂,呈透镜状、筒状、瘤状、不规则状等。矿体个数少,厚度变化较大,为5～70 m,延长50～200 m,延深50～300 m。

(3) 脉状矿体:多受断裂控制,在岩体接触带、断裂构造与层状矿体的复合部位较发

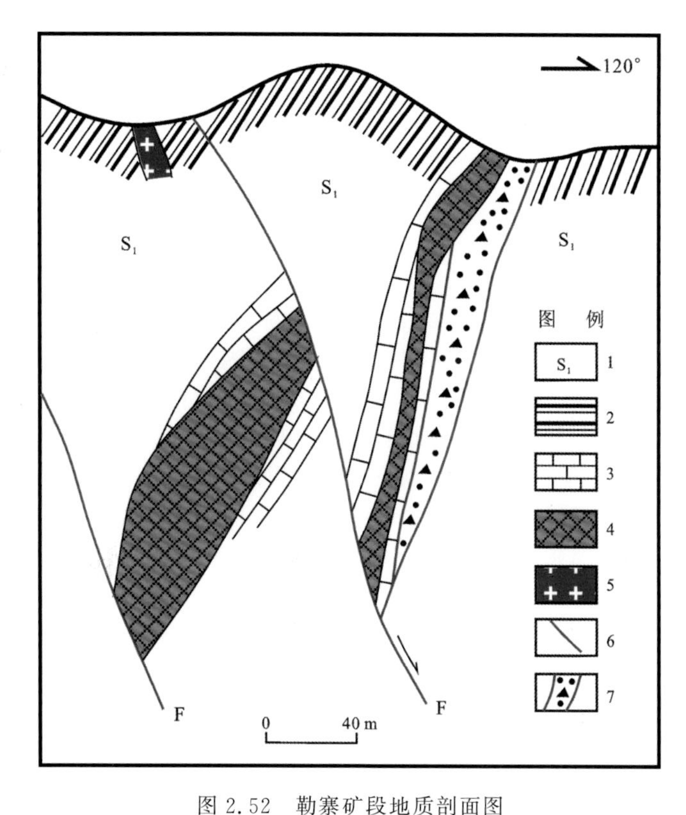

图 2.52 勒寨矿段地质剖面图

1.下志留统;2.板岩;3.灰岩;4.矿体;5.花岗斑岩;6.断层;7.构造破碎带

育,围岩以碎屑岩为主,在二长花岗岩、英安斑岩、花岗斑岩岩体内也见有脉状矿化,并在各矿段中均有发现。脉状矿体一般脉幅较小,厚度多小于1 m。局部见有脉状矿体穿切层状矿体的现象,表明脉状矿体形成较晚。

佛子冲矿区内大多数矿体与层状夕卡岩一起产于条带状钙质粉砂岩和灰岩中,条带状岩石本身就是赋矿的直接围岩。层状夕卡岩由透辉石、绿帘石、绿泥石等矿物组成。条带状岩石表现为发育黑白相间的条带。在六塘和石门-刀支口矿段,条带状岩石主要发育于灰岩中,黑白条带的岩性基本相同,但白色者含透辉石和帘石较多,而灰黑色者含碳质稍多。越近矿体,白色条带越发育,稍远离矿体白色条带则逐渐变少,最终过渡为含浑圆状白色团块状的灰岩,团块大小不一,一般为5～7 cm。条带状岩石中往往可见强烈的同生卷曲、同生滑塌现象,说明沉积环境十分动荡。在勒寨、午龙岗一带,具条带状构造的岩石见于钙质粉砂岩中,产状稳定,也可见层间卷曲和褶皱现象,但强度较小。牛卫矿段见两种条带,一为顺层分布的粗条带,条带宽10～15 cm,含粗粒石英及方解石,其中可见少量的黄铁矿、方铅矿,胶结物中含有大量的帘石、石英,其石英类似于火山凝灰岩中的硅质岩;另一种为角砾状条带,条带宽10～20 cm,顺层分布,十分稳定,主要由灰岩、泥灰岩角砾和钙质胶结物组成,角砾多呈浑圆状,局部见黄铁矿呈星点状分布。

脉状矿体多沿断裂裂隙发育,围岩以碎屑岩为主,不受碳酸盐岩地层的制约,矿体中很少见有透辉石、绿帘石、绿泥石等绿色矿物。在刀支口矿区,见有脉状矿体穿切层状矿体现象,表明脉状矿体形成较晚。

2. 矿石特征

佛子冲矿床中出现的矿物有数十种，金属矿物主要有闪锌矿、方铅矿、黄铁矿、磁黄铁矿、毒砂、白铁矿、胶状黄铁矿、黄铜矿、磁铁矿等；脉石矿物主要有透辉石、透闪石、绿帘石、绿泥石、石英、方解石等，少量菱锰矿、绢云母、石榴子石。矿物组合随矿体类型的不同而有一定的变化，以闪锌矿的不同可分为两类，一类是以浅色闪锌矿为标型矿物的组合，以浅色闪锌矿-方铅矿-透辉石(绿帘石、绿泥石)组合为代表，矿物成分较简单，是层状、似层状矿体中常见矿物组合；另一类是以铁闪锌矿为标型矿物的组合，又可细分为铁闪锌矿-方铅矿-黄铁矿(磁黄铁矿、白铁矿)-黄铜矿组合、铁闪锌矿-方铅矿-磁黄铁矿-毒砂组合、铁闪锌矿-方铅矿-钙铁辉石组合、铁闪锌矿-方铅矿-黄铁矿(磁黄铁矿)-黄铜矿-钙铁辉石组合等，矿物组成相对复杂，并呈多样化。该类矿物组合在脉状、透镜状和似层状矿体中均可见到，在脉状矿体中往往很少见到钙铁辉石。以铁闪锌矿为标志的矿物组合往往穿切或叠生于以浅色闪锌矿为标志的矿物组合之上。

佛子冲矿床中矿石结构构造十分复杂，种类繁多。常见结构有自形-半自形及它形粒状结构、包含结构、固溶体分离结构、交代残余结构、交代溶蚀结构、交代镶边结构、乳浊状结构和压碎结构等(图 2.53)。常见构造有块状构造、浸染状构造、条带状构造、脉状构

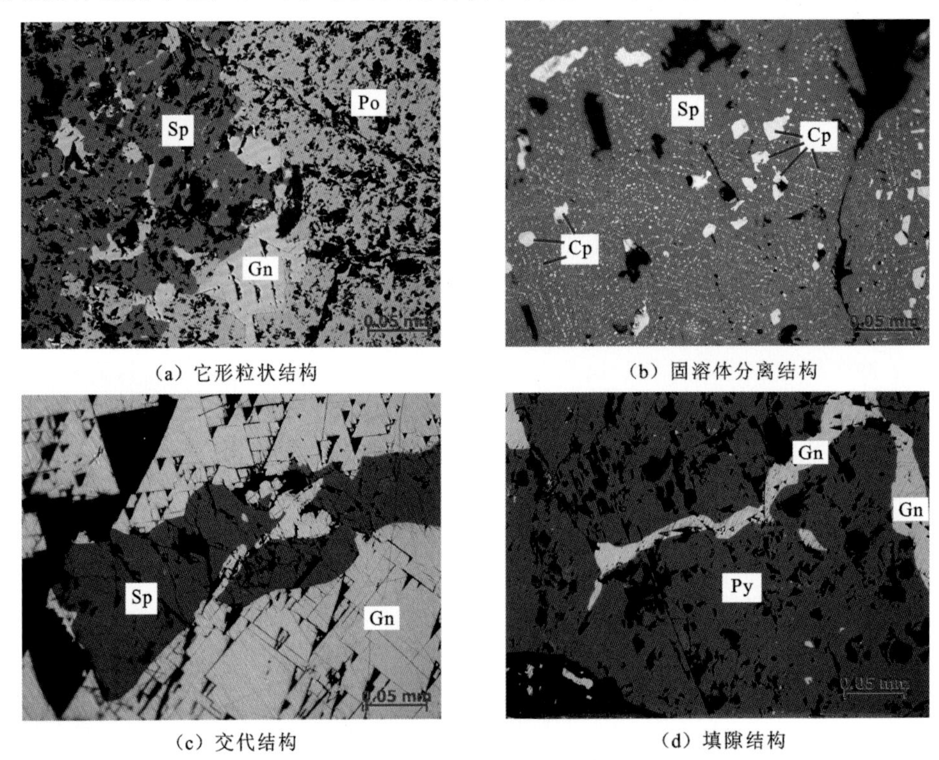

(a) 它形粒状结构　(b) 固溶体分离结构

(c) 交代结构　(d) 填隙结构

图 2.53 佛子冲铅锌矿床矿石结构特征

(a) 它形粒状结构，磁黄铁矿、闪锌矿呈它形粒状分布在矿石中，方铅矿穿插交代磁黄铁矿、闪锌矿；(b) 固溶体分离结构，闪锌矿中呈纺锤状、乳浊状的黄铜矿，有的乳浊状黄铜矿呈定向分布或沿结晶带方向分布；(c) 交代结构，方铅矿穿插和交代闪锌矿；(d) 填隙结构，细脉状方铅矿沿闪锌矿微裂隙充填。Py-黄铁矿；Po-磁黄铁矿；Sp-闪锌矿；Cp-黄铜矿；Gn-方铅矿

造、角砾状构造、晶洞状构造等。此外，可见反映同生沉积成矿的典型构造，如纹层状构造、顺层条带（浸染）状构造、同生角砾（或结核）构造、滑塌构造等。

3. 围岩蚀变

矿田内常见的围岩蚀变有硅化、透辉石化、绿帘石化、钾化、绢云母化、绿泥石化、碳酸盐化、黄铁矿化、沸石化等。不同岩性的围岩产生不同的蚀变，岩浆岩的蚀变主要有钾化、硅化、绿帘石化、绢云母化、绿泥石化（断裂附近有黄铁矿化及碳酸盐化），灰岩主要有大理岩化、透辉石化、透闪石化、绿泥石化，砂岩主要有绿帘石化、硅化，板岩主要有沸石化。按蚀变方式可分为脉状蚀变与交代蚀变两种，前者是裂隙两侧围岩被蚀变成脉状或外来物质沿岩石裂隙充填形成脉状，后者主要是围岩被交代的产物。

2.8.4 矿床成因

1. 矿床地球化学特征

1）微量元素特征

佛子冲矿床矿化元素以 Pb、Zn 为主，伴生 Cu 和 Ag 等（表 2.36）。多数矿体锌品位高于铅，少数含铅相对较高。聚类分析和相关分析（杨斌 等，2000）表明，矿石中微量元素可分为 Pb-Zn－Ag－Bi－Cd－Co、As－Sb－Cu－Au－Ni 和 Ba－Mn－Sr－Hg 三种组合。其中，Cu、As 主要赋存于黄铜矿和毒砂中，这两种矿物在叠生改造型矿石中较发育，而在热水沉积型矿石中很少见到，同时含铜高的样品 Sn、Mo、Bi 含量也高，它们应属岩浆热液活动的产物，故 As－Sb－Cu－Au－Ni 组合可能代表了叠生改造过程中元素聚集的特征。而 Pb、Zn、Ag 等元素富集特征既有别于地层围岩也有别于花岗岩（图 2.54），而且热水沉积型矿石中的浅色闪锌矿和方铅矿分别具有富 Cd 和富 Ag 的特点（杨斌 等，2002）。因此，Pb、Zn、Ag、Bi、Cd、Co 等元素的聚集可能是以热水沉积成矿事件为基础，并具有多期性和继承性聚集的特征。Ba、Mn、Sr、Hg 等元素组合与主矿化元素组合呈负相关性，表明佛子冲矿床成矿环境对 Ba、Mn 等元素的富集是不太有利的，这种环境可能是一种较为还原的环境，制约了 Ba、Mn 等元素的活动性和有关矿物的生成。

佛子冲矿床不同类型矿石的稀土元素的元素总量都较低（$\sum$REE＝10.29～115.07 μg/g），且多数样品的稀土配分型式与矿区花岗岩及地层围岩一致（图 2.54），均为轻稀土富集的右倾式曲线，且都具有比较明显的 Eu 负异常，表明矿石及近矿围岩都受到了岩浆热液的强烈改造。但也有少数样品（FZ10、FZ13）显示出明显的 Eu 正异常，继承了热水沉积作用的特点。

2）S 同位素特征

佛子冲矿床中硫化物矿石的 δ^{34}S 为－3.02‰～3.71‰（表 2.37），变化范围较小，且塔式分布效应显著，反映了深源硫特征。而且不同部位、不同类型矿石的 S 同位素组成差别不大（张乾，1993），显示硫的来源相似或具有继承性，矿床中硫的初始来源可能与晚奥

表 2.36　佛子冲矿区岩石、矿石微量元素分析结果

样号	FZ01	FZ05	FZ10	FZ13	FZ14	LW1	LW2	LW3	LW4	FZ02	FZ03	FZ08	FZ09	FZ12	FZ15	FZ06
Cu	2 150	4 960	192	174	66.7	3 320	776	10 500	81 500	98.7	16.9	12.2	77.9	23.3	24.1	7.30
Pb	4 640	144 000	140 000	23 800	7 200	135 500	42 800	3 820	1 790	31.3	29.6	81.6	143	10.3	15.7	20.1
Zn	102 000	29 600	172 000	22 300	33 400	207 000	102 000	3 040	3 870	126	124	149	154	57.2	51.7	22.7
Cr	26.4	25.1	10	1.88	11	8.7	7.35	10.7	28.6	64.7	23.2	13.2	15.9	84.7	23.3	9.57
Ni	9.08	9.28	3.66	2.64	6.09	17	13.6	3.53	16.1	36.6	11.4	7.66	8.76	36.8	10.4	7.20
Co	150	12.3	77.6	18.3	49.4	14.8	55.7	5.21	4.18	12.5	13.2	8.52	7.78	11.2	8.09	8.02
Rb	—	—	—	—	—	—	—	—	—	36.8	44.9	111	71.9	116	104	0.70
W	0.52	3.54	5.98	4.05	6.01	1.46	11.7	3.94	335	1.92	2.41	1.93	2.49	3.79	1.62	—
Mo	2.54	2.14	0.75	0.32	6.02	0.62	1.72	2.45	25.8	6.13	1.08	1.37	2.72	0.97	1.12	1.77
Bi	154	0.59	32	18.6	87.5	32.4	173	144	1200	0.37	0.13	0.093	0.14	0.36	0.052	—
Sr	—	—	—	—	—	—	—	—	—	193	156	369	260	26.8	320	889
Ba	—	—	—	—	—	—	—	—	—	692	516	238	1360	268	418	7.66
V	41	73	9.34	9.12	21.3	11	13.5	10.4	51.2	67.1	113	53.6	47.4	107	60.6	14.7
Nb	—	—	—	—	—	—	—	—	—	13.8	13.1	13.3	13.9	14	10.1	1.67
Ta	—	—	—	—	—	—	—	—	—	1.38	1.26	1.27	1.31	1.42	1.36	0.15
Zr	—	—	—	—	—	—	—	—	—	188	196	234	269	143	120	14.3
Hf	—	—	—	—	—	—	—	—	—	5.78	5.96	6.65	7.84	4.72	3.99	0.40
Sn	6.5	2.5	11	2.7	2.7	13	34	150	300	2.92	2.82	6.32	5.64	4.74	2.82	0.22
Au	0.001 6	0.003 5	0.011	0.002 2	0.002	0.004 1	0.014	0.023	0.008 2	0.003 48	0.004 3	0.001 39	0.032 1	0.001 3	0.001 3	—
Ag	104	98.8	193	21.5	68.2	76.2	127	54.8	311	0.73	0.17	0.12	0.44	0.17	0.097	—
U	—	—	—	—	—	—	—	—	—	3.78	2.73	3.93	3.77	3.32	4.53	0.91
Th	—	—	—	—	—	—	—	—	—	16.8	12.7	15.3	16.5	16.1	14.0	2.14
Y	13.4	9.35	1.94	10.3	6.34	7.58	5.18	1.73	9.0	30.7	33.1	34.1	34.7	25.6	16.4	3.80

续表

样号	FZ01	FZ05	FZ10	FZ13	FZ14	LW1	LW2	LW3	LW4	FZ02	FZ03	FZ08	FZ09	FZ12	FZ15	FZ06
La	17.2	17.2	6.7	7.68	13.0	27.8	2.92	2.19	16.7	49.9	41.5	41	38.8	56	31.6	4.04
Ce	34.0	31.7	10.9	12.3	24.4	59.0	3.52	3.88	28.9	93.4	78.5	78.2	75.3	102	60.2	8.59
Pr	4.34	3.92	1.30	2.02	2.68	4.72	0.54	0.50	3.64	11.5	10.1	10.1	9.65	12.6	7.56	0.97
Nd	15.8	14.0	4.46	9.21	9.60	15.7	2.14	1.86	13.3	41.6	38.2	37.5	36.4	43.8	27.2	3.72
Sm	3.18	2.71	0.80	2.73	1.86	2.41	0.44	0.40	2.89	8.17	8.05	7.93	7.51	7.62	5.24	0.75
Eu	0.52	0.27	0.28	1.62	0.43	0.2	0.066	0.054	0.76	1.84	2.00	1.76	1.76	1.45	1.07	0.16
Gd	2.78	2.51	0.66	2.45	1.58	2.09	0.50	0.40	2.57	7.41	7.37	7.33	7.08	6.53	4.30	0.69
Tb	0.45	0.39	0.091	0.39	0.23	0.24	0.084	0.062	0.41	1.15	1.21	1.24	1.21	0.96	0.64	0.099
Dy	2.66	2.22	0.42	1.96	1.28	1.22	0.56	0.35	2.18	6.49	6.97	7.14	6.96	5.37	3.38	0.65
Ho	0.52	0.40	0.074	0.32	0.24	0.24	0.13	0.066	0.4	1.23	1.37	1.36	1.39	1.02	0.63	0.12
Er	1.38	1.00	0.20	0.73	0.65	0.64	0.42	0.2	1.05	3.37	3.61	3.79	3.75	2.86	1.7	0.36
Tm	0.22	0.15	0.032	0.094	0.10	0.096	0.086	0.036	0.16	0.58	0.61	0.63	0.64	0.49	0.29	0.053
Yb	1.39	1.01	0.17	0.47	0.68	0.62	0.62	0.26	1.18	3.69	3.92	4.07	4.15	3.22	1.92	0.34
Lu	0.20	0.15	0.028	0.066	0.10	0.093	0.094	0.034	0.16	0.52	0.55	0.56	0.59	0.46	0.28	0.051
ΣREE	84.64	77.63	26.12	42.04	56.83	115.07	12.12	10.29	74.30	230.85	203.96	202.61	195.19	244.38	146.01	20.59
LREE	75.04	69.80	24.44	35.56	51.97	109.83	9.63	8.88	66.19	206.41	178.35	176.49	169.42	223.47	132.87	18.23
HREE	9.60	7.83	1.68	6.48	4.86	5.24	2.49	1.41	8.11	24.44	25.61	26.12	25.77	20.91	13.14	2.36
LREE/HREE	7.82	8.91	14.59	5.49	10.69	20.96	3.86	6.31	8.16	8.45	6.96	6.76	6.57	10.69	10.11	7.72
$(La/Yb)_N$	8.88	12.22	28.27	11.72	13.71	32.16	3.38	6.04	10.15	9.70	7.59	7.23	6.71	12.47	11.81	8.55
δEu	0.52	0.31	1.14	1.88	0.75	0.27	0.43	0.41	0.83	0.71	0.78	0.69	0.73	0.61	0.67	0.69

注：FZ01-黄铁铅锌矿石；FZ05-铅锌矿石；FZ10-豆状闪锌矿矿石；FZ13-含矿夕卡岩；FZ14-铅锌矿石；LW1-黄铁铅锌矿石；LW2-黄铁铅锌矿石；LW3-黄铜铅锌矿石；LW4-黄铜铅锌矿石；FZ02-花岗闪长岩；FZ03-花岗闪长岩；FZ08-夕卡岩；FZ09-蚀变花岗闪长岩；FZ12-灰黑色板岩；FZ15-蚀变花岗闪长岩；FZ06-条带状灰岩；微量元素单位为μg/g。

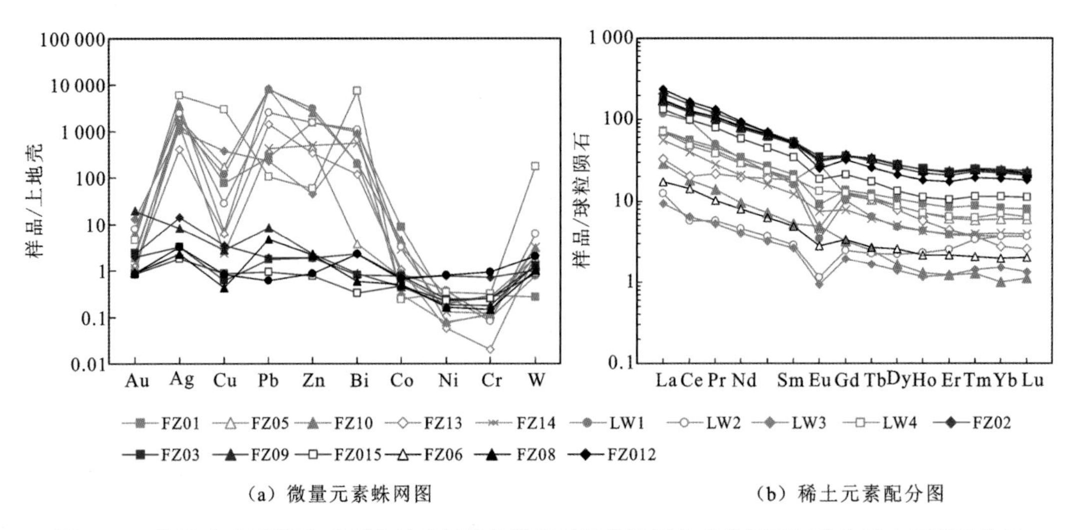

图 2.54 佛子冲矿区岩石、矿石上地壳标准化微量元素蛛网图和球粒陨石标准化稀土元素配分图

陶世—早志留世海底火山活动及热水沉积作用有关，但不排除燕山期岩浆岩有提供部分硫的可能性。共生矿物对中 δ^{34}Ssp 大于 δ^{34}Sgn，表明共生的闪锌矿和方铅矿在形成时基本上达到了同位素分馏平衡。根据 Grootenboer 和 Schwarcz(1969)的实验公式计算出的同位素平衡温度主要有 195～224 ℃和 337～397 ℃两个区间，与矿物包裹体测温结果(170～225 ℃和260～390 ℃)相近。

表 2.37 佛子冲铅锌矿床硫同位素组成

样号	样品名称	δ^{34}S/‰				资料来源
		黄铁矿	闪锌矿	方铅矿	黄铜矿	
FZ01	黄铁铅锌矿石	—	2.15	—	—	本书
FZ05	铅锌矿石	3.18	—	−3.02	—	
FZ07	黄铁铅锌矿石	—	—	−1.05	—	
LW1	黄铁铅锌矿石	2.55	—	—	—	
LW3	黄铁铅锌矿石	2.71	—	—	—	
82F-4	块状矿石	2.79	2.43	1.16		张乾(1993)
82F-10	块状矿石	—	0.77	−0.03	2.08	
82F-13	浸染状矿石	2.53	2.91	0.33	—	
82F-19	浸染状矿石	3.71	2.22	0.82	—	
82F-22	块状矿石	3.00	1.55	0.77	2.39	
82F-27	黄铜矿石	—	1.84	—	2.64	
82F-36	块状矿石	—	1.13	1.04	—	
82F-39	块状矿石	—	1.04	0.42	—	
82F-40	块状矿石	3.00	3.08	1.67	—	
82F-41	块状矿石	3.26	1.13	0.91	1.41	

3）Pb 同位素特征

佛子冲铅锌矿区 Pb 同位素分析结果见表 2.38。矿石的 Pb 同位素比值变化很小，$^{206}Pb/^{204}P$ 为 18.661～18.718，平均值为 18.682；$^{207}Pb/^{204}Pb$ 为 15.709～15.765，平均值为 15.730；$^{208}Pb/^{204}Pb$ 为 39.073～39.302，平均值为 39.164。三组同位素比值的极差均小于 1，说明铅来源比较稳定。矿石铅的 μ 为 9.65～9.76，平均值为 9.69，高于地幔铅的 μ(8.00～9.00)，表明铅可能主要来自于上地壳；矿石铅的 ω 为 38.72～39.90，平均值为 39.20，显示铅源的物质成熟度较高。

表 2.38　佛子冲矿区岩、矿石铅同位素分析结果

样号	测定对象	$^{206}Pb/^{204}Pb$	$^{207}Pb/^{204}Pb$	$^{208}Pb/^{204}Pb$	模式年龄/Ma	μ	ω	Th/U	数据来源
FZ01	矿石/闪锌矿	18.686	15.741	39.212	143	9.71	39.48	3.93	本书
FZ05	矿石/黄铁矿	18.661	15.718	39.112	132	9.67	38.99	3.90	
FZ05	矿石/方铅矿	18.718	15.765	39.302	150	9.76	39.90	3.96	
FZ07	矿石/方铅矿	18.680	15.717	39.123	118	9.67	38.92	3.90	
FZ07	矿石/毒砂	18.665	15.709	39.073	118	9.65	38.72	3.88	
LW1	矿石/黄铁矿	18.638	15.689	39.015	113	9.61	38.45	3.87	
LW3	矿石/黄铁矿	18.665	15.716	39.087	127	9.66	38.85	3.89	
82F-4	矿石/方铅矿	18.657	15.691	39.026	102	9.62	38.41	3.86	张乾(1993)
82F-5	矿石/方铅矿	18.649	15.714	38.984	136	9.66	38.5	3.86	
82F-10	矿石/方铅矿	18.808	15.843	39.468	180	9.90	40.83	3.99	
82F-13	矿石/方铅矿	18.660	15.767	39.204	193	9.77	39.85	3.95	
82F-20	矿石/方铅矿	18.684	15.709	39.163	105	9.65	38.98	3.91	
82F-8	花岗斑岩脉/长石	18.482	15.663	38.691	193	9.58	37.75	3.81	
82F-23	花岗闪长岩/长石	18.080	15.586	38.424	389	9.47	38.19	3.90	
82F-33	花岗闪长岩/长石	18.356	15.628	38.653	241	9.52	37.97	3.86	
82F-33-1	花岗闪长岩/长石	18.218	15.607	38.539	315	9.50	38.08	3.88	
82F-2	志留系砂岩	19.182	15.881	39.443	−36	9.94	39.01	3.80	
82F-19	志留系灰岩夹层	19.260	15.901	39.661	−66	9.97	39.64	3.85	
82F-37	奥陶系灰岩夹层	19.473	15.926	39.570	−186	10.00	38.4	3.72	

矿石的 Pb 同位素比值大于岩浆岩而小于地层围岩，在 Pb 同位素构造模式图(图 2.55)中，佛子冲矿石的 Pb 同位素投点位于岩浆岩与地层围岩之间，并且落在造山带上方，推断铅的最初来源与上地壳和造山带关系密切。矿石的 Th/U 为 3.88～3.96，与地壳的 Th/U(约为 4)接近，也显示了其物质主要来源于地壳。因此，可以认为佛子冲铅锌矿床的铅可能主要来源于上地壳，并受到岩浆作用的影响。

4）流体包裹体特征

佛子冲矿床中最常见的包裹体为水溶液包裹体，在石英、方解石中都主要是这种包裹体。按其组成相态又可粗略分为两种：①单相水溶液包裹体(II_1)，在方解石中数量较多，

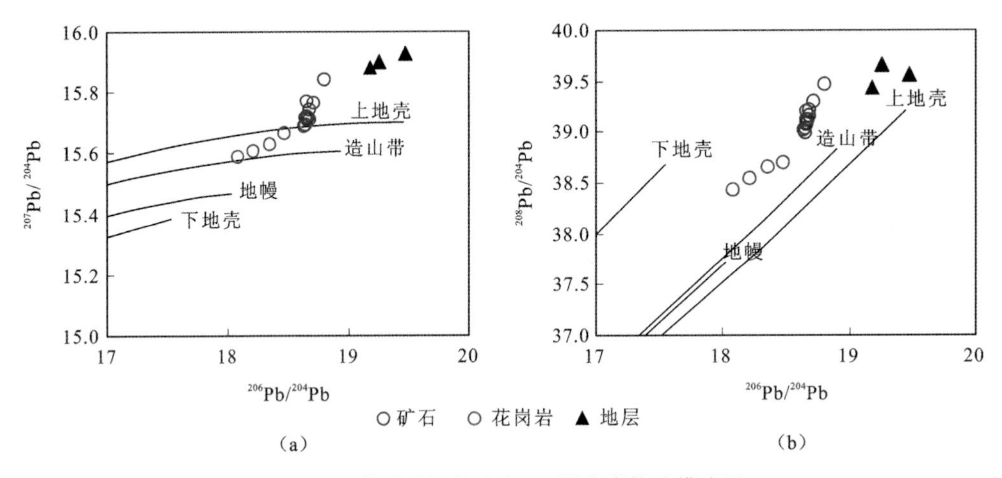

图 2.55 佛子冲铅锌矿床 Pb 同位素构造模式图

并且主要是次生的;②两相水溶液包裹体(II_2),在石英中数量很多,气相占 5%～35%体积分数。包裹体主要呈圆形、椭圆形和各种不规则状,也有一部分包裹体的形态很规则或呈负晶形,大小一般小于 20 μm,少数可达 30 μm(图 2.56)。由于重结晶和构造作用,方解石中只发育较多的单相水溶液包裹体,未找到可测两相包裹体。在较自形的石英晶体中发育有较多的水溶液包裹体,并以两相气液包裹体($L_{H_2O}+V_{H_2O}$)为主,其次是单相水

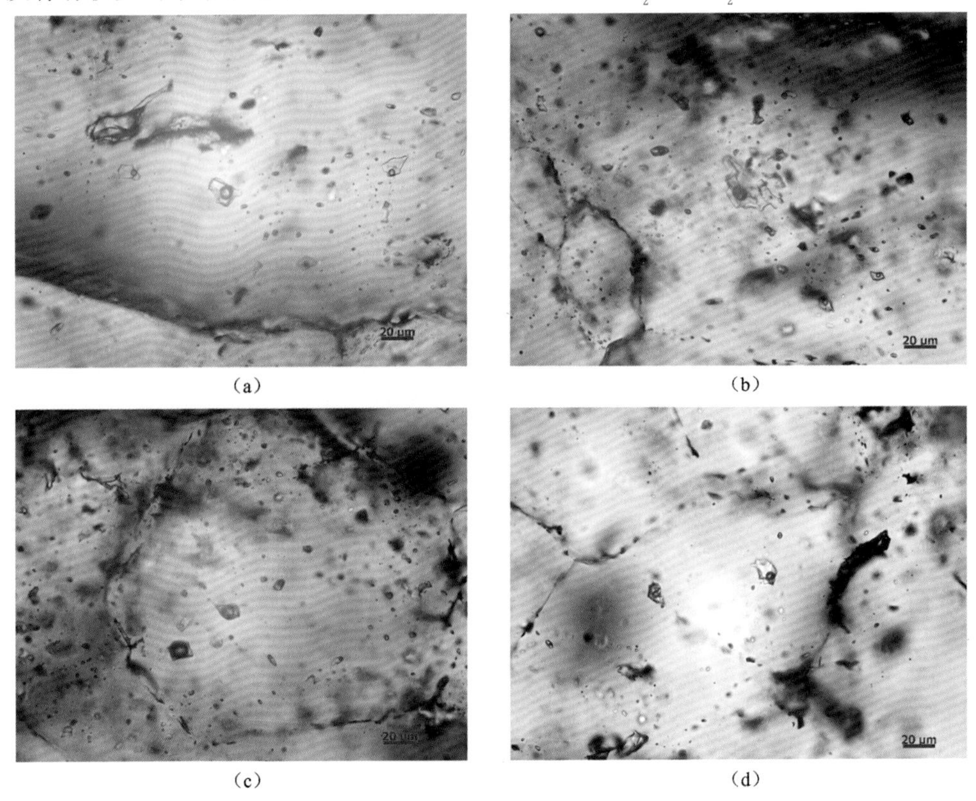

(a) (b) (c) (d)

图 2.56 佛子冲石英流体包裹体显微照片

溶液包裹体(L_{H_2O})。石英流体包裹体均一温度为170～390 ℃,盐度$w(NaCl)_{eq}$为6.50%～2.06%,密度为0.681～0.917 g/cm³(表2.39)。不同产状的流体包裹体测定结果如下。

表2.39　佛子冲铅锌矿石英流体包裹体显微测温结果

均一温度/℃	冰点温度/℃	盐度$w(NaCl)_{eq}$/%	密度/(g/cm³)	均一温度/℃	冰点温度/℃	盐度$w(NaCl)_{eq}$/%	密度/(g/cm³)
自由状分布				小群分布			
282	−3.5	5.70	0.804	310	—	—	—
295	−3.9	6.29	0.789	320	—	—	—
305	−3.7	6.00	0.768	328	−1.9	3.21	0.686
316	−3.8	6.14	0.749	328	−2.2	3.69	0.692
320	—	—	—	330	−1.9	3.21	0.681
330	—	—	—	340	−2.1	3.53	—
340	—	—	—	350	−2.1	3.53	—
350	−3.5	5.70	—	355	−1.5	2.56	—
360	−4.1	6.58	—	360	−1.8	3.05	—
370	—	—	—	360	−1.9	3.21	—
380	−3.9	6.29	—	370	−1.2	2.06	—
382	—	—	—	375	−2.5	4.17	—
390	−4.0	6.44	—	380	—	—	—
串状分布				线状分布			
260	—	—	—	170	−1.5	2.56	0.917
265	—	—	—	180	—	—	—
270	−1.5	2.56	0.792	190	−1.5	2.56	0.896
270	−1.6	2.73	0.794	195	−1.6	2.73	0.892
270	−1.2	2.06	0.788	202	−1.2	2.06	0.879
270	—	—	—	205	−1.5	2.56	0.879
280	−1.6	2.73	0.778	205	−1.2	2.06	0.875
280	−1.5	2.56	0.777	210	−1.2	2.06	0.869
290	−1.5	2.56	0.759	220	—	—	—
295	−1.5	2.56	0.749	225	—	—	—

(1) 自由状分布:气液比为25%～35%体积分数,初熔温度为−21 ℃,冰点温度为−4.1～−3.5 ℃,盐度$w(NaCl)_{eq}$为5.70%～6.58%,均一温度为282～390 ℃,密度为0.749～0.804 g/cm³。

(2) 小群分布:气液比为30%～35%体积分数,初熔温度为−21 ℃,冰点温度−2.5～−1.9 ℃,盐度$w(NaCl)_{eq}$为2.06%～4.17%,均一温度为310～380 ℃,密度为0.681～0.692 g/cm³。

(3) 沿石英显微裂隙呈串状分布:气液比为20%～25%体积分数,初熔温度为−20.9 ℃,冰点温度为−1.6～−1.2 ℃,盐度$w(NaCl)_{eq}$为2.06%～2.73%,均一温度为260～295 ℃,密度为0.749～0.794 g/cm³。

(4) 沿石英显微裂隙呈线状分布:气液比为15%～20%体积分数,初熔温度为−20.8 ℃,冰点温度为−1.6～−1.2 ℃,盐度 $w(NaCl)_{eq}$ 为 2.06%～2.73%,均一温度为 170～225 ℃,密度为 0.869～0.917 g/cm³。

2. 矿床成因

佛子冲矿床曾被认为是典型的岩浆热液成因矿床(张乾,1993;雷良奇,1995),但杨斌等(2002)、吴烈善等(2004)提出其属于热水沉积-叠生改造型矿床。事实上,岩浆热液成因对矿区的一些地质现象是难以解释的。

(1) 矿区内主要矿体都呈层状、似层状和透镜状产出,产状与地层一致并同步褶曲,其形态产状特征与典型的岩浆热液矿床明显不同。

(2) 矿化与层状夕卡岩关系密切,但这种层状夕卡岩与接触交代夕卡岩明显不同,其产状与地层一致并同步褶曲,厚度变化稳定,且其分布并不局限于岩体接触带,也不因为距岩体的远近而出现分带现象,并保留有典型的同生沉积构造。杨斌等(2002)提出,层状夕卡岩实际上是一种特殊的喷流沉积岩。此外,据吴烈善等(2004)的研究,矿区内出露的硅质岩和不纯条带状铁碳酸盐岩也具有喷流沉积岩的特征。

(3) 岩浆热液成矿观点在对成矿母岩的认识上存在明显分歧,有人提出成矿母岩是燕山期花岗闪长岩,有人则认为成矿主要与燕山期花岗斑岩有关。而且最新的研究表明,过去认为与成矿关系密切的大冲花岗闪长岩体形成于印支期(程顺波 等,2012)。

(4) 佛子冲矿床矿石的S同位素组成非常均一并具深源硫特点,矿石的Pb同位素组成介于岩浆岩和地层的Pb同位素组成之间,微量元素和稀土元素特征表明矿石既对围岩有继承性,又明显受到了后期热液改造。

综上所述,可以认为佛子冲铅锌矿床的形成是早古生代热水沉积成矿作用和燕山期岩浆热液叠生改造成矿作用复合的结果,只不过不同矿段以不同的成矿作用方式为主。

3. 成矿模式

以上地质与地球化学分析表明,佛子冲矿床的形成经历了漫长的地质演化历史,其主要成矿事件可分为两期,即晚奥陶世—早志留世热水沉积成矿期和燕山期岩浆热液叠生改造成矿期。其成矿过程可概括如下(图 2.57)。

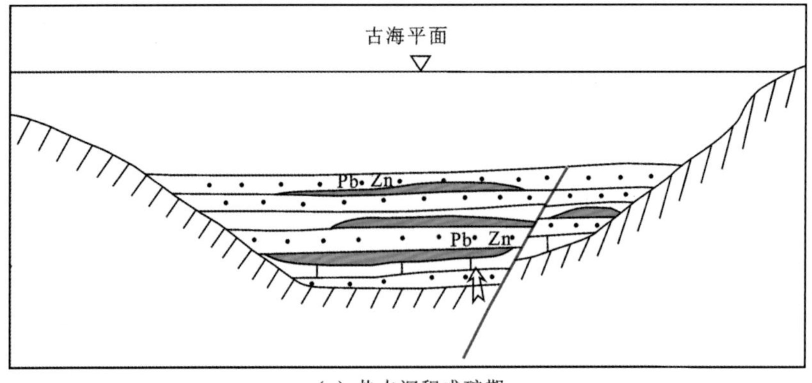

(a) 热水沉积成矿期

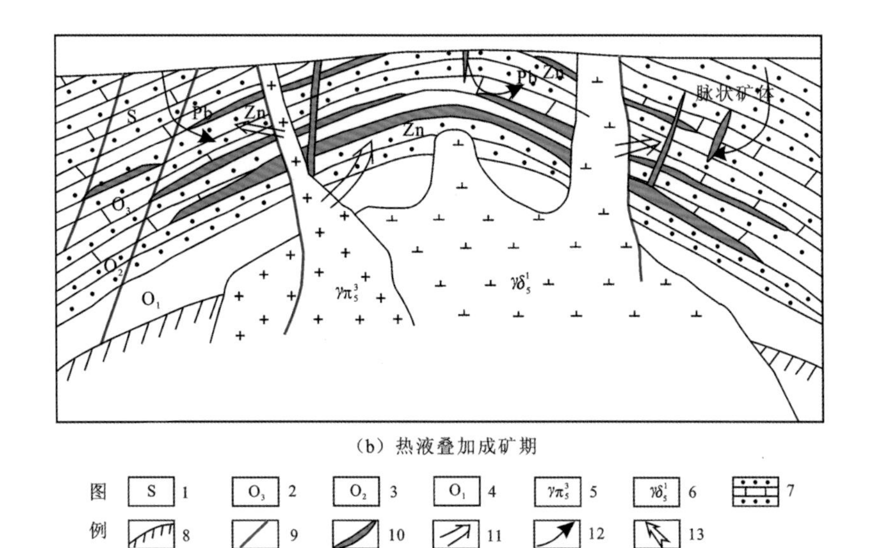

(b) 热液叠加成矿期

图例：1 S；2 O_3；3 O_2；4 O_1；5 $\gamma\pi_5^3$；6 $\gamma\delta_5^1$；7；8；9；10；11；12；13

图 2.57　佛子冲铅锌矿成矿模式图

1.志留系；2.上奥陶统；3.中奥陶统；4.下奥陶统；5.燕山期花岗斑岩；6.印支期花岗闪长岩；7.碎屑岩夹碳酸盐岩建造；8.基底地层；9.断层；10.矿（化）体；11.岩浆热液；12.大气降水；13.喷流热水

晚奥陶世—早志留世受博白—岑溪断同生断裂活动影响，产生同生热液，成矿流体主要来自盆地卤水，当含金属的热水溶液流入海底时，温度下降、溶液稀释、pH 升高、还原硫浓度增高等，使铅和锌从酸性的热水溶液中沉淀下来，形成层状矿体；燕山期中酸性岩浆沿着断裂构造侵入，岩浆期后热液在有利的构造空间和有利岩性中进行交代形成铅锌矿体。燕山期岩浆-热液成矿作用的本质是一种同位叠生改造作用，即在早志留世喷流沉积成矿基础上，发生了同一层位和同一空间上的后期热液叠生改造成矿事件。燕山期热液成矿的主要特点是岩浆岩、构造和地层的复合控矿，新生矿体定位于热水沉积成因的层状矿体与岩体接触带及断裂构造的复合部位，其主要标志是砷、铜、铁等物质的加入。

2.8.5　找矿标志

1. 构造标志

(1) 早古生代裂陷盆地是区域性控矿构造。早古生代，云开地块西北缘发生了强烈的拉张活动，形成博白-岑溪裂陷盆地，并导致火山、次火山热液喷发，带来了 Pb、Zn、Ag、Cu 等成矿元素，这些元素主要沉积于海底洼地部位。沿该裂陷带分布有佛子冲、东桃、下水、文龙径、鸡笼顶等一系列赋存于下古生代地层中的铅锌多金属矿床。

(2) 同生断裂控制矿化带的展布。佛子冲矿区发育一系列北东向和北北东向同生断裂，其与北西向和南北向断裂构成菱形网格状，并且同向断裂具有近等距排列的特点。同生断裂不仅控制着北东向裂陷盆地及区域构造格局，同时也是海底火山热液活动的通道，控制了矿化带的展布。沿断裂带不仅可见糜棱岩化、角砾岩化和强片理化等脆性、韧性变形，在其附近还常发现有同生角砾岩。北东向和北北东向断裂与南北向断裂的交汇部位是成矿热液喷流中心，如北东向断裂 F_9 和南北向断裂 F_{13} 的交汇处可能是喷流中心之一，其附近有牛卫、勒寨、午龙岗等矿床。印支期—燕山期中酸性岩浆沿北北东向和南北向断裂侵入,岩浆活动对同沉积期形成的层状、似层状矿体进行叠加改造,使成矿物质进一步富集,局部地段形成了新的矿体和矿石类型。

(3) 同生断裂旁侧的局限洼地是矿化富集的有利地段。海底局部洼地大致沿同生断裂旁侧分布,是接受喷流沉积的中心所在。在洼陷处,矿体呈层状、似层状和透镜状,厚度较大;往两侧隆起处,矿体变薄变小,乃至尖灭。

(4) 次级背斜是层状矿体的主要赋存部位。矿区内已知矿体有许多是产在次级背斜构造的两翼,如石门-刀支口-大罗坪矿床产于大罗坪背斜中,龙湾矿床产于龙湾-凤凰冲背斜中,六塘矿床产于大冲背斜的东、西两翼。因此,矿区内次级背斜是找矿的重要标志。

2. 地层岩性标志

(1) 条带状不纯碳酸盐岩。佛子冲矿床的赋矿层位为中-上奥陶统及下志留统,主要由砂岩、泥岩互层夹泥质灰岩组成,属海相复理石建造。层状、似层状矿体及顺层矿化发育在砂岩、板岩所夹条带状不纯灰岩及钙质粉砂岩中,矿体规模和矿化强度与条带状泥质灰岩和层状夕卡岩的层数和厚度呈正相关。所以,泥质灰岩条带是该区找矿的有利岩性标志。

(2) 同生角砾岩。由于裂陷沉降,在正常海相沉积的浊流沉积岩中往往会夹有一些同生角砾岩。在佛子冲矿区,同生角砾岩主要有角砾状灰岩和角砾状硅质岩,一般顺层产出,其特征的灰白色调易与其周围的砂岩、粉砂岩相区别。同生角砾构造是佛子冲矿床典型的矿石构造之一,因此同生角砾岩也可作为找矿标志。

(3) 喷流沉积岩。佛子冲矿区内存在一套喷流沉积岩,包括层状夕卡岩及不纯的条带状碳酸盐岩、硅质岩(杨斌 等,2002;吴烈善 等,2004)。喷流沉积岩主要产于同生断裂旁侧的局限洼地中,并平行同生断裂展布,它们是矿体的直接围岩或本身就是矿体。在两组断裂交汇处,喷流沉积岩的数量增多,厚度增大,是矿化富集的重要标志。

3. 围岩蚀变标志

佛子冲矿区与矿化有关的围岩蚀变主要有硅化、黄铁矿-褐铁矿化、绿帘石化、透辉石化-透闪石化、大理岩化、绿泥石化、绢云母化等。在砂岩和条带状灰岩接触部位,如果硅化、黄铁矿化、褐铁矿化较强,往往伴随铅、锌矿化;夕卡岩化是矿区主要的蚀变找矿标志,但要注意区分是“原生”夕卡岩还是“后生”夕卡岩,只有喷流沉积形成的夕卡岩与矿化才有直接的关系,后期岩浆侵入交代或叠加改造形成的夕卡岩,虽然局部发生矿化,但不是主要的矿化蚀变标志;矿区不同形态和产状的矿体,其围岩蚀变组合明显不同,层状矿体围岩蚀变以夕卡岩化、透辉石化、硅化为主,不规则状和脉状矿体围岩蚀变以绿泥石化、绿帘石化、硅化和大理岩化为主。

4. 化探异常标志

矿区化探异常规模大、强度高,成矿元素 Pb、Zn、Ag、Cu 等异常显著且套合好,是矿床的直接找矿标志。异常多呈北东—北北东向和南北向带状展布,与区内构造格局基本一致,是断裂构造蚀变带和矿化带的反映。异常可分为 3 组:1 组为 Pb、Zn、Ag、Cu;2 组为 As;3 组为 Ni、Mo、Bi。其中 1 组和 2 组属低温元素组合,异常规模较大,As 异常往往代表了矿体的前缘晕,显示其下伏可能有隐伏矿体;3 组为高温元素组合,可能是燕山期岩浆热液改造所致。在有单 Ag 异常的地段要注意寻找金矿床,在大良 Ag 异常区已经发现了金矿(体)点。

2.9　广东高枨热液型铅锌银矿

高枨铅锌银矿床位于广东省云浮市西约 14 km 的高村镇高枨村,中心地理坐标:东经 111°55′39″,北纬 22°55′12″。该矿床是国土资源大调查以来在粤西地区新发现的大型有色、贵金属矿床之一,随着勘查工作的深入,受到了越来越多地质工作者的关注。

2.9.1　区域地质背景

高枨矿区位于云开隆起中段,吴川—四会北东向深断裂带与高要—惠来东西向构造带的交汇部位,大绀山旋转构造西南端。区内出露元古宙变质基底、南华纪—早古生代褶皱基底、晚古生代海相沉积盖层及中生代—新生代陆相盆地沉积(图 2.58)。其中,元古界云开群为一套中深变质岩系,主要由片麻岩、片岩、变粒岩夹变质火山岩(斜长角闪岩)组成,是区内钨锡的主要赋矿层位;南华系大绀山组为一套喷流沉积建造,主要由千枚岩夹火山岩、火山碎屑岩、沉凝灰岩、黄铁矿层、泥灰岩和硅质岩组成,黄铁矿层底板的"黑色岩系"及底部石英岩夹云母石英片岩、千枚岩段为铅、锌、银、锡、金等金属矿的矿源层;下古生界奥陶系和志留系为类复理石碎屑岩夹碳酸盐岩建造;上古生界泥盆系和石炭系为碳酸盐岩夹碎屑岩建造;上三叠统小云雾山组为一套山间湖泊相含煤碎屑岩建造;下白垩统罗定组为一套红色碎屑岩建造。

区内岩浆活动频繁,出露有加里东期、印支期及燕山期花岗岩,以及不同时期的各种岩脉(图 2.58)。加里东期以片麻状黑云母二长花岗岩、中细粒角闪黑云母花岗闪长岩为主;印支期主要为中细粒黑云母二长花岗岩;燕山期主要为细粒黑云母二长花岗岩、细粒黑云母碱长花岗岩,多呈小岩体或岩株零散出露。其中,燕山期花岗岩与钨、锡、钼、铋矿化关系密切。

区内褶皱、断裂构造发育,北东向和东西向构造及大绀山旋转构造构成了区内基本构造格架,形成了云浮大绀山钨锡、铅锌银、硫、金矿田(图 2.58)。北东向构造由一系列褶皱及断裂带组成,主要有大绀山复背斜、天所断裂、莳田断裂、六坑断裂、灯心洞断裂、白梅断裂及迳尾断裂等,为区内主要导矿和容矿构造;东西向构造主要表现为断裂构造,分布于高枨、石板坑、塘梨坳一带,沿断裂两侧具有较强烈的蚀变作用,可见多期石英脉等充填,为区内主要容矿构造;大绀山旋转构造以大绀山片麻状花岗岩为核心,环状构造围绕其展布,形成穹窿构造,控制了区内铅、锌、银、锡及硫铁矿的分布。

2.9.2　矿区地质特征

1. 地层

矿区出露的地层主要为南华系大绀山组(Nh_1d)、上三叠统小云雾山组(T_3xy)和下白垩统罗定组(K_1ld)(图 2.59)。大绀山组分布于矿区西部田谷村南东侧,岩性主要为变质

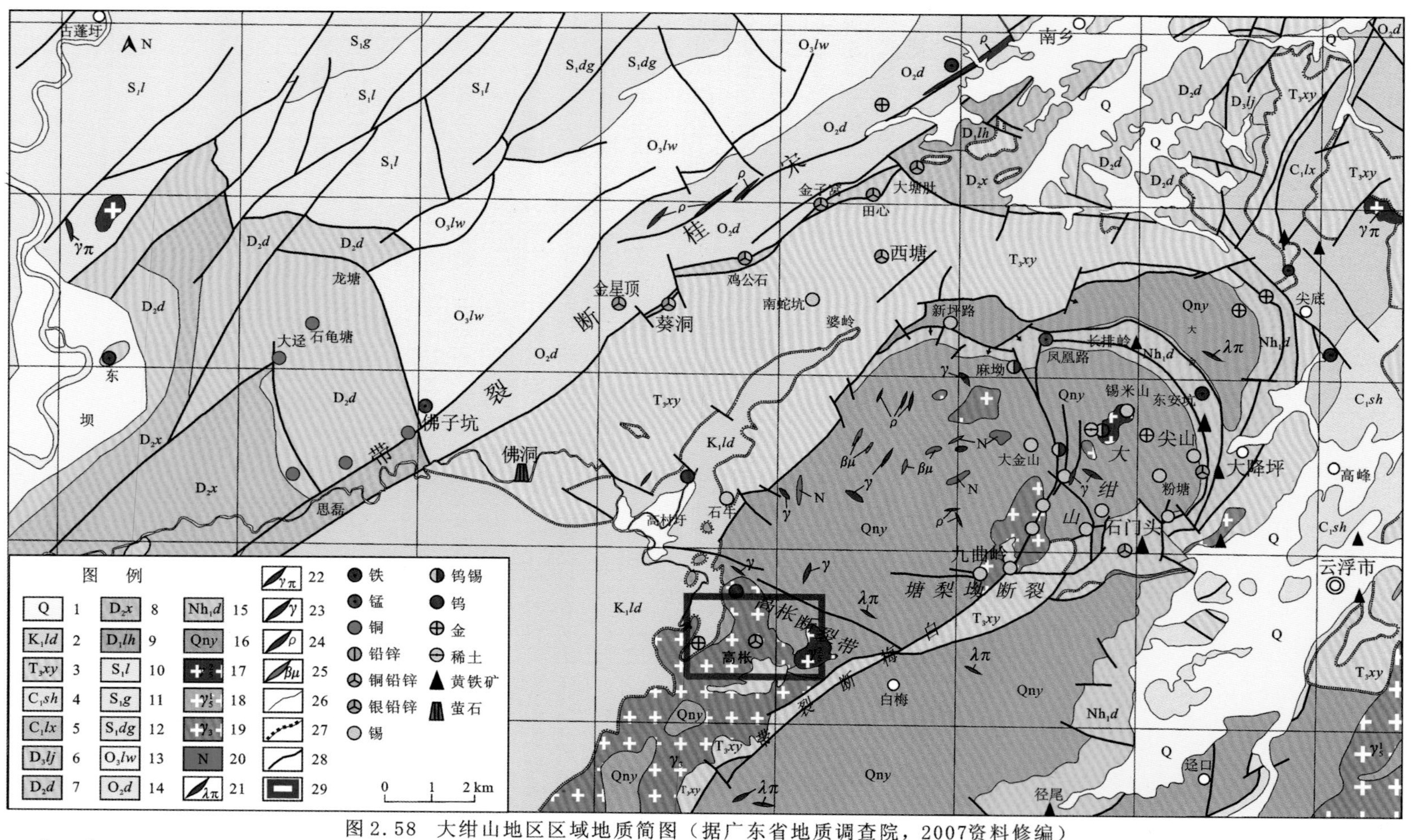

图 2.58 大绀山地区区域地质简图（据广东省地质调查院，2007资料修编）

1.第四系；2.下白垩统罗定组；3.上三叠统小云雾山组；4.下石炭统石蹬子组；5.下石炭统连县组；6.上泥盆统榴江组；7.中泥盆统东岗岭组；8.中泥盆统信都组；9.下泥盆统老虎头组；10.下志留统连滩组；11.下志留统古墓组；12.下志留统大岗顶组；13.上奥陶统兰瓮组；14.中奥陶统东冲组；15.南华系大绀山组；16.前南华系云开群；17.燕山期花岗岩；18.印支期花岗岩；19.加里东期花岗岩；20.斜长角闪岩；21.石英斑岩脉；22.花岗斑岩脉；23.花岗岩脉；24.伟晶岩脉；25.辉绿岩脉；26.地质界线；27.不整合地质界线；28.断层；29.矿区范围

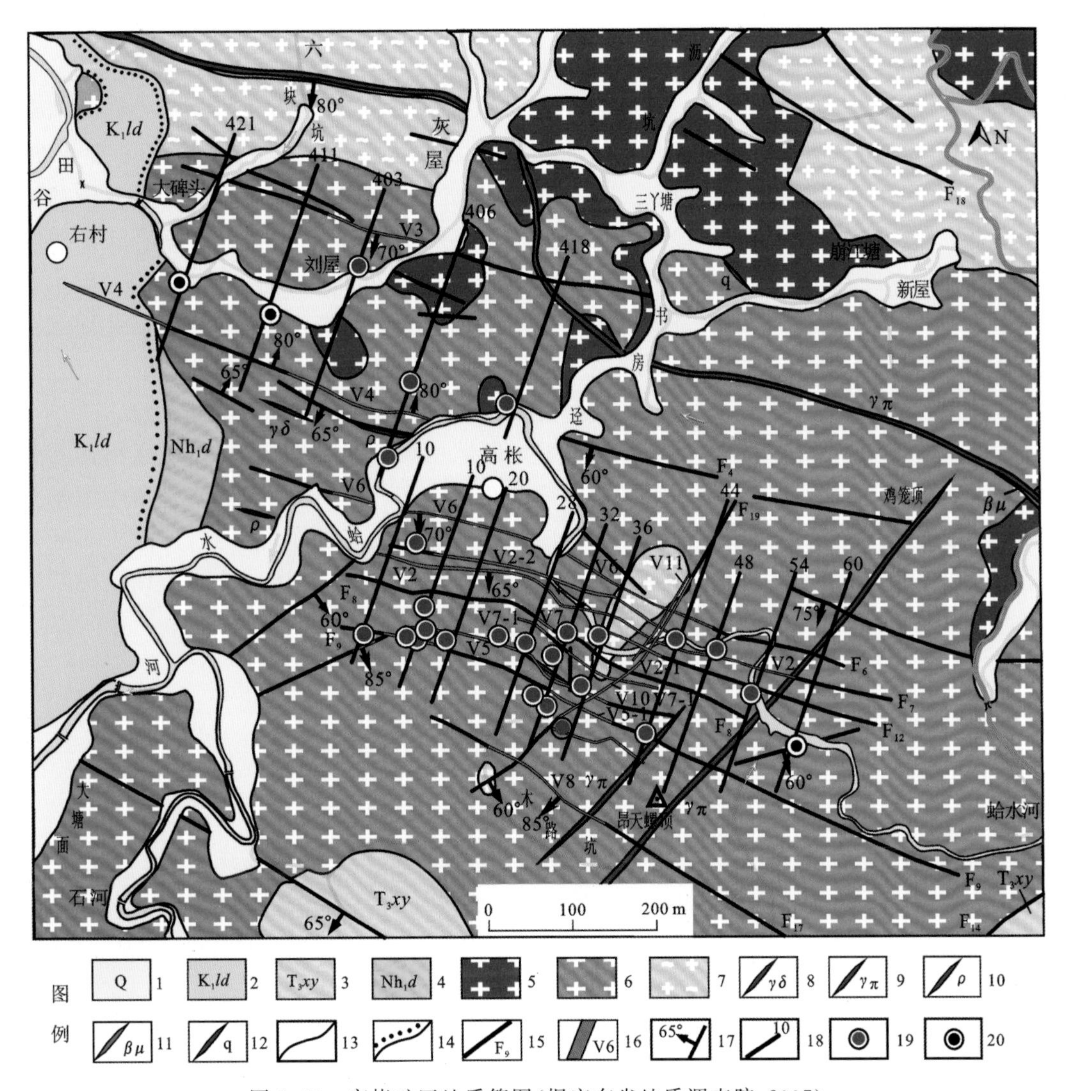

图 2.59　高枨矿区地质简图(据广东省地质调查院，2007)

1. 第四系；2. 下白垩统罗定组；3. 上三叠统小云雾山组；4. 南华系大绀山组；5. 燕山期花岗岩；6. 加里东期黑云母花岗岩；7. 加里东期片麻状花岗岩；8. 花岗闪长岩脉；9. 花岗斑岩脉；10. 伟晶岩脉；11. 辉绿岩脉；12. 石英脉；13. 地质界线；14. 不整合地质界线；15. 断层及编号；16. 矿体及编号；17. 断层(矿体)产状；18. 勘探线及编号；19. 见矿钻孔；20. 未见矿钻孔

石英砂岩、变质碳质粉砂岩、碳质千枚岩、石英岩、泥质结晶灰岩，韵律发育，在组合形式上以黄铁矿与变质碳质粉砂岩或碳质千枚岩的二组分韵律为主，以其他岩石组成的三组分或四组分韵律次之。小云雾山组分布于矿区南部的大田—黄屋及大坑一带，岩性主要为石英砂岩、页岩。罗定组出露于矿区西侧的田谷—大塘面一带，主要为砂质砾岩、砾岩等，与南华系大绀山组呈角度不整合接触，并角度不整合覆盖于加里东期花岗岩之上。

2. 构造

矿区处于大绀山穹窿西南端，北西西向与北东向构造交汇、转折部位。主要发育断裂构造和断陷盆地，褶皱构造不发育。

断裂构造可分为北西西向和北东向两组，以前者为主，两者在平面上呈交互关系，相互间没有明显切割和位移关系(图 2.59)。北西西向断裂主要分布于大田—白梅一带，属高枨断裂带的组成部分。断裂带长约 4.8 km，宽约 2 km，由十多条大致平行的断裂组成，发育于加里东期花岗岩中，往北西穿入到白垩系罗定组地层中。断裂带具多期热液活动特征，蚀变构造岩发育，是矿区最主要的容矿构造，区内发现的大部分矿体赋存于该组断裂中。北东向断裂主要有 F_{19} 及白梅断裂带(F_{14})。F_{19} 分布于碑尾冲—木路坑一带，主要表现为脆性，蚀变构造岩发育，是矿区较重要的含矿构造蚀变带，V10、V11 号矿体即赋存于其中。F_{14} 分布于矿区东南部白梅一带，表现为脆性，伴有硅化、黄铁矿化、褐铁矿化、绿泥石化等蚀变。此外，在矿区东南部发育一组走向北东、倾角陡立的花岗斑岩脉。

断陷盆地包括罗定盆地和白梅盆地。罗定断陷区域上呈北东向展布，矿区出露其北东边缘，分布于西部田谷—竹坪一带，总体呈南北向展布，底部以一套砾岩呈角度不整合覆盖于加里东期花岗岩和大绀山组之上。白梅断陷区域上呈北东向展布，出露于矿区东南部大田一带，地层产状由盆地边缘向中心倾斜，倾向南东，倾角为 40°～50°，以白梅断裂与加里东期花岗岩相接触。

3. 岩浆岩

1）岩体地质

矿区内岩浆岩发育，主要包括以下三类岩石组合(图 2.60)。

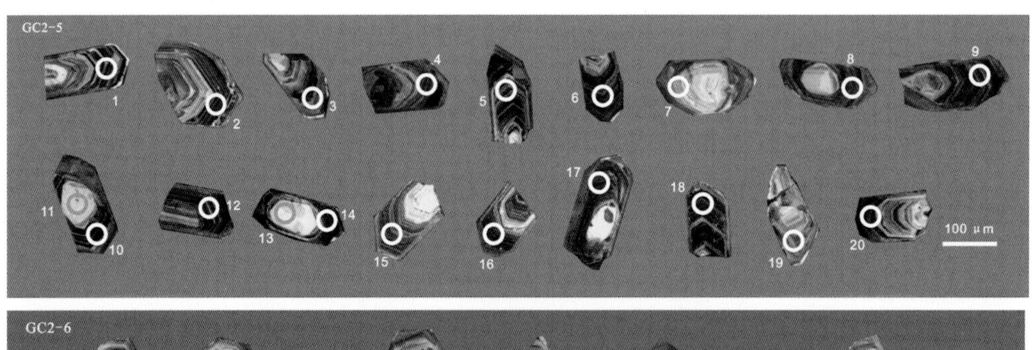

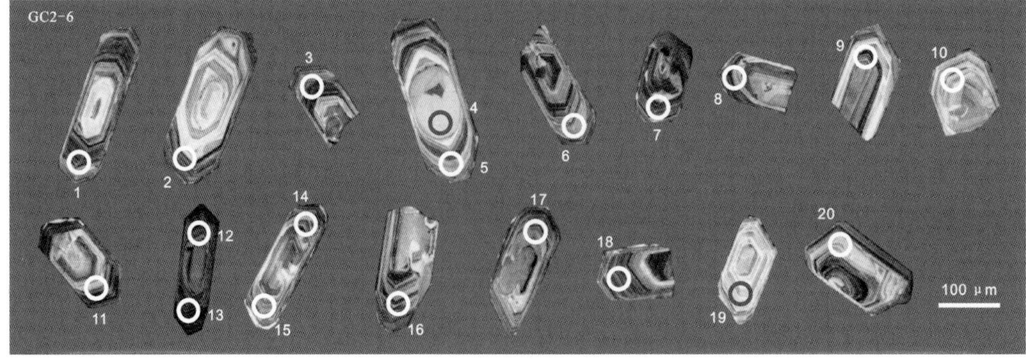

(a) 阴极发光图像

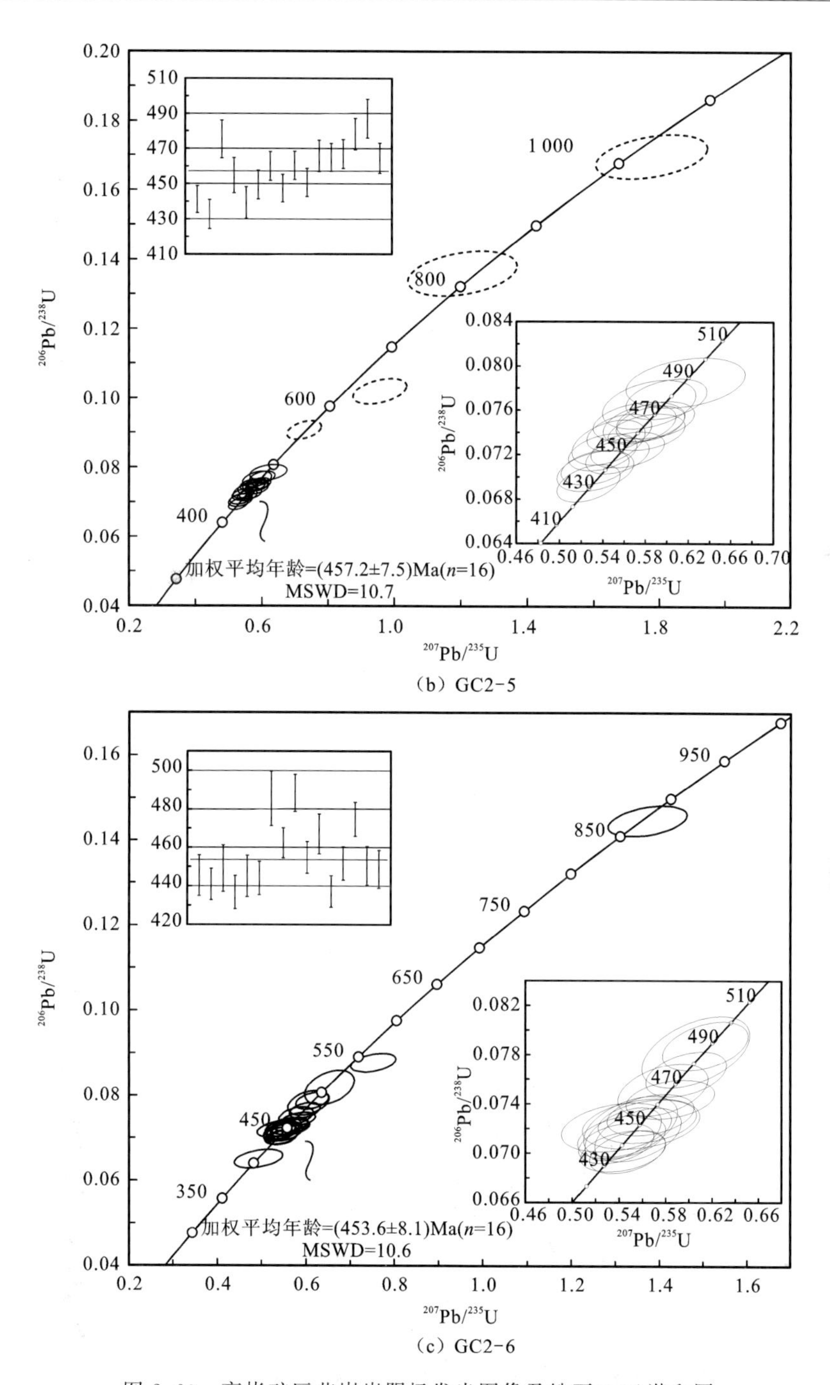

(b) GC2-5

(c) GC2-6

图 2.60　高枨矿区花岗岩阴极发光图像及锆石U-Pb谐和图

(1) 加里东期片麻状花岗岩。分布于矿区北部六块坑、新屋及矿区中部碑尾冲一带，岩性主要为片麻状中粒黑云母二长花岗岩。根据区域对比，初步认为其形成时代为加里东期。

(2) 加里东期块状、弱片麻状花岗岩。区域上大致呈北东向展布，在矿区内大面积出露，是高枨铅锌银矿床的主要赋矿围岩，岩性主要为中细粒黑云母二长花岗岩和(角闪)黑云母花岗闪长岩。岩石蚀变较强烈,其中长石大多已绢云母化,而黑云母和角闪石则大多或全部发生了白云母化、绿泥石化。过去一般认为这套岩石是燕山期岩浆作用的产物(广东省地质调查院,2007;李金刚 等,2006)。本次对其进行了 LA-ICP-MS 锆石U-Pb年龄测定(表 2.40),获得其结晶年龄分别为(457.2±7.5) Ma、(453.6±8.1) Ma(图 2.60),与赵海杰等(2012a)、武国忠等(2012)获得的年龄结果在误差范围内一致。

(3) 燕山晚期块状花岗岩。分布于矿区北部高沥坑、大瓦屋及矿区东部北埇村一带,呈岩枝、岩株产出,岩性主要为中细粒黑云母二长花岗岩和黑云母正长花岗岩,根据区域岩性对比,初步认为其形成时代为燕山晚期。

此外,矿区内还广泛发育花岗斑岩、石英斑岩、花岗闪长岩、伟晶岩、辉绿岩等脉岩,呈北东向、北西向产于花岗岩体中。

2) 岩石地球化学特征

高枨矿区赋矿围岩主要为加里东期黑云母二长花岗岩和(角闪)黑云母花岗闪长岩,其岩石化学、微量元素(含稀土元素)分析结果见表 2.41。

与中国及世界花岗岩类的总平均化学成分(史长义 等,2005;黎彤和袁怀雨,1998)相比,高枨花岗岩总体上显示低硅、富铝的特征。多数样品的 SiO_2 含量为 63.63%~73.49%,平均值为 66.82%,个别样品(GC1-5)的 SiO_2 含量明显偏低,而其 CaO 含量则明显偏高,系萤石-方解石细脉充填所致;样品的全碱含量(Na_2O+K_2O=0.88%~7.64%)和 K_2O/Na_2O 比值(0.09~39.52)变化大,且个别样品(GC3-1)的里特曼指数(δ)很低,系遭受不同程度蚀变所致,但总体都显示为钙碱性;除样品 GC1-5 外,其他样品的铝饱和指数均大于 1.1,表现为过铝质特征。

高枨花岗岩富集 K、Rb、U、Pb 等大离子亲石元素,贫 Sr、Ba、P、Ti、Eu 等亲石元素和高场强元素,类似于 S 型花岗岩或壳源重熔型花岗岩;Cu、Pb、Zn、Ag 等成矿元素的含量高于中国及世界花岗岩的平均值,表明其具有提供成矿物质的潜力。在微量元素蛛网图[图 2.61(a)]上,出现明显的 Ba、Sr、P、Ti 负异常,表明可能存在斜长石和钛铁矿、磷灰石等矿物的分离结晶作用,显示高演化及成矿花岗岩的特征;所有样品都显示较明显的 Nb 负异常,表明源区岩石以陆壳组分为主(Barth et al.,2000)。

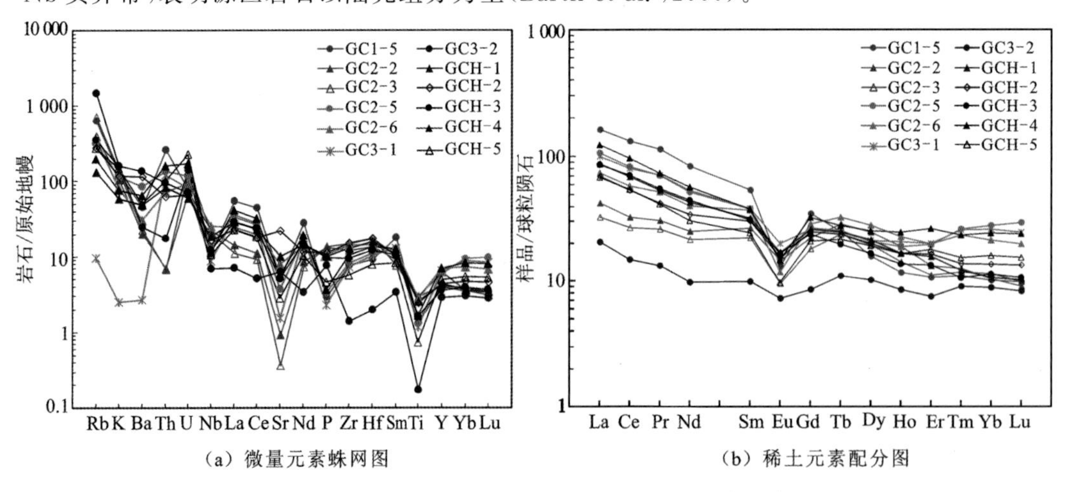

图 2.61 高枨花岗岩微量元素蛛网图和稀土元素配分图

表2.40 高枨铅锌银矿区花岗岩LA-ICP-MS锆石U-Pb分析数据

测点	同位素组成/(μg/g)			同位素比值及误差(1σ)				同位素年龄/Ma			
	Pb	^{232}Th	^{238}U	$^{207}Pb/^{206}Pb$	$^{207}Pb/^{235}U$	$^{206}Pb/^{238}U$	$^{208}Pb/^{232}Th$	$^{207}Pb/^{206}Pb$	$^{207}Pb/^{235}U$	$^{206}Pb/^{238}U$	$^{208}Pb/^{232}Th$
GC2-5-1	188.3	553	2 293	0.053 7±0.001 3	0.532 6±0.013 0	0.070 8±0.000 6	0.022 2±0.000 6	361±55.6	434±8.6	441±3.8	444±11.3
GC2-5-2	184.1	552	2 352	0.054 2±0.001 2	0.526 6±0.012 1	0.069 4±0.000 7	0.021 6±0.000 6	389±50.0	430±8.0	433±4.1	432±11.0
GC2-5-3	52	235	575	0.054 7±0.001 6	0.583 0±0.017 9	0.076 5±0.000 9	0.022 8±0.000 6	398±66.7	466±11.5	475±5.4	456±12.3
GC2-5-4	189	612	2 300	0.053 4±0.001 3	0.545 2±0.014 0	0.073 1±0.000 8	0.021 8±0.000 5	343±55.6	442±9.2	455±5.0	437±10.8
GC2-5-5	111.1	276	1 409	0.054 1±0.001 5	0.532 9±0.014 7	0.070 5±0.000 7	0.023 0±0.000 8	376±56.5	434±9.7	439±4.5	460±15.8
GC2-5-6	118.83	213	1 489	0.053 5±0.001 3	0.540 0±0.013 1	0.072 2±0.000 7	0.022 3±0.000 6	346±86.1	438±8.6	450±4.1	446±12.7
GC2-5-7	61.03	87	513	0.066 5±0.002 1	0.953 6±0.032 9	0.101 9±0.001 5	0.053 7±0.001 8	833±66.4	680±17.1	626±8.7	1 057±34.6
GC2-5-8	152.3	258	1 930	0.054 0±0.001 2	0.555 1±0.012 4	0.074 0±0.000 7	0.025 3±0.000 6	372±50.0	448±8.1	460±4.1	504±12.3
GC2-5-9	270.7	830	3 417	0.055 4±0.001 2	0.553 5±0.012 2	0.071 9±0.000 7	0.024 0±0.000 5	428±41.7	447±8.0	447±3.9	480±10.2
GC2-5-10	42.85	89.3	213	0.075 3±0.002 8	1.777 1±0.069 8	0.169 7±0.002 6	0.054 7±0.002 0	1 077±75.9	1 037±25.5	1 011±14.3	1 077±38.5
GC2-5-11	238.8	397	2 987	0.056 5±0.001 4	0.580 6±0.014 8	0.074 0±0.000 7	0.024 7±0.000 7	472±57.4	465±9.5	460±4.0	493±14.1
GC2-5-12	176.7	484	2 209	0.056 0±0.001 4	0.563 1±0.014 1	0.072 4±0.000 7	0.023 7±0.000 6	450±55.6	454±9.2	451±4.0	473±12.2
GC2-5-13	11.33	37.1	69.6	0.064 9±0.003 8	1.203 5±0.067 1	0.135 9±0.002 7	0.042 5±0.002 2	772±125	802±30.9	821±15.1	842±43.1
GC2-5-14	167.5	461	2 020	0.055 0±0.001 6	0.573 7±0.017 7	0.074 9±0.000 7	0.023 5±0.000 7	413±68.5	460±11.4	466±4.4	470±14.3
GC2-5-15	164.9	321	2 051	0.056 2±0.001 2	0.584 3±0.013 1	0.074 8±0.000 7	0.024 1±0.000 6	4574±8.1	467±8.4	465±3.9	482±11.6
GC2-5-16	105.9	343	1 061	0.057 7±0.001 7	0.725 0±0.021 3	0.090 6±0.001 1	0.026 9±0.000 7	520±67.6	554±12.5	559±6.4	536±14.1
GC2-5-17	191.9	375	2 352	0.056 4±0.001 4	0.589 0±0.014 9	0.075 1±0.000 7	0.025 7±0.000 7	478±55.6	470±9.6	467±4.1	512±13.4
GC2-5-18	323.7	687	3 843	0.056 0±0.001 4	0.599 4±0.015 5	0.077 0±0.000 7	0.025 0±0.000 7	454±57.4	477±9.9	478±4.5	499±13.2
GC2-5-19	82.5	220	944	0.056 7±0.002 2	0.617 4±0.022 9	0.078 5±0.000 9	0.024 6±0.000 8	480±85.2	488±14.4	487±5.6	491±16.4
GC2-5-20	106.6	456	1 258	0.055 3±0.001 3	0.574 0±0.014 0	0.074 7±0.000 7	0.022 6±0.000 5	433±53.7	461±9.0	465±4.3	451±9.7

续表

测点	同位素组成/(μg/g)			同位素比值及误差(1σ)				同位素年龄/Ma			
	Pb	^{232}Th	^{238}U	^{207}Pb/^{206}Pb	^{207}Pb/^{235}U	^{206}Pb/^{238}U	^{208}Pb/^{232}Th	^{207}Pb/^{206}Pb	^{207}Pb/^{235}U	^{206}Pb/^{238}U	^{208}Pb/^{232}Th
GC2-6-1	146.5	399	1 857	0.054 6±0.001 2	0.543 3±0.013 4	0.071 6±0.000 9	0.023 6±0.000 5	394±50.0	441±8.8	446±5.3	472±10.7
GC2-6-2	146.5	399	1 857	0.054 6±0.001 2	0.543 3±0.013 4	0.071 6±0.000 9	0.023 6±0.000 5	394±50.0	441±8.8	446±5.3	472±10.7
GC2-6-3	169.9	990	1 986	0.054 6±0.001 3	0.537 3±0.013 2	0.070 8±0.000 7	0.022 9±0.000 5	398±53.7	437±8.7	441±4.0	457±9.6
GC2-6-4	169.9	990	1 986	0.054 6±0.001 3	0.537 3±0.013 2	0.070 8±0.000 7	0.022 9±0.000 5	398±53.7	437±8.7	441±4.0	457±9.6
GC2-6-5	169.9	990	1 986	0.054 6±0.001 3	0.537 3±0.013 2	0.070 8±0.000 7	0.022 9±0.000 5	398±53.7	437±8.7	441±4.0	457±9.6
GC2-6-6	76.8	337	915	0.055 3±0.001 7	0.549 8±0.016 5	0.072 2±0.001 0	0.022 8±0.000 6	433±66.7	445±10.8	449±6.0	456±12.3
GC2-6-7	165.8	447	2 123	0.056 3±0.001 3	0.547 0±0.013 3	0.070 1±0.000 7	0.022 1±0.000 5	461±56.5	443±8.7	437±4.3	443±10.4
GC2-6-8	102.2	366	1 253	0.056 1±0.001 5	0.556 1±0.015 2	0.071 5±0.000 9	0.022 1±0.000 5	457±63.9	449±9.9	445±5.4	443±10.6
GC2-6-9	69.8	359	826	0.054 7±0.001 5	0.541 9±0.015 4	0.071 3±0.000 7	0.023 1±0.000 5	467±60.2	440±10.2	444±4.3	462±10.7
GC2-6-10	69.8	359	826	0.054 7±0.001 5	0.541 9±0.015 4	0.071 3±0.000 7	0.023 1±0.000 5	467±60.2	440±10.2	444±4.3	462±10.7
GC2-6-11	72.4	231	841	0.055 8±0.001 7	0.605 7±0.019 1	0.078 2±0.001 2	0.024 1±0.000 7	443±66.7	481±12.1	485±7.1	482±14.8
GC2-6-12	70	260	828	0.056 6±0.001 6	0.583 5±0.015 7	0.074 4±0.000 6	0.022 6±0.000 6	476±63.0	467±10.1	462±3.9	452±11.2
GC2-6-13	105.1	382	1 193	0.056 3±0.001 4	0.614 0±0.015 2	0.078 7±0.000 8	0.024 0±0.000 6	461±55.6	486±9.6	488±4.8	479±11.7
GC2-6-14	77.3	275	935	0.055 8±0.001 5	0.566 7±0.015 4	0.073 1±0.000 7	0.023 2±0.000 6	443±59.3	456±10.0	455±4.1	463±11.3
GC2-6-15	86.1	336	1 017	0.055 4±0.001 5	0.577 5±0.015 9	0.075 1±0.000 9	0.024 0±0.000 7	428±61.1	463±10.3	467±5.2	479±13.1
GC2-6-16	127.1	513	1 613	0.055 7±0.001 5	0.543 2±0.014 9	0.070 2±0.000 7	0.020 8±0.000 5	439±61.1	441±9.8	437±4.1	416±10.6
GC2-6-17	69.6	406	808	0.055 7±0.001 7	0.564 0±0.017 3	0.072 6±0.000 7	0.022 6±0.000 6	439±66.7	454±11.2	452±4.3	452±11.2
GC2-6-18	165.3	307	2 006	0.056 1±0.001 3	0.597 2±0.014 2	0.076 4±0.000 7	0.027 5±0.000 7	457±21.3	475±9.1	475±4.5	548±13.9
GC2-6-19	41.7	228	486	0.055 3±0.002 0	0.558 8±0.020 6	0.072 4±0.000 8	0.023 3±0.000 7	433±81.5	451±13.4	451±5.0	466±14.1
GC2-6-20	54.35	154	685	0.053 5±0.002 0	0.537 5±0.019 3	0.072 1±0.000 8	0.023 0±0.000 9	354±85.2	437±12.8	449±4.9	459±18.0

表 2.41 高枨矿区岩石、矿石主量元素和微量元素分析结果表

样品号	花岗岩												矿石					
	GC1-5	GC2-2	GC2-3	GC2-5	GC2-6	GC3-1	GC3-2	GCH-1	GCH-2	GCH-3	GCH-4	GCH-5	GC1-1	GC1-2	GC1-3	GC1-4	GC2-1	GC2-4
SiO_2	58.94	63.63	65.82	69.52	66.8	66.34	63.67	64.33	65.34	67.11	69.00	73.49	—	—	—	—	—	7.56
TiO_2	0.295	0.638	0.65	0.28	0.606	0.254	0.038	0.56	0.53	0.35	0.36	0.16	—	—	—	—	—	0.024
Al_2O_3	14.12	16.50	16.15	14.55	14.84	9.02	15.90	16.32	16.08	14.21	15.38	14.00	—	—	—	—	—	3.36
Fe_2O_3	2.38	1.71	0.463	0.944	0.351	5.92	2.25	1.63	1.34	0.75	0.72	0.62	—	—	—	—	—	31.91
FeO	1.54	5.35	5.62	2.42	4.68	4.98	2.68	3.36	2.96	2.25	2.42	0.97	—	—	—	—	—	12.8
MnO	0.296	0.169	0.306	0.081	0.12	1.30	1.28	0.08	0.06	0.26	0.08	0.06	—	—	—	—	—	3.56
MgO	0.567	1.96	1.98	0.878	1.60	0.067	0.475	1.76	1.62	0.96	1.22	0.4	—	—	—	—	—	0.19
CaO	10.26	0.669	0.555	1.52	2.06	0.588	0.851	3.35	2.48	1.45	1.87	1.03	—	—	—	—	—	5.21
Na_2O	0.114	2.22	0.104	3.64	3.28	0.804	0.422	3.53	3.21	2.68	3.53	3.14	—	—	—	—	—	3.28
K_2O	3.82	3.17	4.11	3.46	2.44	0.076	4.86	1.78	3.61	4.89	2.28	4.50	—	—	—	—	—	0.981
P_2O_5	0.064	0.29	0.30	0.072	0.23	0.05	0.166	0.22	0.25	0.21	0.08	0.10	—	—	—	—	—	0.14
灼失量	7.34	3.02	3.25	2.26	2.38	5.23	4.06	2.06	1.79	4.52	2.16	1.56	—	—	—	—	—	18.66
总量	99.74	99.33	99.31	99.63	99.39	94.63	96.65	98.98	99.27	99.64	99.10	100.03	—	—	—	—	—	87.68
K_2O+Na_2O	3.93	5.39	4.21	7.10	5.72	0.88	5.28	5.31	6.82	7.57	5.81	7.64	—	—	—	—	—	—
σ	0.97	1.41	0.78	1.90	1.37	0.03	1.35	1.32	2.08	2.38	1.30	1.91	—	—	—	—	—	—
A/CNK	0.61	1.99	2.87	1.16	1.26	3.65	2.12	1.18	1.17	1.15	1.32	1.18	—	—	—	—	—	—
Cu	18.6	56.0	4.08	6.06	7.08	2 700	93.5	—	—	—	—	—	45.5	201	34.7	19.7	576	1 810
Zn	807	248	154	116	104	23 000	11 700	—	—	—	—	—	3 100	644	262	1 400	83 900	89 800
Pb	619	10.3	74.4	22.6	18.2	217	82.9	16.1	15.6	37.6	11.9	42.0	593	2 300	22 200	197	508	331
Cr	14.2	24.6	24.1	9.35	23.3	9.62	2.29	24	18.9	11.5	8.77	6.36	8.72	4.65	6.60	7.41	8.19	8.29
Ni	4.83	9.10	9.82	5.53	9.42	2.64	1.28	15	11.4	7.49	5.55	3.05	5.43	3.29	7.86	3.36	8.75	8.15
Co	4.96	11.4	10.4	5.01	9.80	1.01	1.51	12.5	10.8	6.33	5.95	2.40	5.68	7.79	5.32	4.59	13.1	10.4
Rb	404	254	453	198	233	6.16	952	84.3	177	222	126	172	556	303	766	377	169	258
W	11.2	3.09	3.51	1.23	0.94	27.5	3.45	—	—	—	—	—	7.06	0.94	4.48	3.63	4.26	0.33
Mo	1.42	0.28	0.35	0.84	0.98	0.62	0.53	—	—	—	—	—	0.45	7.72	14.6	0.84	5.31	0.18
Bi	0.19	1.45	0.19	0.19	0.26	1.76	1.81	—	—	—	—	—	0.35	0.35	0.84	0.78	38	11.2
Sr	110	19.7	7.76	79.4	171	32.6	136	215	468	110	116	60.3	109	56.9	152	154	9.51	83.9
Ba	320	141	158	595	218	18.7	174	345	815	948	451	349	226	76	234	148	19.9	43.8
V	35.8	99.1	89.3	36.3	65.4	35.5	7.89	88.4	73.6	47.5	49.7	13.3	—	—	—	—	—	20.1

续表

样品号	花岗岩												矿石					
	GC1-5	GC2-2	GC2-3	GC2-5	GC2-6	GC3-1	GC3-2	GCH-1	GCH-2	GCH-3	GCH-4	GCH-5	GC1-1	GC1-2	GC1-3	GC1-4	GC2-1	GC2-4
Nb	8.38	15.8	15.0	9.81	18.5	6.31	5.03	13.4	12.0	8.80	8.17	7.59	5.36	0.70	2.56	1.89	4.33	1.08
Ta	1.14	2.32	2.41	1.32	1.88	0.85	0.76	1.06	0.85	0.95	1.10	0.95	0.68	0.099	0.30	0.26	0.92	0.14
Zr	86.8	136	170	93.2	162	82.4	15.8	147	174	106	117	63.6	127	0.76	27.5	28.5	33.3	5.34
Hf	2.88	4.20	5.44	3.41	4.58	3.18	0.62	5.02	5.45	3.80	4.22	2.40	4.48	0.053	0.95	1.03	1.18	0.20
Ga	17.3	25.2	24.6	17.5	22.4	31.0	19.6	—	—	—	—	—	32.3	8.11	31.2	24.2	43.9	46
Sn	44.7	30.6	24.9	13.6	5.88	2740	475	—	—	—	—	—	154	83	154	88.2	1980	1790
Au	0.013	0.003 6	0.002 1	0.002 5	0.003 4	0.005 1	0.007 1	—	—	—	—	—	0.044 7	0.065 4	0.036 2	0.022 5	0.008 4	0.013 5
Ag	1.05	0.40	0.15	0.31	0.15	1.22	1.08	—	—	—	—	—	5.47	93.9	29.6	4.44	41.9	54
Hg	0.076	0.10	0.073	0.19	0.074	1.17	0.12	—	—	—	—	—	0.012	0.016	0.052	0.073	2.40	4.81
U	1.66	1.53	2.95	2.49	1.97	1.72	2.98	1.27	1.38	1.49	3.62	4.77	2.71	0.53	0.82	1.94	2.28	0.54
Th	22.2	0.60	0.58	11.5	6.26	10.4	1.52	7.13	5.42	8.24	13.7	8.57	10.9	0.20	1.85	5.65	0.73	0.70
Y	18.2	28.4	18.8	27.3	31.6	29.5	13.3	20.1	20.0	16.4	31.8	22.4	21.8	51.0	24.2	33.2	7.53	6.48
La	38.0	9.91	7.66	24.7	17.2	23.2	4.87	20.3	16.2	20.0	28.7	15.8	21.0	1.66	3.04	7.39	2.90	1.02
Ce	79.2	19.7	16.3	49.7	34.9	48.1	9.1	41.3	32.3	42.4	57.8	32.7	41.7	3.07	5.84	14.7	5.69	1.94
Pr	10.6	2.88	2.46	6.57	4.84	6.60	1.26	5.01	3.96	5.15	6.83	3.88	5.81	0.54	0.92	2.20	0.83	0.30
Nd	38.2	11.6	9.99	23.8	18.5	24.5	4.56	19.8	15.8	20.5	26.1	14.1	21.0	3.03	3.83	9.09	3.22	1.28
Sm	8.08	4.02	3.37	5.74	5.58	5.77	1.51	4.83	4.57	4.68	5.69	3.69	4.92	1.72	1.54	3.25	1.05	0.59
Eu	0.76	0.84	0.55	0.86	0.68	1.15	0.42	0.98	0.89	0.96	0.85	0.56	1.66	0.64	0.90	1.62	0.37	0.37
Gd	7.04	4.54	3.70	5.42	5.84	5.27	1.75	5.31	5.06	4.82	6.56	4.25	4.94	3.10	2.12	4.13	1.20	0.89
Tb	0.92	1.06	0.88	0.94	1.20	0.91	0.41	0.92	0.88	0.73	1.03	0.8	0.82	0.80	0.50	0.97	0.28	0.21
Dy	3.99	6.20	4.91	5.23	7.04	5.31	2.58	5.39	5.03	4.21	6.35	4.83	4.27	5.31	3.42	6.28	1.66	1.21
Ho	0.66	1.06	0.80	1.06	1.27	1.16	0.48	0.94	0.94	0.77	1.38	0.93	0.80	1.09	0.70	1.23	0.28	0.21
Er	1.77	2.18	1.84	3.23	3.26	3.29	1.24	2.59	2.71	2.21	4.31	2.94	2.09	2.85	1.79	3.17	0.70	0.48
Tm	0.28	0.32	0.30	0.66	0.59	0.65	0.23	0.31	0.35	0.27	0.59	0.39	0.34	0.45	0.30	0.55	0.12	0.083
Yb	1.72	1.77	1.94	4.69	3.59	4.38	1.50	1.81	2.31	1.92	4.08	2.70	2.09	2.38	1.84	3.50	0.74	0.58
Lu	0.25	0.23	0.25	0.74	0.50	0.62	0.21	0.26	0.34	0.27	0.60	0.39	0.26	0.29	0.24	0.44	0.11	0.073
ΣREE	191.47	66.31	54.95	133.34	104.99	130.91	30.12	109.75	91.34	108.89	150.87	87.96	111.70	26.93	26.98	58.52	19.15	9.24
$(La/Yb)_N$	15.85	4.02	2.83	3.78	3.44	3.80	2.33	8.04	5.03	7.47	5.05	4.20	7.21	0.50	1.19	1.51	2.81	1.26
δEu	0.30	0.60	0.47	0.46	0.36	0.63	0.79	0.59	0.56	0.61	0.42	0.43	1.02	0.84	1.52	1.35	1.00	1.56

资料来源:GCH-1～GCH-5 据赵海杰等(2012a),其余为本书测定;主量元素的质量分数的单位为%,微量元素的质量分数的单位为 μg/g。

高栎花岗岩的稀土总量为30.12～191.47 μg/g，平均值为105.08 μg/g，低于中国及世界花岗岩平均值；$(La/Yb)_N$为2.33～15.85，具中等Eu负异常(δEu为0.30～0.79)，稀土配分曲线为右倾型[图2.61(b)]，明显不同于华南燕山期钨-锡矿化壳源型花岗岩的“海鸥型”稀土配分模式，也有别于燕山期铜-铅-锌矿化壳幔混源型花岗岩的右倾单斜型稀土配分模式，暗示高栎加里东期花岗岩虽然可能提供了部分成矿物质，但并非高栎矿床的直接成矿母岩。

2.9.3 矿床地质特征

1. 矿体特征

高栎矿区矿体产于破碎蚀变带内，属构造蚀变岩型脉状矿体，其产状、形态、规模严格受断裂构造控制。按展布方向可分为北西西向和北东向两组矿体，以北西西向为主。

1) 北西西向矿体

北西西向矿体分布于田谷—高栎—碑尾坑一带，赋存于加里东期花岗岩中，局部(V4)穿入到罗定组地层中，平面上呈左行侧列分布(图2.59)，间距一般为80～150m。就单个矿体而言，主要沿北西西向断裂产出，局部走向近东西向，如V2在ML6民窿中的产状为171°∠80°，在BT3剥土中的产状为175°∠75°。东西向含矿断裂叠加在北西西向含矿断裂上是富矿段主要产出部位。由于东西向与北西西向断裂均倾向南，倾角陡立，两者走向交角约30°，因此V2中的富矿段为向东侧伏，其侧伏角约30°。以V2、V5、V7三个矿体为代表将矿体特征简要介绍如下。

(1) V2矿体：为矿区主矿体，资源量占矿区总资源量的40%～49%。矿体呈脉状赋存于F7断裂中，走向为280°～305°，倾向为190°～215°，倾角为60°～85°，局部具膨大缩小、分枝复合特征(图2.62)。已控制矿体长度1 255 m，斜深466 m，标高－318.0 m。矿体厚度0.39～9.69 m，平均为3.10 m。矿石为硅化、铁锰矿化构造角砾岩、碎裂岩，黄铁矿、方铅矿、闪锌矿等金属矿物呈条带状、细脉或网脉状、团块状、星点状、浸染状分布。矿石品位：银7.45×10^{-6}～968.00×10^{-6}，平均为138.97×10^{-6}；铅0.03%～6.81%，平均为1.82%；锌0.01%～10.61%，平均为2.97%；锡0～0.56%，平均为0.17%。

(2) V5矿体：资源量占矿区总资源量的2%左右。呈薄脉状赋存于F9断裂中，走向为275°～300°，倾向为185°～210°，倾角为60°～75°。控制程度较低，已控制矿体长度608 m，斜深162 m，标高15.5 m。矿体厚度0.35～1.12 m，平均为0.52 m。矿石为铁锰矿化碎裂岩，铁锰以细脉状充填为主，局部呈网脉状，铅锌矿物呈浸染状，脉状分布。矿体平均品位：银311.45×10^{-6}，铅1.92%，锌1.31%，锡0.06%。

(3) V7矿体：资源量占矿区总资源量的5%左右。矿体呈脉状赋存于F8断裂内，走向为275°～300°，倾向为185°～210°，倾角为60°～80°，局部具膨大缩小特征。呈半隐伏状，仅中间(28～34线)露出地表，两侧(4～28线及34～46线)均隐伏。已控制矿体长度891 m，斜深315 m，标高－123.9 m。矿体厚度0.20～5.60 m，平均为1.82 m。地表矿石为铁锰矿化碎裂岩，铁锰以细脉状充填为主，局部呈网脉状；钻孔中见铅锌矿物呈浸染状、

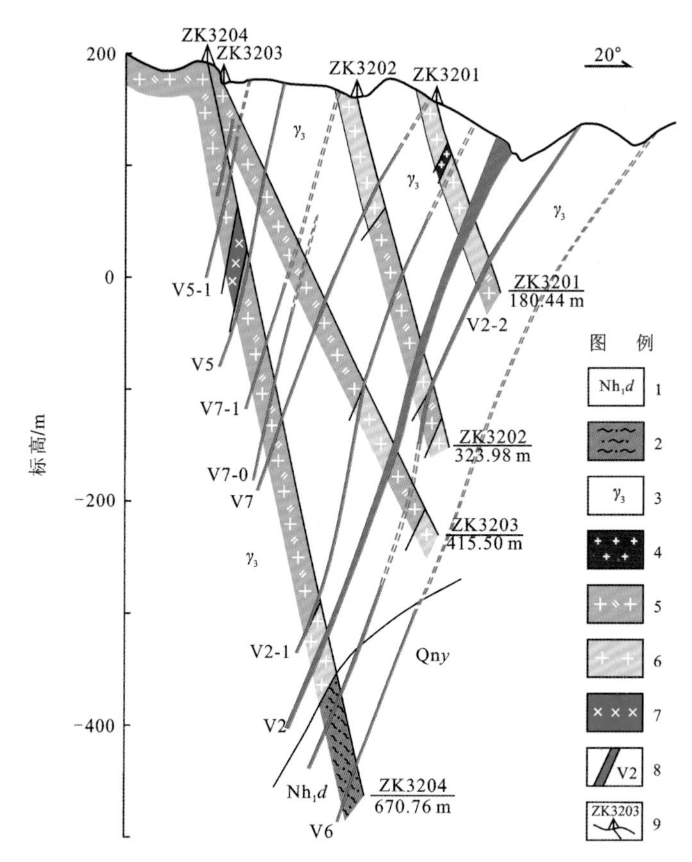

图 2.62　高枨矿区 32 线剖面图(广东省地质调查院,2007)

1.南华系大绀山组;2.变粒岩;3.加里东期花岗岩;4.花岗细晶岩;5.黑云母二长花岗岩;6.黑云母花岗岩;7.辉绿岩;8.矿体及编号;9.钻孔及编号

细脉状、团块状分布。矿体平均品位:银为 54.61×10^{-6},铅为 0.89%,锌为 2.65%,锡为 0.10%。

2) 北东向矿体

北东向矿体控制程度较低,目前已发现的有 V10、V11 矿体(图 2.59)。

V10 矿体:为主要矿体之一,资源量占矿区总资源量的 8%左右,是民采(ML5)的主要对象。矿体呈脉状赋存于 F_{19} 断裂内,走向为 30°～40°,倾向为 120°～130°,倾角为 60°～75°,局部具膨大缩小特征。已控制矿体长度 553 m,斜深 174 m,标高－36.2 m。矿体厚 0.30～9.86 m,平均为 1.71 m。矿石主要为铁锰矿化、黄铁矿化、硅化碎裂岩及角砾岩,金属矿物主要为黄铁矿、方铅矿、闪锌矿、自然银等,呈条带、细脉、团块状、浸染状分布。矿石品位:银为 14.82×10^{-6}～504.25×10^{-6},平均为 205.8×10^{-6};铅为 0.28%～6.92%,平均为 2.50%;锌 0.06%～6.84%,平均为 2.85%;锡 0～0.21%,平均为 0.08%。属脉状富矿体。

V11 号矿体:位于 V10 矿体西侧约 10 m,与 V10 平行。矿体呈脉状赋存于 F_{19} 断裂内,走向为 30°,倾向为 120°,倾角为 60°～75°。已控制矿体长度 350 m,斜深 361 m,标高－178.9 m。矿体厚度 0.72～3.06 m,平均为 0.99 m。矿石主要为铁锰矿化、黄铁矿化、硅化碎裂花岗岩,金属矿物主要为黄铁矿、方铅矿、闪锌矿、自然银等,呈条带、细脉、团块状、浸染状分布。矿体平均品位:银为 31.94×10^{-6},铅为 0.25%,锌为 1.28%,锡为 0.01%。该矿体为单一的锌矿体,厚度薄、品位低。

上述两组矿体在平面上呈近垂直相交关系,相互间没有明显切割和位移,两者倾向同向(均向南倾),倾角相近(60°～80°),在两者相交部位,矿体膨胀厚大,品位变富,如在 V2 与 V10 相交部位(32 线),V2 出现厚大富矿。

2. 矿石特征

原生矿石的结构主要有它形-半自形晶状结构、包含结构、乳浊状结构;构造以浸染状、斑点状、脉状为主,其次为块状、角砾状、条带状、晶族等。

矿石中矿物种类较多,金属矿物主要有黄铁矿、磁黄铁矿、闪锌矿、方铅矿、磁铁矿、赤铁矿等,其次为毒砂、黄铜矿、斑铜矿、锡石、菱锰矿、褐铁矿等,微量黑钨矿、白钨矿、辉锑矿等;脉石矿物有绿泥石、石英、萤石、长石、云母、角闪石等,少量或微量高岭石、透闪石、阳起石、玉髓、石榴子石、黝帘石、磷灰石、电气石等。

3. 围岩蚀变

矿区围岩蚀变比较强烈,主要有硅化、黄铁矿化、萤石化、菱锰矿化、云英岩化、绿泥石化、绢云母化、钾长石化、高岭土化等。围岩蚀变受构造破碎带控制,具有分带特征,以矿化构造破碎带为中心,呈现出向两侧蚀变依次减弱的特征,越靠近矿(化)带,蚀变就越强烈。

4. 成矿期次

野外观察和光片、薄片研究表明,高枨铅锌银矿床中矿物的生长是多期次和多阶段的。由于热液活动的多次叠加改造,详细划分成矿期次是很困难的。根据矿物组合、矿脉之间的互相穿插关系及矿石结构、构造等特征,可将主成矿期矿物的生长大致分为以下三个阶段。

(1) 石英-黄铁矿阶段:主要生成黄铁矿、石英、白云母等矿物,是成矿的初期阶段,有较弱的铅锌银矿化。

(2) 石英-硫化物阶段:主要生成方铅矿、黄铜矿、闪锌矿、黄铁矿、磁黄铁矿等硫化物及菱锰矿、方解石等碳酸盐矿物和石英,为铅锌银的重要成矿阶段,自然银及银的硫化物、硫酸盐矿物主要在这一阶段形成。

(3) 石英-绢云母-硫化物阶段:主要形成方铅矿、方解石、石英、绢云母、绿泥石、黄铜矿、闪锌矿、萤石等矿物,为银的次要成矿阶段,有自然银及银的硫化物生成。

2.9.4 矿床成因

1. 矿床地球化学特征

1) 矿石化学成分

高枨矿区矿石类型主要为蚀变花岗质碎裂岩、角砾岩,其主要化学成分及微量元素分析结果见表 2.41。相对于无矿化或弱矿化花岗岩,矿石的硅、铝含量(SiO_2=7.56%,Al_2O_3=3.36%)显著降低,而铁、锰和钙的含量则显著增高(TFeO=41.52%,MnO=3.56%,CaO=5.21%),反映了含矿岩石黄铁矿化和铁锰矿化、局部萤石化蚀变强烈的特点。

2)微量元素和稀土元素

矿石中的元素组合较复杂,含量较高的主要有 Pb、Zn、Ag、Sn、Cu、Rb、Ba、Sr、S、F、As、Fe、Mn、Ca、Mg,其次为 Sb、Bi、W、Mo、Au、In、Cd、Ga、Ge、V、Cr、Co、Ni 等元素。其中,矿化元素以 Pb、Zn、Ag、S、Sn 为主,局部地段伴生 Cu、Au、CaF_2。多数矿体锌品位高于铅,少数矿体(V3、V5)含铅相对较高。矿石中 W、Mo、Bi 等高温岩浆元素的含量相对较低[图 2.63(a)],这表明成矿流体可能是经历了较长距离搬运的中低温含矿热液流体,而不是就近的加里东期或其他时代花岗质岩浆分异的直接产物。

矿石的稀土元素总量($\sum$REE=9.24×10^{-6}~111.70×10^{-6})较低,$(La/Yb)_N$(0.50~7.21)较低且变化大,Eu 异常值(δEu=0.84~1.56)变化也较大。根据稀土配分型式,可以分为三组[图 2.63(b)]:①右倾型,轻稀土弱富集、无 Eu 异常,类似于岛弧火山岩;②平坦型,轻重稀土分异弱、具 Eu 正异常,类似于基性-超基性堆晶岩;③左倾型,轻稀土强亏损、具弱 Eu 负异常,类似于 MORB 型玄武岩。这种复杂的稀土元素组合型式,显示出蛇绿岩套岩石组合的特征(徐德明 等,2007;王希斌 等,1996)。据此推测,高枨矿床的成矿物质可能主要来自于具有洋壳特征的基底岩系。近年来,在云开地块北缘陆续厘定出具有古洋壳岩石残片性质的细碧-角斑岩、MORB 型玄武岩、地幔橄榄岩,形成时代为新元古代青白口纪—南华纪(覃小峰 等,2007;彭松柏 等,2006b;郭良田 等,2005),它们可能构成了大绀山地区铅、锌、银、铜矿床的主要矿源层。

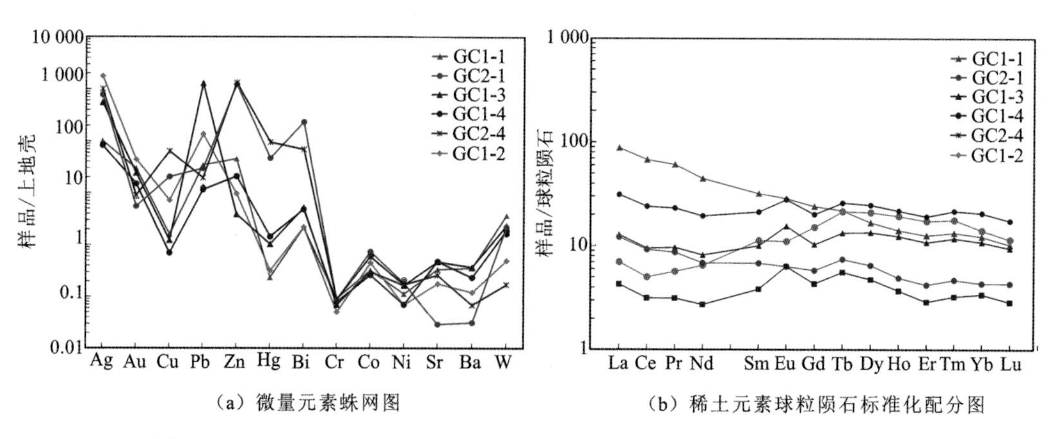

(a) 微量元素蛛网图 (b) 稀土元素球粒陨石标准化配分图

图 2.63 微量元素上地壳标准化曲线图和稀土元素球粒陨石标准化配分图

3)稳定同位素

从矿石中挑选出硫化物样品进行了 S 同位素和 Pb 同位素测定。其中,3 件黄铁矿样品的 $\delta^{34}S$ 分别为 2.89‰、-1.03‰、-1.04‰,接近于陨石硫。可见,高枨矿床中的 S 同位素总体显示深源硫的特点,但可能有少量壳源硫的混入。

硫化物的 $^{206}Pb/^{204}Pb$ 为 18.470~18.552,$^{207}Pb/^{204}Pb$ 为 15.625~15.718、$^{208}Pb/^{204}Pb$ 为

38.758～39.067(表2.42)，Pb同位素组成变化范围小，表明铅的来源单一。矿石的μ为9.51～9.68，φ为0.582～0.587。在Pb同位素$^{207}Pb/^{204}Pb$-$^{206}Pb/^{204}Pb^{208}$和$Pb/^{204}Pb$-$^{206}Pb/^{204}Pb$构造模式图上，样品点分别落在造山带演化线上方及造山带演化线和下地壳演化线之间，反映铅可能来源于下地壳同熔岩浆的分异演化。Pb同位素单阶段模式年龄为210～155 Ma，表明成矿作用发生于印支晚期—燕山早期，与华南地区中生代大规模成矿作用的时间相吻合(徐德明 等，2015；华仁民 等，2005)，同时也印证了本区断裂多期次活动的特点。

表2.42　高枨铅锌银矿床矿石硫化物Pb同位素分析结果表

样品号	样品名称	Pb同位素比值			表面年龄/Ma	φ	μ	Th/U
		$^{206}Pb/^{204}Pb$	$^{207}Pb/^{204}Pb$	$^{208}Pb/^{204}Pb$				
GC1-2	黄铁矿	18.482±0.004	15.649±0.004	38.915±0.009	176	0.584	9.55	3.90
GC2-1	黄铁矿	18.552±0.002	15.718±0.002	39.067±0.006	210	0.587	9.68	3.94
GC2-4	黄铁矿	18.470±0.001	15.625±0.001	38.758±0.001	155	0.582	9.51	3.84

2. 成矿时代

如前所述，根据矿石中硫化物的铅模式年龄推断高枨铅锌银多金属矿床的成矿时代为印支晚期—燕山早期，但局部地段矿脉(V4)又延伸进入到早白垩世地层(罗定组)中，表明成矿作用一直延续到了燕山晚期。又考虑到延入早白垩纪世地层中的矿体部分矿化强度已明显减弱，且围岩蚀变以硅化、绿泥石化、萤石化等晚期蚀变为主，因此推测燕山晚期成矿作用属后期热液叠加矿化，主成矿期应为印支晚期—燕山早期。

3. 矿床成因及成矿模式

高枨矿区浅部矿体围岩主要为加里东期花岗岩，个别矿体(V4西北段)穿入到白垩纪红层中；深部部分矿脉延入到大绀山组和云开群中，如V2和V6矿体分别在36线－200 m和－180 m处穿入到南华系大绀山组泥砂质板岩、变质粉砂岩中，在32线－375 m和－295 m处穿入到云开群变粒岩中(图2.62)。南华系大绀山组为一套喷流沉积建造的浅变质岩系，富含S、Pb、Zn、Ag、Sn等成矿元素；云开群中普遍含变基性火山岩，Cu、Zn、As、Sb等元素含量高。这些基底岩系为该矿床的形成奠定了丰富的物质基础。

矿体的形态、产状和规模严格受断裂构造控制，高枨断裂带具有多期活动特点，是成矿热液运移的通道和主要容矿构造。矿石类型主要为蚀变碎裂岩、角砾岩；当断裂破碎带较宽，且构造角砾岩发育时，矿体规模也较大，矿化越连续，矿化越富集。

矿体围岩蚀变十分强烈，成矿元素组合复杂，并具垂直分带现象，由地表往深部元素分带为Ag、Mn、Sn→Ag、Mn、Pb、Zn、Sn→Ag、Pb、Zn、Sn→Ag、Pb、Zn、Sn、Cu、Au。矿石中W、Mo、Bi等高温岩浆元素的含量相对较低，稀土配分型式复杂，表明成矿作用与岩浆期后热液无直接的成因联系；同位素特征显示硫的来源以深源硫为主，并有壳源硫的混入；Pb同位素单阶段模式年龄为210～155 Ma，表明成矿作用与印支晚期—燕山早期构造-岩浆活动有关。

综上所述,高枨铅锌银矿床属中低温热液交代-充填形成的破碎带蚀变岩型矿床。其成矿地质背景和成矿过程可概括如下(图 2.64)。

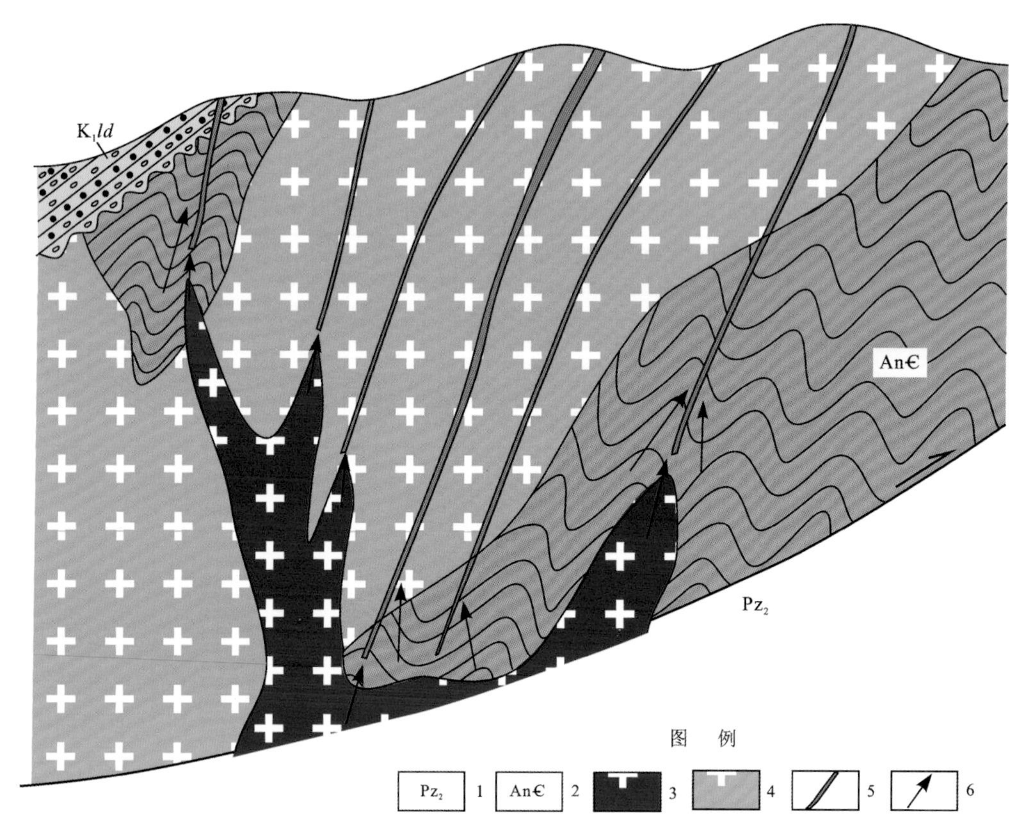

图 2.64 高枨铅锌银矿床成矿模式图

1.上古生界(泥盆系、石炭系);2.前寒武系(南华系大绀山组、云开群);3.印支期—燕山期花岗岩;4.加里东期花岗岩;5.矿体;6.含矿热液运移方向

研究表明,云开地块西北缘发育一系列逆冲推覆构造(袁正新,1995;彭少梅 等,1995;张伯友和俞鸿年,1992;袁正新 等,1988)。其中,大绀山推覆体由云开群、南华系大绀山组变质岩和加里东期花岗岩组成。在云开群及南华系大绀山组地层沉积时,由于海底火山活动和喷流作用使 Pb、Zn、Ag、Cu 等成矿元素在地层中初步富集,形成矿源层。印支早期(255～230 Ma),桂东南地块由北西向南东与云开地块碰撞拼贴,发生大规模逆冲推覆作用,并导致地壳显著加厚;随后,印支晚期—燕山早期(230～130 Ma),由于超厚地壳的应力松弛效应,发生广泛的剪切拉张作用(Wang et al.,2007;彭少梅 等,1995)。强烈的推覆和剪切拉张作用,产生一系列次一级的剪切滑脱断层,成为成矿流体运移和矿物结晶沉淀的有利构造空间;同时,还伴随大规模同碰撞重熔型花岗岩和 I-S 过渡型花岗岩侵位,为地层中成矿元素的活化、迁移提供了热力学条件。频繁的构造-岩浆活动,使原先呈分散状态赋存于矿源层中的 Pb、Zn、Ag 等成矿元素不断活化;同时,断裂同生热液、岩浆热液共同从地层中萃取出成矿物质,形成混合含矿热液流体,于有利构造部位富集沉淀形成矿床。

2.9.5　找矿标志

高枨铅锌银矿床属构造蚀变岩型多金属矿床，高枨断裂带为主要的控矿、容矿构造，矿化富集与燕山晚期岩浆活动和断裂活动的热液有关，其找矿标志主要为以下几点。

（1）化探异常集中区：Ag、Pb、Zn 等元素化探异常与矿化构造带吻合好，土壤异常 Ag≥0.6 μg/g 是矿体分布范围。

（2）高枨铅锌银矿属构造蚀变岩型矿床，位于异常区的构造蚀变破碎带内伴有硅化、菱锰矿化、黄铁矿化的地段，地表是石英、铁锰分布地段，是直接的找矿标志。

（3）以由菱锰矿氧化的呈条带状、团块状的黑土带为近矿标志。当黑土带中同时具石英细脉、石英团块、褐铁矿团块的构造岩，即指示深部有工业铅锌银多金属矿体存在；地表银品位高，指示其中深部有铅锌银富矿体存在。

2.10　广东黄泥坑构造蚀变岩型金矿

黄泥坑金矿位于广东省广宁县赤坑镇北西 5 km 处。矿区中心地理坐标：东经 112°28′42″，北纬 22°57′35″。该矿床是粤西地区近年来新发现的一个大型金矿床，也是广东省继 20 世纪 80 年代河台金矿发现后的又一重大找矿突破。对其矿床地质特征及成矿机制进行探讨具有重要意义，可以为桂东—粤西地质找矿工作提供进一步的依据。

2.10.1　区域地质背景

黄泥坑金矿区位于云开隆起的北东段的北西缘，吴川—四会断裂带和罗定—广宁断裂带的北西侧[图 2.65(a)]，以及北西向连阳-广宁构造岩浆岩带与北东向云开隆起的交接部位，西临北东向展布的大洞田白垩纪断陷盆地。

区域上出露的地层主要有新元古界南华系—震旦系、下古生界寒武系—奥陶系及上古生界泥盆系。南华系大绀山组为一套喷流沉积建造，主要由千枚岩夹火山岩、火山碎屑岩、黄铁矿层、泥灰岩和硅质岩组成，黄铁矿层底板的黑色岩系及底部石英岩夹云母石英片岩、千枚岩段为铅、锌、银、锡、金等金属矿的矿源层（郭敏，2014；罗大略，2004），云浮硫铁矿、大金山钨锡矿即产于该层位；震旦系老虎堂组为一套深海-半深海相碎屑岩-硅质岩建造，以较细碎屑岩及含较多硅质岩为特征，岩性以片理化粉砂岩、片岩、千枚岩为主，也是粤西地区的重要产金层位，著名的河台金矿及新洲金矿即赋存于该层位。寒武系为一套厚达数千米的浅海-深海相类复理式碎屑岩建造，统称八村群，自下而上划分为牛角河组、高滩组和水石组，其中水石组主要由变质砂岩及（含碳）千枚岩和板岩组成，是区内重要赋金层位之一，黄泥坑金矿即产于水石组中。

区内主要控矿构造为罗定—广宁断裂带，该断裂带走向北东，其展布方向自北东石坎起，往南西经广宁江屯、石涧、乐城，然后向南西偏转，与吴川四会断裂带逐渐分开，经德庆六都沿宋桂断裂和罗定盆地北西侧的大湾、涌流、尖岗顶断裂展布，向西延入广西北流、岑溪、玉林，与博白—岑溪断裂、钦州—灵山断裂衔接。该断裂由多条平行侧列的断裂和挤

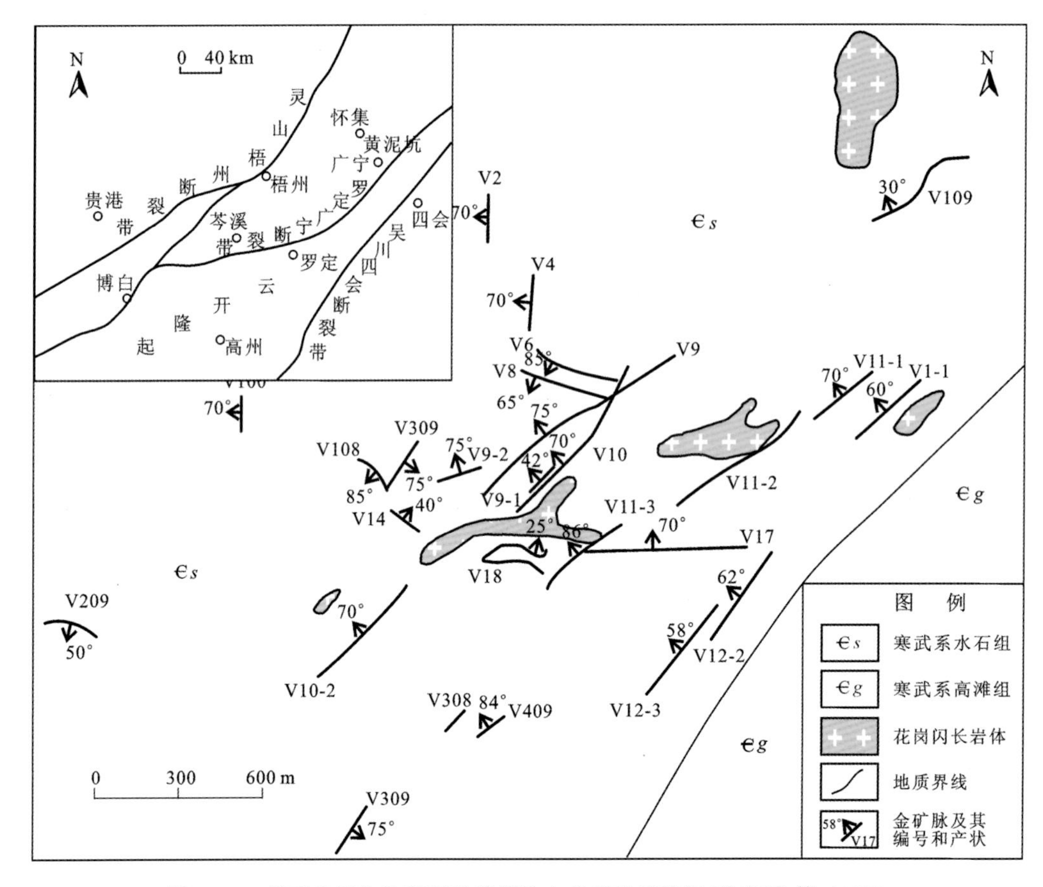

图 2.65 粤西地区构造简图及黄泥坑金矿区地质简图(徐燕君 等,2012)

压破碎、糜棱岩化、片理化、角砾岩及混合岩化带等组成。断裂引起的变质作用强烈,变质带宽为 20 多千米,主断裂面多陡倾,倾向北西。该断裂带位于云开混合岩带的北西缘,构成区域混合岩边界,控制了区内主要金银矿床的分布。

区内岩浆岩活动强烈,岩浆岩从加里东期到燕山期均有分布。主要有分布于矿区西南部的诗洞岩体和东侧的广宁岩体两个大型复式岩体。诗洞岩体主要由加里东期花岗质侵入体组成(耿红燕 等,2006),岩性主要为黑云母二长花岗岩和黑云母正长花岗岩;广宁岩体主要由印支期和燕山早期花岗质侵入体组成(广东省地质调查院和广东省佛山地质局,2013),岩性主要为黑云母正长花岗岩、黑云母二长花岗岩和花岗闪长岩。

2.10.2 矿区地质特征

1. 地层

矿区及外围出露的地层为寒武系八村群高滩组和水石组,为一套类复理石浅变质岩系,地层总体走向北东,倾向以南东为主,局部北西向,倾角为 50°~70°。水石组岩性主要为灰绿色、深灰色变质长石石英砂岩、石英粉砂岩、绢云母板岩、千枚岩,局部夹碳质千枚岩、硅质岩等,并见黄铁矿化;高滩组主要为灰绿色、灰色绢云母板岩、千枚岩,夹石英砂岩，变质细粒石英砂岩等。

2. 构造

矿区主要控矿构造为断裂构造，以北东向断裂为主，次有北西、东西及近南北向断裂。北东向断裂规模较大，延伸较远，一般数百米到上千米，构造痕迹清晰，伴随硅化、黄铁矿化和其他多金属硫化物矿化，形成构造蚀变岩型矿化带。

3. 岩浆岩

1) 岩体地质

矿区位于广宁复式岩体的西侧外接触带，但矿区内岩体出露面积较小，地表共见有 5 个呈小岩株或岩枝状的小岩体出露，构成一个呈北北东向(75°)展布、长 2 500 m、宽 400～500 m 的岩体群[图 2.65(b)]，单个岩体出露面积均较小(小于 0.5 km^2)，如排坑岩体约 0.1 km^2，高圳岩体约 0.02 km^2。岩性主要为细粒黑云母角闪花岗闪长岩，主要矿物成分为斜长石(50%)、钾长石(8%)、石英(25%)、角闪石(10%)、黑云母(7%)。岩石蚀变较强烈，尤其是岩体边缘，主要有钠长石化、绢云母化、绿泥石化、硅化和碳酸盐化等[图 2.66(a)，(b)]。

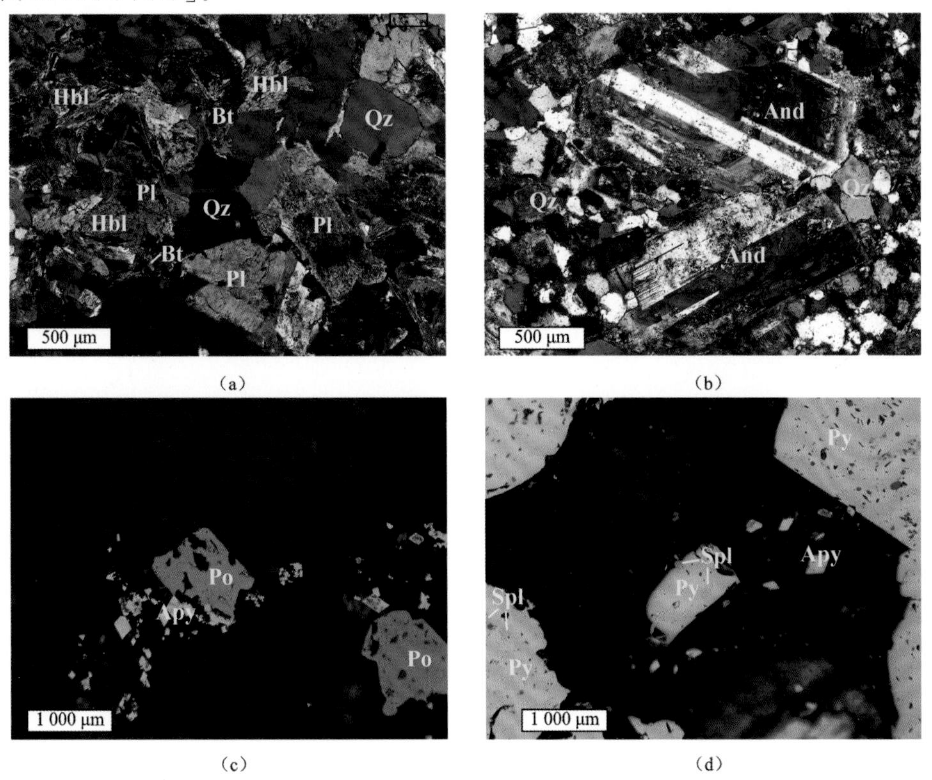

图 2.66　黄泥坑金矿区花岗闪长岩及含矿石英脉显微照片

Pl-斜长石；And-中长石；Hbl-角闪石；Bt-黑云母；Qz-石英；Po-磁黄铁矿；Py-黄铁矿；Apy-毒砂；Spl-闪锌矿(a) 蚀变花岗闪长岩，长石绢云母化；(b) 蚀变花岗闪长岩，中长石双晶、环带结构及后期硅化作用；(c) 磁黄铁矿被毒砂交代；(d) 黄铁矿被毒砂和闪锌矿交代。

2) 地球化学特征

黄泥坑矿区花岗岩的岩石化学成分和微量元素分析结果分别见表 2.43 和表 2.44。从表 2.43 可以看出,即使蚀变微弱的样品(HNK2-2),其 SiO_2的含量也较低,应反映了本区花岗岩的原有特征;而随着黄铁矿化和碳酸盐化等蚀变作用的增强,SiO_2的含量显著降低(其中样品 HNK1-6 中 SiO_2 含量仅为 42.56%),而 MgO、FeO 的含量明显增加。

表 2.43 黄泥坑矿区岩石化学分析结果表 (单位:%)

样品号	SiO_2	Al_2O_3	Fe_2O_3	FeO	CaO	MgO	K_2O	Na_2O	TiO_2	P_2O_5	MnO	灼失量	总量
HNK1-6	42.56	15.02	1.04	9.90	5.35	10.66	2.21	1.27	1.43	0.424	0.169	8.59	98.62
HNK2-1	59.36	15.94	0.755	5.83	6.54	4.43	0.797	4.09	0.478	0.061	0.091	0.865	99.24
HNK2-2	64.55	15.80	0.847	4.63	4.27	2.29	1.53	3.63	0.42	0.074	0.062	1.24	99.34
HNK1-1	78.94	12.70	1.16	0.175	0.12	0.463	3.74	0.166	0.601	0.119	0.011	1.67	99.87
HNK2-7	—	—	—	—	—	—	—	—	—	—	—	—	—

HNK1-6-碳酸盐化花岗岩;HNK2-1-黑云角闪花岗闪长岩;HNK2-2-黑云角闪花岗闪长岩;HNK1-1-贫矿碎裂石英脉;HNK2-7-含矿碎裂石英脉

表 2.44 黄泥坑矿区微量元素分析结果表

样品号	HNK1-6	HNK2-1	HNK2-2	HNK1-1	HNK2-7	寒武系	世界花岗岩	地壳
Cu	49.9	18.1	62.4	11.4	395	38.1	20	75
Pb	5.34	20.5	26.2	69.5	211	37	20	8.0
Zn	120	58.2	58.5	18.9	55 000	46.6	60	80
Cr	435	73.1	30.8	60.4	63.6	118.9	25	185
Ni	208	60.1	18.7	4.04	17.2	23.4	8	105
Co	54.7	22.8	16.2	1.19	46.7	13.9	5	29
Rb	99.8	43.2	44.6	162	—	215.9	200	37
W	1.98	0.96	0.84	3.63	11.9	3.1	1.5	1.0
Mo	1.64	0.86	1.94	0.78	0.75	3.3	1	1.0
Bi	0.31	0.31	0.29	0.20	29.5	0.4	0.01	0.06
Hg	0.031	0.024	0.028	0.02	—	0.04	0.08	
Sr	443	432	267	17.7	—	26.5	300	260
Ba	403	130	337	299	—	3 009	830	250
V	246	175	112	52.2	33.3	366.2	40	107
Nb	11.6	5.14	6.65	13.6	—	20.7	20	8
Ta	0.72	0.60	0.84	1.38	—	0.5	3.5	0.8
Zr	93.6	59.4	89.6	285	—	217.9	200	100
Hf	3.17	2.57	3.44	10.4	—	—	1.0	3.0
Ga	20.5	15.8	17.5	17.8	—	—	20	18
Sn	1.96	5.63	2.62	3.78	6.7	20.8	3.0	2.5
Au	0.002 0	0.004 45	0.004 71	0.015 3	6.81	0.019 1	0.004 5	0.003
Ag	0.36	0.17	0.28	0.018	28.1	0.099 2	0.05	0.08

续表

样品号	HNK1-6	HNK2-1	HNK2-2	HNK1-1	HNK2-7	寒武系	世界花岗岩	地壳
U	1.19	1.69	2.91	2.43	—	10.8	3.5	1.1
Th	3.0	5.28	7.2	9.27	—	23.1	18	4.2
Y	19.7	17.7	16.4	29.3	—	51.7	34	20
La	23.2	16.0	16.8	60	—	80.2	60	16
Ce	48.8	30.7	31.8	120	—	133.2	100	33
Pr	5.92	3.20	3.26	12.4	—	26.5	12	3.9
Nd	26.1	12.1	12.0	46.1	—	94.3	46	16
Sm	6.06	2.75	2.57	8.38	—	10.7	9	3.5
Eu	1.96	0.72	0.70	1.21	—	1.4	1.5	1.1
Gd	5.28	2.87	2.66	7.44	—	8.2	9	3.3
Tb	0.82	0.51	0.47	1.06	—	1.2	2.5	0.6
Dy	4.63	3.44	3.16	6.02	—	4.0	—	3.7
Ho	0.84	0.74	0.67	1.20	—	1.3	2	0.78
Er	2.14	2.06	1.9	3.31	—	3.4	4	2.2
Tm	0.29	0.35	0.32	0.53	—	0.6	0.3	0.32
Yb	2.0	2.39	2.16	3.39	—	5.1	4	2.2
Lu	0.26	0.33	0.31	0.46	—	0.6	1.0	0.3
ΣREE	128.30	78.16	78.78	271.50	—	370.7	251.30	86.90
$(La/Yb)_N$	8.32	4.80	5.58	12.70	—	11.28	10.76	5.22
δEu	1.04	0.78	0.81	0.46	—	0.44	0.50	0.97

注：微量元素的质量分数的单位为μg/g。

与世界花岗岩的平均值和地壳克拉克值相比，黄泥坑花岗闪长岩的主要成矿元素Au、Ag、Cu、Pb、Zn等并无明显富集，甚至低于世界花岗岩的平均值和地壳克拉克值[图2.67(a)]，这说明黄泥坑花岗岩并非金矿的成矿母岩，或成岩与成矿作用之间没有

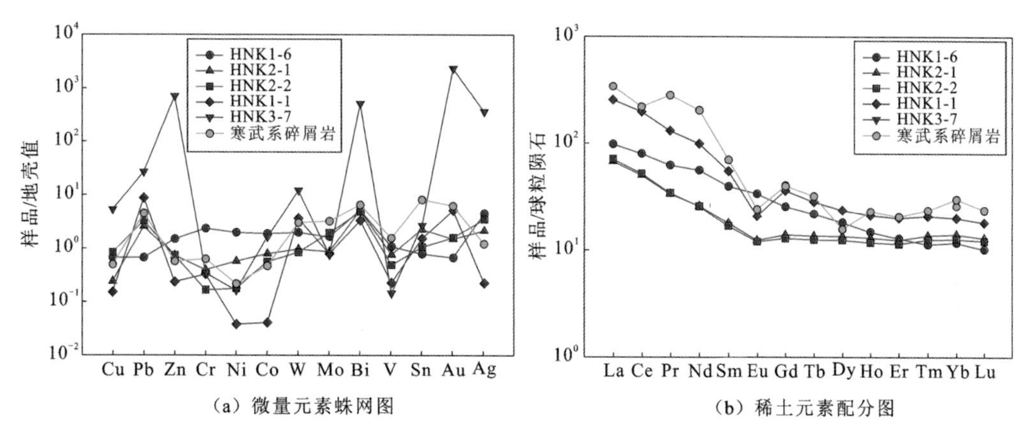

(a) 微量元素蛛网图　(b) 稀土元素配分图

图2.67　地壳标准化微量元素蛛网图和球粒陨石标准化稀土元素配分图

直接的成因联系。稀土元素总量较低，$\sum$REE 为 78.16～128.30 μg/g，低于世界花岗岩及华南花岗岩的平均值；$(La/Yb)_N$为 4.80～8.32，轻稀土元素、重稀土元素分异较明显，稀土配分型式为平缓右倾型，具弱 Eu 负异常或 Eu 异常不明显[图 2.67(b)]，总体上与 I 型花岗岩或壳幔混源型花岗岩类似，但相对于典型铜-铅-锌矿化的 I 型花岗岩或壳幔混源型花岗岩，其分异演化程度偏低。

2.10.3 矿床地质特征

1. 矿体特征

金矿体呈脉状产于寒武系水石组中(图 2.68)，受构造破碎带控制。矿区内已发现金矿脉 25 条，主要有北东向、东西向及南北向三组矿脉，以北东向矿脉为主。北东向矿体倾向北西，倾角陡，一般为 70°左右，如 V9、V10 和 V11 等，矿脉常相互平行，在 V9～V11 出现多组平行脉，在 150～200m 标高上，平行的矿脉和构造蚀变带达十多条，并具有左行侧列的特点。其次，有少量矿脉呈北西向展布，与地层产状斜交，倾向南西，陡倾(65～80°)，矿体规模较小，如 V6、V8 和 V14 等矿体，这些小矿脉均分布在 V9 的上盘。此外，还有东西向和南北向两组矿脉，矿脉规模较小。除陡倾矿体外，矿区还发育一组倾角为 30°～40°的缓倾斜矿脉，如 VR1、V14、V18 和 V109 等。金矿脉长 100～700 m，多数为 200～300 m，最长为 V10 和 V11 号矿脉。矿石以含金为主，伴生银、铅、锌、铜等。品位金为 1～10 g/t，最高可达 100 g/t 以上；银为 40～300 g/t，最高为 2 750 g/t；Pb 为小于 0.5%，最高为7.93%；

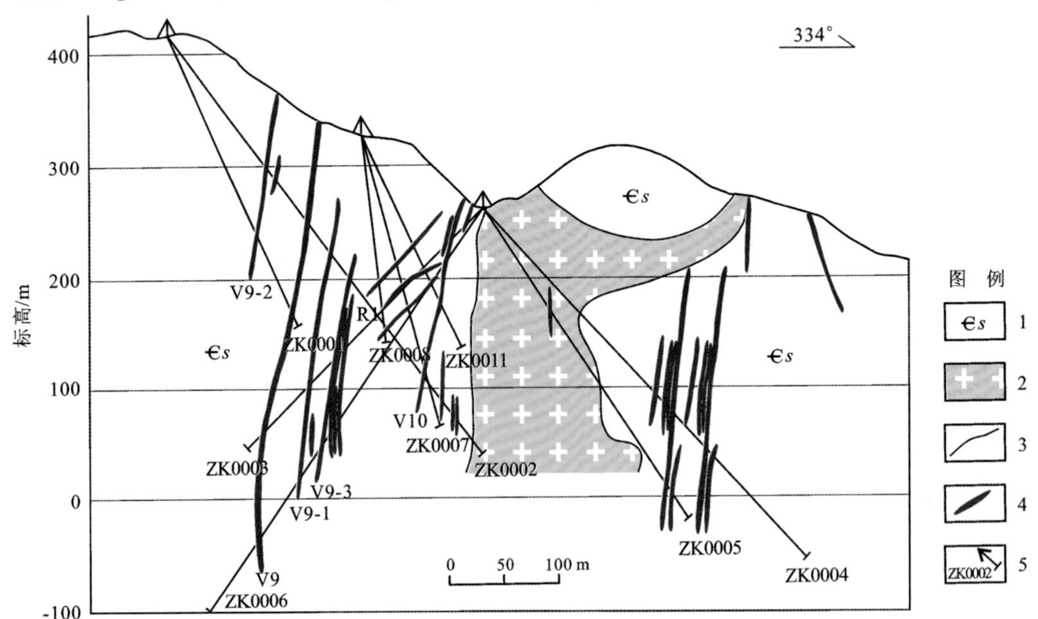

图 2.68 黄泥坑金矿区 0 号勘探线剖面图(徐燕君 等，2012)

1. 寒武系水石组；2. 花岗闪长岩；3. 地质界线；4. 矿体；5. 钻孔及编号

锌为小于 1%，最高为 13.65%；铜为小于 0.2%，最高为 2.59%。含金较高的矿石，一般含银也较高(徐燕君 等，2012)。

2. 矿石特征

1) 矿石结构构造

矿石的结构主要有压碎结构、粒状变晶结构、变余半自形粒状结构、砂状结构，花岗闪长岩体接触带的矿石还具有变余斑状结构和鳞片粒状变晶结构等。矿石构造主要有条带状构造、角砾状构造、网脉状构造，硫化物矿石还具浸染状和团块构造等。

2) 矿石矿物特征

矿石矿物主要有黄铁矿、闪锌矿、方铅矿、黄铜矿、磁黄铁矿、毒砂、自然金、自然银等[图 2.66(c)(d)]，脉石矿物有石英、方解石、白云石等。

自然金为淡黄色到金黄色，呈不规则粒状、枝状、网脉状产出，主要充填于黄铁矿或毒砂菱形晶粒集合体间隙中，也见于毒砂破碎裂隙中，呈断续裂隙状分布。金的粒径为 0.01～0.3 mm，多小于 0.1 mm。金的分布极不均匀，多为不可见金，但少数富矿地段金矿石含有可见自然金，如 VR1、V9 号脉普遍含有自然金。自然银呈它形粒状、不规则状，粒径小于 0.03 mm，常见于方铅矿裂隙中，发育于多金属矿化硅化石英砂岩中，与其共生的其他金属矿物主要有磁黄铁矿、辉铜矿、蓝铜矿等。

闪锌矿为深褐色，呈不规则粒状、团块状、细脉状和浸染状分布，晶粒间常含有乳浊状黄铜矿。方铅矿为灰色，呈不规则粒状、浸染状分布，含量 1%左右。矿石中闪锌矿的含量一般高于方铅矿。黄铜矿为深黄色，呈不规则粒状、细脉状或浸染状分布于围岩裂隙和碳酸盐脉中。

黄铁矿是矿石中含量最高的矿物，常与毒砂共生，呈不规则粒状或自形粒状，见碎裂结构，颗粒粗大和晶形完整的黄铁矿含金较少或不含金，而细粒或灰黑色粉末状黄铁矿则含金较高。黄铁矿为多期次形成，当其与后期石英细脉共生或者相互穿插时，矿脉含金品位明显增高。毒砂为不规则菱面状、长柱状和粒状，细粒状。粒径一般为 0.01～1.2 mm。有时可见柱状粗大晶粒被后期构造活动压碎和断折。矿石中毒砂含量高，其金的品位也高。

3. 围岩蚀变

矿区围岩蚀变较发育，主要有硅化、黄铁矿化、毒砂化、碳酸盐化、绿泥石化、高岭土化等，其中硅化、黄铁矿化、毒砂化与成矿的关系最为密切。蚀变作用分带现象不明显，断裂活动引起的蚀变以硅化为主，伴有黄铁矿化、毒砂矿化和金矿化，蚀变岩一般呈带状充填在断裂构造内，形成 1～10 m 宽的构造蚀变岩带。构造蚀变带一般由三部分组成，一是断层面，一般比较平滑，有滑动擦痕，常被灰黑色粉末状黄铁矿充填，并伴有角砾状石英。二是碎裂蚀变岩，主要由网脉状石英细脉、硅化变质石英砂岩及角砾组成，充填有黄铁矿细脉，以及磁黄铁矿、方铅矿、闪锌矿和黄铜矿等硫化物；泥质岩或砂岩、粉砂岩中的泥质胶结物部分已蚀变为绿泥石和浅黄色高岭石。三是石英脉,呈网脉状、薄脉状充填交代围岩,使蚀变岩进一步硅化和黄铁矿化,这种石英呈暗灰色、油脂光泽,同时伴生的毒砂和细粒黄铁矿发育,并可见自然金。构造蚀变岩与围岩界线不明显,呈过渡状,是黄泥坑金矿区找矿的重要标志。

4. 成矿期次

根据野外观察和矿物生成世代,可将黄泥坑金的成矿作用划分为两期四个成矿阶段。

碎裂变形期(I):受加里东期构造事件的影响,寒武系岩层发生褶皱和脆性变形,并伴随花岗闪长岩的侵入,岩浆热液沿断裂破碎带和构造裂隙充填、交代围岩,形成石英和粒状黄铁矿,但热液中携带的成矿物质较贫乏,未产生明显矿化,为贫金石英脉阶段。

热液成矿期(II):受印支运动的影响,桂东—粤西地区发生大规模逆冲推覆作用,并伴随着强烈的岩浆热液活动和成矿作用,为黄泥坑金矿床的主要成矿期。可进一步分为以下三个成矿阶段:①石英-黄铁矿阶段,主要形成石英、毒砂、自然金、自然银,以及少量方铅矿、闪锌矿和细粒黄铁矿,为金的主要矿化阶段。②石英-多金属硫化物阶段,主要生成石英,以及黄铁矿、方铅矿、闪锌矿、黄铜矿等金属硫化物,为闪锌矿-方铅矿主要成矿阶段,伴生银和金。③石英-碳酸盐阶段,主要形成方解石、白云石等碳酸盐矿物,有少量黄铜矿生成。

2.10.4 矿床成因

1. 成矿物质来源

从表 2.44 可以看出,贫矿石英脉(HNK1-1)和含矿石英脉(HNK2-7)的微量元素含量相差显著,但两者的分布型式却极为相似[图 2.67(a)],尤其是含矿石英脉中强烈富集的 Au、Pb、W、Bi 等元素在无矿石英脉中已显示出弱富集,暗示两者热液流体可能是同源的。同时,含矿石英脉的微量元素分布型式与围岩地层基本一致[图 2.67(b)],而与矿区花岗岩的分布型式有明显差异,这总体反映了含矿热液流体对地层的继承性,但不同成矿元素的物质来源可能并不完全一致。

区域地层中微量元素的统计结果表明,与地壳克拉克值相比,区内寒武系水石组中碎屑岩的 Au、Ag、Pb 等元素的背景值较高,而 Cu、Zn 等元素的背景值较低;高滩组中除 Pb 略显富集外,其他元素为低背景值(广东省地质调查院和广东省佛山地质局,2013)。由于矿区出露的花岗岩中主要成矿元素普遍为低背景值,因此推测成矿物质可能主要来自于寒武纪地层及隐伏的晚期岩浆岩。

2. 成岩成矿时代

1) 岩体形成时代

前人对黄泥坑矿区出露的花岗岩尚未开展年代学研究,以往一般根据矿区东侧广宁岩体的形成时代，推测这些岩体是燕山期岩浆活动的产物（徐燕君 等，2012）。为了准确确定矿区花岗岩体的形成时代，本次采用锆石 LA-ICP-MS U-Pb法对花岗闪长岩（样品 HNK2-1，图 2.69）进行了年龄测定（表 2.45），结果获得 24 个测点中最谐和的 21 个点的 $^{206}Pb/^{238}U$ 年龄加权平均值为（451.1±2.7）Ma（图 2.70），代表了花岗闪长岩的结晶年龄。表明花岗闪长岩形成于晚奥陶世，相当于加里东期。

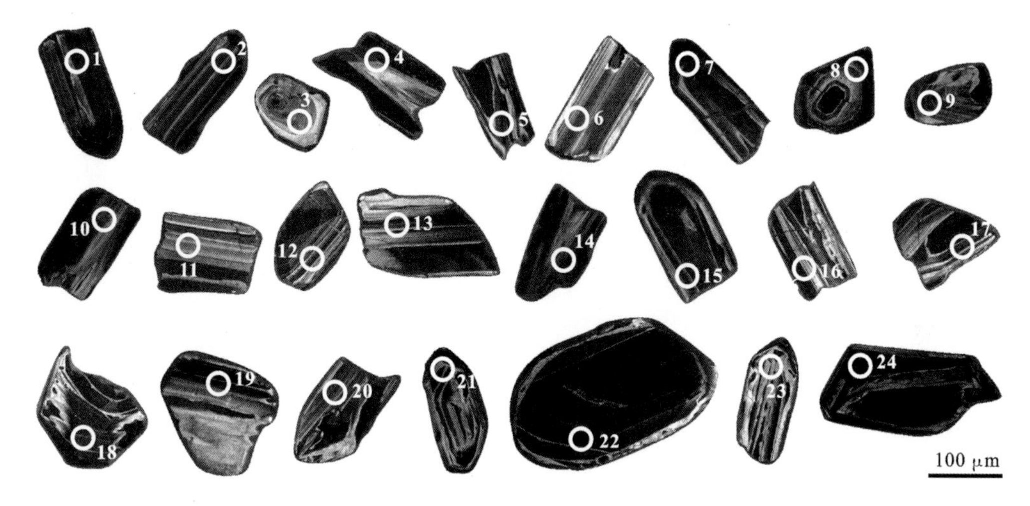

图 2.69 黄泥坑矿区花岗闪长岩（样品 HNK2-1）锆石阴极发光图像

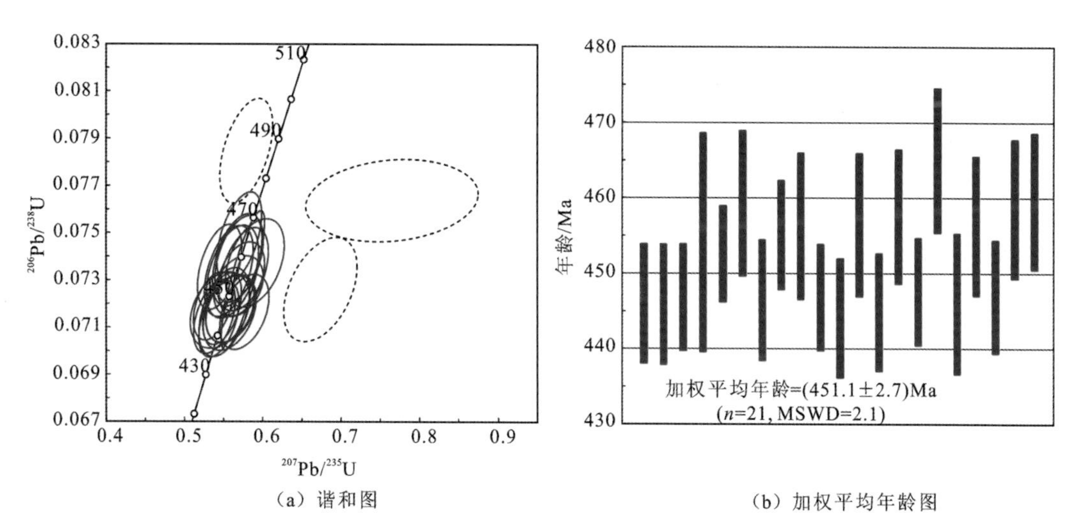

（a）谐和图 （b）加权平均年龄图

图 2.70 黄泥坑矿区花岗闪长岩 LA-ICP-MS 锆石U-Pb年龄谐和图和加权平均年龄图

2）成矿时代

对采自含金石英脉中的样品采用石英流体包裹体 Rb-Sr 法，对黄泥坑金矿床进行了成矿年龄测定（表 2.46），结果获得石英流体包裹体 Rb-Sr 等时线年龄为（233.4±8.6）Ma（图 2.71，剔除了偏离等时线的 6 号样），表明它们形成于晚三叠世，相当于印支晚期。这是桂东-粤西地区首次获得的印支期成矿事件的可靠年龄数据，这一年龄结果印证了印支期罗定-广宁逆冲推覆-伸展滑覆构造（Wang et al.，2007；袁正新，1995；彭少梅 等，1995）

表 2.45 黄泥坑金矿床花岗闪长岩锆石 LA-ICP-MS U-Pb同位素分析结果

点号	含量/(μg/g)			Th/U	同位素比值及误差						同位素年龄及误差/Ma					
	Pb	Th	U		$^{207}Pb/^{206}Pb$	±1σ	$^{207}Pb/^{235}U$	±1σ	$^{206}Pb/^{238}U$	±1σ	$^{207}Pb/^{206}Pb$	±1σ	$^{207}Pb/^{235}U$	±1σ	$^{206}Pb/^{238}U$	±1σ
NHK-2-1-1	187	704	885	0.80	0.058 1	0.001 3	0.577 2	0.012 9	0.071 6	0.000 7	532	52	463	8	446	4
NHK-2-1-2	118	386	743	0.52	0.056 2	0.001 4	0.558 5	0.013 9	0.071 6	0.000 7	457	28	451	9	446	4
NHK-2-1-3	61	170	489	0.35	0.056 2	0.001 3	0.559 9	0.013 1	0.071 8	0.000 6	461	58	451	9	447	4
NHK-2-1-4	179	534	685	0.78	0.069 9	0.003 4	0.764 7	0.044 8	0.076 4	0.000 7	924	100	577	26	474	4
NHK-2-1-5	468	1 858	1 521	1.22	0.057 3	0.001 2	0.575 3	0.011 4	0.073 0	0.001 2	502	46	461	7	454	7
NHK-2-1-6	118	430	581	0.74	0.056 5	0.001 3	0.569 8	0.012 9	0.072 7	0.000 5	478	52	458	8	453	3
NHK-2-1-7	270	962	1 131	0.85	0.055 3	0.001 2	0.568 2	0.013 0	0.073 9	0.000 8	433	50	457	8	459	5
NHK-2-1-8	139	381	644	0.59	0.066 9	0.001 8	0.673 8	0.019 2	0.072 6	0.000 9	835	62	523	12	452	5
NHK-2-1-9	62	177	480	0.37	0.054 7	0.001 6	0.546 0	0.015 6	0.071 7	0.000 7	467	60	442	10	447	4
NHK-2-1-10	423	1 514	1 747	0.87	0.056 4	0.001 2	0.573 0	0.012 3	0.073 2	0.000 6	478	50	460	8	455	4
NHK-2-1-11	225	805	936	0.86	0.055 1	0.001 3	0.562 0	0.013 7	0.073 4	0.000 8	417	58	453	9	456	5
NHK-2-1-12	119	405	718	0.56	0.056 0	0.001 3	0.558 9	0.012 7	0.071 8	0.000 6	454	18	451	8	447	4
NHK-2-1-13	380	1 383	1 502	0.92	0.054 9	0.001 0	0.544 6	0.010 6	0.071 3	0.000 7	409	43	441	7	444	4
NHK-2-1-14	187	601	1 037	0.58	0.054 5	0.001 1	0.557 3	0.012 8	0.073 4	0.000 8	394	46	450	8	456	5
NHK-2-1-15	250	921	1 164	0.79	0.054 2	0.001 1	0.539 0	0.011 0	0.071 5	0.000 6	389	44	438	7	445	4
NHK-2-1-16	238	780	929	0.84	0.053 0	0.001 2	0.579 1	0.013 7	0.078 5	0.000 9	332	55	464	9	487	5
NHK-2-1-17	597	2 435	1 641	1.48	0.053 4	0.001 1	0.545 7	0.011 7	0.073 6	0.000 7	346	48	442	8	458	4
NHK-2-1-18	248	901	1 192	0.76	0.053 9	0.001 0	0.537 5	0.010 5	0.071 9	0.000 6	365	44	437	7	448	4
NHK-2-1-19	376	1 350	1 469	0.92	0.055 0	0.001 0	0.570 8	0.011 7	0.074 8	0.000 8	413	41	459	8	465	5
NHK-2-1-20	103	322	603	0.53	0.055 7	0.001 3	0.551 5	0.013 3	0.071 6	0.000 8	439	56	446	9	446	5
NHK-2-1-21	258	936	978	0.96	0.056 8	0.001 2	0.576 4	0.012 8	0.073 4	0.000 8	487	46	462	8	456	5
NHK-2-1-22	462	1 794	1 649	1.09	0.055 3	0.001 0	0.548 8	0.010 2	0.071 8	0.000 6	433	41	444	7	447	4
NHK-2-1-23	347	1 280	1 105	1.16	0.058 3	0.001 7	0.590 7	0.015 2	0.073 7	0.000 8	539	68	471	10	459	5
NHK-2-1-24	665	2 401	2 341	1.03	0.055 8	0.001 1	0.570 6	0.012 7	0.073 9	0.000 7	443	44	458	8	460	5

的形成、演化,以及印支晚期岩浆活动与粤西地区金成矿作用的联系。

表 2.46 黄泥坑矿区含矿石英脉流体包裹体 Rb-Sr 同位素分析结果

序号	样品号	样品名称	Rb/(μg/g)	Sr/(μg/g)	$^{87}Rb/^{86}Sr$	$^{87}Sr/^{86}Sr$	$\pm1\sigma$
1	HNK3-1	石英	2.628	0.941 8	8.08	0.753 78	0.000 02
2	HNK2-2	石英	1.466	0.851 4	4.98	0.743 16	0.000 03
3	HNK3-3	石英	1.883	0.782 7	6.965	0.750 72	0.000 05
4	HNK3-4	石英	1.043	0.656 3	4.597	0.742 02	0.000 01
5	HNK3-5	石英	8.678	1.464	17.22	0.783 00	0.000 07
6	HNK3-5	石英	2.586	1.14	6.566	0.747 09	0.000 02

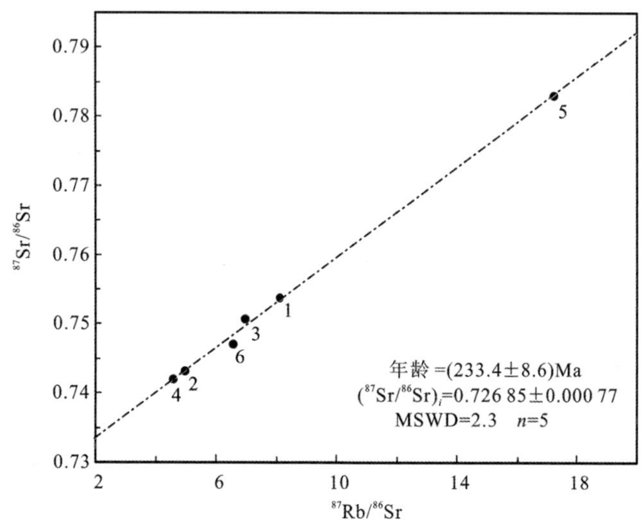

图 2.71 石英流体包裹体 Rb-Sr 等时线图

3. 矿床成因及成矿模式

黄泥坑金矿床中的矿体或矿脉严格受构造破碎带控制,断裂破碎带和层间破碎带是金矿体的赋存部位。含矿破碎带由碎裂岩、硅化蚀变岩和石英脉等组成,显示脆性剪切断裂活动的特征。自矿脉中心向外出现明显的分带性:灰色含金石英-微细硫化物脉→贫金或无矿白色石英脉→含矿碎裂岩、黄铁矿细脉→构造蚀变岩(硅化为主)、硫化物细脉→围岩(砂岩、板岩)。

岩石及矿床地球化学分析表明,黄泥坑金矿与矿区地表出露的加里东期花岗岩没有直接的成因联系,而早古生代寒武系黑色变质砂岩、千枚岩、板岩是区域上重要的金矿源层;同时,矿体往往与含碳千枚岩、板岩相伴产出,表明矿床的形成受地层层位和岩性控制。

印支期粤西-桂东地区强烈的推覆和剪切拉张作用,形成了罗定-广宁推覆构造带,并在推覆体中产生了一系列次一级的剪切滑脱断层(Wang et al.,2007;袁正新,1995;彭少梅 等,1995),成为成矿流体运移和矿物结晶沉淀的有利构造空间;同时伴随大规模岩浆热液活动,为地层中成矿元素的活化、迁移提供了热力学条件。频繁的构造-岩浆活动,使原先呈分散状态赋存于矿源层中的Au、Pb、Zn、Ag等成矿元素不断活化;同时,断裂同生热液、岩浆热液共同从地层中萃取出成矿物质,形成混合含矿热液流体,于有利构造部位富集沉淀形成矿床。

综上所述,黄泥坑金矿主要受推覆构造控制,成矿作用与挤压推覆之后的拉张剪切作用形成的剪切破碎带及其热液蚀变有关,成矿流体具有多源热液特征,属构造蚀变岩型矿床。其成矿模式如图2.72所示。

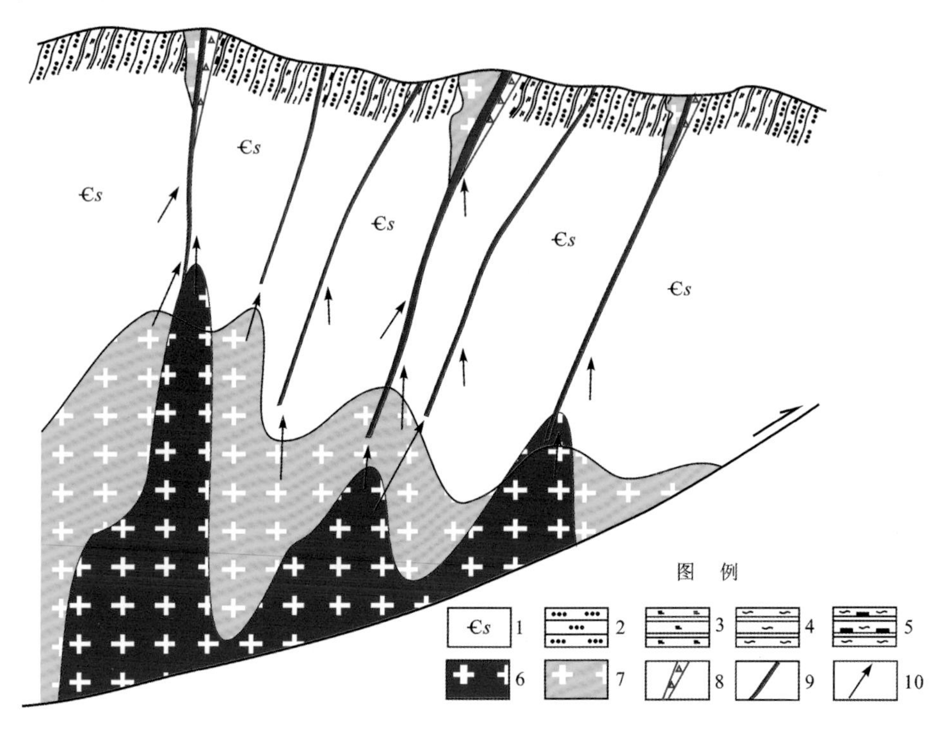

图2.72 黄泥坑金矿成矿模式图

1.寒武系水石组;2.变质砂岩;3.绢云母板岩;4.千枚岩;5.碳质千枚岩;6.印支期花岗岩;7.加里东期花岗岩;8.构造破碎带;9.矿体;10.热液运移方向

2.10.5 找矿标志

黄泥坑金矿床受地层、构造及隐伏岩浆岩带的联合控制,其找矿标志综合如下。

(1)地层标志:寒武系水石组黑色岩系中金、银、铅的背景值较高,构成矿源层;而其中含碳千枚岩、板岩既可以起到矿化屏蔽的作用,又可起到还原作用。

(2)构造标志:构造破碎带是黄泥坑金矿最直接的找矿标志,含矿破碎带主要由碎裂岩、硅化蚀变岩和石英脉等组成。

(3)岩浆岩标志:虽然地表出露的花岗岩并不是黄泥坑金矿的直接成矿母岩,但早期贫金石英脉已显示出Au、Ag、Pb、Bi等元素的初步富集,且其元素组合型式与晚期含矿石英脉一致;部分岩体与围岩的接触带即为破碎蚀变带及金矿体,且区域化探异常带与矿区北东向岩浆岩带的分布范围和展布方向一致,均显示金矿化与早期岩浆活动有一定的联系。强烈的晚期热液蚀变则表明,矿区深部可能有隐伏岩体存在。

(4) 蚀变标志:矿区围岩蚀变主要有硅化、黄铁矿化、毒砂化、碳酸盐化、绿泥石化、高岭石化等,其中硅化、黄铁矿化、毒砂化与成矿的关系最为密切。

2.11　广东石菉斑岩-夕卡岩型铜钼矿

石菉铜钼矿床位于广东省阳春市城西直距约 14 km 的马水镇石菉圩。矿区中心地理坐标:东经 111°39′33″,北纬 22°10′23″。该矿床是广东省著名的大型斑岩-夕卡岩型铜钼矿床。

2.11.1　区域地质背景

石菉铜钼矿床位于粤西阳春盆地南段西缘,该盆地位于吴川—四会深断裂中段的东南侧,云开地块与粤中地块的交汇部位,是一个由上古生界组成的复式向斜构造盆地。

区域出露地层有震旦系、寒武系、上古生界、中生界及第四系(图 2.73)。震旦系分布于盆地西北部,属云开地块的一部分,为类复理石碎屑岩夹碳酸盐岩建造;寒武系分布于盆地周边,为类复理石碎屑岩建造;上古生界泥盆系组成复向斜的翼部,石炭系—二叠系则出露于复向斜的中心部位,为碳酸盐岩及碎屑岩建造;中生界上三叠统和侏罗系分布于盆地南部小南山—潭水一带,为碎屑岩夹含煤砂页岩建造。寒武系、泥盆系和石炭系是区内金属矿床的主要含矿层位。

北东—北北东向构造是最醒目的构造形迹,为区域的基本构造格架,该构造体系经历了加里东期—印支期—燕山期—喜马拉雅期等各旋回的构造运动叠加,形态比较复杂,其中北东向吴川—四会断裂对区域构造历史演变的控制作用尤其显著。此外,还分布有北西向、近南北向及东西向构造。区内各种构造相互叠加、复合,为岩体的侵位和内生金属矿床的成生提供了良好的空间和赋存场所。

区域岩浆岩受构造格局的影响以北东向展布为主,以加里东期和燕山期酸性-中酸性侵入岩为主,少量为中性及基性岩脉。出露的岩体主要有锡山岩体、石菉岩体、小南山岩体和鹦鹉岭岩体等,岩性主要有花岗闪长岩、黑云母花岗岩、石英斑岩和花岗斑岩等(图 2.73)。

2.11.2　矿区地质特征

1. 地层

矿区出露的地层主要为石炭系和第四系。石炭系广泛出露于石菉岩体的东部、南部及西南部,为连续沉积的灰岩及砂页岩类,自下而上分别为下石炭统孟公坳组砂岩、页岩,石磴子组灰岩,测水组砂岩、页岩和角岩,梓门桥组和中石炭统黄龙组白云岩和灰岩等。在石炭系地层与石菉岩体接触处,形成厚度不一,形态各异的夕卡岩带,是内生矿床的主

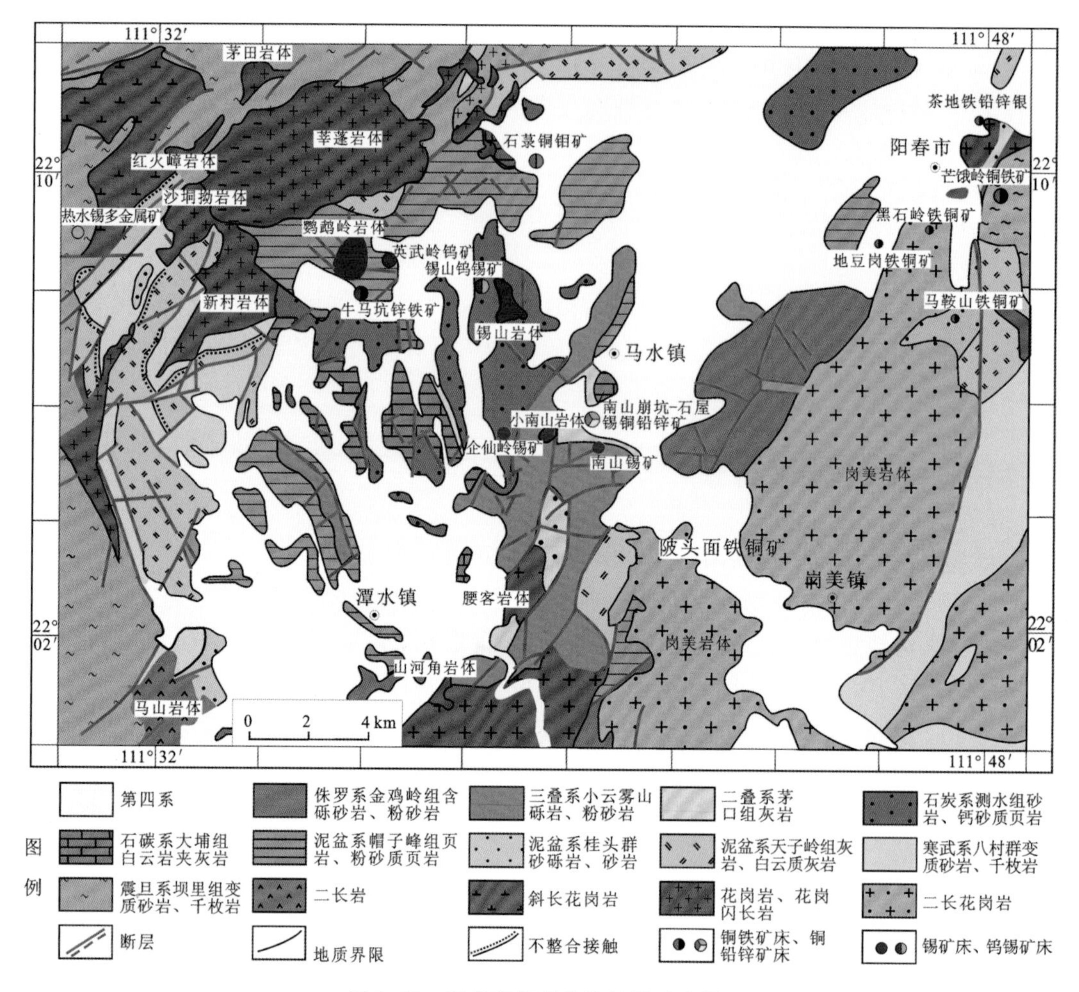

图 2.73 广东省阳春盆地地质矿产图

要赋矿层位;第四系为一套厚度几米到几十米的洪-残积物,为矿区内氧化型铜矿的主要赋矿层位(图 2.74)。

2. 构造

矿区处在多组区域构造重叠、复合和干扰的复杂部位,各类构造形迹甚为发育。但由于第四系广泛覆盖,构造形迹在地表的出露不完整。

矿区一级褶皱构造为石菉-石根向斜,其轴部分布在矿区南东部。褶皱开阔,轴向以北东—北东东向为主,局部北北东向。轴部由中石炭统黄龙组组成,两翼往外依次是下石炭统梓门桥组、测水组、石磴子组和孟公坳组。矿区断层纵横交错,具有多期及继承性活动的特点。主要有北东—北北东向组,表现为压扭性质,规模较大。北西—北北西向组是北东—北北东向组的配套构造,主要表现为张扭性质,规模较小。矿区内的断裂构造既是控岩构造又是控矿构造,两组主要构造复合交汇的脆弱带为石菉岩体的侵位提供了有利的空间。岩浆侵位产生的应力使接触带围岩进一步受到挤压破碎,又为成矿溶液的运移、

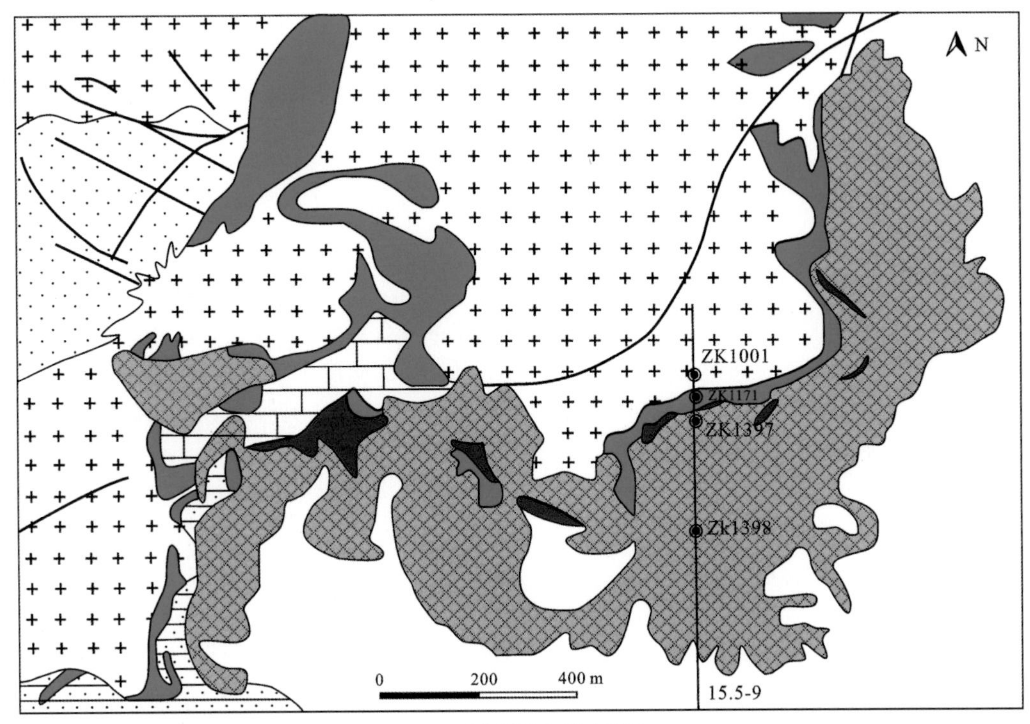

（a）石菉铜钼矿区地质图

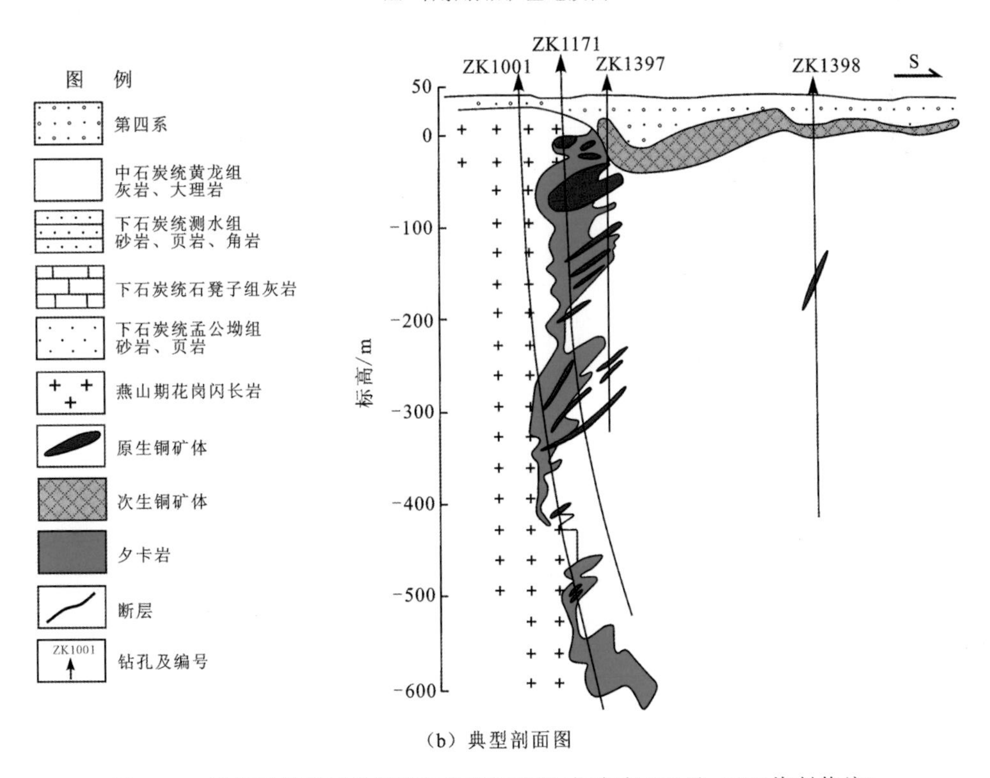

（b）典型剖面图

图 2.74　石菉铜钼矿区地质图及典型剖面图(据广东 933 队,1988 资料修编)

充填、交代提供了良好的场所，接触带矿体即赋存其中。由于构造的多期、继承活动强烈，在褶皱、断裂及岩浆侵入的挤压拱曲作用下，导致岩性差异的围岩部位发育层间剥离、层间滑动和层间破碎构造，为岩浆期后残余溶液的侵入和矿液的沉淀提供了空间，界面矿体就产在这种层间构造中。

3. 岩浆岩

1）岩体地质及岩相学特征

矿区出露面积最大、与成矿关系最密岩体的岩体是石菉岩体，分布在矿区的中部和北部，呈小岩株产出。其展布形态复杂，平面上呈北东延伸、向南东突出的不规则椭圆形，出露面积约 4 km^2，侵入于中—上石炭统白云岩及白云质灰岩中；剖面上岩体为近直立的筒状，与围岩层理接触角度大，局部岩体多呈舌状、枝状侵入围岩(图 2.74)。

石菉岩体主体由花岗闪长岩组成，局部过渡为石英闪长岩(石英闪长玢岩)或斜长花岗岩，岩体中普遍见暗色闪长质包体。花岗闪长岩的主要矿物为钾长石(10%～15%)、斜长石(45%～55%)、石英(15%～25%)、普通角闪石(3%～10%)、黑云母(5%～8%)[图 2.75(a)]，副矿物有磁铁矿、磷灰石、锆石和榍石等，部分样品中可见斜长石发育清晰的环带构造[图 2.75(b)]。

图 2.75　石菉花岗闪长岩及其矿化特征

(a) 细粒角闪黑云母花岗闪长岩(+)；(b) 细粒角闪黑云母花岗闪长岩(+)，其中可中具环带结构的斜长石；(c) 黄铜矿和辉钼矿沿花岗闪长岩裂隙面充填；(d) 黄铜矿呈浸染状散布于花岗闪长岩中。Qtz-石英；Hb-角闪石；Kf-钾长石；Pl-斜长石；Bt-黑云母；Cu-黄铜矿；Mo-辉钼矿

2）成岩时代

对石菉矿区的花岗闪长岩进行了锆石 LA-ICP-MS U-Pb同位素定年。所选锆石为无色或淡黄色，多数呈自形长柱状，长度为 100～230 μm，长宽比为 1.5∶1～4∶1，锆石阴极发光图像显示其内部具有典型的震荡环带结构[图 2.76(a)]。共分析了 20 个锆石点，测试结果见表 2.47。其中，7 号和 18 号锆石测点的 Th/U 比值偏低，谐和性较差，其余 18 个测点均落在谐和线上或者附近[图 2.76(b)]，其加权平均年龄为(102.7±2.1) Ma(MSWD＝5.3)[图 2.76(c)]，代表石菉岩体的形成时代。

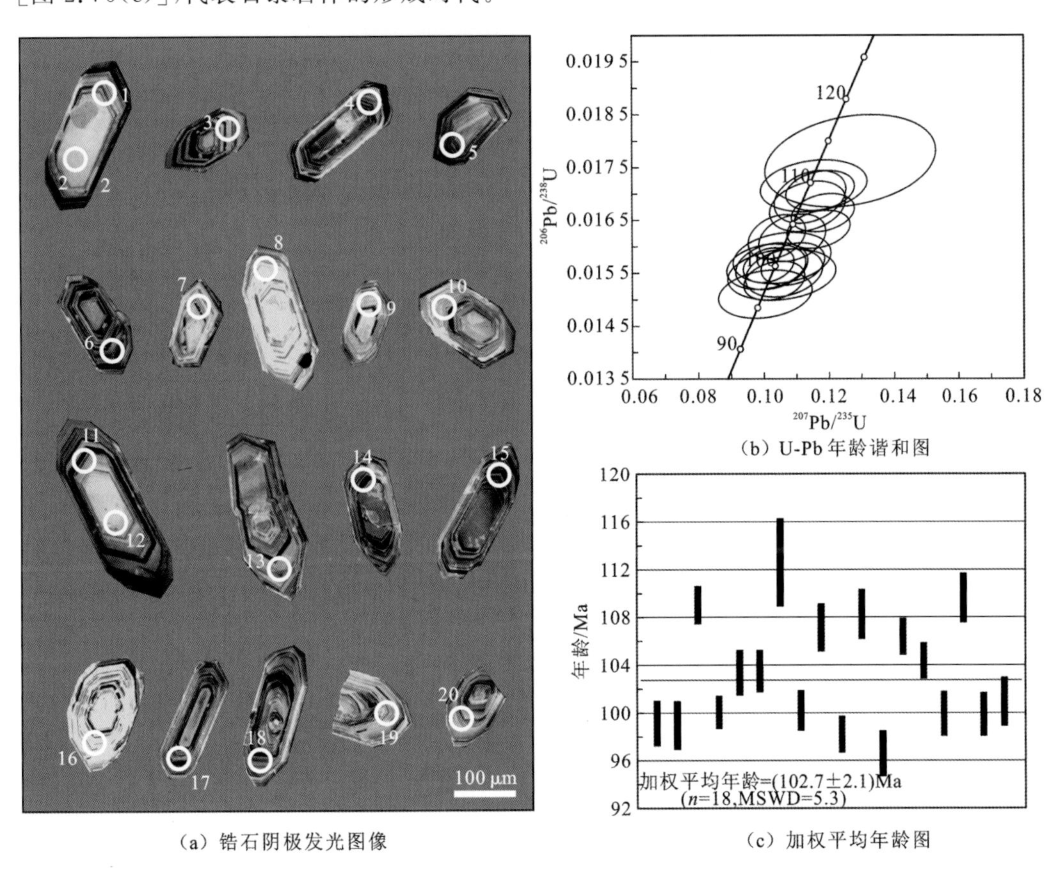

(a) 锆石阴极发光图像

(b) U-Pb 年龄谐和图

(c) 加权平均年龄图

图 2.76　石菉花岗闪长岩锆石阴极发光图像、U-Pb年龄谐和图和加权平均年龄图

表 2.47　石菉铜钼矿床花岗闪长岩锆石 LA-ICP-MS U-Pb定年结果

分析点号	Th/U	同位素比值及误差				同位素年龄及误差/Ma				谐和度
		$^{207}Pb/^{235}U$	±1σ	$^{206}Pb/^{238}U$	±1σ	$^{207}Pb/^{235}U$	±1σ	$^{206}Pb/^{238}U$	±1σ	/%
SLP-14-1	0.39	0.106 2	0.007 8	0.015 5	0.000 3	102	7	99	2	96
SLP-14-2	0.43	0.105 5	0.011 0	0.015 5	0.000 3	102	10	99	2	97
SLP-14-3	0.55	0.117 4	0.007 0	0.017 1	0.000 3	113	6	109	2	96
SLP-14-4	0.50	0.101 5	0.005 1	0.015 6	0.000 2	98	5	100	1	98

续表

分析点号	Th/U	同位素比值及误差				同位素年龄及误差/Ma				谐和度
		$^{207}Pb/^{235}U$	±1σ	$^{206}Pb/^{238}U$	±1σ	$^{207}Pb/^{235}U$	±1σ	$^{206}Pb/^{238}U$	±1σ	/%
SLP-14-5	0.42	0.108 8	0.006 8	0.016 2	0.000 3	105	6	103	2	98
SLP-14-6	0.35	0.104 0	0.005 8	0.016 2	0.000 3	100	5	103	2	97
SLP-14-7	0.14	0.138 5	0.010 4	0.017 3	0.000 4	132	9	111	3	82
SLP-14-8	0.45	0.126 7	0.017 3	0.017 6	0.000 6	121	16	113	4	92
SLP-14-9	0.54	0.108 9	0.006 4	0.015 7	0.000 3	105	6	100	2	95
SLP-14-10	0.55	0.113 5	0.007 7	0.016 8	0.000 3	109	7	107	2	98
SLP-14-11	0.40	0.103 2	0.006 2	0.015 4	0.000 2	100	6	98	2	98
SLP-14-12	0.55	0.114 3	0.007 3	0.016 9	0.000 3	110	7	108	2	98
SLP-14-13	0.58	0.100 4	0.009 5	0.015 1	0.000 3	97	9	97	2	99
SLP-14-14	0.67	0.118 2	0.006 4	0.016 6	0.000 2	113	6	106	2	93
SLP-14-15	0.60	0.116 8	0.006 4	0.016 3	0.000 2	112	6	104	2	92
SLP-14-16	0.57	0.102 4	0.007 3	0.015 6	0.000 3	99	7	100	2	99
SLP-14-17	0.39	0.115 4	0.010 8	0.017 1	0.000 3	111	10	110	2	98
SLP-14-18	0.21	0.202 9	0.013 1	0.024 9	0.000 7	188	11	159	5	83
SLP-14-19	0.42	0.100 7	0.008 0	0.015 6	0.000 3	97	7	100	2	97
SLP-14-20	0.27	0.105 6	0.009 9	0.015 8	0.000 3	102	9	101	2	99

石菉铜钼矿床作为粤西重要的有色多金属矿床,前人对其成矿岩体的形成时代开展了较多的研究。于津生等(1988)曾获得该岩体中钾长石、黑云母和斜长石3种矿物非常一致的$^{39}Ar-^{40}Ar$坪年龄为99~101 Ma,认为100 Ma代表了岩体的形成时代;段瑞春等(2013)测定了矿区内非矿化花岗闪长岩的形成时代为(106.7±1.4) Ma和(104.1±2.0) Ma,黄铁(铜)矿化花岗闪长岩形成时代为(107.2±2.0) Ma。本次测定结果与前人获得的成岩时代在误差范围内一致,处于早白垩世与晚白垩世之交。

3) 地球化学特征

(1) 主量元素

石菉花岗闪长岩的主量元素和微量元素分析结果见表2.48和表2.49。与华南及世界花岗岩类平均化学成分相比,石菉花岗闪长岩总体具有低硅(SiO_2为63.81%~65.78%)、碱(Na_2O+K_2O为4.28%~5.63%),富铝(Al_2O_3为14.58%~16.96%)、钙(CaO为3.85%~5.10%)和镁(MgO为2.58%~3.16%)之特征(表2.48)。通过计算可得,多数样品相对富钾(K_2O/Na_2O=0.91~2.15),里特曼指数(δ)为0.82~1.52,铝饱和指数(A/CNK)高且变化大(0.96~1.18),属准铝-过铝质高钾钙碱性系列岩石。岩石分异指数(DI)为66.34~69.38,$Fe_2O_3/(Fe_2O_3+FeO)$较低(小于0.5),P_2O_5含量较高(大于0.10%),与低分异的I型花岗岩或壳幔混源型铜矿化花岗岩类似(徐德明 等,2015;Blevin and Chappell,1995)。

表 2.48　石菉花岗闪长岩主量元素分析结果　（单位：%）

样品号	SiO_2	TiO_2	Al_2O_3	Fe_2O_3	FeO	MnO	CaO	MgO	K_2O	Na_2O	P_2O_5	灼失量	总量
SLP1-13	65.78	0.44	14.82	0.46	1.95	0.063	4.06	2.92	3.38	1.70	0.148	3.88	99.60
SLP1-14	65.30	0.43	14.58	0.87	1.75	0.069	3.85	3.16	2.92	1.36	0.148	5.20	99.64
SLS1-1	64.66	0.54	16.26	1.08	2.09	0.055	5.10	2.64	2.66	2.75	0.184	1.52	99.54
SLS1-8	63.81	0.52	15.90	1.58	2.50	0.064	5.02	2.58	3.18	2.45	0.166	1.76	99.53

（2）微量元素

石菉花岗闪长岩富集 Rb、Ba、Th、U、K 和 Pb，贫 Nb、Ti；Rb/Sr（0.09～0.22）较低，而 Sr/Y（27.30～50.23）和 Zr/Hf（26.77～30.25）较高；在原始地幔标准化微量元素蛛网图[图 2.77(a)]上，出现明显的 Nb、Ta 和 P、Ti 负异常，显示岛弧花岗岩特征。与花岗岩维氏值比较，石菉花岗闪长岩明显富集 Cu、Mo 和 Bi（K 大于 3）等成矿元素，表明其具有提供成矿物质的潜力。

石菉花岗闪长岩稀土元素含量偏低，$\sum$REE 为 98.81～126.49 μg/g；$(La/Yb)_N$ 为 7.85～11.22，无 Eu 异常或不明显（δEu 为 0.91～1.02）；$(La/Sm)_N$ 为 3.63～4.37，$(Gd/Yb)_N$ 为 1.45～1.77，稀土元素配分曲线表现为轻稀土富集且分馏较明显、重稀土较平坦的右倾 L 形[图 2.77(b)]。在$\sum$REE-Y/$\sum$REE 图解[图 2.78(a)]和 δEu-$(La/Yb)_N$ 图解[图 2.78(b)]中，全部样品投入到壳幔花岗岩区域。表明石菉花岗闪长岩应属 I 型花岗岩或壳幔混源型花岗岩特征。

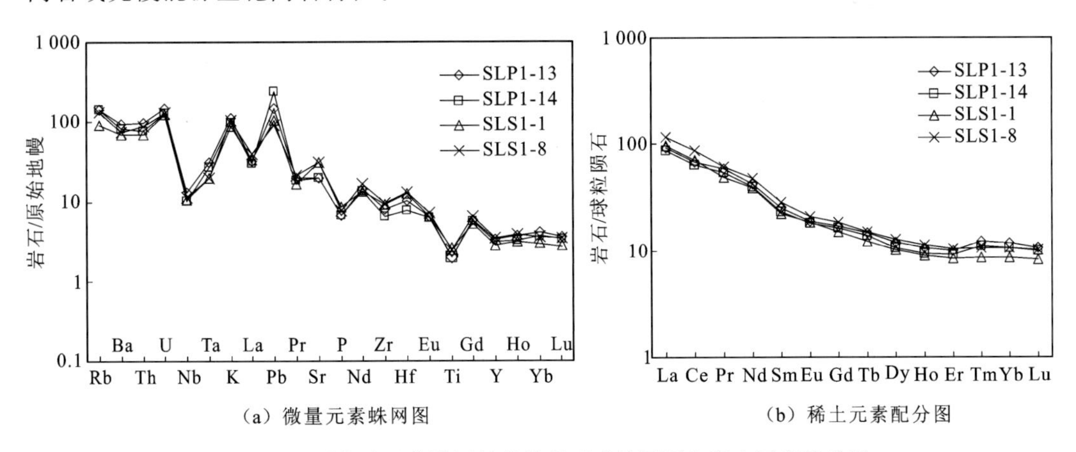

（a）微量元素蛛网图　（b）稀土元素配分图

图 2.77　石菉矿区花岗闪长岩微量元素蛛网图和稀土元素配分图

（3）Sr、Nd、Hf 同位素

石菉花岗闪长岩的 Sr、Nd 同位素分析结果见表 2.50。其$(^{87}Sr/^{86}Sr)_i$ 为 0.708 62～0.708 70，接近于上地幔值（0.706），而明显低于地壳值（0.720）；$(^{143}Sm/^{144}Nd)_i$ 为 0.512 165～0.512 129，$\varepsilon_{Nd}(t)$为－6.6～－7.3，Nd 模式年龄（t_{2DM}）为 1 441～1 498 Ma，反映其物质主要来源于地壳，但与华南地区燕山期壳源（S 型）花岗岩相比，其 $\varepsilon_{Nd}(t)$ 值明显偏高而 t_{2DM} 则偏低，结合岩体中发育暗色闪长质包体，推测岩浆中有新生幔源物质的加入。

表 2.49　石菉矿区岩石、矿石微量元素分析结果

样品编号	SLP1-1	SLP1-2	SLP1-3	SLP1-4	SLP1-5	SLP1-6	SLP1-7	SLP1-8	SLP1-9	SLP1-10	SLP1-11	SLP1-12	SLP1-13	SLP1-14	SLS1-1	SLS1-8
Cu	5.74	88.2	101	134	36.5	4 110	236	669	1 360	9 320	563	422	132	91.3	381	52
Pb	7.09	6.64	7.66	25.2	8.6	974	9.69	7.18	7.99	8.39	242	23.9	10.4	17.2	7.42	6.37
Zn	23.2	33.2	36.2	44.5	7.94	718	61.2	85.5	114	603	178	123	37.2	49.7	38.4	41
Cr	7.82	6.88	8.36	12.7	13.4	9.3	11.0	9.97	12.2	6.19	32.8	24.8	19.6	17.8	25.9	32.2
Ni	3.84	4.33	5.56	10.5	9.05	5.18	3.48	6.79	7.61	15.6	8.44	9.96	6.92	6.92	8.66	9.5
Co	1.88	2.18	2.49	2.84	2.88	13.3	2.93	3.5	6.66	37.9	4.96	7.85	5.6	6.44	8.13	9.4
Rb	1.34	1.28	1.06	1.04	1.79	1.24	1.16	1.53	1.98	1.00	44.8	9.78	90.3	90.4	57.4	84.5
W	26.2	13.2	14.7	8.09	2.21	50.8	15.5	7.11	21.7	225	31	28.1	3.56	2.79	10.5	2.66
Mo	4.04	4.84	9.56	6.17	1.9	462	18.2	7.11	28.6	70.2	4.98	19.6	183	43.8	5.29	3.79
Bi	0.052	0.088	0.038	0.10	6.47	37.6	0.21	1.24	0.076	1.22	12.0	1.01	0.22	3.46	3.36	0.19
Hg	0.032	0.064	0.057	0.055	0.12	2.02	0.086	0.044	0.012	0.026	0.31	0.065	0.009 7	0.078	0.009 2	0.016
Sr	106	134	147	95.8	265	111	91.6	200	71.1	33.8	90.3	106	415	413	643	648
Ba	4.0	3.62	4.70	8.44	6.85	2.54	3.24	4.36	2.79	1.96	71	27.4	659	572	473	514
Nb	0.62	0.62	0.68	0.91	0.81	0.68	0.60	0.63	0.71	0.6	8.24	6.49	74.9	73.2	7.41	7.99
Ta	0.096	0.096	0.091	0.12	0.10	0.065	0.074	0.084	0.086	0.072	1.28	0.75	9.23	7.34	0.82	0.81
Zr	0.81	0.55	1.12	2.49	1.68	1.18	0.46	1.76	0.95	0.71	111	85.6	1.25	1.10	104	106
Hf	<0.05	<0.05	<0.05	0.064	<0.05	<0.05	<0.05	<0.05	<0.05	<0.05	3.58	2.81	90.9	72.6	3.87	3.96
Ga	0.80	0.75	0.94	2.15	1.14	6.55	1.20	1.54	1.79	12.2	19.2	17.2	3.16	2.4	20.8	21.3
Sn	1.39	1.77	1.36	2.08	1.44	25.0	2.16	2.88	4.07	40.7	11.7	15.6	17.6	18.2	3.1	2.08
Au	0.001 7	0.000 9	0.001 1	0.001 3	0.001 2	0.027 6	0.002 5	0.004 5	0.008 8	0.114	0.003 4	0.001 0	0.003 2	0.002 9	0.002 7	0.000 5
Ag	0.035	0.10	0.12	0.21	0.089	29.8	0.50	0.49	1.11	9.64	3.24	0.57	1.75	1.38	0.77	0.21
U	0.82	1.25	7.01	6.22	4.92	8.99	0.91	3.54	5.02	6.79	8.33	7.79	0.58	0.22	2.58	2.66
Th	0.12	<0.1	0.13	0.23	0.23	0.12	0.10	0.24	0.13	<0.1	9.50	5.51	3.15	2.72	5.87	7.41
Y	1.30	0.84	1.19	1.04	5.28	2.08	0.38	3.67	0.88	1.53	15.4	10.2	15.2	14.0	12.8	15.7

续表

样品编号	SLP1-1	SLP1-2	SLP1-3	SLP1-4	SLP1-5	SLP1-6	SLP1-7	SLP1-8	SLP1-9	SLP1-10	SLP1-11	SLP1-12	SLP1-13	SLP1-14	SLS1-1	SLS1-8
La	0.30	0.34	0.56	0.86	2.52	1.64	0.38	2.51	0.70	1.08	17.9	13.0	8.4	6.5	23	27.4
Ce	0.34	0.36	0.51	0.89	1.39	1.54	0.23	1.75	0.60	1.03	36.0	27.2	42	39	43.2	53.2
Pr	0.076	0.052	0.085	0.15	0.46	0.24	0.063	0.46	0.089	0.16	5.08	4.14	5.53	5.12	4.63	5.77
Nd	0.18	0.17	0.28	0.52	1.88	0.77	0.16	1.72	0.34	0.5	18.8	16.2	19.7	18.4	18	22.3
Sm	0.063	0.04	0.058	0.084	0.46	0.16	0.024	0.35	0.066	0.089	3.59	2.88	3.89	3.52	3.4	4.33
Eu	0.014	0.012	0.022	0.026	0.081	0.094	0.016	0.07	0.015	0.095	0.80	0.78	1.10	1.04	1.08	1.22
Gd	0.079	0.061	0.081	0.11	0.58	0.2	0.053	0.42	0.085	0.14	3.48	2.72	3.5	3.35	3.08	3.8
Tb	0.012	0.0092	0.015	0.016	0.092	0.03	0.0052	0.062	0.012	0.019	0.52	0.38	0.55	0.52	0.46	0.56
Dy	0.088	0.06	0.075	0.085	0.59	0.18	0.038	0.38	0.077	0.14	2.85	1.92	3.04	2.7	2.58	3.24
Ho	0.020	0.018	0.018	0.024	0.12	0.048	0.0062	0.078	0.014	0.029	0.58	0.38	0.60	0.53	0.51	0.64
Er	0.061	0.044	0.068	0.054	0.36	0.13	0.023	0.2	0.039	0.099	1.66	1.09	1.63	1.52	1.38	1.72
Tm	0.011	0.0087	0.011	0.01	0.05	0.028	0.0046	0.032	0.039	0.02	0.29	0.2	0.31	0.28	0.22	0.27
Yb	0.054	0.054	0.091	0.083	0.36	0.16	0.01	0.19	0.049	0.099	2.08	1.32	2.00	1.78	1.47	1.78
Lu	0.012	0.0076	0.01	0.0093	0.049	0.024	0.0028	0.026	0.0072	0.014	0.32	0.20	0.27	0.25	0.21	0.26
∑REE	1.31	1.24	1.88	2.92	8.99	5.24	1.02	8.25	2.13	3.51	93.95	72.41	92.52	84.51	103.22	126.49
$(La/Yb)_N$	3.98	4.52	4.41	7.43	5.02	7.35	27.26	9.48	10.25	7.83	6.17	7.06	3.01	2.62	11.22	11.04
δEu	0.61	0.74	0.98	0.83	0.48	1.61	1.33	0.56	0.61	2.59	0.68	0.84	0.89	0.91	1.02	0.92

注：SLP1-1-白云岩；SLP1-2-白云岩；SLP1-3-白云岩；SLP1-4-白云岩；SLP1-4-白云质灰岩；SLP1-5-白云岩；SLP1-6-矿化白云岩；SLP1-7-矿化白云岩；SLP1-8-黄铁矿化碎裂白云岩；SLP1-9-矿化白云岩；SLP1-10-矿化白云岩；SLP1-11-透辉石石榴子石夕卡岩；SLP1-12-透辉石石榴子石夕卡岩；SLP1-13-花岗闪长岩；SLP1-14-花岗闪长岩；SLS1-1-花岗闪长岩；SLS1-8-花岗闪长岩；微量元素的质量分数的单位为 μg/g。

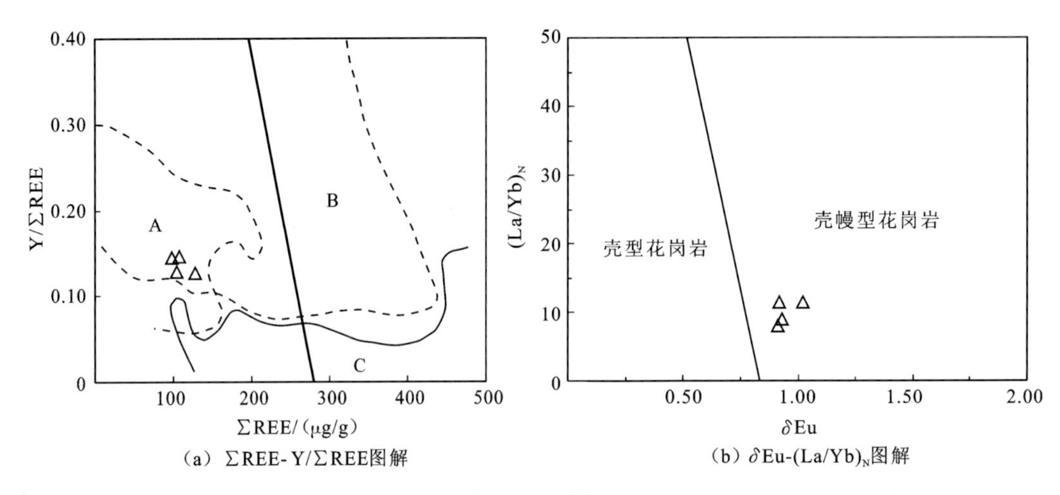

图 2.78 石菉矿区花岗闪长岩ΣREE-Y/ΣREE 图解和 δEu-(La/Yb)$_N$图解

A.壳幔型花岗岩;B.壳型花岗岩;C.幔型花岗岩

表 2.50 石菉花岗闪长岩 Sr、Nd 同位素分析结果

样号	Rb/(μg/g)	Sr/(μg/g)	^{87}Rb/^{86}Sr	^{87}Sr/^{86}Sr	±2σ	(^{87}Sr/^{86}Sr)$_i$	$\varepsilon_{Sr}(t)$	
SLSI-1	86.71	581.7	0.429 9	0.709 25	0.000 06	0.708 62±0.000 6	60.22	
SLSI-8	143.9	562.6	0.737 7	0.709 78	0.000 08	0.708 70±0.001 0	61.35	
样号	Sm/(μg/g)	Nd/(μg/g)	^{147}Sm/^{144}Nd	^{143}Sm/^{144}Nd	±2σ	(^{143}Sm/^{144}Nd)$_i$	$\varepsilon_{Nd}(t)$	t_{2DM}/Ma
SLSI-1	2.993	15.49	0.116 9	0.512 244	0.000 010	0.512 165±0.000 08	−6.64	1 441
SLSI-8	4.142	21.94	0.114 2	0.512 206	0.000 006	0.512 129±0.000 08	−7.34	1 498

石菉花岗闪长岩的锆石原位 Hf 同位素分析结果见表 2.51。其^{176}Hf/^{177}Hf 为 0.282 555～0.282 756,$\varepsilon_{Hf}(t)$分布范围较广,介于−5.5～1.6,多数为负值,其中两颗锆石显示出正值,分别为 1.2 和 1.6,显示岩浆物质来源以壳源为主,但可能有幔源组分的参与(图 2.79);两阶段地壳模式年龄(t_{2DM})分布在 1 062～1 510 Ma,高值部分与 Nd 模式年龄相吻合,表明石菉花岗闪长岩的源区主要为中元古代地壳物质,可能是幔源岩浆底侵并引起中元古代下地壳物质部分熔融的产物。

表 2.51 石菉铜钼矿床花岗闪长岩锆石 Hf 同位素分析结果

分析点号	^{176}Lu/^{177}Hf	^{176}Hf/^{177}Hf	± 2σ	(^{176}Hf/^{177}Hf)$_i$	(^{176}Hf/^{177}Hf)$_{CHUR}$	$\varepsilon_{Hf}(t)$	年龄/Ma	t_{DM}/Ma	t_{2DM}/Ma	$f_{(Lu/Hf)}$
SLP1-14-1	0.001 227	0.282 587	0.000 016	0.282 585	0.282 709	−4.4	102	948	1 440	−1.0
SLP1-14-2	0.001 738	0.282 675	0.000 016	0.282 672	0.282 709	−1.3	102	834	1 244	−0.9
SLP1-14-3	0.000 983	0.282 686	0.000 014	0.282 684	0.282 709	−0.9	102	802	1 216	−1.0
SLP1-14-4	0.001 419	0.282 756	0.000 019	0.282 753	0.282 709	1.6	102	712	1 062	−1.0
SLP1-14-5	0.000 637	0.282 606	0.000 012	0.282 604	0.282 709	−3.7	102	907	1 396	−1.0
SLP1-14-6	0.001 637	0.282 747	0.000 021	0.282 743	0.282 709	1.2	102	729	1 083	−1.0

续表

分析点号	$^{176}Lu/^{177}Hf$	$^{176}Hf/^{177}Hf$	± 2σ	$(^{176}Hf/^{177}Hf)_i$	$(^{176}Hf/^{177}Hf)_{CHUR}$	$\varepsilon_{Hf}(t)$	年龄/Ma	t_{DM}/Ma	t_{2DM}/Ma	$f_{(Lu/Hf)}$
SLP1-14-8	0.001 135	0.282 605	0.000 014	0.282 603	0.282 709	−3.7	102	919	1 398	−1.0
SLP1-14-9	0.000 895	0.282 653	0.000 014	0.282 651	0.282 709	−2.0	102	847	1 291	−1.0
SLP1-14-10	0.000 648	0.282 555	0.000 014	0.282 553	0.282 709	−5.5	102	979	1 510	−1.0
SLP1-14-11	0.001 126	0.282 637	0.000 014	0.282 635	0.282 709	−2.6	102	875	1 328	−1.0
SLP1-14-12	0.000 752	0.282 612	0.000 020	0.282 611	0.282 709	−3.5	102	901	1 382	−1.0
SLP1-14-13	0.000 780	0.282 576	0.000 015	0.282 574	0.282 709	−4.8	102	953	1 464	−1.0
SLP1-14-14	0.000 965	0.282 626	0.000 020	0.282 625	0.282 709	−3.0	102	886	1 350	−1.0
SLP1-14-15	0.001 316	0.282 633	0.000 014	0.282 630	0.282 709	−2.8	102	885	1 337	−1.0
SLP1-14-16	0.001 021	0.282 603	0.000 013	0.282 601	0.282 709	−3.8	102	920	1 403	−1.0
SLP1-14-17	0.001 003	0.282 708	0.000 013	0.282 706	0.282 709	−0.1	102	771	1 167	−1.0
SLP1-14-19	0.000 785	0.282 580	0.000 012	0.282 579	0.282 709	−4.6	102	947	1 454	−1.0

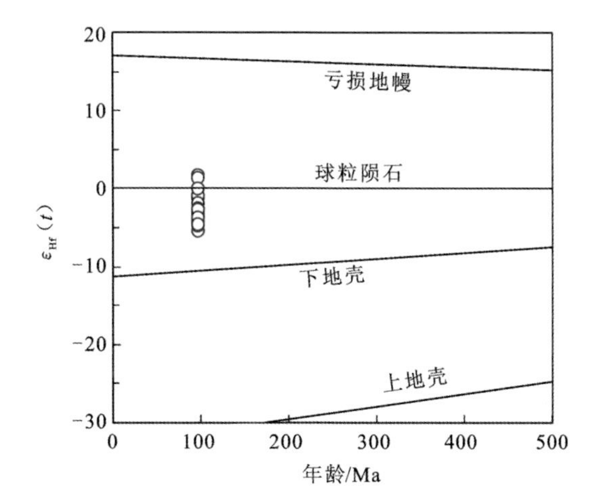

图 2.79　花岗闪长岩锆石 Hf 同位素组成特征

2.11.3　矿床地质特征

1. 矿体特征

石菉铜矿包括次生铜矿和原生铜矿两部分(图 2.74)。其中,次生铜矿分布在石菉岩体东南缘接触带上部的风化夕卡岩及旁侧的第四系沉积物、堆积物中,分为东西两段,西段矿体规模小、品位低,东段矿体埋藏浅、品位高。原生铜矿按控矿因素、形态特征及产出部位可分为接触带矿体、界面矿体、脉状矿体和网脉状矿体四种,其在空间分布上具有分带性,网脉状矿体分布于岩体内侧,岩体接触交代蚀变带(夕卡岩化带)上为接触带矿体;毗邻接触带的带外为界面矿体;接触带外的围岩中为脉状矿体。

接触带矿体赋存于石菉岩体接触带内外夕卡岩和邻近的夕卡岩化大理岩中,矿体常成组成带环绕岩体展布。矿体形态受接触面构造控制,呈不规则板状、长条状、透镜状、囊状和不规则状产出。共有矿体 84 个,包括铜矿体 50 个、钼矿体 6 个、铜钼矿体 28 个。其中规模最大的为 112 号矿体,由多个矿体组成矿体群,环绕石菉山东西两侧分布,矿体平均厚度为 33.71 m。主要是铜矿石,局部有钼矿石及铜钼矿石。矿石铜品位为 0.3%～1.3%,平均为 0.85%,最高可达 11.15%;钼品位一般为 0.01%～0.06%,平均为 0.10%,个别可达 0.178%。近年来,在接触带矿体中发现钨矿体,伴生钼,呈透镜体状,氧化钨平均品位为 0.242%,钼平均品位为 0.052%。此外,伴有银矿化。

界面矿体产于石菉岩体接触带至外带 300 ～ 500 m 内的石炭系各组段间及组段内岩性差异的界面上下,受层间构造控制。共有矿体 31 个,其中铜矿体 10 个,钼矿体 4 个,铜钼矿体 17 个。矿体形态较稳定,多为层状、似层状或透镜状。铜钼矿石铜平均品位为 0.95%,钼平均品位为 0.10%,并伴生银。近年来,在界面矿体中也发现钨矿体,伴生铜,呈层状、似层状和透镜体状产出,氧化钨平均品位可达 0.159%,钼平均品位为 0.039%。

脉状矿体赋存于接触带外的大理岩中,受断裂构造控制。矿体走向北东,倾向南东,倾角 70°～80°。矿体延长、延深都不大,一般几十米至百余米,厚 1～2 m,主要为铜矿体。黄铜矿在矿石中呈团块状、脉状及稠密浸染状产出。矿化极不均匀,铜品位为 0.15%～6.53%。矿体分布零星,规模很小。

网脉状矿体赋存于花岗闪长岩内,主要受网脉状裂隙构造控制,黄铜矿、辉钼矿呈细脉浸染状充填于石英脉裂隙面[图 2.75(c)]或散布于岩石中[图 2.75(d)]。矿体多呈透镜状产出,延长、延深不大,一般为 50～100 m,厚 6～7 m。铜、钼矿体均有,矿化不均匀,铜品位为 0.32%～1.14%,钼品位为 0.04%～0.12%。矿体分布零散,规模较小。

2. 矿石特征

原生矿石的矿物组分较为复杂,主要的金属矿物有黄铜矿、辉钼矿、白钨矿,次为黄铁矿、磁铁矿、磁黄铁矿,少量的斑铜矿、砷黝铜矿、辉铜矿、铜蓝、方铅矿、闪锌矿;脉石矿物主要有钙铁榴石、钙铝榴石、透辉石、蛇纹石、方解石和白云石,其次有符山石、硅灰石、绿帘石、绿泥石、阳起石、透闪石、石英、斜长石、角闪石和黑云母等。可见石菉矿床的金属矿物和夕卡岩矿物比较发育,种类多样。

矿石结构主要有它形-自形粒状结构、填隙结构、溶蚀交代结构、骸晶结构、共边结构、压碎结构和乳蚀状结构;矿石构造主要有块状、浸染状、细脉浸染状、细脉状和网脉状。

3. 围岩蚀变

围岩蚀变非常普遍,且种类较多,其中与矿化关系密切的主要是夕卡岩化、蛇纹石化、硅化和绢云母化,其次是绿泥石化、绿帘石化和高岭石化。矿区内的夕卡岩属钙夕卡岩类,典型的夕卡岩矿物主要有钙铁榴石、钙铝榴石、透辉石和蛇纹石,其次为符山石、硅灰石和绿帘石。夕卡岩矿物的生成具有多期性:早期生成的夕卡岩矿物以钙铝榴石及微细粒透辉石为主,颜色一般较浅,金属矿化差;晚期生成的夕卡岩矿物以斑杂状、多种颜色的钙铁榴石、结晶透辉石和蛇纹石为主,与金属矿化关系密切。

4. 成矿期次和成矿阶段

原生矿石中矿物的共生组合、结构构造、穿插关系及空间分布规律等特点明显地反映出成矿作用具有多期多阶段性，可划分为三期五阶段，即岩浆晚期自交代作用期、夕卡岩期和岩浆期后热液作用期，夕卡岩期分为早期阶段和晚期阶段，岩浆期后热液作用期分为高温热液、中温热液和低温热液三个阶段。

夕卡岩化早期阶段：以生成钙铝榴石、钙铁榴石、透辉石及符山石、硅灰石为主，极少析出金属矿物。本期生成的矿物以颜色较浅为特征。

夕卡岩化晚期阶段：以生成钙铁榴石、透辉石、绿帘石、透闪石、阳起石、蛇纹石为主，金属矿物有磁铁矿、白钨矿和少量的金属硫化物。本期生成的矿物颜色一般较深。

高温热液阶段：以生成蛇纹石、石英、磁铁矿、黄铁矿、辉钼矿为主，同时有少量的黄铜矿、白钨矿、赤铁矿、磁黄铁矿等生成。

中温热液阶段：本阶段是硫化物的主要形成期，也是有用元素铜的最重要沉淀期，工业矿物黄铜矿主要是在这一阶段生成的。除黄铜矿外，在本阶段生成的矿物还有蛇纹石、石英、方解石、黄铁矿、方铅矿、闪锌矿、辉钼矿、砷黝铜矿等。

低温热液阶段：以生成较低温的石英、方解石、石膏为主，尚有少量的黄铁矿、砷黝铜矿、斑铜矿、方铅矿等。本阶段矿化一般较弱，很少形成独立的工业矿体，但对前期矿化往往起着叠加、增强的作用。

2.11.4　矿床成因

1. 矿床地球化学特征

1）微量元素特征

矿石及相关围岩的微量元素分析结果见表2.48。矿区白云岩、矿化白云岩、夕卡岩和花岗闪长岩均显示出Cu、Ag、W、Mo、Bi等元素的富集，富集程度依次为白云岩→花岗闪长岩→夕卡岩→矿化白云岩[图2.80(a)]。相关性分析表明(表2.52)，与Cu呈显著正相关(相关系数大于0.8)的元素有W、Au、Sn、Co，反映Cu与W、Au、Sn、Co具有较高的

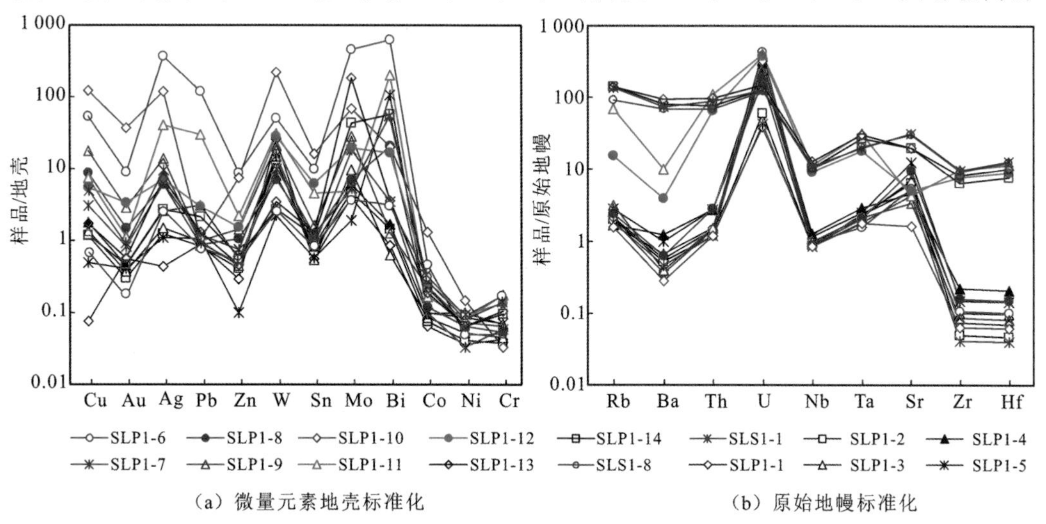

(a) 微量元素地壳标准化　　(b) 原始地幔标准化

图2.80　石菉矿区岩石、矿石微量元素地壳标准化和原始地幔标准化图解

同源性,为近矿指示元素组合;呈明显正相关(相关系数大于0.5)的元素有Zn。与Mo呈显著正相关(相关系数大于0.8)的元素有Ag,呈明显正相关(相关系数大于0.5)的微量元素有Pb、Zn、Bi。与W呈显著正相关(相关系数大于0.8)的微量元素有Au、Sn、Co,呈明显正相关(相关系数大于0.5)的微量元素有Zn。

表2.52 石菉铜钼矿床岩石、矿石微量元素相关系数表

	Cu	Mo	W	Au	Ag	Pb	Zn	Sn	Bi	Co	Ni	δEu
Cu	1	0.16	0.92	0.96	0.36	0.10	0.75	0.87	0.09	0.91	0.34	0.8
Mo	—	1	0.03	0.06	0.82	0.78	0.54	0.22	0.71	0.07	−0.02	0.17
W	—	—	1	0.98	0.15	0.01	0.53	0.81	0.01	0.94	0.46	0.76

其他非成矿微量元素原始地幔标准化图解[图2.80(b)]表明,白云岩和矿化白云岩配分曲线近乎一致,夕卡岩中Rb、Ba、Sr等造岩元素的含量在花岗闪长岩和白云岩之间,Th、U、Nb、Ta、Zr、Hf等高场强元素的含量与花岗闪长岩相当,说明交代成因的夕卡岩微量元素分布特征同时受到石菉岩体和碳酸盐岩地层中微量元素丰度及其分配行为的控制,也反映了夕卡岩与石菉岩体的亲缘关系。

2)稀土元素特征

白云岩的稀土元素含量较低,ΣREE为1.24～8.99 μg/g,平均为3.27 μg/g;$(La/Yb)_N$为3.98～7.43,具弱-中等的Eu负异常(δEu为0.48～0.98),稀土元素配分曲线显示轻稀土略富集及弱分馏、重稀土较平坦的特征[表2.49,图2.81(a)]。

矿化白云岩的稀土含量也较低,ΣREE为1.02～8.25 μg/g,平均为4.03 μg/g;LREE/HREE为4.94～6.11,$(La/Yb)_N$为7.35～27.26,δEu值(0.56～2.59)变化较大,稀土元素配分曲总体上与白云岩相似[表2.52,图2.81(a)],但其稀土总量略高,部分样品出现强的Eu正异常,反映矿化白云岩主要继承了原岩特点,并明显受到岩浆或其他流体的影响。

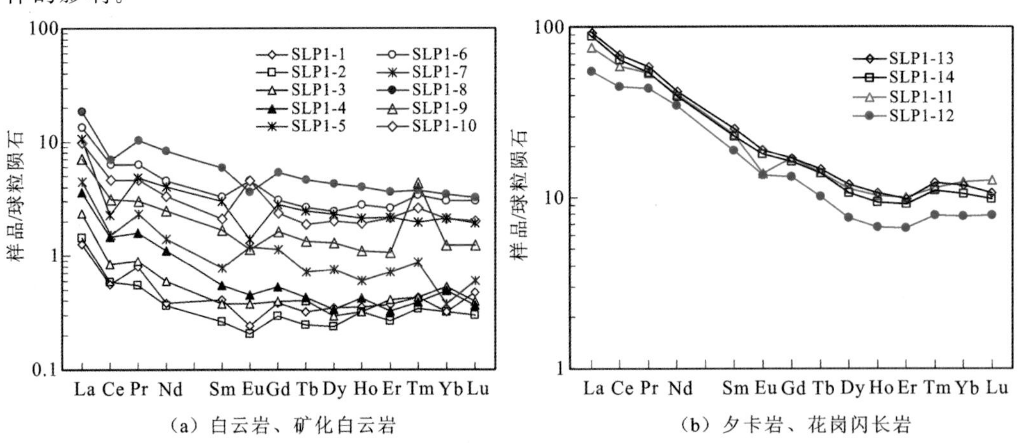

图2.81 石菉矿区白云岩、矿化白云岩和夕卡岩、花岗闪长岩稀土元素球粒陨石标准化配分模式图

含矿夕卡岩的稀土总量为72.41～93.95 μg/g，平均为83.18 μg/g；$(La/Yb)_N$为6.17～7.06，具弱-中等Eu负异常（δEu=0.68～0.84），稀土元素配分曲线为轻稀土富集且分馏较明显、重稀土较平坦的右倾L形[表2.52，图2.81(b)]，与石菉花岗闪长岩[图2.77(b)]类似，但其稀土总量略低，主要反映了岩浆作用的特征并部分继承了地层特点。

2. 成矿物质来源

微量元素分析表明，矿床中Cu与W、Au、Sn、Co呈显著的正相关，显示同源性特征，为近矿指示元素组合。与花岗岩维氏值和区域地层相比，石菉岩体较高的铜含量（平均值为164 μg/g）、钼含量（平均值为59 μg/g），说明其具有提供成矿物质Cu、Mo元素的能力，结合地质特征认为石菉花岗闪长岩为成矿物质的母岩或者载体。

岩、矿石稀土元素配分曲线表明REE含量呈现一定的规律性变化，从花岗闪长岩、夕卡岩、矿化白云岩到白云岩，稀土元素含量和轻稀土富集程度逐渐降低。夕卡岩与花岗闪长岩的稀土配分曲线形态相似，其稀土总量在花岗闪长岩和白云岩之间，表明夕卡岩与白云岩、花岗闪长岩具有密切的成因关系，显示出成矿热液流体对岩浆岩体的淋滤萃取和对围岩沉积地层的叠加改造，使岩浆岩和沉积岩在夕卡岩化和矿化过程中REE分别降低和升高，可以推测成矿流体中的REE主要来源于岩浆热液及其对岩浆岩体的淋滤作用。

据广东省有色地质局933队（1988）资料，矿区矿石的$\delta^{34}S$值为−4.04‰～1.09‰，平均为0.44‰，与陨石硫接近，具有深源岩浆硫的特征。石菉辉钼矿样品铼含量高（60.24～218.90 μg/g），同样显示深部岩浆来源特征（赵海杰 等，2012b）。

部分矿化白云岩具有显著的Eu正异常，δEu值最高达2.59，且与成矿元素Cu、W呈明显的正相关，相关系数分别为0.8和0.76（表2.51），可能是矿化过程中受成矿流体的影响，导致Eu与相邻的稀土元素出现分异，而高温流体往往是出现Eu正异常的重要条件，暗示石菉铜钼矿形成的温度较高，与包裹体测温结果为285～385 ℃（孙宝德 等，2008）相吻合。

3. 成矿时代

赵海杰等（2012b）对石菉矿区矿化石英脉中的辉钼矿进行了Re-Os同位素定年，获得等时线年龄和模式年龄加权平均值分别为（104.1±1.3) Ma和（104.34±0.66) Ma，与石菉花岗闪长岩的形成时代在误差范围内一致，表明石菉铜钼矿床与石菉岩体在时空上密切相关，成岩与成矿时代接近。

4. 矿床成因类型

（1）石菉铜钼矿床与石菉岩体在时空上密切相关，花岗闪长岩中富集铜（平均值为164 μg/g）和钼（平均值为59 μg/g），是石菉矿床的重要载体。

（2）花岗闪长岩和围岩（石炭系测水组石英砂岩）中发育细脉浸染状黄铜矿、辉钼矿化体，该类型矿体深部揭露出具有明显垂向分带的围岩蚀变，自岩体往上依次为钾化带

(黑云母-钾长石)-绢英岩化带(绢云母-石英)-泥化带(高岭土、绢云母)-青磐岩化带(绿泥石、绿帘石),并围绕含矿岩体呈环带状分布。

(3) 矿区发育典型的夕卡岩矿物组合(如钙铁榴石、钙铝榴石、透辉石等),围岩蚀变非常普遍,其中与矿化关系密切的主要是夕卡岩化、蛇纹石化、硅化和绢云母化。

(4) 夕卡岩的形态、产状、规模及空间展布直接控制着原生矿体的形态、规模及空间分布,二者具明显的正消长关系,夕卡岩中明显富集铜、钨。

(5) 成矿物质来源具壳幔混合的特征。

(6) 具较高的成矿温度(大于 250 ℃)。

(7) 矿区中锡与主成矿元素 Cu 共存,且具有正相关关系,这一特征往往出现在广东夕卡岩型铁-铜矿床中。

(8) 辉钼矿样品中的铼、锇含量,与斑岩-夕卡岩铜、钼系统的铼丰度相当。

综上所述,石菉铜钼矿床为斑岩-夕卡岩型复合矿床。

5. 成矿动力学背景

诸多学者认为,135 Ma 之后,中国东部地壳以挤压为主的应力环境发生改变,变为拉张环境(周涛发 等,2008; Mao et al.,2008a)。蔡明海等(2002b)认为云开地区中生代岩石圈构造经历了 201~277 Ma 的碰撞挤压、154~163 Ma 由挤压到伸展的构造转换及 80~120 Ma 拉张伸展三个阶段的构造演化过程;毛景文等(2004)提出华南多金属矿床形成于 170~150 Ma、140~125 Ma 和 110~80 Ma 三个阶段,对应了太平洋板块向华南陆块俯冲引起的多阶段弧后岩石圈伸展。总体来说,拉张伸展是华南地区白垩纪的地球动力背景已经被广泛认可。

在这种拉张伸展的背景下,由于软流圈的上涌,导致上地幔部分熔融产生玄武质岩浆底侵到古老下地壳底部,并导致区域热流值升高,进而致使中元古代地壳熔融,发生壳幔混合作用,因而石菉花岗闪长岩兼具地壳和地幔的同位素和微量元素特征。由于石菉花岗闪长岩具有岛弧花岗岩的特征,其可能仍与太平洋板块的俯冲相关,可能在 90~120 Ma仍然存在太平洋板块的后撤 (Wang et al.,2017),中国东南沿海的一些构造-岩浆活动支持这一观点。例如,98~90 Ma 的 A 型花岗岩广泛分布在沿海地区 (Wang et al.,2005);拉分盆地中分布着大量的双峰式火山岩 (Zhou et al.,2006);白垩纪的镁铁质岩墙分布在武夷山脉的东西两侧 (Xie et al.,2006)。

6. 成矿模式

综合石菉铜钼矿床地质特征、地球化学特征及成矿时代和成矿动力学背景,总结石菉铜钼矿床成矿模式如图 2.82 所示,其形成过程简述如下。

135 Ma 之后,由于太平洋板块的持续后撤,使原先中国东部地壳以挤压为主的应力环境发生改变,变为拉张环境(周涛发 等,2008),在这种伸展-拉张的背景下,软流圈的上涌,导致上地幔部分熔融产生玄武质岩浆底侵到古老下地壳底部,玄武质岩底侵作用导致

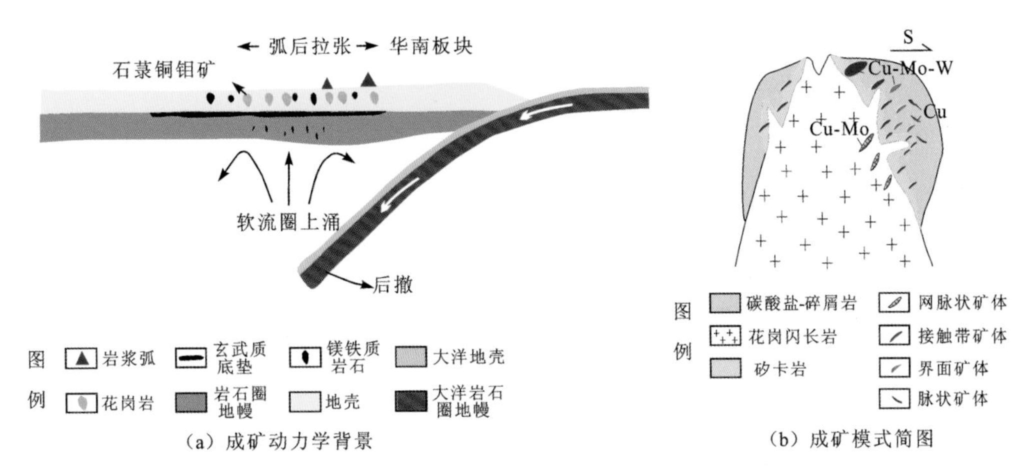

图 2.82　石菉铜钼矿床成矿动力学背景和成矿模式简图

区域热流值升高，进而使古老的中元古代地壳熔融，发生壳幔混合作用。

壳幔混源岩浆上升，侵位于石炭系地层中，形成高钾钙碱性花岗闪长岩，伴随同源的岩浆晚期成矿热液(富含铜、钼)作用，岩体发育了黑云母和绢云母化，在岩体内部形成了细脉浸染状黄铜矿和辉钼矿化。随着岩浆冷却，岩浆期后热液在不断的流动过程中，在石菉花岗闪长岩体周围与石炭系碳酸盐岩接触带发生了交代作用，形成夕卡岩化，并伴随硅化、绢云母化、绿泥石化等，在温度压力达到一定条件的情况下，形成了夕卡岩型矿体。部分岩浆期后成矿热液也侵入到围岩由于构造活动和岩浆侵位作用而形成的层间剥离、破碎裂隙及北东向断裂中，同时岩浆侵位和成矿热液产生的压力和热能使原赋存于地层中的地下水或层间隙裂隙水(或卤水)活化，并携取围岩中的有用组分成为含矿热液，一起在有利部位成矿，形成界面矿体和脉状矿体。

2.11.5　找矿模型

综合各种找矿信息，建立石菉铜钼矿床的找矿模型见表 2.53。

表 2.53　石菉铜钼矿床综合找矿模型

<table>
<tr><td colspan="2">矿床储量
(金属量)</td><td>次生铜矿 260 258 t；原生铜矿铜 196 298.4 t，钼 10 158.4 t</td><td>平均品位</td><td>次生铜矿：铜 3.62%；原生铜矿：铜：0.91%，钼：0.21%</td></tr>
<tr><td colspan="2">矿床特征描述</td><td colspan="3">斑岩-夕卡岩型铜钼矿床</td></tr>
<tr><td colspan="2">标志分类</td><td colspan="3">内容描述</td></tr>
<tr><td rowspan="5">地质环境</td><td>构造背景</td><td colspan="3">处于云开地块和粤中地块的交汇处，阳春盆地的北西部</td></tr>
<tr><td>地层</td><td colspan="3">石炭系灰岩、白云岩</td></tr>
<tr><td>岩浆岩</td><td colspan="3">燕山晚期花岗闪长岩</td></tr>
<tr><td>成矿时代</td><td colspan="3">早白垩世晚期—晚白垩世早期之交(100～105 Ma)</td></tr>
<tr><td>成矿环境</td><td colspan="3">拉张伸展环境</td></tr>
</table>

续表

矿床特征	矿体特征	次生铜矿分布在石菉岩体东南缘接触带上部的风化夕卡岩及旁侧的第四系沉积物中;原生铜钼矿体赋存于岩体内、接触带夕卡岩及邻近的夕卡岩化大理岩、外接触带大理岩化白云岩中,呈不规则带状环绕石菉岩体断续分布,分为接触带矿体(不规则板状、长条状、透镜状、囊状、不规则状产出,主要是铜矿石和钨钼矿石)和界面矿体(层状、似层状、透镜状,为铜钼矿石和铜钨矿石)
	矿物组合	主要的金属矿物有黄铜矿、辉钼矿、白钨矿;脉石矿物主要有钙铁榴石、钙铝榴石、透辉石、蛇纹石、方解石、白云石
	结构构造	矿石构造主要有块状、浸染状、细脉浸染状、细脉状和网脉状;矿石结构主要有它形-自形粒状结构、填隙结构、溶蚀交代结构、骸晶结构、共边结构、压碎结构和乳蚀状结构
	围岩蚀变	与矿化关系密切的主要是夕卡岩化、蛇纹石化、硅化和绢云母化,其次是绿泥石化、绿帘石化和高岭石化
	控矿条件	构造(断裂和褶皱)、围岩岩性、岩浆岩三者控制
物化遥特征	物探	可控源音频大地电磁法:在岩体产状由陡变缓、内凹、超覆等,都是找矿有利部位,如有明显低阻大阻抗相位异常,有利成矿。磁法:高磁异常区可能是夕卡岩化带及矿化带。激电:低阻中高极化解释为夕卡岩,找矿有利。磁法异常 300γ 等值线可圈定含矿岩体的分布范围,正负异常配套时、峰值高达数千至万余时,是接触带含磁铁矿夕卡岩部位的反映
	化探	Cu、Mo、Pb、Zn、Sn、Bi、W、Au、Ag、Ni、Ti 等元素可以作为矿区地球化学找矿的指示元素;化探次生晕综合异常 Cu、Mo、Pb、Zn、Ag、W、Bi(Sn)组合时,主元素 Cu、Mo 丰度高,是接触带含矿夕卡岩的地球化学特征标志

第3章　区域成矿规律

3.1　铜铅锌金多金属矿控矿因素

3.1.1　沉积建造对成矿的控制

钦杭成矿带矿产丰富，尽管诸多矿种与岩浆活动密切相关，然而许多矿床的形成具有多来源、多阶段和多成因性(涂光炽，1987)，其中地层及岩相古地理也是重要的控制作用之一。地球化学研究调查表明，区内主要成矿元素W、Sn、Pb、Zn在古生界和前寒武系都有不同程度富集；Pb、Zn在泥盆系中富集于桂北泥质岩和粤北、湘南、赣南砂泥质岩石中。泥盆系是本区重要的铜、铅、锌、金、银等多金属元素含矿层位。

研究区从前寒武系至第四系层位中均可见沉积矿产。含矿沉积建造类型较多，而且具有全区域性。含金属矿产沉积矿建造主要有：含铅锌沉积建造、含钨锡沉积建造、含铁沉积建造、含锰沉积建造、含铜沉积建造、含金沉积建造等。

1. 含铅锌沉积建造

研究区从前寒武系至白垩系均有铅锌矿产出层位，其中岩相类型复杂的泥盆系是最重要的含矿层位，如桂北泗顶、桂中朋村、湘中白云铺、湘南香花岭等。主要为含铅锌碳酸盐岩型建造，另有少量的含铅锌碎屑岩型建造。

含铅锌碳酸盐岩型建造主要控矿层位为泥盆纪。桂北地区铅锌矿赋存于东岗岭组到余田桥组下部，湘中地区大多出现在棋梓桥组中部、下部；湘南地区部分有燕山期的岩浆岩存在，形成具有叠加特征的层控矿床，但矿化层位仍为棋梓桥组灰岩的底部。矿床多产出于前泥盆系隆起区或穹窿构造的边缘，控矿岩相多为局限台地相、潟湖相和台地边缘礁(滩)相，且多与白云岩化关系密切。矿床多分布于长期活动的大断裂上，具成群成带出现的特征。铅锌矿床一般出现在由细碎屑岩-泥质岩向碳酸盐转化的层位中，即沉积环境由碳酸盐缓坡向台地相转化的层位中，或碎屑岩滨岸-潮滩向台地转化的层位中(曾允孚 等，1993)。

2. 含钨锡沉积建造

以含钨锡碎屑岩型建造为主，主要的分布层位有泥盆系和前寒武系。区内不同部位的泥盆系碎屑岩(或碎屑岩-碳酸盐岩)中，常赋存有钨、锡、钼等层控矿床。它们的形成大多与矿区出露或隐伏的中酸性岩浆有一定的时空联系，即矿床的定位空间受到构造、岩浆岩、地层、岩相的综合制约，在成因上多属混合热液层控矿床(曾允孚和杨卫东，1987)。矿化时期主要集中于早泥盆世晚期、中泥盆世晚期至晚泥盆世早期，对应于泥盆纪的两个全球性海平面上升、岩相古地理面貌发生明显分异的时期(曾允孚 等,1993)。产出层位主要有广西的泥盆纪塘丁组、纳标组、罗富组及莲花山组,在湖南则多见于棋梓桥组、跳马涧组。含矿岩系主要为粉砂质泥岩、泥岩、砂岩、硅质岩及灰岩等,含矿建造中表现出 W、Sn 等元素背景值高。岩相古地理位于台盆、滨-浅海相过渡部位或台地边缘。矿床主要赋存于台盆相的泥岩、硅质岩、细碎屑岩系列中,以及滨海相碎屑岩向浅海相碳酸盐岩过渡部位。同时,矿区范围内一般有燕山期中酸性岩浆岩体。

前寒武系含钨锡变质沉积建造主要有桂北的四堡群。桂北九万大山地区的四堡群被称为"矿结",这里集中了锡及铜、镍、铅、锌、钴、金、铂、钯、银等多种矿产资源,有大小矿床 20 余处。对四堡群中 23 种微量元素的统计结果表明,平均含量高于地壳克拉克值的元素有 W、Sn、Cr、Ni、Cu、Co、Ag、Sb、Rb、Bi、Sc、Au 等,尤其是火山岩中 Sn、W、Ni、Co、Cu、Cr 等成矿元素含量普遍较高,是形成含锡、铜花岗岩和锡、铜多金属矿的重要前提条件(董宝林,1990)。而且,在丹洲群底砾岩中发现有含锡电英岩砾石(彭大良和冼柏琪,1985),四堡群中发现了层纹状锡矿化(毛景文 等,1988),均表明四堡群有过锡的初始富集。

3. 含铁沉积建造

含铁沉积建造主要有沉积变质型、碎屑岩型、火山-沉积型 3 种类型,这些类型在前寒武纪地层中都有分布,受后期区域变质和热液叠加的改造多形成大型铁矿床。

含铁沉积变质型建造广泛分布于广东、广西、湖南、江西、海南等省(区)的青白口纪至南华纪地层中,具有沉积型特征(层控性)和后期变质改造(区域变质、热液叠加改造)特征。主要赋矿层位有青白口系黄狮洞组(高涧群)、大江边组、石碌群,南华系富禄组、下坊组、天子地组和沙坝黄组。产于南华系的为江口式(新余式)铁矿,青白口系中有闻名于世的产于石碌群中的海南石碌富铁矿。

含铁碎屑岩型建造主要分布于广西、湖南、江西等地区的上古生界,另在三叠系中有少量分布。上古生界的主要层位为广西泥盆系信都组,湖南泥盆系跳马涧组、锡矿山组、岳麓山组及石炭系樟树湾组,江西泥盆系至石炭系洋湖组、藕底塘组及三叠系杨家组,广东石炭系忠信组。其中,以产于泥盆纪含铁建造中的宁乡式最为重要。

含铁火山-沉积型建造主要见于桂东北—粤西青白口系鹰阳关组、桂北青白口系三门街组,主要与火山-沉积作用有关。鹰扬关组下部为火山碎屑岩夹细碧岩、角斑岩、千枚岩、赤铁矿层和少量硅质岩,上部为千枚岩夹灰岩、泥灰岩和凝灰岩;三门街组仅分布于桂北龙胜三门街镇和平马海地区,为一套细碧角斑岩系,在中基性熔岩内夹磁铁矿透镜体,火山岩之上的铁质石英岩(硅质岩)中也有赤铁矿-磁铁矿体。

4. 含铜沉积建造

新元古代早期含铜建造较为发育,有含铜火山岩建造、含铜黏土岩建造、含铜砂岩建造、含铜火山-碎屑沉积建造、含铜碳酸盐建造。铜的沉积与还原环境有关,主要含铜矿物为辉铜矿。铜矿成矿物质来源与中性、中酸性、中基性海底火山喷发活动有关。由于沉积环境动荡,尚未形成大规模的集聚,但足以为后期热液改造叠加成矿提供矿质来源,即所谓的"矿源层"。中生代陆相沉积型砂岩铜矿主要分布于衡阳盆地中南部,含矿层位为上白垩统戴家坪组,含矿岩系以细粒碎屑岩为主,属于滨湖三角洲相含铜建造。

5. 含金沉积建造

主要为含金碎屑岩建造，产出层位多为前寒武系。湘黔桂地区产较多的石英脉型和蚀变型金矿床(点)，广泛分布于扬子陆块南缘的江南造山带。成矿元素组合类型以单Au为主，少数为Sb-Au和Au-Sb-W，主要赋矿地层为青白口纪下江群、丹洲群和板溪群，次为青白口纪冷家溪群、南华纪长安组，赵一鸣等(2006)和陈毓川等(2007)分别将其统称为变碎屑岩型和变质细碎屑岩型金矿床。大瑶山—云开地区的寒武系和南华系-震旦系是桂东—粤西地区最主要的赋金层位。

陶平等(2009)对湘黔桂地区含金建造特征、金矿化特征、成矿物质来源、形成机理等进行了系统研究。除南华系为衍生含金建造外，其余均为原始含金沉积建造。金矿物质主要来源于赋矿地层，赋矿层位多数为遭受了浅变质作用的变余(沉)凝灰岩、变余砂岩、变余粉-细砂岩、板岩、粉砂质板岩、绢云母板岩等，通常还富含有机碳质，主要为斜坡-盆地相具有远源(个别为近源)深水-较深水浊流沉积特点的复理石或类复理石沉积。地层中的金具有高丰度、高离散、双(多)峰态分布特征，而且有相当数量的金以易活化的吸附形式存在。吸附金的物质为含金建造原岩中富含的火山碎屑物质、黏土矿物及有机质、硫化物等，在后期地质作用中极易活化、迁移。金矿的形成，首先是区域埋深变质作用及区域低温动力变质作用导致了含金建造中金的进一步富集。金矿体层控特征明显，多沿顺层构造破碎带产出，少数赋存于切层断裂内，常见硅铝质泥质岩与细碎屑岩互层、硅铝质细碎屑岩与碳酸盐岩互层，出现以石英脉型金矿为主、蚀变岩型金矿次之的矿化类型，围岩蚀变微弱至中等，为中-低温蚀变组合。

含金碎屑岩建造主要是古陆块裂陷和超大陆裂解的产物，形成于扬子古陆南缘和再度裂陷时期，火山活动为其提供了丰富的成矿物质来源，下江群和板溪群之所以产出的金矿床(点)最多，是因为其富含中酸性火山岩系来源的沉凝灰岩类，并富含黏土、碳质及硫化物，易吸附金而成为原始含金岩石，在其后的变质作用和成矿作用下成为容矿岩石。

除前寒武纪含金碎屑岩建造外，第四纪水系沉积物也是主要金矿赋矿层位。在山间盆地中的河床及其两侧的一级、二级阶地上，与附近已知的岩金矿床(点)相伴产出。可分为河谷砂矿和冲积砂矿两类。河谷砂矿赋矿层位为上更新统河流冲积及冰川堆碛的砂砾层、细砂层及黏土层，以封开金庄砂金矿为代表。冲积砂矿主要赋矿层为第四系中的一级、二级、三级阶地及现代河流沉积层，代表性的矿点有怀集桥头。

3.1.2 区域构造对成矿的控制

矿田构造及矿床构造对成矿的开展在典型矿床介绍中进行了讨论，此处主要论述区域构造对矿床形成的控制作用。工作区内区域构造对成矿的控制作用表现在以下几方面。

(1) 古板块拼接带控制大型成矿带：钦杭结合带成岩成矿作用与其两侧隆起区明显不同，构成一条独具特色的巨型成矿带。其北西侧江南隆起区岩浆活动不发育，以形成钨、金、锑等低温热液矿床为主，构成了雪峰山-九岭金锑钨成矿带；南东侧罗霄-云开隆起区岩浆活动强烈，以形成与壳源重熔花岗岩有关的钨、锡、钼、铋、铌、钽等中高温热液矿床为特征，拥有赣南、湘东南等大型钨锡多金属矿集区；结合带内壳源、壳幔混合源型岩浆岩同时发育,以形成深源浅成中酸性小岩体和中低温热液多金属硫化物矿床为主,钨、锡、铜、铅、锌、金、银矿产都十分丰富,湘东北、湘南、桂东北、桂东南等地区铜铅锌、钨锡多金属矿床发育。

(2) 深大断裂带控制二级成矿带:深大断裂由于其发育时间长、延伸远、影响深度大,且大多具多期活动的特点,是保持地壳热液循环和沟通深部物质的通道,往往控制着矿床的形成与分布。但深大断裂一般为压性或压扭性断裂,切割深度大,且长期处于高度挤压状态,封闭条件差,它们主要起导岩、导矿作用,其本身一般并不赋矿(但存在矿化显示)。在深大断裂上盘,常常发育有低级序的派生断裂,往往有多期岩浆沿其侵入,并伴随大量含矿热液上升,是成矿的有利地带。研究区深大断裂发育(图 1.10),以北东向断裂为主,并伴有北西向、近东西向和近南北向断裂。区内矿田、矿床,乃至矿体,主要产在深大断裂旁侧,受派生的次级构造控制。根据本区主要多金属矿带和大型矿床的统计,它们无一不与深、大断裂有关。铜铅锌金多金属矿带的展布直接受深大断裂控制,尤以北东向深大断裂的控矿作用最为明显,几乎所有二级成矿带均沿北东向深大断裂分布,如区内 3 条北东向铜成矿带(浏阳-衡阳-道县-金秀-贵港铜成矿带、郴州-怀集-博白铜成矿带、南雄-四会-吴川铜成矿带)分别受衡阳—双牌—恭城—荔浦断裂、茶陵—郴州—连山断裂(岑溪—博白断裂)和吴川—四会断裂 3 条深断裂带控制。

(3) 不同方向深大断裂的复合部位是大型、中型矿床密集区:其中多方向深大断裂的复合成矿更好。如北东向茶陵—郴州—连山深大断裂与东西向花山—大东山深大断裂复合部位,形成了花山-姑婆山钨锡多金属矿化集中区,而其与常德—南雄北西向深大断裂的复合部位,形成了千里山-骑田岭钨锡、铅锌多金属矿化集中区。

(4) 大型拗陷中的次级隆起与拗陷是成矿有利部位:拗陷区内部的构造突起和隆起区内部的构造凹陷,分别是拗陷历史阶段未接受沉积的局部凸起部分和隆起历史阶段的局部下凹部分,这些拗中凸起或隆中凹陷周缘由于在拉张、伸展作用下往往产生同生或后生断裂,是构造薄弱地带,有利于矿床形成。虽然钦杭结合带总体为一巨型拗陷,但其内部有一系列次级隆、拗构造,与这些次级构造分区相对应,可划分出不同的成矿区,钨、锡、金矿主要产于次级隆起内,铁、铅、锌主要产于火山-沉积拗陷中,在隆-拗过渡区则出现铜、铁、金、铅锌多金属矿。

(5) 构造岩浆带与浅表层构造的交叉复合部位往往形成矿床(田):该部位一般是多期次岩浆活动的中心,往往为矿床(点)密集区。例如,大义山矿化集中区处于北西向关帝庙-大义山-九峰山-大宝山岩浆带与阳明山、塔山东西向穹窿交汇部位。

3.1.3 岩浆活动对成矿的控制

区内岩浆活动频繁,活动时代从中元古代至燕山期—喜马拉雅期,其中以燕山期岩浆活动最为强烈,其次为加里东期和海西期—印支期,形成了大量出露规模不等的中酸性-酸性花岗岩类岩体(脉),以及少量规模较小的中性、基性-超基性岩和碱性岩体(脉)。

区内铜铅锌金多金属矿床与基性-超基性岩的成因联系目前还不十分清楚,但人们已经注意到,区内大型钨锡、铅锌多金属矿区都分布有与成矿花岗岩形成时代相近的基性岩(煌斑岩、辉绿岩、玄武岩)。例如,湘南柿竹园超大型钨锡多金属矿区存在大量辉绿岩,矿区南部分布有长城岭拉斑玄武岩群。湘南水口山、铜山岭，桂东北新路、水岩坝，粤西石菉、天堂山等矿区都有幔源煌斑岩或辉绿岩等基性-超基性岩出露，并且其成矿元素含量较高。涂光帜(2000)对湘南地区玄武岩中地幔包体分析表明，其钨、锑、铋、铅、铀、铜含量分别为原始地幔的 23～30 倍、7.3～14.4 倍、4.3～13.7 倍、16～47 倍、2.8～4.8 倍和 4.5～5 倍，反映了本区多金属矿床是在富集上地幔背景上形成的。这些成矿元素含量高的幔源基性岩类，以及与其形成时间大体相近的壳幔混合型花岗岩，都同样反映了深部幔源物质的上涌，暗示地幔含矿流体可能参与了成矿作用。因此，幔源基性岩与同时代花岗岩相伴产出，可作为判断花岗岩壳幔混合成因及寻找大型多金属矿床的标志。

区内主要铜铅锌金多金属矿床在时空上多与花岗岩类岩体密切相关，并有直接或间接的成因联系，故以下主要讨论两者之间的关系。

1. 岩体与矿床的空间关系

在空间上，铜铅锌金多金属矿床与花岗岩体的关系主要有以下三种：①矿化直接产于花岗岩体中，形成斑岩型矿床（如广西龙头山金矿、广东园珠顶铜钼矿）；②矿化产于花岗岩体与围岩接触带中，形成夕卡岩型矿床（如湖南七宝山铜多金属矿、广东石菉铜钼矿）；③矿化产于花岗岩体外接触带围岩中，形成热液脉型（如湖南黄沙坪铅锌多金属矿、广西思委银多金属矿）和破碎蚀变岩型（如广东高枨铅锌银多金属矿、广西龙水金银多金属矿）矿床。

与花岗岩有关的矿床，其成矿元素组合在空间上具有明显的分带性。以铜山岭矿区为例，岩体顶部及边缘（内带）以细脉浸染状斑岩型铜、钼矿化为主，接触带（中带）为夕卡岩型铜、铅、锌矿化，外接触带（外带）形成热液充填-交代型铅、锌、银矿床（练志强，1992）。当然，由于构造-岩浆-成矿事件的多期性和继承性，不同类型的矿床在空间上往往相互叠置。一般来讲，同一地区斑岩型、夕卡岩型矿床（体）形成较早，热液脉型、破碎带蚀变岩型相对较晚。

2. 成岩与成矿的时间关系

区内岩浆活动频繁，从新元古代晋宁期到中—新生代燕山期—喜马拉雅期均有活动（海南岛中元古代花岗岩与成矿的关系不明，此处不进行讨论），形成了规模大小不等的上千个花岗岩体，其中大型岩体一般为多期次岩浆活动形成的复式岩体。在同一个复式岩体中，早期侵入体通常构成复式岩体的主体，岩性主要为斑状黑云母二长花岗岩、正长花岗岩和少量花岗闪长岩，有矿化元素的初步富集，但通常无工业矿体形成；晚期侵入体多呈岩株或岩脉产出，岩性主要为中细粒黑云母花岗岩、碱长花岗岩、花岗斑岩、石英斑岩等，其成矿元素含量通常比早期侵入体高，是成矿的母岩或载体，一般有工业矿体形成。因此，在某一特定的岩体或岩基中，矿化通常与晚期侵入的细粒花岗岩有关，与成矿有关的岩体多为小型岩体(群)或复式岩体中的晚期侵入体。

研究表明，成岩与成矿是连续演化的过程，不存在明显的时间差。例如，广西牛塘界钨矿区白钨矿的 Sm-Nd 等时线年龄为(421±24) Ma（杨振 等，2013），花岗岩 LA-ICP-

MS 锆石 U-Pb年龄为(421.8±2.4) Ma(华仁民 等,2013);广西李贵福钨锡多金属矿区辉钼矿的 Re-Os 等时线年龄为(211.9±6.4) Ma(邹先武 等,2009),花岗岩(都庞岭东体)SHRIMP 锆石U-Pb年龄为(209.7±3.1) Ma(徐德明 等,2015);湖南七宝山铜多金属矿区石英包裹体的 Rb-Sr 等时线年龄为(154±24) Ma,石英斑岩 LA-ICP-MS 锆石 U-Pb年龄为(153±1.3) Ma 和(154.8±2.1) Ma(徐德明 等,2015);广东石菉铜钼矿区辉钼矿的 Re-Os 等时线年龄为(104.1±1.3) Ma(赵海杰 等,2012b),与本书获得的花岗闪长岩 LA-ICP-MS 锆石U-Pb年龄[(102.7 ±2.1) Ma]在误差范围内一致。

区内自新元古代早期,经历了晋宁期、加里东期、海西期—印支期和燕山期—喜马拉雅期四个大的构造演化阶段,每一个阶段都代表一个完整的造山旋回,都伴随花岗岩的形成。从成矿年龄频数图(图 3.1)与花岗岩成岩年龄频数图(图 1.11)的对比中可以明显看出,各时期矿床的成矿年龄与同期花岗岩成岩年龄的峰值基本对应,但成矿年龄一般略显滞后,进一步说明成岩与成矿是连续演化的过程,它们可能形成于相同构造背景。成矿作用通常伴随某一次构造运动(造山事件)中较晚期的岩浆侵入活动,如区内加里东期成矿花岗岩都形成于志留纪(张文兰 等,2011;陈懋弘 等,2011;李晓峰 等,2009),奥陶纪花岗岩一般不成矿(如高栎花岗岩);印支期成矿花岗岩都形成于晚三叠世(梁华英,2011;杨峰 等,2009;邹先武 等,2009;蔡明海 等,2006),早—中三叠世花岗岩一般不成矿(如大容山岩体)。

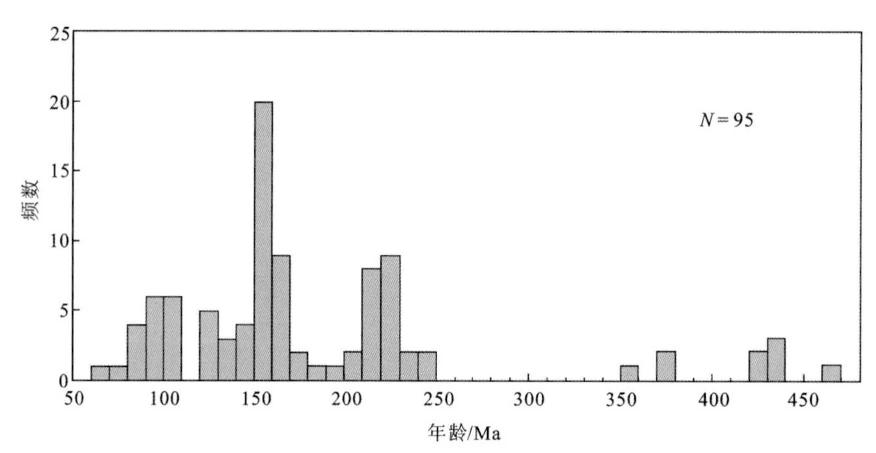

图 3.1 钦杭成矿带铜铅锌金多金属矿床成矿年龄频数图

3. 成矿花岗岩的地球化学特征

造山作用早期碰撞挤压阶段主要形成壳源重熔型花岗岩,晚期伸展拉张阶段则由于所处构造位置的不同,可能同时形成壳源重熔型和壳幔混源型花岗岩。通常情况下,各个构造演化阶段都有这两类花岗岩的产出,而且由于构造-岩浆活动的多期性和继承性,不同类型的花岗岩在空间上往往相互叠置。壳源重熔型花岗岩形成的矿床成矿元素组合为 W-Sn-Nb-Ta-Mo-Bi-Fe-Pb-Zn,壳幔混源型花岗岩形成的矿床成矿元素组合为 Cu-W-Mo-Bi-Pb-Zn-Ag-Au。两类成矿花岗岩的岩石组合、地球化学特征表现出明显差异,以燕山期花岗岩为例总结如下(图 3.2)。

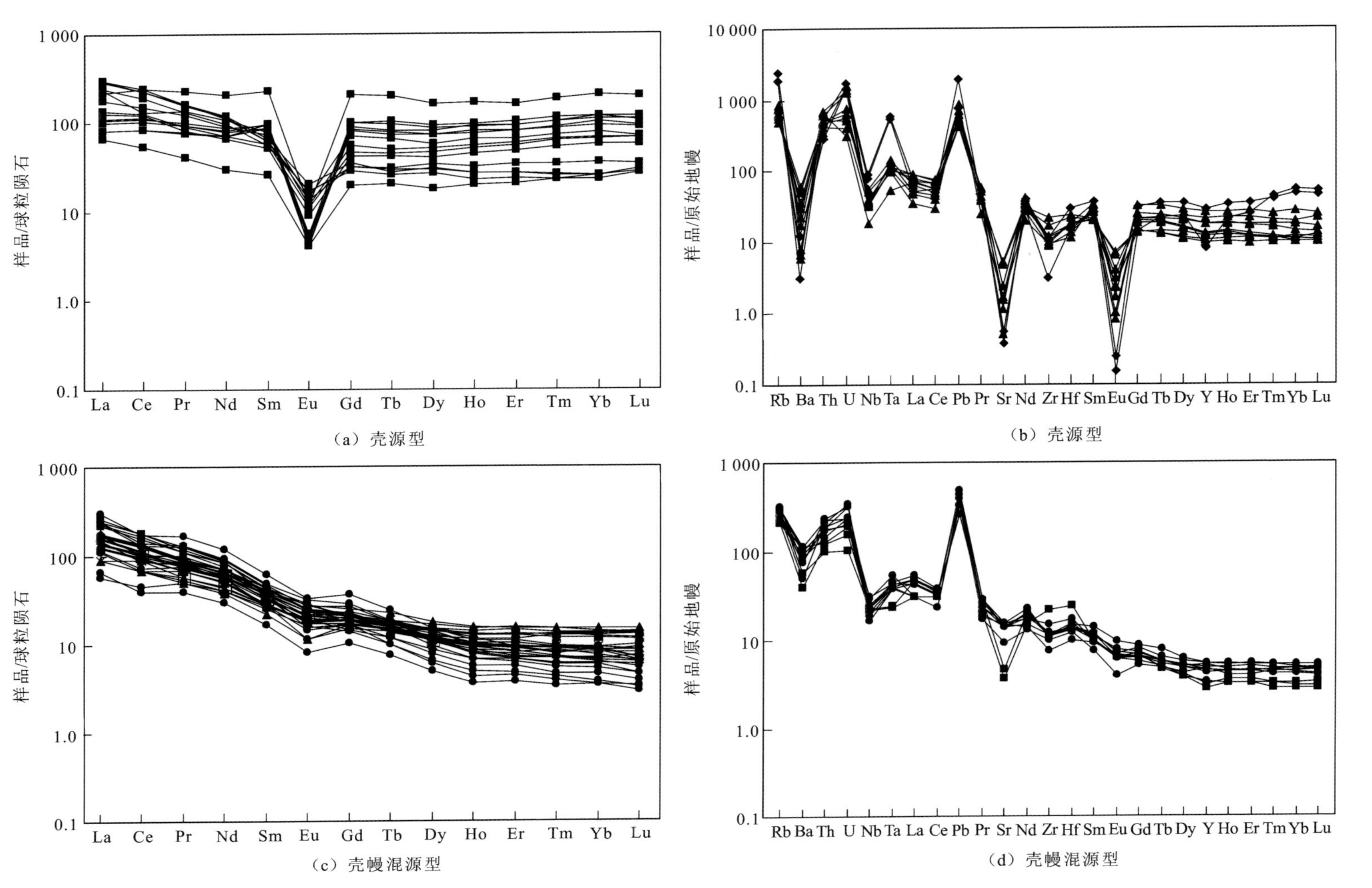

（a）壳源型

（b）壳源型

（c）壳幔混源型

（d）壳幔混源型

图 3.2　燕山期两类含矿花岗岩的稀土元素配分图及微量元素蛛网图

(1) 壳源型花岗岩,如香花岭、黄沙坪、荷花坪、千里山等岩体,岩性以黑云母二长花岗岩、黑云母花岗岩、花岗斑岩为主;岩石化学成分从酸性到超酸性(SiO_2含量高,69.36%~78.68%)、富碱(K_2O+Na_2O为6.54%~11.78%)、过铝质(A/CNK为0.95~1.34)、P_2O_5含量低(0~0.15%),K_2O/Na_2O大于1,属高钾偏碱性或碱性系列岩石;微量元素以富集大离子亲石元素Rb、Th、U、K和高场强元素Nb、Y,贫Ba、Sr、P、Eu、Ti为特征,Rb/Sr较高(1.55~342.86),Sr/Y(0.06~7.70)和Zr/Hf(3.3~19.6)偏低;稀土配分曲线多呈V字形或海鸥型,$(La/Yb)_N$较低(0.86~5.46),具明显Eu负异常($\delta Eu=0.01$~0.43)。Cu、Pb、Zn等成矿元素含量远远高于华南花岗岩平均值。

(2) 壳幔混源型花岗岩,如七宝山、水口山、宝山、铜山岭等岩体,岩性以花岗闪长(斑)岩、石英闪长斑岩、英安斑岩为主;岩石化学成分从中性到酸性(SiO_2相对较低,55.61%~72.67%)、碱含量相对较低(K_2O+Na_2O为3.08%~8.15%)、P_2O_5含量较高(0.09%~0.54%),A/CNK变化大(0.87~3.32),K_2O/Na_2O大于1,属高钾钙碱性系列岩石;微量元素以富集大离子亲石元素Rb、Ba、Th、U、Sr和高场强元素Zr、Ti,贫Nb、Ta、Y为特征,Rb/Sr低(0.23~1.90),Sr/Y(5.52~41.79)和Zr/Hf(25.53~32.82)较高;稀土配分曲线为右倾型,$(La/Yb)_N$较高(7.07~41.51),Eu负异常不明显($\delta Eu=0.51$~0.90)。W、Sn、Mo、Cu等成矿元素含量远远高于华南花岗岩平均值。

3.2 成矿系列

矿床成矿系列是指"在特定的四维时间、空间域中,由特定的地质成矿作用形成的有成因联系的矿床组合"(陈毓川 等,2006)。它从整体上描述特定地质环境与成矿作用之间的联系,以及矿床的时空分布、矿床组合形成的客观规律,反映了成矿作用的主要特征。所以,开展矿床成矿系列的研究,将有助于建立接近客观实际的成矿模式和找矿模型,从而有利于合理地进行找矿勘查工作的宏观部署,指导区域找矿,提高找矿效果。

钦杭结合带是华南地区一条重要的Cu-Pb-Zn-Au、W-Sn-Bi-Mo和Fe-Mn-S多金属成矿带(徐德明 等,2015;毛景文 等,2011;杨明桂 等,2009),本书根据区内主要金属矿床的成因组合、形成构造环境及其随地质历史演化的特点,将其划分为以下7个成矿系列。

3.2.1 中—新元古代海底喷流沉积型铜多金属矿床成矿系列(Ⅰ)

该系列矿床主要分布在钦杭成矿带东段蓟县纪—青白口纪地层中,典型矿床包括浙江西裘(平水)和江西铁砂街、罗城等矿床。平水铜矿区位于江绍断裂带北西侧,矿床赋存于双溪坞群下部细碧岩-角斑岩系中,其Sm-Nd等时线年龄为(978±44) Ma(章邦桐 等,1990),双溪坞群中部、上部中酸性火山岩锆石SHRIMP年龄分别为(926±15) Ma和(891±12) Ma(Li et al.,2009),表明双溪坞群火山岩形成于新元古代早期。铁砂街铜多金属矿区位于武夷隆起北缘,矿床赋存于蓟县系铁砂街岩组中上部细碧岩-角斑岩系中,变流纹岩单颗粒锆石U-Pb年龄为(1 196±6.2) Ma(程海 等,1991)、SHRIMP年龄为

(1 159±8) Ma(Li et al.,2013),属中元古代晚期。罗城铜多金属矿区位于江南古陆南缘,矿床赋存于宜丰岩组上段细碧岩-角斑岩系中,其中角斑岩 Rb-Sr 等时线年龄为 1 038.3 Ma(徐备 等,1992),属中元古代晚期。双溪坞群、铁砂街岩组及宜丰岩组均为一套基性-中酸性火山-沉积岩系,火山岩具双峰式岩石组合特点,指示大陆边缘岛弧环境。含矿岩系中夹有喷流沉积岩,主要有硅质岩、碳酸盐岩、热水交代岩、同生角砾岩等(贺菊瑞 等,2008;徐跃通 等,2000)。矿床中除了铜、锌(铅)和硫外,可综合利用的元素通常还有金、银和硒等。

此系列矿床矿体形态简单,主要为层状、似层状和透镜状,矿体产状与围岩一致,并具有同步褶皱和变质现象;矿石具粒状变晶结构、碎裂结构、残余胶状结构、交代结构,条带状、层纹状、角砾状、块状和浸染状构造,这些特征反映了同生沉积和喷流沉积成矿作用的特点。矿化及蚀变分带较明显,在西裘矿区,围绕主矿体由中心向外,元素分带为:块状锌-铜(钡)矿体(Cu/Zn 小于 1)→浸染状铜、硫(锌)矿体(Cu/Zn 大于 1)→浸染状硫矿体→黄铁绢云母石英片岩(图 3.3);相应的矿物分带为:闪锌矿、黄铜矿、重晶石和黄铁矿带→黄铁矿、黄铜矿带→黄铁矿带,碧玉、石英、赤铁矿和磁铁矿仅见于矿层的边缘。在矿化强烈部位,主矿体之下为网脉状矿体。矿体顶板围岩蚀变不明显,底板则蚀变强烈,且矿体下盘具有筒状蚀变的特点。与矿体形态特征对应,在矿体中心块状矿体下盘的长英质火山碎屑岩中发育次生石英岩化→黄铁黄铜矿化筒状蚀变核,向外过渡为绢云母化→绿泥石化。

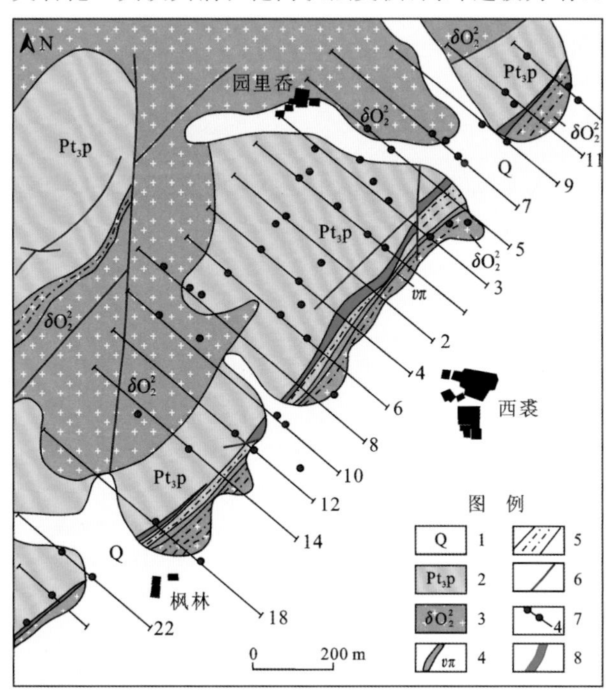

(a) 地质简图

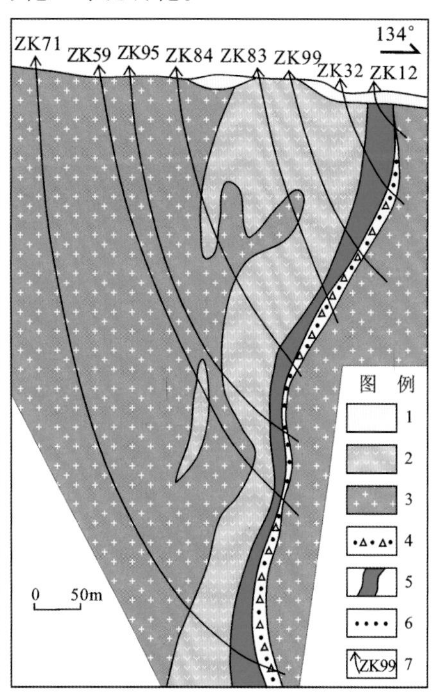

(b) 5号勘探线剖面图

图 3.3　浙江西裘铜矿区地质简图及 5 号勘探线剖面图

图(a):1. 第四系;2. 青白口系双溪坞群平水组;3. 晋宁期石英闪长岩;4. 霏细斑岩;5. 糜棱岩带;6. 断层;7. 钻孔及勘探线号;8. 铜矿体。图(b):1. 第四系;2. 平水组火山岩;3. 晋宁期石英闪长岩;4. 硅质岩;5. 块状矿体;6. 浸染状矿体;7. 钻孔及编号

3.2.2 新元古代海相沉积-变质型铁锰矿床成矿系列(II)

该系列矿床以新余式(或江口式)铁矿、湘潭式锰矿为代表,沿钦杭成矿带分布于江西、湖南、广东、广西壮族自治区等,是华南地区主要的工业铁、锰矿床类型,已探明大型、中型矿床10余处,如江西的新余、湖南的江口和祁东、广西的鹰阳关、广东的铜锣塘等铁矿床及湖南的湘潭、江口等锰矿床(图3.4)。矿床赋存于南华系杨家桥群下坊组及其相当的地层(湘西江口组、桂北富禄组、桂东北鹰阳关组),为南华冰期富禄间冰期的产物,其形成时代距今700～740 Ma。含铁锰岩系为一套浅变质海相火山-沉积岩,下部以火山凝灰物质为主,夹火山熔岩、细碧岩-角斑岩及陆源碎屑岩;上部以陆源碎屑为主,夹凝灰岩及碳酸盐岩。上下各见一冰碛层,中间为铁、锰层,铁矿层处于岩系下部,锰矿层集中于岩系中上部。

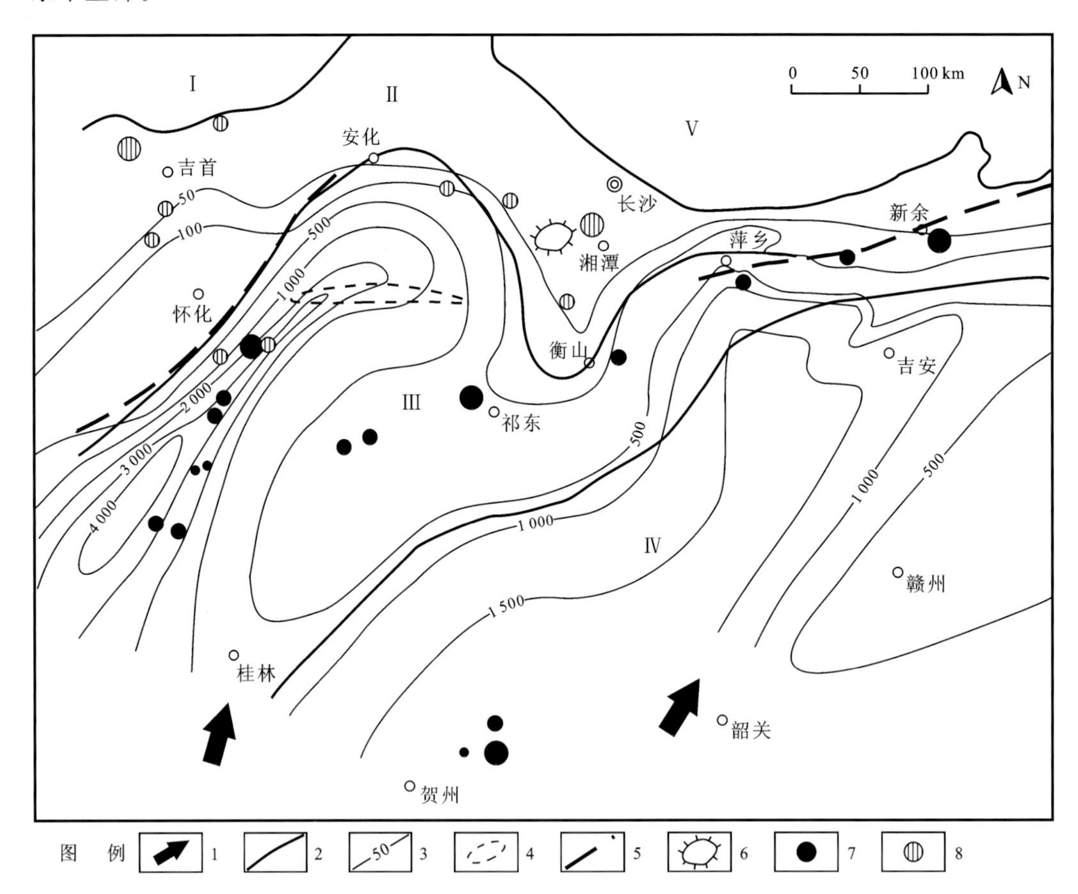

图3.4 湘赣地区南华纪岩相古地理及铁、锰矿床分布略图

1.海浸方向;2.沉积相区界线;3.等厚线;4.水下隆起;5.基底古断裂;6.古岛;7.铁矿;8.锰矿。I.后滨沼泽-潟湖湖滨相区;II.滨岸湖滨带相区;III.陆棚-陆坡浮冰带相区;IV.边缘海槽盆浮冰带相区;V.古陆

该系列矿床的矿体形态简单,呈层状、似层状和透镜状,产状与围岩基本一致。铁矿

床沉积后因经受区域变质、热变质作用的改造，致使部分赤铁矿变为磁铁矿。变质程度越高，磁铁矿生成越多。例如，祁东对家冲以磁铁矿为主，江口为磁铁矿-赤铁矿，通道烂阳均为赤铁矿。因变质作用，提高了铁矿的选矿性能；同时矿床产生明显航磁异常，成为重要的找矿标志。矿石化学成分：全铁(TFe)含量一般为 15%～35%，SiO_2 为 38%～60%，P 为 0.016%～0.369%；S 为 0.001%～0.169%，属高硅、低 S 和 P 的酸性贫铁矿石；通常伴生 Co、Au、Ag 等可利用元素。矿石具它形-半自形粒状结构、粒状变晶结构、交代残余结构、变余火山碎屑结构，条带状、角砾状、条纹状、浸染状、皱纹状构造，这些结构构造明显地反映了火山-沉积和变质交代成矿作用的特征。

3.2.3　古生代海相沉积-叠生改造型铜铅锌矿床成矿系列(III)

该系列矿床分布于早古生代(加里东期)及晚古生代(海西期—印支期)拗陷区，如浙西、赣中、湘中、湘东南、桂中和桂东南等地区，典型矿床有浙西岭后，赣中永平，湘中白云铺、禾青，湘东南后江桥，桂中盘龙、那马，桂东南佛子冲、东桃等矿床。

该系列矿床层控特征明显，控矿地层多为一次大的地质构造旋回底部，并有火山沉积的层位。早古生代层控矿床的赋矿层位以奥陶系为主，其次为志留系和寒武系；晚古生代层控矿床的赋矿层位以泥盆系为主，其次为石炭系和二叠系。矿体形态简单，主要呈层状、似层状、透镜状顺层产出，并与赋矿地层同步褶曲；矿石具典型同生沉积(成岩)结构构造，如草莓状、胶状、砂屑结构，条带状、层纹状、揉皱状、角砾状构造。赋矿层位主要为泥盆系，其次为石炭系和二叠系。该系列的矿床往往受到不同程度地后期构造-地下热水或构造-岩浆热液活动的叠加改造，表现出多因复合成矿的特点。

桂东南佛子冲铅锌矿床位于钦杭成矿带(西段)，岑溪-博白早古生代拗陷中，是一个以铅、锌为主，伴生铜、银的大型多金属矿床。矿区主要出露中奥陶统、上奥陶统和下志留统浅变质碎屑岩夹碳酸盐岩；岩浆岩发育，主要有花岗闪长岩、英安斑岩和花岗斑岩脉(图 2.50)。杨斌等(2002)、吴烈善等(2004)在矿区内识别出一套喷流沉积岩，包括硅质岩、含铁硅碳酸盐岩及层状夕卡岩。其中层状夕卡岩是一类以透辉石、绿帘石、绿泥石等为主要成分的绿色岩石，多呈层状、似层状、透镜状顺层产出，并随上、下岩层同步褶皱，发育纹层状、条带状、滑动变形构造及显微粒状结构和雏晶结构等，少与岩浆岩直接接触。矿区内存在两种类型的矿石(杨斌 等，2002)，其中一类矿石产于层状、似层状矿体中(图 2.51)，矿石矿物组成较简单，主要矿物组合为浅色闪锌矿-方铅矿-透辉石(绿帘石、绿泥石)，矿物颗粒较细(小于 1 mm)，矿石中发育同生沉积构造，应为热水沉积成矿作用的产物；另一类矿石产于断裂与层状、似层状矿体复合部位的透镜状、筒柱状、不规则状矿体中，矿石矿物相对复杂，主要矿物组合为铁闪锌矿-方铅矿-磁黄铁矿(黄铁矿)-黄铜矿或铁闪锌矿-方铅矿-黄铁矿-钙铁辉石，矿物颗粒较粗(大于 1 mm)，矿石构造主要为块状、脉状、晶洞状构造和聚晶镶嵌构造等，反映该类矿石经历了后期热液的叠加改造。

3.2.4 加里东期与花岗岩类有关的钨钼金银多金属矿床成矿系列(Ⅳ)

根据成矿元素组合特征及其与不同类型成矿花岗岩的关系，加里东期与花岗岩类有关的钨钼金银多金属矿床成矿系列可进一步划分为与壳源重熔型花岗岩有关的钨锡多金属矿床和与壳幔混源型花岗岩有关的钨钼银金多金属矿床两个成矿亚系列。

壳源重熔型花岗岩以钨、锡成矿为主，伴生铜、铅、锌、铋等，矿床类型主要为夕卡岩型和石英脉型，如与越城岭岩体有关的牛塘界钨矿和与彭公庙岩体有关的张家垄钨矿。牛塘界钨矿区位于桂北隆起带，越城岭岩体西南缘。该矿床属夕卡岩型白钨矿床，矿体呈层状、似层状或透镜状赋存于寒武系清溪组第二段下部(€q^{2-1})和上部(€q^{2-3})夕卡岩化角岩和透镜状大理岩中，矿体的顶底板是轻变质泥质粉砂岩和绢云母板岩(图 3.5)。与钨矿关系密切的牛塘界花岗岩由 13 个大小不等的小岩株组成，以往对其形成时代的认识不一。最近，华仁民等(2013)获得其锆石 LA-ICP-MS U-Pb年龄为(421.8±2.4) Ma，而杨振等(2014)则测得该矿床中白钨矿的 Sm-Nd 等时线年龄为(421±24) Ma，表明牛塘界花岗岩与越城岭主体花岗岩一样也是加里东期形成的，牛塘界地区钨成矿与花岗岩成岩基本同时。

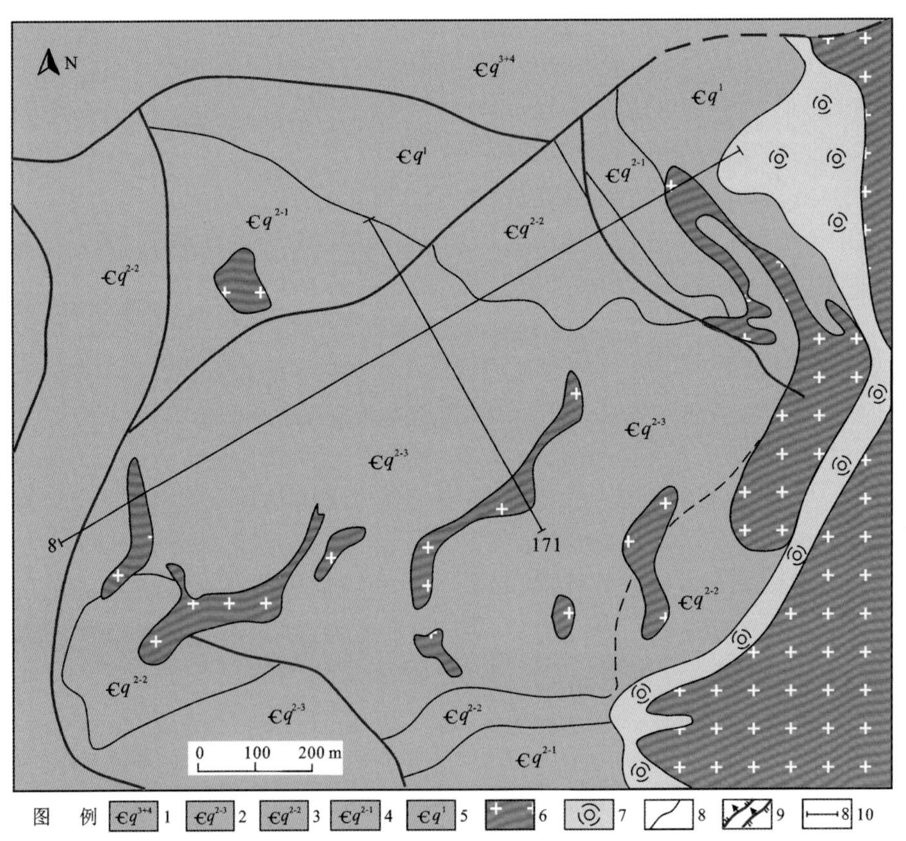

(a) 地质简图

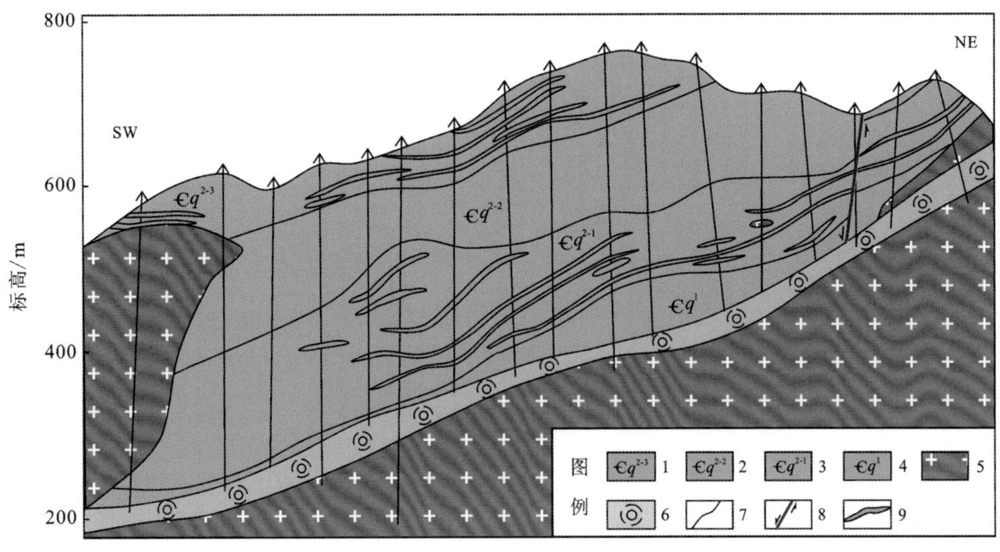

(b) 8号勘探线剖面图

图 3.5 广西牛塘界钨矿区地质简图及8勘探线剖面图(汪金榜和唐怀禹,1988)

图(a):1.清溪组第三、四段;2.清溪组第二段第三岩性段;3.清溪组第二段第二岩性段;4.清溪组第二段第一岩性段;5.清溪组第一段;6.加里东期压花岗岩;7.构造硅化带;8.地质界线;9.正、逆断层;10.勘探线及编号。图(b):1.清溪组第二段第三岩性段;2.清溪组第二段第二岩性段;3.清溪组第二段第一岩性段;4.清溪组第一段;5.加里东期压花岗岩;6.构造硅化带;7.地质界线;8.断层;9.矿体

壳幔混源型花岗岩以钨、钼或金、银成矿为主,伴生铜、铅、锌等,矿床类型主要有构造蚀变岩型、石英脉型、夕卡岩型和斑岩型,如与大宁岩体有关的张公岭银金多金属矿和与社山岩体有关的社垌钨钼矿。社垌钨钼矿床位于大瑶山隆起南缘,矿化类型主要为石英脉型,其次为斑岩型和夕卡岩型,其在空间上由岩体向外,大致表现出斑岩型(钼、钨)→夕卡岩型(钨、钼)→石英脉型(钨、钼、铅、锌、铜)的分布规律(图3.6)。陈懋弘等(2011)获得该矿床石英脉中辉钼矿的Re-Os等时线年龄为(437.8±3.4) Ma,与矿化有关的花岗闪长岩、花岗闪长斑岩脉锆石LA-ICP-MS U-Pb年龄分别为(435.8±1.3) Ma和(432.0±1.7) Ma,表明钨钼矿形成于加里东期,与花岗闪长(斑)岩密切相关。

3.2.5 印支期与花岗岩类有关的钨锡铌钽铀多金属矿床成矿系列(V)

从岩性上可将印支期花岗岩归为两类,一类是强过铝浅色花岗岩,含白云母、石榴子石、电气石等高铝矿物,基本不含岩石包体,属S型花岗岩;另一类是弱过铝或准铝的花岗岩,可含角闪石,常含由岩浆混合作用形成的暗色岩石包体,属I型花岗岩。两类花岗岩可以各自独立产出,也可共存。与成矿有关的印支期花岗岩属I型花岗岩或过渡型花岗岩。

从现有资料来看,印支期花岗岩以形成钨、锡、铋、铌、钽、铀矿化为主,伴生铅、锌、铜等,矿床类型主要有石英脉型、云英岩型、夕卡岩型、构造蚀变岩型和(蚀变)斑岩型。同一个矿床中往往有多种矿化类型共存,并具有比较明显的空间分带现象。在湘南荷花坪锡

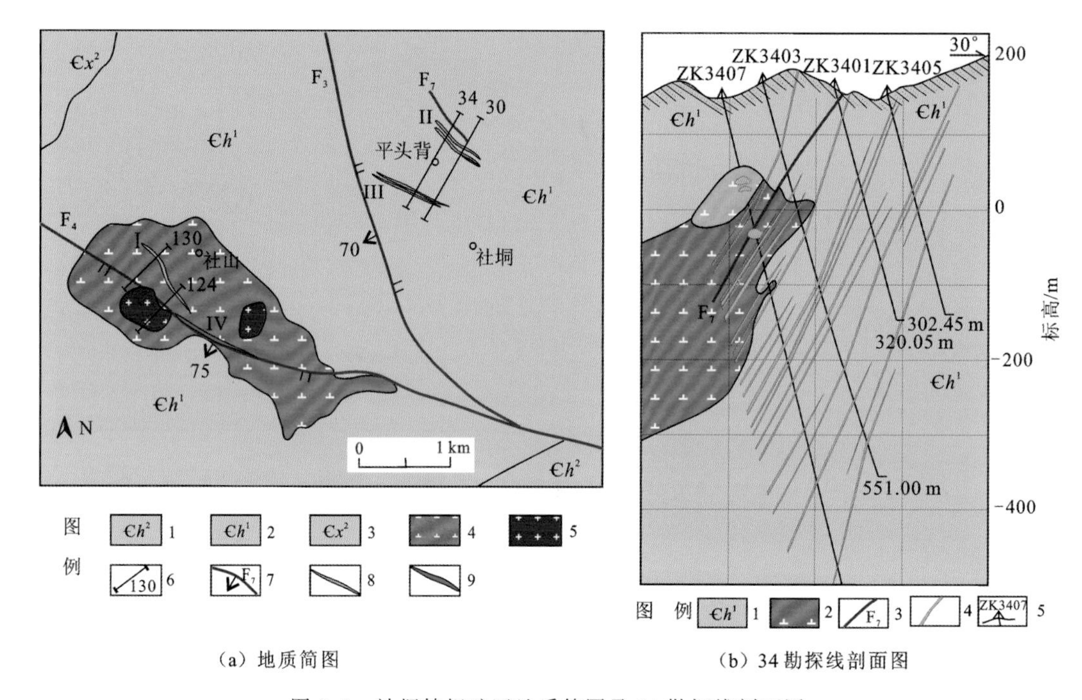

图 3.6　社垌钨钼矿区地质简图及 34 勘探线剖面图

图(a):1.寒武系黄洞口组中段;2.寒武系黄洞口组下段;3.寒武系小内冲组上段;4.花岗闪长斑岩;5.花岗斑岩;6.勘探线及其编号;7.断层及其编号;8.钨钼矿体及其编号;9.铜铅锌矿体及其编号。图(b):1.寒武系黄洞口组下段;2.花岗闪长斑岩;3.断层及其编号;4.钨钼矿体;5.钻孔及其编号

多金属矿区,主要有夕卡岩型、破碎带蚀变岩型、蚀变花岗斑岩型三种矿化类型,由岩体到外,矿床类型依次为蚀变花岗斑岩型(锡、铋)→夕卡岩型(钨、锡、铋)→破碎带蚀变岩型(锡、铅、锌、铜);垂向上则显示上为铅、锌,下为钨、锡的矿化特征(图 3.7)。蔡明海等(2006)测得该矿床中辉钼矿 Re-Os 等时线年龄为(224±1.9) Ma,与王仙岭岩体的形成时代接近(付建明 等,2011),都为印支期。

3.2.6　燕山期与花岗岩类有关的铜铅锌金钨锡多金属矿床成矿系列(Ⅵ)

燕山期是钦杭成矿带最重要的成矿时期,与同期花岗岩类有关的矿床遍布全区。这些矿床可进一步划分为两个成矿亚系列,即与壳幔混源型中酸性岩有关的铜铅锌多金属矿床成矿亚系列和与壳源型酸性岩有关的钨锡多金属矿床成矿亚系列。

与壳源型酸性岩有关的钨锡多金属矿床,主要分布于海西期—印支期拗陷区及其与隆起区的过渡部位,受断裂交汇、复合部位控制,如湖南香花岭、黄沙坪、柿竹园、瑶岗仙等矿床。其成矿物质主要来源于地壳重熔岩浆分异演化形成的含矿流体,并在上侵过程中同化和改造围岩获取部分成矿物质。成矿岩体岩石类型较复杂,为岩浆多阶段演化的产物,成矿通常与其中较晚阶段侵入体关系密切。岩体自变质较强,常形成铌、钽、钨、锡、稀土矿床,如香花岭塘官铺、大义山台子上。矿体产于岩体内、外接触带及围岩中,矿床分带

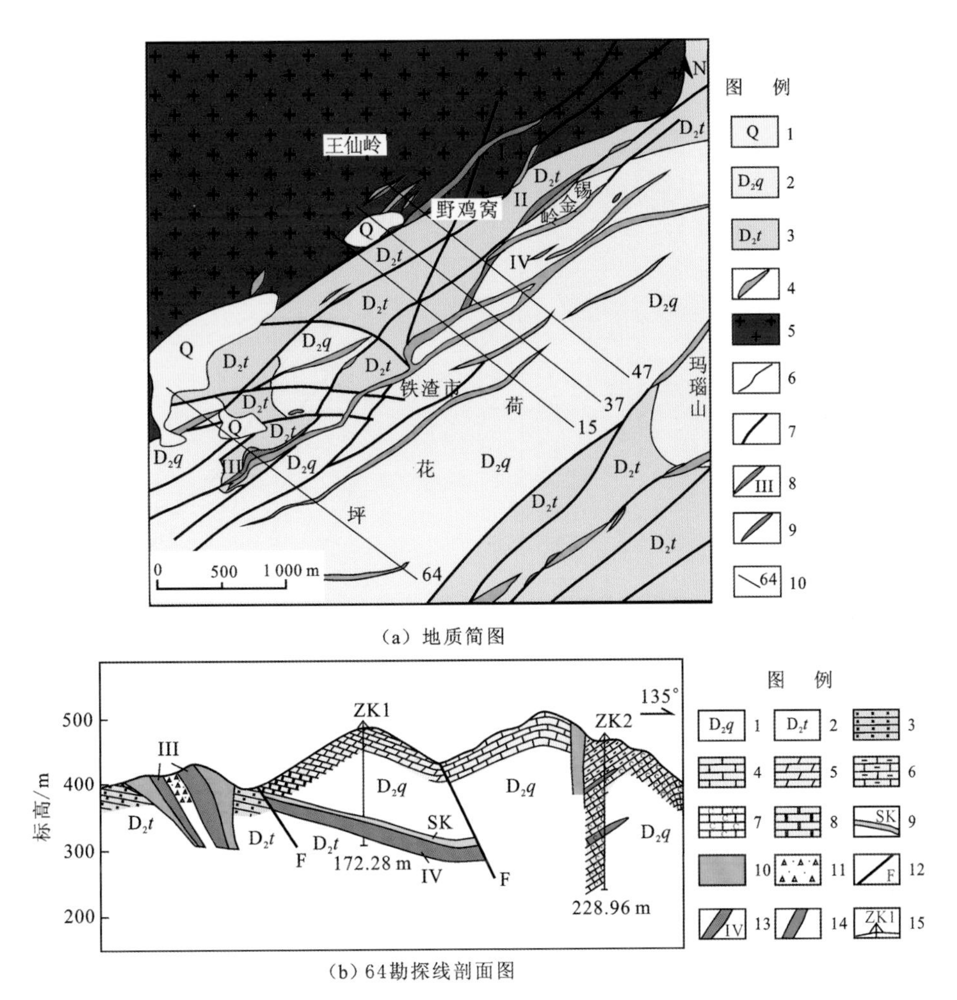

图 3.7 荷花坪锡多金属矿区地质简图及 64 勘探线剖面图(吴寿宁,2006)

图(a):1.第四系;2.中泥盆统棋梓桥组;3.中泥盆统跳马涧组;4.花岗斑岩脉;5.印支期花岗岩;6.地质界线;7.断层;8.矿体及编号;9.铅锌矿体;10.勘探线及编号。图(b):1.中泥盆统棋梓桥组;2.中泥盆统跳马涧组;3.砂岩;4.灰岩;5.白云质灰岩;6.泥质灰岩;7.碳质灰岩;8.大理岩;9.夕卡岩;10.花岗斑岩;11.构造角砾岩;12.断层;13.锡矿体及编号;14.铅锌矿体;15.钻孔及编号

性明显(图 3.8),以岩体为中心由内向外依次为:岩体型铌钽钨锡稀土矿、夕卡岩型铁锡钨钼矿、夕卡岩型锡铅锌矿、热液交代-充填型铅锌锑矿化带(练志强,1992)。

与壳幔混源型中酸性岩有关的铜铅锌多金属矿床,主要分布于海西期—印支期拗陷区或中生代盆地边缘,同样受不同方向断裂交汇、复合部位控制,如江西德兴、银山,湖南七宝山、宝山、水口山、铜山岭等矿床。其成矿物质主要来源于上地幔和下地壳同熔岩浆分异演化所形成的含矿流体。成矿岩体具有高侵位的特征,其顶部或边缘常见隐爆角砾岩;岩体规模小,多呈岩株、岩脉产出。具有多种矿化类型,在空间上也表现出明显的分带性(图 3.9):岩体顶部及边缘(内带)以细脉浸染状斑岩型铜、钼矿化为主,接触带(中带)为夕卡岩型铜、铅、锌矿化,外接触带(外带)形成热液充填-交代型铅、锌、银及金、银矿床(练志强,1992)。

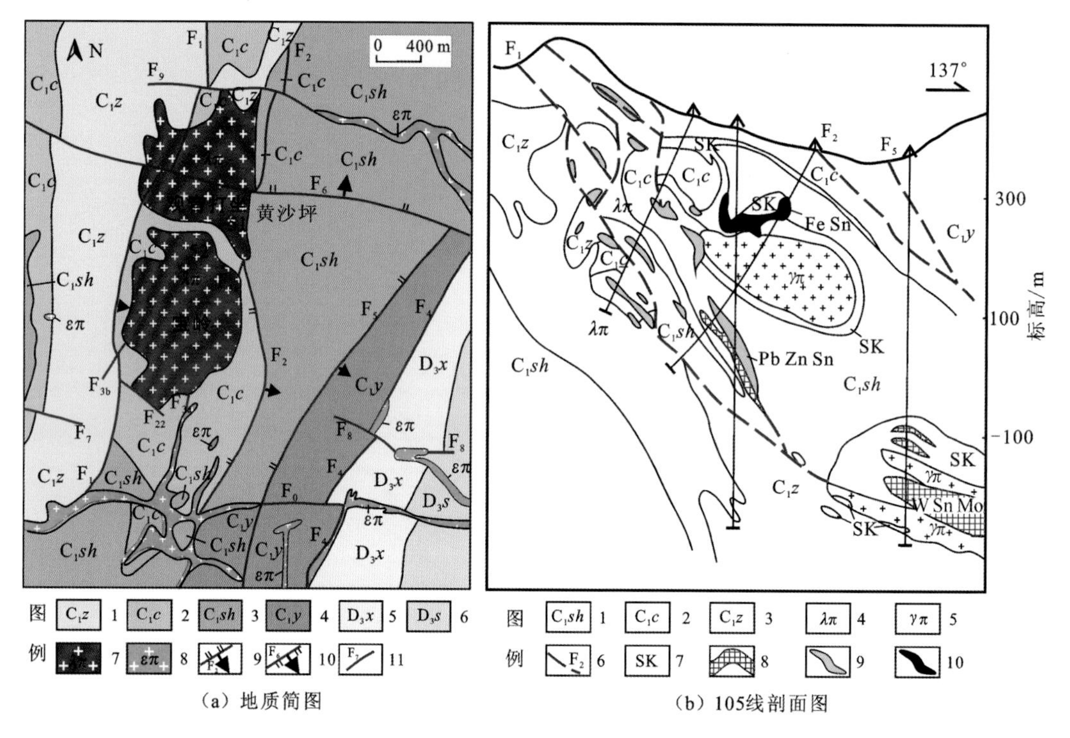

(a) 地质简图

(b) 105线剖面图

图 3.8 黄沙坪矿区地质简图及105线剖面图

图(a):1.下石炭统梓门桥组;2.下石炭统测水组;3.下石炭统石磴子组;4.下石炭统岩关阶;5.上泥盆统锡矿山组;6.上泥盆统佘田桥组;7.燕山期石英斑岩;8.燕山期英安斑岩;9.逆断层及编号;10.正断层及编号;11.性质不明断层及编号。图(b):1.下石炭统石磴子组灰岩;2.下石炭统测水组砂页岩;3.下石炭统梓门桥组白云岩;4.石英斑岩;5.花岗斑岩;6.断裂及编号;7.含磁铁矿夕卡岩;8.铁锡钨钼矿体;9.锡铅锌矿体;10.铁锡矿体

3.2.7 与区域动力变质热液作用有关的金银矿床成矿系列(VII)

该系列矿床主要分布于湘东北、湘中及桂东—粤西等地区,是钦杭成矿带最主要的金银矿床类型。该系列矿床均受区域深大断裂控制,赋矿围岩为前寒武纪及早古生代变质碎屑岩、混合岩;矿床的形成和演化经历了多期构造-热事件的影响,成矿物质主要来自于围岩地层,成矿流体以变质水和大气降水为主,部分矿床或有燕山期岩浆热液的叠加和改造。按成矿构造动力学条件的不同,可进一步分为韧性剪切带型金矿和构造蚀变岩型银金矿两个矿床成矿亚系列。

韧性剪切带型金矿,成矿作用主要与深层次韧性剪切变形变质作用有关,同时受到后期岩浆热液的叠加改造。例如,广东河台金矿,矿区处于吴川—四会断裂带与罗定—广宁断裂带的交汇部位,是一个以金为主,局部伴生银、铋、铜的大型金矿床。矿区内发育一系列条带状、透镜状糜棱岩带,它们在平面上大致呈左行斜列展布,沿走向往两端变窄直至尖灭,走向北东,倾向北西,与两侧围岩无明显界线。矿体呈脉状产于糜棱岩带内,产状与糜棱岩带大体一致(图 3.10)。湘东北地区黄金洞、万古等金矿床也属该类型。

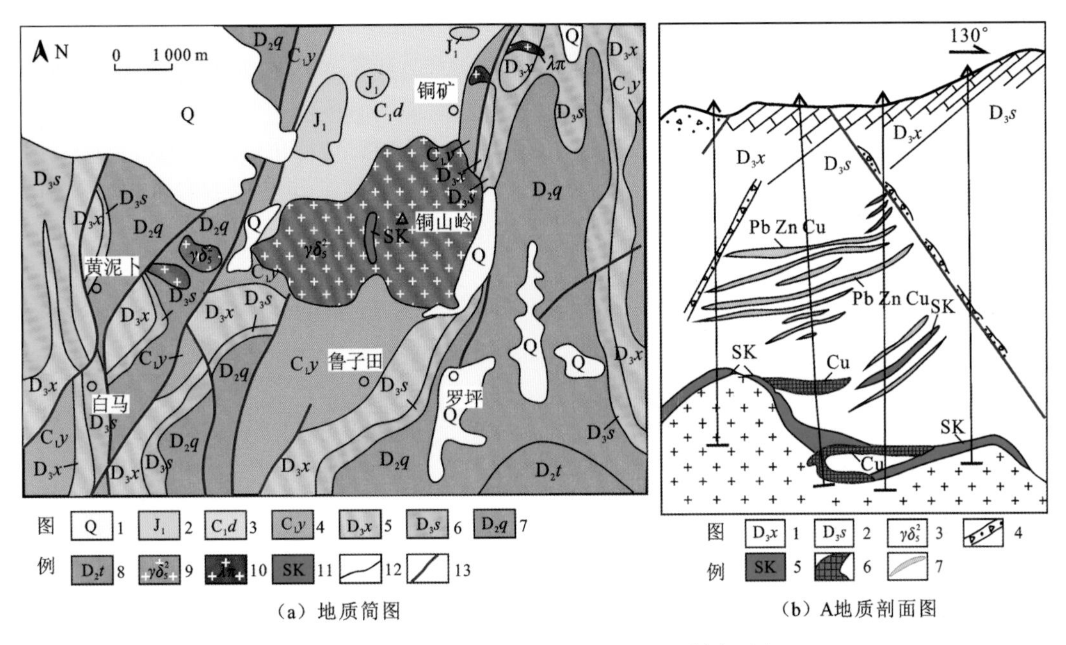

图 3.9　铜山岭矿区地质简图及 A 地质剖面图

图(a):1. 第四系;2. 下侏罗统;3. 下石炭统大塘阶;4. 下石炭统岩关阶;5. 上泥盆统锡矿山组;6. 上泥盆统佘田桥组;7. 中泥盆统棋梓桥组;8. 中泥盆统跳马涧组;9. 花岗闪长岩;10. 石英斑岩;11. 夕卡岩;12. 地质界线;13. 断层。图(b):1. 上泥盆统锡矿山组灰岩;2. 上泥盆统佘田桥组灰岩;3. 花岗闪长岩;4. 断裂破碎带;5. 夕卡岩;6. 夕卡岩铜多金属矿体;7. 铜铅锌矿脉

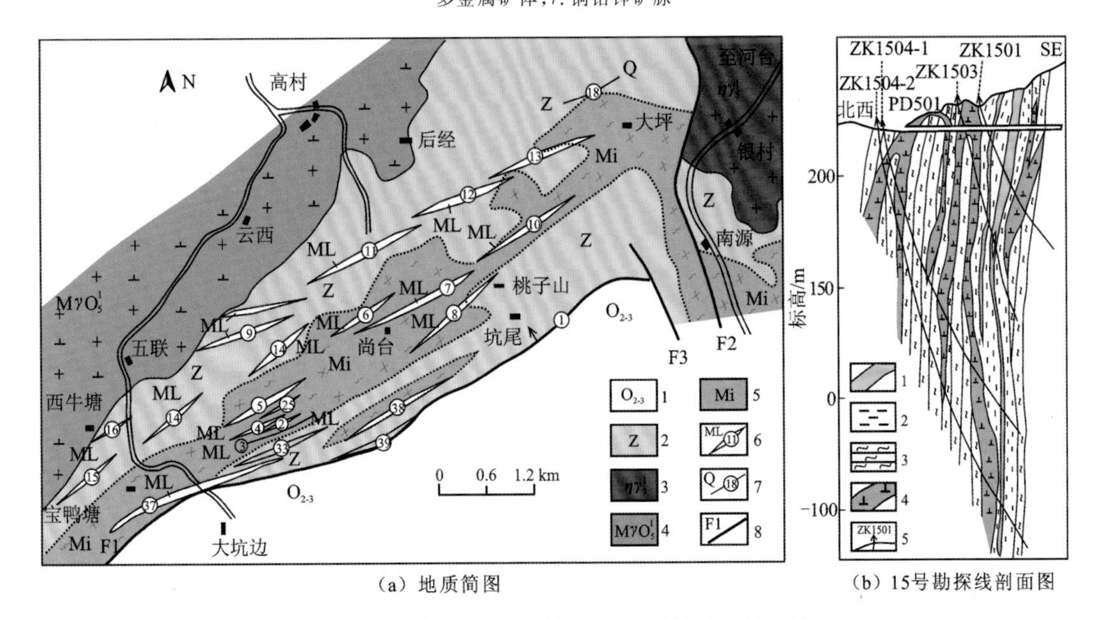

图 3.10　河台金矿区地质简图及 15 号勘探线剖面图

图(a):1. 中—上奥陶统;2. 震旦系;3. 印支期斑状二长花岗岩;4. 印支期混合花岗闪长岩;5. 花岗质混合片麻岩;6. 糜棱岩带及编号;7. 石英脉及编号;8. 断层及编号。图(b):1. 矿体;2. 千糜岩;3. 混合岩化片岩;4. 花岗质伟晶岩脉;5. 钻孔及编号

构造蚀变岩型银金矿,成矿作用与浅层次构造变形变质作用有关,一般也受到后期岩浆热液的叠加改造。以庞西垌银金矿为例,矿区位于云开隆起西缘岑溪-博白断裂的东部,是一个以银、金为主,伴生铅、锌等有益组分的银金多金属矿床。矿区主要控矿构造为金山-庞西垌断裂,其走向北东,倾向北西,由碎裂岩、压碎岩、构造角砾岩和断层泥砾岩组成,沿走向有尖灭侧现和膨胀收缩现象(图 3.11)。矿体主要赋存于主断裂带内,少数产在其旁侧的次级破碎带中。广西金山、中苏等银金矿也属该类型。

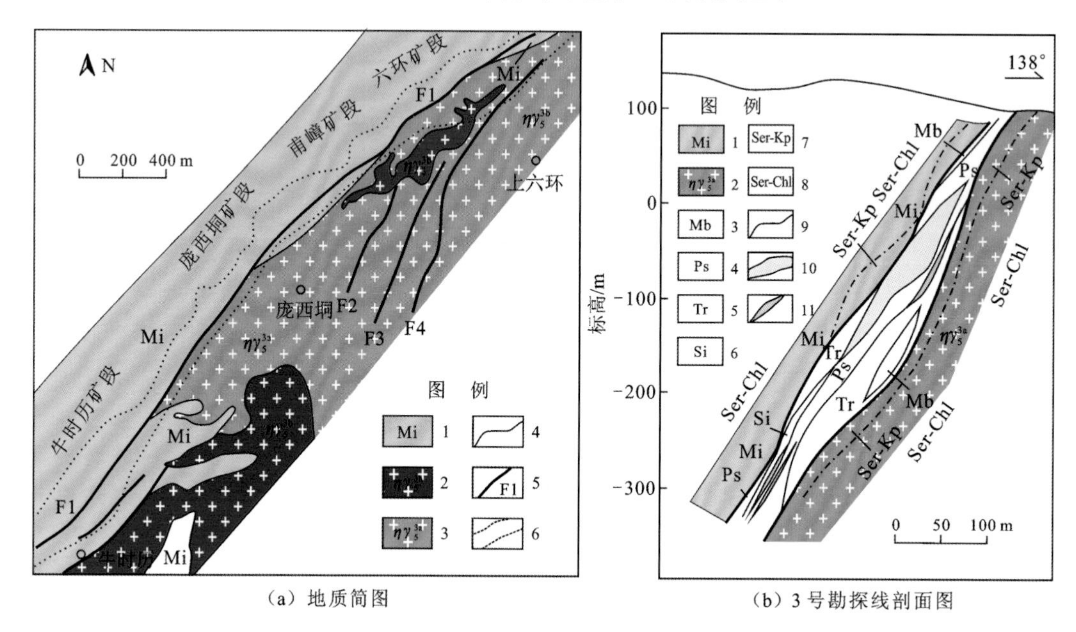

(a) 地质简图　　(b) 3 号勘探线剖面图

图 3.11　庞西垌银金矿区地质简图及 3 号勘探线剖面图

图(a):1. 混合岩;2. 燕山期中粗粒角闪黑云母二长花岗岩;3. 燕山期细粒黑云母二长花岗岩;4. 地质界线;5. 断层及编号;6. 蚀变带。图(b):1. 混合岩;2. 燕山期中粗粒角闪黑云母二长花岗岩;3. 糜棱状角砾岩;4. 硅化压碎岩;5. 绢英岩化碎裂岩;6. 硅化岩;7. 绢云母钾长石化带;8. 绢云母绿泥石化带;9. 地质界线;10. 银(金)矿体;11. 铅锌矿体

3.3　矿床的时空分布规律

3.3.1　成矿时代

处于两大古陆块间的钦杭成矿带,经历了漫长而复杂的演化历史,从活动性板块边缘到陆内活动带,在其发展演化过程中孕育了各种不同类型的矿床,晋宁期、加里东期、海西期—印支期和燕山期—喜马拉雅期四大构造演化阶段都有相应的矿床产出,是华南地区各个地质历史时期最重要的成矿和聚矿场所,但以燕山期成矿作用最盛(表 3.1,图 3.1),所以在以往的矿产调查和研究工作中,人们重点关注的是燕山期(晚中生代)的成矿作用(华仁民 等,2005;毛景文 等,2004),较少涉及其他时代的成矿作用问题。

表 3.1　钦杭成矿带金属矿床成矿年龄一览表

省份	矿床名称	测试对象	测试方法	年龄/Ma	资料来源
江西	金山金矿	石英流体包裹体	Rb-Sr 等时线	379±49	毛光周等(2008)
江西	金山金矿	石英流体包裹体	Rb-Sr 等时线	379± 49	毛光周等(2008)
江西	金山金矿	石英流体包裹体	Rb-Sr 等时线	406±25	王秀璋等(1999)
江西	金山金矿	石英流体包裹体	Rb-Sr 等时线	409.1±4.5	王秀璋等(1999)
江西	大湖塘钨矿	辉钼矿	Re-Os 等时线	140.9 ± 3.6	丰成友等(2012)
江西	大湖塘钨矿	辉钼矿	Re-Os 等时线	143.7 ± 1.2	丰成友等(2012)
江西	赣中下桐岭钨矿	辉钼矿	Re-Os 等时线	152.0±3.3	李光来等(2011a)
江西	塔前钨钼矿	辉钼矿	Re-Os 等时线	162±2	黄安杰等(2013)
江西	徐山钨铜矿	白云母	Rb-Sr 等时线	147.1±3.4	李光来等(2011b)
江西	银山铅锌多金属矿	绢云母	$^{40}Ar/^{39}Ar$ 坪年龄	175.4± 1.2	李晓峰等(2006)
江西	银山铅锌多金属矿	绢云母	$^{40}Ar/^{39}Ar$ 坪年龄	178.2± 1.4	李晓峰等(2006)
江西	冷水坑银铅锌矿	闪锌矿	Rb-Sr 等时线	126.9±7.1	徐贻赣等(2013)
江西	尖峰坡锡矿	锡石	LA-MC-ICP-MS U-Pb	129.7±2.5(等时线) 128.3±2.5(谐和)	徐斌等(2015)
江西	水源山钨矿	白云母	$^{40}Ar/^{39}Ar$ 坪年龄	214.3 ± 1.1	Zhang 等(2015)
湖南	黄金洞金矿	石英流体包裹体	Rb-Sr 等时线	152±13	董国军等(2008)
湖南	黄金洞金矿	石英流体包裹体	Rb-Sr 等时线	462±18	韩凤彬等(2010)
湖南	万古金矿床	石英流体包裹体	Rb-Sr 等时线	425±33	韩凤彬等(2010)
湖南	团山背金矿	石英流体包裹体	Rb-Sr 等时线	222.4±9.4	韩凤彬等(2010)
湖南	荷花坪锡多金属矿	辉钼矿	Re-Os 等时线	224.0±1.9	蔡明海等(2006)
湖南	铲子坪金矿	石英流体包裹体	Rb-Sr 等时线	205.6±9.4	李华芹等(2008)
湖南	大坪金矿	石英流体包裹体	Rb-Sr 等时线	204.8±6.3	李华芹等(2008)
湖南	七宝山铜多金属矿	石英流体包裹体	Rb-Sr 等时线	153±6	本书
湖南	芙蓉麻子坪矿区	锡石	LA-ICP-MS U-Pb	156.5±4.1	王志强等(2014)
湖南	芙蓉白腊水矿区	锡石	LA-ICP-MS U-Pb	153.6±1.4	王志强等(2014)
湖南	芙蓉白腊水矿区	夕卡岩及部分矿物	Sm-Nd 等时线	133±15	李华芹等(2006)
湖南	芙蓉白腊水矿区	锡矿石	Rb-Sr 等时线	137±5	李华芹等(2006)
湖南	芙蓉白腊水矿区	金云母	$^{40}Ar/^{39}Ar$ 坪年龄	150.6±1.0	彭建堂等(2007)
湖南	芙蓉白腊水矿区	金云母	$^{40}Ar/^{39}Ar$ 坪年龄	157.3±1.0	彭建堂等(2007)
湖南	芙蓉白腊水矿区	金云母	$^{40}Ar/^{39}Ar$ 坪年龄	154.7±1.1	彭建堂等(2007)
湖南	芙蓉白腊水矿区	角闪石	$^{40}Ar/^{39}Ar$ 坪年龄	156.9±1.1	彭建堂等(2007)
湖南	芙蓉淘锡窝矿区	白云母	$^{40}Ar/^{39}Ar$ 坪年龄	154.8±0.6	彭建堂等(2007)
湖南	芙蓉淘锡窝矿区	白云母	$^{40}Ar/^{39}Ar$ 坪年龄	159.9±0.5	彭建堂等(2007)
湖南	芙蓉淘锡窝矿区	白云母	$^{40}Ar/^{39}Ar$ 坪年龄	160.1± 0.9	毛景文等(2004)
湖南	芙蓉三门口矿区	白云母	$^{40}Ar/^{39}Ar$ 坪年龄	156.1± 0.4	毛景文等(2004)

续表

省份	矿床名称	测试对象	测试方法	年龄/Ma	资料来源
湖南	铜山岭铜多金属矿	辉钼矿	Re-Os 等时线	161±1	卢友月等(2015)
湖南	桥头铺钼矿	辉钼矿	Re-Os 等时线	155±3	卢友月等(2015)
湖南	桥头铺钼矿	石榴子石	Sm-Nd 等时线	155±8	卢友月等(2015)
湖南	香花岭锡多金属矿田	锡石	U-Pb加权平均	156±4	Yuan 等(2008)
湖南	香花岭锡多金属矿田	锡石	U-Pb等时线	157±6	Yuan 等(2008)
湖南	香花岭锡多金属矿田	白云母	$^{40}Ar/^{39}Ar$ 坪年龄	158.7±1.2	Yuan 等(2007)
湖南	香花岭锡多金属矿田	白云母	$^{40}Ar/^{39}Ar$ 坪年龄	161.3±1.1	Yuan 等(2007)
湖南	香花岭锡多金属矿田	白云母	$^{40}Ar/^{39}Ar$ 坪年龄	154.4±1.1	Yuan 等(2007)
湖南	宝山铜钼多金属矿床	辉钼矿	Re-Os 等时线	160±2	路远发等(2006)
湖南	宝山铜钼多金属矿床	黄铁矿	Rb-Sr 等时线	174±7	姚军明等(2006)
湖南	大义山矿田	石英流体包裹体	Rb-Sr 等时线	160±1	张晓军等(2014)
湖南	邓阜仙钨矿	辉钼矿	Re-Os 等时线	150.5±5.2	蔡杨等(2012)
湖南	金船塘锡铋矿	辉钼矿	Re-Os 等时线	158.8 ±6.6	刘晓菲等(2012)
湖南	金船塘锡铋矿	符山石、石榴子石	Sm-Nd 等时线	141±11	马丽艳等(2010)
湖南	金船塘锡铋矿	石英流体包裹体	Rb-Sr 等时线	133.4±5.9	马丽艳等(2010)
湖南	红旗岭锡多金属矿床	石英流体包裹体	Rb-Sr 等时线	143.1±8.7	马丽艳等(2010)
湖南	红旗岭锡多金属矿床	白云母	$^{40}Ar/^{39}Ar$ 坪年龄	153.3±1.0	袁顺达等(2012a)
湖南	黄沙坪铅锌多金属矿	辉钼矿	Re-Os 等时线	153.8±4.8	马丽艳等(2007)
湖南	黄沙坪铅锌多金属矿	辉钼矿	Re-Os 等时线	157.5±2.4	雷泽恒等(2010)
湖南	黄沙坪铅锌多金属矿	辉钼矿	Re-Os 等时线	157.6±2.3	雷泽恒等(2010)
湖南	黄沙坪铅锌多金属矿	辉钼矿	Re-Os 等时线	159.4±3.3	雷泽恒等(2010)
湖南	黄沙坪铅锌多金属矿	辉钼矿	Re-Os 等时线	154.8±1.9	姚军明等(2007)
湖南	水源山钨矿	辉钼矿	Re-Os 等时线	220.7±4.1	Zhang 等(2015)
湖南	野鸡窝钨矿	辉钼矿	Re-Os 等时线	228.1 ± 2.6	Zhang 等(2015)
湖南	柿竹园钨多金属矿	辉钼矿	Re-Os 等时线	151.0±3.5	李红艳等(1996)
湖南	柿竹园钨多金属矿	黑云母	$^{40}Ar/^{39}Ar$ 坪年龄	153.4±0.2	毛景文等(2004)
湖南	柿竹园钨多金属矿	黑云母	$^{40}Ar/^{39}Ar$ 坪年龄	134.0±1.6	毛景文等(2004)
湖南	柿竹园钨多金属矿	辉石、石榴子石	Sm-Nd 等时线	157±6.2	Lu 等(2003)
湖南	锡田钨锡多金属矿	辉钼矿	Re-Os 等时线	158.9±2.2	郭春丽等(2014)
湖南	锡田钨锡多金属矿	辉钼矿	Re-Os 等时线	160.2±3.2	郭春丽等(2014)
湖南	锡田钨锡多金属矿	辉钼矿	Re-Os 等时线	150±2.7	刘国庆等(2008)
湖南	锡田钨锡多金属矿	白云母	$^{40}Ar/^{39}Ar$ 坪年龄	155.6±1.3	马丽艳等(2008)
湖南	锡田钨锡多金属矿	白云母	$^{40}Ar/^{40}Ar$ 坪年龄	157.2±1.4	马丽艳等(2008)
湖南	龙王排钼多金属矿	辉钼矿	Re-Os 等时线	146.3±1.8	徐辉煌等(2009)
湖南	龙王排钼多金属矿	辉钼矿	Re-Os 等时线	148.4±1.4	本书

续表

省份	矿床名称	测试对象	测试方法	年龄/Ma	资料来源
湖南	大坳钨锡矿	辉钼矿	Re-Os 等时线	151.3±2.4	付建明等(2007)
湖南	新田岭钨钼矿	石英	Rb-Sr 等时线	157.4±3.2	蔡明海等(2008)
湖南	新田岭钨钼矿	辉钼矿	Re-Os 模式年龄	159.0±2.6	袁顺达等(2012b)
湖南	新田岭钨钼矿	辉钼矿	Re-Os 等时线	161.7±9.3	袁顺达等(2012b)
湖南	大洞金矿床	石英流体包裹体	Rb-Sr 等时线	70.7±2.2	董国军等(2008)
湖南	锡矿山锑矿床	方解石	Sm-Nd 等时线	155.5±1.1	彭建堂等(2002)
湖南	锡矿山锑矿床	方解石	Sm-Nd 等时线	124.1±3.7	彭建堂等(2002)
湖南	沈家垭金矿	石英	Rb-Sr 等时线	90.6±3.2	陈富文等(2008)
湖南	界牌岭锡多金属矿	黑云母	$^{40}Ar/^{39}Ar$ 坪年龄	91.1±1.1	毛景文等(2007)
湖南	大新金矿	石英	Rb-Sr 等时线	241±1	本书
湖南	三墩铅锌矿	萤石	Sm-Nd 等时线	88.8±2.4	本书
湖南	三墩铅锌矿	石英流体包裹体	Rb-Sr 等时线	107.4±4.0	本书
海南	二甲金矿	绢云母	$^{40}Ar/^{39}Ar$ 坪年龄	228±5	叶伯丹和朱家平(1990)
海南	二甲金矿	石英流体包裹体	Rb-Sr 等时线	378±31	陈好寿(1996)
海南	二甲金矿	石英流体包裹体	Rb-Sr 等时线	219±4	陈好寿(1996)
海南	不磨金矿	石英脉	Rb-Sr 等时线	244±21	陈好寿(1996)
海南	抱伦金矿	白云母	$^{40}Ar/^{39}Ar$ 坪年龄	219.41±0.63	舒斌等(2004)
海南	抱伦金矿	白云母	Rb-Sr 等时线	234±11	陈柏林等(2001)
海南	抱伦金矿	伊利石	K-Ar 稀释法	205±3	陈柏林等(2001)
海南	抱伦金矿	伊利石	K-Ar 稀释法	216±3	陈柏林等(2001)
海南	抱伦金矿	绢云母	K-Ar	199.2±5.3	刘玉琳等(2002)
海南	抱伦金矿	水白云母	K-Ar	221.2±3.3	刘玉琳等(2002)
海南	罗葵洞钼矿床	辉钼矿	Re-Os 等时线	99.7±0.4	李孙雄等(2014)
海南	石门山钼多金属矿床	辉钼矿	Re-Os 等时线	103.9±1.0	李孙雄等(2014)
海南	文且斑岩型钼矿床	辉钼矿	Re-Os 等时线	80.2±0.6	李孙雄等(2014)
海南	文且斑岩型钼矿床	辉钼矿	Re-Os 等时线	88.6±1.0	李孙雄等(2014)
海南	文且钼矿床	辉钼矿	Re-Os 等时线	104±1.0	李孙雄等(2014)
海南	新村钼矿	辉钼矿	Re-Os 等时线	98.9±3.4	本书
广西	白石顶钼矿	辉钼矿	Re-Os 等时线	424.6±5.7	李晓峰等(2009)
广西	牛塘界钨矿	白钨矿	Sm-Nd 等时线	421±24	杨振等(2014)
广西	牛塘界钨矿	白钨矿	Sm-Nd 等时线	431±12	李晓峰等(2012)
广西	社洞钨钼矿	辉钼矿	Re-Os 等时线	437.8±3.4	陈懋弘等(2011)
广西	湾岛金矿	辉钼矿	Re-Os 等时线	436.6±3.8	肖柳阳等(2015)
广西	金鼓金矿	石英流体包裹体	Rb-Sr 等时线	354±14	蔡明海等(2002a)
广西	桃花金矿	石英流体包裹体	Rb-Sr 等时线	148±10	蔡明海等(2002a)

续表

省份	矿床名称	测试对象	测试方法	年龄/Ma	资料来源
广西	云头界钨钼矿	辉钼矿	Re-Os 等时线	226.2±4.1	李晓峰等(2012)
广西	云头界钨钼矿	辉钼矿	Re-Os 等时线	219.3±4.0	李晓峰等(2012)
广西	云头界钨钼矿	辉钼矿	Re-Os 等时线	216.8±7.5	伍静等(2012)
广西	李贵福钨锡多金属矿	辉钼矿	Re-Os 等时线	211.9±6.4	邹先武等(2009)
广西	高岭钼矿	辉钼矿	Re-Os 模式年龄	215.3±8.6	李晓峰等(2012)
广西	高岭钼矿	辉钼矿	Re-Os 模式年龄	219.3±4.0	李晓峰等(2012)
广西	高岭钼矿	辉钼矿	Re-Os 等时线	225.1±5.8	李晓峰等(2012)
广西	高岭钼矿	辉钼矿	Re-Os 等时线	227.3±3.4	李晓峰等(2012)
广西	古袍金矿	石英流体包裹体	$^{40}Ar/^{39}Ar$ 坪年龄	187.87±1.53	朱桂田等(2005)
广西	古袍金矿	石英流体包裹体	$^{40}Ar/^{39}Ar$ 坪年龄	214.65±1.52	朱桂田等(2005)
广西	古袍金矿	石英流体包裹体	$^{40}Ar/^{39}Ar$ 坪年龄	244.88±2.48	朱桂田等(2005)
广西	栗木锡铌钽矿	白云母	$^{40}Ar/^{39}Ar$ 坪年龄	214.1±1.9	杨峰等(2009)
广西	栗木锡铌钽矿	白云母	$^{40}Ar/^{39}Ar$ 坪年龄	212.4±1.4	李晓峰等(2012)
广西	可达锡多金属矿	白云母	$^{40}Ar/^{39}Ar$ 坪年龄	160.6±1.5	李晓峰等(2012)
广西	烂头山钨锡矿	白云母	$^{40}Ar/^{39}Ar$ 坪年龄	162.5±1.2	康志强等(2012)
广西	龙水金矿	石英流体包裹体	Rb-Sr 等时线	120.5	张德科等(1994)
广西	珊瑚钨锡多金属矿	绢云母	$^{40}Ar/^{39}Ar$ 坪年龄	103.6±1.2	余勇等(2014)
广西	珊瑚钨锡多金属矿	绢云母	$^{40}Ar/^{39}Ar$ 等时线	103.9±2.1	余勇等(2014)
广西	珊瑚钨锡多金属矿	白云母	$^{40}Ar/^{39}Ar$ 坪年龄	100.8± 0.7	肖荣等(2011)
广西	珊瑚钨锡多金属矿	白云母	$^{40}Ar/^{39}Ar$ 坪年龄	102.7± 1.7	肖荣等(2011)
广西	王社铜钨矿	辉钼矿	Re-Os 等时线	93.8±4.6	蔺志永等(2008)
广西	烂头山钨锡矿	石英流体包裹体	Rb-Sr 等时线	136.1±2	顾晟彦等(2007)
广东	园珠顶铜钼矿	辉钼矿	Re-Os 等时线	155±5	陈富文等(2012)
广东	园珠顶铜钼矿床	辉钼矿	Re-Os 等时线	155.6±3.4	钟立峰等(2010)
广东	大金山钨锡多金属矿	辉钼矿	Re-Os 模式年龄	80.07±1.19～84.93±1.42	余长发等(2012)
广东	天堂铜铅锌多金属矿	闪锌矿+黄铁矿	Rb-Sr 等时线	97.87± 0.96	郑伟等(2013a)
广东	天堂铜铅锌多金属矿	闪锌矿	Rb-Sr 等时线	98.1± 1.6	郑伟等(2013a)
广东	天堂铜铅锌多金属矿	闪锌矿+方铅矿+黄铁矿	Rb-Sr 等时线	98.2± 1.3	郑伟等(2013a)
广东	天堂铜铅锌多金属矿	方铅矿+黄铁矿	Rb-Sr 等时线	98.6± 4.2	郑伟等(2013a)
广东	天堂铜铅锌多金属矿	闪锌矿+方铅矿	Rb-Sr 等时线	99± 2	郑伟等(2013a)
广东	石菉铜钼矿	辉钼矿	Re-Os 等时线	104.1±1.3	赵海杰等(2012b)
广东	河台金矿	石英流体包裹体	Rb-Sr 等时线	172± 2	翟伟等(2004)
广东	河台金矿	石英流体包裹体	Rb-Sr 等时线	121.9±14.1	陈好寿和李华芹(1991)
广东	河台金矿	石英流体包裹体	Rb-Sr 等时线	129.3±4.1	陈好寿和李华芹(1991)

续表

省份	矿床名称	测试对象	测试方法	年龄/Ma	资料来源
广东	河台金矿	石英流体包裹体	Rb-Sr 等时线	129.6±6.1	陈好寿和李华芹(1991)
广东	新洲金矿	石英流体包裹体	Rb-Sr 等时线	133.1±12.5	陈好寿和李华芹(1991)
广东	新洲金矿	石英流体包裹体	Rb-Sr 等时线	431±12	陈好寿和李华芹(1991)
广东	银岩锡矿	全岩及钾长石	Rb-Sr 等时线	86.9±6	胡祥昭(1989)
广东	富湾银矿	石英流体包裹体	$^{40}Ar/^{39}Ar$ 坪年龄	64.3± 0.1	梁华英等(2006)
广东	黄泥坑金矿	石英流体包裹体	Rb-Sr 等时线	229±6	本书
广东	牛路头钼矿	辉钼矿	Re-Os 等时线	165.0±3.5	本书
广东	десь 棔架金矿	石英流体包裹体	Rb-Sr 等时线	181±6	本书

1. 晋宁期成矿作用

主要包括中—新元古代海底喷流沉积型铜多金属矿床成矿系列(I)和新元古代海相沉积-变质型铁锰矿床成矿系列(II),其次为与花岗岩类有关的锡铜铅锌矿床。

成矿系列 I 形成于中元古代末—新元古代早期板块俯冲构造环境,在浙西、赣中地区,矿床特征反映出它们是与海相火山作用有关的块状硫化物矿床,而这些火山岩总体上具有岛弧岩石组合特征(杨明桂 等,2012;水涛,1987;黄有年,1992)。此外,琼西石碌铁钴铜矿床矿体产于石碌群第 6 层,考虑到矿体产于石碌群特定的层位及含火山岩的岩性组合中,赋矿围岩具变余沉积结构和代表火山活动的玻璃包裹体、变杏仁状和火焰状构造,出现碧玉、富钾流纹质熔结凝灰岩等火山岩(杜保峰 等,2012),本书将其归入成矿系列 I;桂北新元古代早期地层中的纹层状锡铜矿化(毛景文 等,1988),本书也将其归入成矿系列 I。

成矿系列 II 是华南大陆在新元古代聚会之后于南华纪再一次发生裂解事件的产物,在华南地区为钦杭成矿带所独有。

除上述成矿系列 I 和 II 外,桂北九万大山地区还广泛发育与晋宁期花岗岩有关的锡铜多金属矿床,代表性矿床有一洞、五地、红岗、沙坪锡铜多金属矿,它们围绕晋宁期花岗岩体呈有规律的分布,从岩体接触带向外有锡钨矿床→锡铜矿床→铜(铅锌)矿床,构成一个较为完整的矿床成矿系列,成矿时代在 800～717 Ma(陈毓川 等,1995)。此外,产于四堡群镁铁-超镁铁质岩层底部的铜镍硫化物矿床,一般认为矿化与镁铁质岩石同期产出,毛景文和杜安道等(2001)获得铜镍硫化物矿石的 Re-Os 等时线年龄为 982 Ma,与浙西双溪坞群、赣中铁砂街岩组和宜丰岩组火山岩的形成时代一致,因此四堡群中的铜镍硫化物矿床也可能为扬子陆块与华夏陆块俯冲碰撞对接环境的产物。

2. 加里东期成矿作用

主要有加里东期与花岗岩类有关的钨钼金银多金属矿床成矿系列(IV)。该系列矿床的形成时代与花岗岩体的形成时代接近,成岩成矿是一个连续演化的过程,具有相同的构造背景。钦杭成矿带内广泛分布加里东期、印支期和燕山期花岗岩,但以往重点关注的是燕山期花岗岩及其与成矿的关系(付建明 等,2011;华仁民 等,2005;毛景文 等,2004)。虽然前人已注意到某些矿床的形成与加里东期花岗岩有关(郜兆典 等,1997;陈毓川 等,1995),但对其成矿作用和成矿潜力很少研究,甚至认为加里东期花岗岩一般不成矿。近年来,随着相关矿床的不断证实和发现(杨振 等,2013;张文兰 等,2011;陈懋弘 等,2011;李晓峰 等,2009),加里东期花岗岩与成矿的关系越来越受到重视(徐德明 等,2015,2012;华仁民 等,2013)。加里东期花岗岩(460～410 Ma)及其成矿作用(440～410 Ma)都是加里东运动的表现形式,这一构造事件在华南地区是不同于板块边缘碰撞、增生造山的陆内造山(华仁民 等,2013;舒良树,2012)。

除与花岗岩类有关的矿床外,在桂东南地区还分布有一些与早古生代海相沉积有关的铅锌多金属矿床,属于成矿系列 III。矿床的赋层位以奥陶系为主,其次为志留系和寒武系。虽然这些矿床在赋矿层位、成矿规模和矿石成分等方面存在一些差异,但矿床中的主要矿体均呈层状、似层状顺层产出,呈多层分布,直接赋矿围岩为层状夕卡岩及重晶石岩,矿体产状与地层一致并同步褶曲;矿石中发育纹层状构造、软沉积滑动变形构造等典型的同生沉积组构;矿床的形成均与区域性断裂带长期演化的地质背景,尤其是与早古生代同生断裂活动密切相关,保留有热水沉积成矿的共同特征,并普遍受到后期岩浆热液的叠加改造(吴烈善 等,2004;杨斌 等,2002)。

3. 海西期—印支期成矿作用

主要包括晚古生代海相沉积-叠生改造型铜铅锌矿床成矿系列(III)和印支期与花岗岩类有关的钨锡铌钽铀多金属矿床成矿系列(V)。

成矿系列 III:该系列的矿床与岩浆作用没有直接的关系或其关系不明,产于晚古生代不同的地层层位,以泥盆系为主,其次为石炭系和二叠系。矿床中保留有热水沉积成矿的迹象和线索,并普遍受到后期构造热液或(和)地下循环热液流体的改造。

成矿系列 V:与加里东期花岗岩一样,印支期花岗岩的成矿特征和成矿价值也还很不清楚。但近年来,与印支期花岗岩有关的矿床时有报道(李晓峰 等,2012;梁华英 等,2011;杨峰 等,2009;邹先武 等,2009;蔡明海 等,2006),成矿时代集于在印支晚期(225～210 Ma),与湘南道县中生代玄武岩中辉长岩包体的形成时代一致(224 Ma)(郭锋 等,1997),滞后于印支板块与华南板块主碰撞期(258～243 Ma)(Carter et al.,2001),表明华南地壳在主碰撞后很快被减薄,在晚三叠世时进入了伸展应力体制(周新民,2003),预示着华南地区中生代大规模深源岩浆的涌入及第一个成矿高峰期的来临,因此在图 3.1 中出现 230～210 Ma 的年龄峰值并不是偶然的。

此外,印支晚期还是热液型和构造蚀变岩型金矿的主要成矿时期,湘中、粤西和琼西地区的金矿床大多是这一时期形成的(表 3.1)。

4. 燕山期成矿作用

主要有燕山期与花岗岩类有关的铜铅锌金钨锡多金属矿床成矿系列(VI)。从表 3.1

和图 3.1 可以看出，区内燕山期成矿作用显著，成矿时代都集中在 170～150 Ma、130～120 Ma 和 110～90 Ma 三个年龄段，大多数矿床与花岗岩有着密切的成因联系，成矿年龄一般滞后于成岩年龄 5～10 Ma(图 1.11)，这三次大规模的成矿作用与拉张的地球动力学背景，以及壳-幔相互作用、深部热流体的参与有关(付建明 等，2011；华仁民 等，2005；毛景文 等，2004)。

170～150 Ma 年龄峰值尤为集中，其时代相当于中侏罗世、晚侏罗世。湘南—桂东北地区绝大多数与花岗岩有关的矿床都形成于这一阶段，如东坡、大义山、香花岭、姑婆山等矿田；赣中和粤西有少量该时期的矿床分布。

130～120 Ma 为一不太明显的次高峰期，之后出现 10 Ma 左右的成矿沉寂期。这一阶段的矿床分布极为零散，散落于赣中、湘中和粤西地区。

110～90 Ma 区内发生了另一次大规模成矿作用，其影响范围有所扩展，涉及湘东北、湘西南、桂东、粤西及琼中南等地区。

至于与区域动力变质热液作用有关的金银矿床成矿系列(VII)，一般认为该系列的矿床都受基底矿源层的控制，且具有多期次成矿的特点，在加里东期已有成矿元素的初步富集，但主成矿期为印支期和燕山早期，与华南内陆印支期—燕山期褶皱变形及伴随一系列逆冲推覆构造事件的时间相吻合(Wang et al.，2005；张岳桥，1999)。

3.3.2　空间分布特征

成矿系列受特定的地质构造环境控制，即产于一定的地质构造单元中。上述各矿床成矿系列在空间分布上表现出如下规律性。

成矿系列 I：分布于扬子陆块东南缘和华夏陆块西北缘的岛弧褶皱区，其典型矿床目前仅发现于钦杭成矿带东段的武夷西北缘(王执均和赵筱福，1980；贺菊瑞 等，2008)和九岭东南缘(罗小洪 等，2006)。桂北九万大山地区与钦杭成矿带东段的九岭地区同处于扬子地块东南缘，中—新元古代时期的沉积大地构造环境一致，已知的纹层状锡铜矿化可能属于该成矿系列(毛景文 等，1988)；琼西石碌地区处于华南褶皱系五指山褶皱带，新元古代早期沉积大地构造环境与武夷北缘大体一致，石碌铁钴铜矿也可能属该系列(杜保峰 等，2012)。

成矿系列 II：分布于钦杭巨型拗陷中的加里东期次级隆起区，如赣中武功山隆起区、湘中关帝庙隆起、桂北越城岭隆起，大致沿赣中—湘东—湘中—湘西南一线展布，分布有良山(曾书明 等，2011)、祁东(钟九思 等，2009)、江口等大型、中型铁矿床。此外，在桂东北鹰扬关—粤西大绀山一带，分布有铜锣塘铁矿(谌后成 等，2008)、云浮硫铁矿、榕木灯盏铁矿等矿床。

成矿系列 III：受特定地层层位控制，并与成矿前形成的区域性大断裂的同生活动密切相关，主要分布于海西期—印支期褶皱拗陷区与隆起区的过渡部位，如湘中拗陷与白马山-龙山隆起、桂中拗陷与大瑶山隆起、桂东南博白拗陷与云开隆起。其中，早古生代海相沉积-叠生改造型铜铅锌矿床主要见于桂东南博白—岑溪地区，该区是广西境内主要铅锌多金属矿富集区之一，沿博白—岑溪断裂带分布有佛子冲、东桃、下水、文龙径、鸡笼顶等一系列铅锌多金属矿床;晚古生代海相沉积-叠生改造型铜铅锌矿床分布较广泛,如湘中的白云铺、禾青铅锌矿,桂中的盘龙铅锌矿、那马铜矿,湘东南的后江桥铅锌矿等。

成矿系列 IV:主要分布于加里东期隆起区边缘,其中心往往为大型复式岩体所占据,构成特征的穹窿状构造,成矿母岩为晚期侵入的岩株、岩枝或岩脉,如桂北越城岭隆起西南缘的牛塘界钨矿、东南缘的长岗岭锡铜矿,桂东北鹰扬关隆起南缘的白石顶钼矿等。在隆起区内部,仅有小型岩体出露,也可以形成矿床,如桂东大瑶山隆起中的社垌钨钼矿、古袍金矿等。

成矿系列 V:主要分布于海西期—印支期隆起区边缘,如汝城隆起西缘的荷花坪锡矿,越城岭隆起东南缘的油麻岭钨矿,都庞岭隆起东南缘的栗木锡铌钽矿、李贵福钨锡矿等。

成矿系列 VI:广泛分布于海西期—印支期拗陷区与隆起区的过渡部位,或晚古生代—中生代盆地边缘,是钦杭成矿带中最重要分布也最广的矿床成矿系列,如湘桂拗陷、萍乐拗陷及湘南衡阳盆地、粤西罗定盆地和阳春盆地周边等。

成矿系列 VII:主要发育于钦杭结合带两侧古陆边缘,受基底矿源层及区域性深大断裂的控制,赣东北、湘东北、湘中及粤西等地区为该成矿系列的主要矿化集中区;琼西抱板—大蟹岭地区的金矿床,其成矿物质主要来源于抱板群或志留系,并受戈枕深大断裂的控制,也属于该矿床成矿系列。

第 4 章　成矿区划与成矿预测

4.1　成矿区带的划分及特征

4.1.1　划分原则

成矿单元的划分旨在反映矿产的空间分布规律，而成矿区（带）是根据已知矿床的分布情况和成矿地质条件划分出的不同级别的成矿单元，可分为全球性的成矿域、大区域性的成矿省、区域性的成矿带及地区性的成矿亚区（带）。根据对钦杭成矿带（西段）地质特征及区域成矿规律的认识，主要考虑不同等级的大地构造单元、控矿地质条件、成矿特征及已知矿床（点）的分布特征，将研究区作为独立的 II 级成矿带，划分出 4 个 III 级成矿带，10 个 III 级成矿亚带，31 个 IV 级成矿区（表 4.1 和图 4.1），不同级别成矿单元划分原则如下。

（1）III 级成矿带，以 II 级构造单元为基础，但其范围并不完全一致，对应在有利成矿区段内受几类区域的或同一地质作用控制的某几种矿床类型集中分布的区域。

（2）III 级成矿亚带，以 III 级构造单元为基础，但其范围并不完全一致，对应于受同一成矿作用控制和几个主导控矿因素控制的矿田分布区，展示了矿化富集区的成矿作用特征。

（3）IV 级成矿区，为 III 级成矿亚带的一部分，划分的依据是受次级拗陷和次级隆起控制，综合考虑到区域地层、构造、岩浆岩及成矿特征。

4.1.2　成矿区带特征

1. 江南 Au-Sb-Cu-Pb-Zn-Ag-W-REE 成矿带（III-1）

该成矿带地跨湖南益阳、长沙、浏阳、临湘及湖北咸宁等地区，进一步划分为雪峰和九岭两个 III 级成矿亚带及五个 IV 级成矿区。

1）地质概况

该成矿带内自中元古代的地层出露较全，可分为三大构造层，中元古界仓溪岩群、新元古界冷家溪群和板溪群构成区内褶皱基底，为一套浅变质复理石碎屑岩夹火山岩建造；南华系—志留系组成下部沉积盖层，为一套石英砂岩、冰积岩、硅质岩与（含锰）碳酸盐岩建造；上古生界为上沉积盖层，为一套陆源碎屑岩、碳酸盐岩建造；上三叠统—古近系为陆内裂谷含煤建造和红色碎屑岩建造；第四系为河流冲积层。其中，中元古界、新元古界地

表 4.1 钦杭成矿带西段成矿单元划分表

III 级成矿带		III 级成矿亚带		IV 级成矿区	
编号	名称	编号	名称	编号	名称
III-1	江南 Au-Sb-Cu-Pb-Zn-Ag-W-REE 成矿带	III-1-1	雪峰 Au-Sb-W 成矿亚带	IV-1	洞口-新化 Au-Sb-Pb-Zn 成矿区
				IV-2	安化-桃江 Au-Sb 成矿区
		III-1-2	九岭 Cu-Au-Ag-Pb-Zn-W-REE 成矿亚带	IV-3	望湘-幕阜山 Cu-Au-Pb-Zn-REE 成矿区
				IV-4	七宝山 Au-Cu-Pb-Zn 成矿区
				IV-5	萍乡-宜春 Cu-Pb-Zn-Ag-Au-W-Mn 成矿区
III-2	湘桂 Fe-Mn-W-Sn-Cu-Pb-Zn-Au-Ag-REE 成矿带	III-2-1	湘东南-桂中北 Fe-W-Sn-Mo-Au-Sb-Ag-Cu-Pb-Zn-Mn-REE 成矿亚带	IV-6	娄底-湘潭 Mn-Pb-Zn-Au-W 成矿区
				IV-7	永州-涟源 Sn-Pb-Zn-W-Cu-Sb-Mn 成矿区
				IV-8	衡阳-茶陵 Fe-W-Sn-Cu-Pb-Zn-Ag-Au 成矿区
				IV-9	越城岭 W-Sn-Mn-Pb-Zn-REE 成矿区
				IV-10	阳明山 Sn-Pb-Zn 成矿区
				IV-11	水口山-香花岭 W-Sn-Pb-Zn-Au-Ag 成矿区
				IV-12	骑田岭 W-Sn-Mo-Pb-Zn 成矿区
				IV-13	桂林-阳朔 Pb-Zn-Ag-Mn-Fe 成矿区
				IV-14	都庞岭 W-Sn-Pb-Zn-Ag-Mn 成矿区
				IV-15	九嶷山 Sn-Pb-Zn-Fe-Mn 成矿区
				IV-16	融安-永福 Pb-Zn-Ag-Fe 成矿区
		III-2-2	桂中 Fe-Mn-Au-Ag-Cu-Pb-Zn-Mn 成矿亚带	IV-17	大瑶山西-大明山 Mn-Fe-Cu-Pb-Zn-Au 成矿区
				IV-18	西大明山 Fe-Mn-Ag 成矿区
				IV-19	桂平-南宁 Au-Ag-Pb-Zn-Mn 成矿区

续表

III 级成矿带		III 级成矿亚带		IV 级成矿区	
编号	名称	编号	名称	编号	名称
III-2	湘桂 Fe-Mn-W-Sn-Cu-Pb-Zn-Au-Ag-REE 成矿带	III-2-3	桂东北 W-Sn-Au-Ag-Pb-Zn-Fe-REE 成矿亚带	IV-20	贵港-桂平 Sn-Pb-Zn-Mn 成矿区
				IV-21	大瑶山 Au-Ag-Pb-Zn-Fe-REE 成矿区
				IV-22	怀集 Sn-Sb-Au-Pb-Zn-Fe 成矿区
III-3	粤西-桂东南 Sn-Au-Ag-Cu-Pb-Zn-Fe-Mo-W 成矿带	III-3-1	桂东南 Pb-Zn-Au-Ag-Fe-Mn-REE 成矿亚带	IV-23	凭祥-崇左 Au-Fe-REE 成矿区
				IV-24	十万大山 Au 成矿区
				IV-25	罗阳山-灵山 Pb-Zn-Mn 成矿区
				IV-26	六万大山 Pb-Zn-Ag-Mn 成矿区
		III-3-2	云开 Sn-Au-Ag-Pb-Zn-Mo-W-Fe-REE 成矿亚带	IV-27	岑溪-北海 Au-Ag-Cu-Pb-Zn-W-Mo-Cu 成矿区
				IV-28	云开大山 Au-Ag-Cu-Pb-Zn-Fe-Sn-Mo-Mn-REE 成矿区
III-4	海南 Fe-Cu-Pb-Zn-Co-Au-Mo-REE 矿成矿带	III-4-1	雷琼裂谷石油、天然气、褐煤(油页岩)、高岭土成矿亚带		
		III-4-2	五指山隆起 Fe-Co-Au-Cu-Pb-Zn-Mo-REE 成矿亚带	IV-29	琼西结合带 Fe-Co-Cu-Au-REE 成矿区
				IV-30	白沙陆内盆地 Au-Pb-Zn 成矿区
				IV-31	五指山岩浆弧 Fe-Mo-Pb-Zn 成矿区
		III-4-3	三亚 Fe-Mn-Au-Mo 成矿亚带		

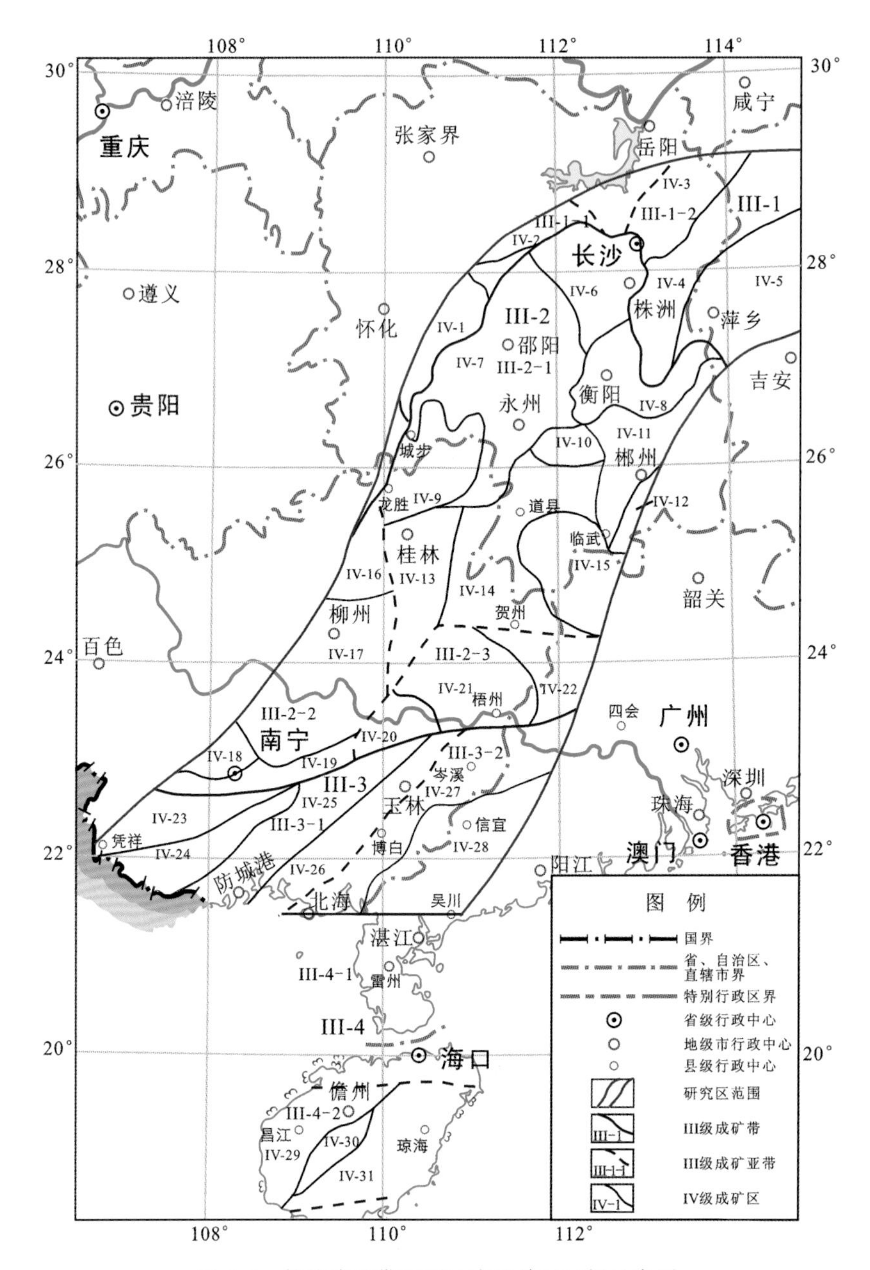

图 4.1 钦杭成矿带(西段)成矿单元区划示意图

层是本区最重要的基底矿源层,下寒武统黑色页岩中银、金、锌、铜、铅、锑、汞、砷丰度较高,第四系为砂金的赋矿层。

区内断裂构造发育,以北东向断裂构造(新化—龙胜断裂、公田—灰汤—新宁断裂、衡阳—双牌—恭城—荔浦断裂和茶陵—郴州—连山断裂北东段)为主,其次为北西向断裂构造(常德—安仁隐伏断裂)等区域性断裂穿切该成矿带,控制了区域地层、构造、岩浆岩和矿产的展布。

区内岩浆活动频繁,多期次花岗岩浆侵入,按形成时代可分为新元古代、志留纪、三叠纪、侏罗纪和白垩纪花岗岩,与成矿有关的主要是燕山期(侏罗纪—白垩纪)花岗岩。侏罗纪花岗岩可分为中侏罗世和晚侏罗世两期。其中,中侏罗世花岗岩分布广泛,岩性主要为黑云母花岗闪长岩、黑云母二长花岗岩和二云母二长花岗岩,多有较明显的白云母化、钠长石化,并形成有一定价值的钨、钼及稀有金属矿化;晚侏罗世花岗岩以二云母花岗岩为主,白云母化较普遍,并多有钠长石化、云英岩化,形成有价值的锡及稀有金属等矿化。白垩纪花岗岩主要为早白垩世,晚白垩世较少。早白垩世花岗岩主要出露于幕阜山、望湘等复式岩体内,以二云母二长花岗岩为主,并多有钠长石化、云英岩化,部分形成钽、铌、锡矿化体。

2）矿产特征

带内矿产资源丰富,有色金属矿产主要有钨、钼、锑、铅锌及铜等;贵金属矿产有金、银。以金、锰、钨、铅锌最具盛名,主要矿床类型为热液型、沉积型、沉积变质型、夕卡岩型和构造蚀变岩型,主要成矿期为新元古代和燕山期,具有矿种多、矿床(点)多、矿床类型多、分布广泛又相对集中的特点。典型矿床有黄金洞金矿、万古金矿、桃林铅锌矿及七宝山铜多金属矿等。

3）成矿规律

(1）矿床的时空分布

燕山期形成了区内主要的热液型和夕卡岩型金、锑、钨、铜和铅锌矿,金锑矿主要分布于浏阳、汨罗、紫云山、雪峰山等地区。铅锌铜矿除北部的桃林外,主要分布于衡阳—双牌断裂带北西,钨多金属矿主要分布于南部(衡东一带)的川口—将军庙地区。

(2）控矿因素

岩相与岩性对矿产种类和矿床类型有明显的控制作用。不同时代的围岩岩性还控制了与岩浆成矿作用有关矿床的矿种与类型,燕山期花岗岩与石炭系碳酸盐岩接触,形成夕卡岩型铅锌钨矿;含矿热液充填于冷家溪群碎屑岩中,形成热液型金锑矿或铅锌银矿;充填于中泥盆统、板溪群碎屑岩中或早期花岗岩体的顶部,形成热液型钨矿。

燕山期成矿作用与断裂构造密切相关,断裂构造为成矿物质运移提供了通道,也为矿体就位提供了容矿空间。例如,桃林含矿破碎带是环绕幕阜山变质核杂岩的一条正向剪切剥离断裂;断裂构造是黄金洞金矿体赋存与富集的先决条件和主要因素,矿体主要充填于近东西向断层中,与矿体的形成和富集密切相关;七宝山矿区与其推覆构造形成的封闭环境密切相关。

区内岩浆活动强烈,燕山期达到高潮,以花岗岩类为主,大量科研资料表明,区内热液型矿床的成矿物质主要来源于岩浆,多为混合热液,成岩成矿时代比较一致,因此,区内热液型矿床与岩浆岩在时间上、成因上关系密切,主要成矿时代为燕山期。

2. 湘桂 Fe-Mn-W-Sn-Cu-Pb-Zn-Au-Ag-REE 成矿带(III-2)

该成矿带地跨湘中、湘东南、桂东北、桂中、粤西北等地区,可进一步划分为湘东南-桂中北、桂中、桂东北 3 个 III 级成矿亚带和 17 个 IV 级成矿区。

1）地质概况

区内出露的最老地层为新元古界鹰扬关群(桂东北)和大江边组(湘南),主要为一套变质砂岩、板岩、片岩、变粒岩、磁铁矿建造;南华系—震旦系为活动陆缘浊流碎屑沉积;寒武系—奥陶系以陆缘碎屑岩建造为主夹硅泥质建造;泥盆系—二叠系以陆缘碎屑为主夹碳酸盐岩沉积,中泥盆统棋子桥组白云质灰岩、白云岩中含锰,属层控型-沉积改造叠加型锰矿,在湘东湘潭一带南华系—志留系组成下部沉积盖层,为一套石英砂岩、冰积岩、硅质岩与(含锰)碳酸盐岩建造;石炭系—二叠系之交多形成碳酸盐岩建造,桂中拗褶带东缘有大型铅锌矿;上三叠统—侏罗系为一套断陷盆地含煤碎屑沉积建造;白垩系为陆相碎屑岩沉积建造。

以衡阳—双牌—恭城—荔浦断裂带为界,西部岩浆活动相对较弱,以加里东期和印支期为主,主要分布在白马山、猫儿山、越城岭和海洋山穹窿核部;构造可分为加里东期与印支期—燕山期构造,加里东期构造为北西—近东西向,多为紧闭型褶皱,断裂构造不发育,后期有明显的被改造迹象,伴有区域性断裂或深大断裂,加里东期构造对晚古生代的沉积岩相有一定控制作用,在印支期—燕山期被强化和改造,成矿期构造作用主要是继承先期构造变形格局,构造线主要为北北东向,早期以构造伸展和岩浆作用为主,晚期受区域挤压形成压性断裂,断裂活动进一步强化了有用元素的迁移富集而形成工业矿床。东部有多期次花岗岩浆侵入,主要有加里东期、印支期、燕山早期岩浆活动,加里东期岩体主要有雪花顶、都庞岭、大宁等岩体;印支期岩体主要有关帝庙、阳明山、塔山等岩体,岩性主要为二长花岗岩,形成时代主要为晚三叠世,见有钨锡矿化;在桂东北大瑶山一带,加里东期和燕山晚期中酸性岩体沿复背斜轴部的六岑—桃花—古袍压扭性断裂带侵入,形成近东西向构造-岩浆带,该断裂带系北东东向凭祥—大黎深大断裂东延部分,是本区主要的金成矿带;侏罗纪花岗岩主要分布在都庞岭、姑婆山、金鸡岭、沙子山、西山等复式岩体中,岩性主要为黑云母花岗闪长岩、黑云母二长花岗岩和二云母二长花岗岩,并形成有价值的钨、锡、钼、铋、铅、锌、铌钽、稀土等矿化;本区东有茶陵—郴州—连山断裂,西有衡阳—双牌—恭城断裂带,加里东运动使本区产生构造变形,印支期—燕山期在基底断裂控制下,形成了北东向的隆起和凹陷格局及相配套的北东向、北西向断裂系统。穹窿构造主要为都庞岭-阳明山-塔山、姑婆山-九嶷山北东向串珠状穹窿带,在隆起带的核部形成以二长花岗岩为主的印支期—燕山期岩浆建造,为本区铅、锌、锡矿的形成提供了成矿背景条件。

2）矿产特征

该成矿带内矿产资源丰富,黑色金属矿产有铁、锰,如代表性的湘潭锰矿和宁乡式铁矿;尤其以盛产钨、锡、钼、铜、铅、锌、金、银等有色金属、贵金属为特征,是钦杭成矿带重要的有色金属集中区。其中锡田钨锡矿、水口山铅锌金矿、大义山锡铜矿、锡矿山锑矿、宝山铜铅锌银矿、香花岭锡矿、芙蓉锡矿、黄沙坪铅锌矿、千里山钨锡矿、姑婆山稀土矿等在国内同类矿床中具有一定影响的大型、特大型矿床即位于本区。金矿主要产于桂东北地区,其中代表性矿床有古袍、超林、桃花、云荣顶、金鼓和爱群金矿。

矿床成因类型主要为热液型、夕卡岩-云英岩型、构造蚀变岩型、沉积变质型、沉积改造型、砂矿型、表生淋滤型和风化壳型。

3) 成矿规律

(1) 矿床的时空分布

湘东南地区南华纪开始形成该成矿带内湘潭—桃江一带的沉积型和沉积变质型锰矿,泥盆纪长沙—株洲一线以南地区发育了宁乡式铁矿。粤西北前寒武系主要含矿层位为鹰扬关群,有铁、铜、铅锌、金赋存其中,主要分布在连州鹰扬关一带;寒武系—奥陶系为碎屑岩建造,局部夹碳酸盐岩,为钨矿的主要赋矿层位,另外尚有铁、铅、锌、银、金、铜、锡等矿产赋存;泥盆系—二叠系,主要为碎屑岩、碳酸盐岩建造,含矿层位较多,形成了一系列不同时代的铁、锰、铅、锌、锑等矿产,是成矿带内沉积成矿作用最发育的时期,其中典型的"宁乡式"铁矿主要分布在攸县—茶陵和桂林—永州一带,沉积型锰矿主要分布在邵阳—灵川一带,沉积-改造型铅锌矿主要分布在桂林—贵港一带,热液型锑矿主要分布在冷水江一带;热液型金矿主要分布在昭平—蒙山以南,含矿层为寒武系黄东口组下段砂岩、砂岩-页岩建造,寒武系、震旦系金丰度较高,与成矿有关的岩体为加里东期花岗(斑)岩,紧密线状褶皱发育,层间滑动或虚脱产生的断层裂隙,为成矿提供了矿液运移通道和容矿空间,金矿脉充填于断裂、裂隙中;构造蚀变岩型金矿主要分布在梧州、怀集一带,赋矿地层主要为寒武系黄洞口组碎屑岩,燕山期岩体呈岩株、岩筒、岩墙产出,以断裂改造运动为主,成矿混合热液不断的上升运移,在破碎带有利部位沉淀形成工业矿体。

成矿带内岩浆活动频繁,与成矿关系密切,在海洋山、大明山、越城岭一带发育金、银、铜、铅、锌矿产,如老厂铅锌矿、两江锡铜矿;海西期末—印支期在成矿带北部融安至永福一带及东南部桂中拗褶带与大瑶山隆起相接地区,由于深大断裂带的影响和岩浆活动,断裂带边缘热液活动强烈,泥盆系中形成与热液(热水、热卤水)作用有关的(层控型)铜、铅、锌矿床;燕山期成矿带内构造-岩浆作用强烈,为成矿作用大爆发时期,与成矿有关的岩浆岩,形成时代为中侏罗世—晚白垩世,以晚侏罗世为主,可分为 90～100 Ma、130～140 Ma、150～160 Ma 三个主要成矿阶段,其中 150～160 Ma 成矿年龄尤为集中(湖南新田岭钨矿、锡田锡多属矿、大坳钨锡矿、香花岭钨锡多金属矿、瑶岗仙钨矿、黄沙坪铅锌锡多金属矿、芙蓉锡多金属矿及柿竹园钨锡多金属矿等),是区内成矿的高峰期。

成矿带内砂锡矿、表生淋滤型铁锰矿、风化壳型稀土矿则形成于第四纪,其中砂锡矿主要分布在贺州一带,铁锰矿主要分布在永州、桂林—来宾一带,稀土矿主要分布在大东山岩体、姑婆山岩体、诸广山、尖峰岭燕山期岩体中。

(2) 控矿因素

沉积岩相与建造控制了与岩浆作用有关的矿床类型与成矿组合,南华纪和中奥陶世、晚奥陶世的黑色岩系,控制了区内锰矿的成矿;晚泥盆世的碎屑岩-碳酸盐岩建造,与区内宁乡式铁矿有关;含矿花岗岩与泥盆系含泥质灰岩接触形成夕卡岩型钨锡多金属矿床;与石炭系、二叠系含碳质灰岩接触形成夕卡岩型铅锌多金属矿床;与石炭系白云岩接触形成镁质夕卡岩型硼锡矿床;形成钨锡矿的岩体附近大多有(前)寒武纪地层残留,而形成铅锌多金属矿的岩体附近则没有此现象;热液充填型钨锡铅锌多金属矿床多与碎屑岩有关,含矿层位多为南华系、震旦系和寒武系;锑矿则多与上泥盆统碳酸盐岩有关,充填于佘田桥组硅化灰岩中;热水沉积型铅锌铜矿多与中泥盆统碳酸盐岩有关。

隆起与拗陷构造控制了矿产组合,早南华世在新化—龙胜断裂带张裂作用下,发育形成了湘潭一带的裂谷盆地,同时受常德—安仁断裂带的控制,限制了该盆地北东向延伸,由于张裂带张力不均衡作用,造成盆地被一组与张裂带近似垂直的、北东向的走滑拉张断裂所错断,在断裂发育的部位形成了盆地内部的凹陷带,沿这些凹陷带发育了许多重要的锰矿床;隆起区多为热液型钨锡及金锑矿,拗陷区多为热液型及沉积改造型铅锌铜矿,沉积改造型铁矿只分布于隆起区周边,同时,隆起区花岗岩多为大的岩基,拗陷区则多为成群的小岩株;岩体接触带形态控制了夕卡岩的产出,夕卡岩矿体多分布于侵入体前缘与内凹部位,与钨、锡矿化关系密切;云英岩化、钠长石化一般分布于岩体内部,与钨、锡、铌钽等矿化关系密切。深大断裂带(特别是不同方向深大断裂带的交汇部位)控制成矿带及矿化集中区。茶陵—郴州—连山深大断裂带控制着区内最重要的一条北东向钨锡多金属成矿带,沿该带分布有多个矿化集中区和许多大型、特大型矿床,该断裂带与北西向的邵阳—郴州隐伏深大断裂带交汇部位是世界著名的柿竹园、芙蓉超大型钨锡多金属矿田的产地。北东向、北西向深部岩浆岩带交汇处是形成资源潜力巨大矿化集中区的最有利部位。矿床(点)主要沿这些断裂带和花岗岩的内、外接触带分布。背斜核部容易形成小规模的断裂构造,是脉状矿体的容矿空间。硅化沿断裂破碎带分布,与钨、钼、铅、锌矿关系密切。

区内岩浆活动频繁强烈,以花岗岩类为主,在空间上、时间上、成因上关系密切,对成矿起着重要的控制作用,区内许多与大型、中型矿床有关的含矿岩体(千里山、瑶岗仙、尖峰岭、黄沙坪、宝山、水口山等)规模均很小,体现出小岩体成大矿的特征。

3. 粤西-桂东南 Sn-Au-Ag-Cu-Pb-Zn-Fe-Mo-W 成矿带(III-3)

该成矿带地跨广西玉林、北海及广东云浮、茂名等地区,可进一步划分为桂东南和云开 2 个 III 级成矿亚带和 6 个 IV 级成矿区。

1) 地质概况

云开隆起区出露地层以前泥盆系为主,在隆起周边晚古生代拗陷区、中—新生代断陷盆地中出露有晚古生代及中生代地层。前寒武系云开群分布于隆起区核部廉江—信宜—罗定一带,为碎屑岩夹火山岩、碳酸盐岩建造,赋存金、银、铁、锡矿;南华系大绀山组分布于云浮大绀山和高要河台一带,为碎屑岩夹火山岩建造,主要赋存金、锡、铅、锌、银及硫铁矿等;震旦系坝里组和老虎塘组分布于广宁、云浮一带,主要为碎屑岩建造,主要赋存金、铅、锌、银矿等。早古生代地层主要分布于罗定盆地以北和以东地区,为碎屑岩夹碳酸盐岩建造,赋存有金、铜、铅、锌、铁矿等。晚古生代地层分布于云浮—罗定—阳春—化州一带,为一套碳酸盐岩-碎屑岩建造,主要赋存金、铅、锌、银、铁、硫铁矿等。中生代地层主要分布于阳春盆地和罗定盆地,为碎屑岩建造,主要赋存金、钨、钼矿。区内历次岩浆活动对成矿元素的富集或多或少均有一定的影响,但成矿与燕山期岩浆活动最为密切。与成矿有关的燕山期侵入岩主要为呈岩株、岩枝、岩瘤状产出的小岩体,包括壳源和壳幔混源侵入岩,壳源侵入岩岩性主要有黑云母二长花岗岩、二长花岗岩、花岗岩、花岗斑岩等,有关矿产主要为热液型金、铜、铅、锌、银及钨、钼矿,部分为斑岩型矿床;壳幔混源侵入岩岩性主要为闪长岩、花岗闪长岩、石英闪长岩等,相关矿产有夕卡岩型铁矿、斑岩型铜多金属矿和热液型铅、锌、银矿等。区内断裂构造对成矿的控制作用明显，不同地区，由于所处的构造位置不同，构造对成矿的控制作用也不同。例如，河台-高要金矿区，位于吴川—四会断裂带与罗定—广宁断裂带归并区域，由于早期处于较深构造层次，形成了一系列韧性剪切带，控制了矿体的分布，而且控矿断裂规模大、切割深，致使河台地区金的物质来源，除来自基底矿源层外，可能还有少量来自下地壳乃至上地幔。罗定、廉江等地则不同，构造变形的强度和切割深度均较小，容矿构造以脆性断裂为主。新洲地区则处于吴川—四会断裂带北东段断裂作用相对微弱的区域，但印支期—燕山期逆冲推覆构造发育，逆冲推覆构造早期以韧性变形为主，控制了韧性剪切带型金矿的分布；晚期以脆性或韧-脆性变形为主，形成一系列次级逆冲推覆断裂，控制了破碎带蚀变岩型和石英脉型金矿的分布。

桂东南拗陷带主要出露古生界和中生界、新生界地层。下古生界为一套巨厚的复理石建造，其中寒武系主要分布于西北部贵港市母格镇—兴业县北市镇一带，奥陶系—志留系分布于东南部博白旺茂镇—岑溪市一带。上古生界以泥盆系为主，石炭系及二叠系出露面积小，主要为滨岸相碎屑岩、台地相碳酸盐岩、盆地相硅质岩和硅质泥岩。中生界分布于各大小盆地中，为河-湖相碎屑及含煤沉积。区内有多期次岩浆活动，形成一系列规模宏大的构造-岩浆岩带。

2）矿产特征

带内矿产资源丰富，金、银、钨、锡、铁、锰、铜、铅、锌、钼、稀土矿均有发育，矿床成因类型主要为热液型、韧性剪切带型、构造蚀变岩型、夕卡岩-云英岩型、斑岩型、沉积改造型、风化壳型等，典型矿床有锡基坑铅锌矿、园珠顶铜钼矿、河台金矿、新洲金矿、庞西垌金银矿、高枨锡铅锌银矿、佛子冲铅锌矿、石篆铜钼矿、天堂铅锌铜矿等。

3）成矿规律

带内成矿作用较为复杂，经历了多期次构造-岩浆-变质事件。与基底变质变形、混合岩化作用有关的矿产主要是贵金属及稀有金属、稀土矿，与加里东期、燕山期花岗岩有关的矿产主要为锡、钨、钼、铜、铅、锌、铁等。

云开地区的云开群富金、银，南华系大绀山组富硫、铅、锌、锡、银、金等，震旦系富金。化州一带，早-中泥盆世处局限台地环境，在沉积过程中可能有深源热卤水循环，形成富硫、铅、锌的地层。在漫长的地质演化过程中，前寒武纪地层经历了强烈的混合岩化和区域变质作用，成矿元素得到初步富集。其中，大绀山组的富硫层形成变质矿床。海西期—印支期构造、岩浆活动和混合岩化作用，使一些地区成矿元素更进一步富集。该区最主要的成矿期为燕山期。但不同地区，成矿作用特点明显不同。在河台、信宜、庞西垌等地区，经过初步富集的金、银，受燕山期岩浆作用影响，进一步富集形成热液型、韧性剪切带型金、银矿床。其中，河台地区由于位于前泥盆纪混合岩化带的边缘地带，有利于成矿元素的富集，又经历海西期—印支期混合岩化和岩浆作用、印支期韧性剪切作用，成矿元素富集程度高，形成的矿床规模大。而罗定、信宜、庞西垌等地区，现今矿床出露位置为混合岩化、花岗岩化作用较强的区段，而非成矿元素富集的最有利区位，矿床规模不大。在大绀山一带，矿源层主要为大绀山组，形成热液脉型锡铅锌银矿。在化州一带，受岩浆热液影响，下—中泥盆统有沉积改造型硫铁、铅锌矿形成；同时，伴随岩浆侵入，还有热液脉型钨矿和斑岩型钼矿形成。阳春地区在晚古生代为拗陷区,成矿作用受基底地层影响较小,主要矿床类型为夕卡岩型、斑岩-夕卡岩型和热液脉型,其中夕卡岩型铁铜矿和夕卡岩型硫铁矿与中侏罗世侵入岩有关,斑岩-夕卡岩型铜钼铅锌多金属矿与早白垩世中酸性侵入岩相关,热液型钨锡矿与晚白垩世花岗岩相关,成矿岩体主要为花岗闪长岩、花岗斑岩及二长花岗岩等。

4. 海南 Fe-Cu-Pb-Zn-Co-Au-Mo-REE 矿成矿带(III-4)

近东西向琼州海峡断裂带、王五—文教断裂带、九所—陵水断裂带穿切该成矿带,其可进一步划分为 3 个 III 级成矿亚带和 3 个 IV 级成矿区。以下重点介绍五指山隆起成矿亚带。

1) 地质概况

该成矿亚带以王五—文教断裂带为北界,以九所—陵水断裂带为南界。

区内出露的最老地层为中元古界戈枕村组(岛弧或陆缘弧相火山岩夹碎屑岩建造)和峨文岭组(陆缘弧间盆地碎屑岩夹火山岩建造),二者呈整合接触。早晋宁运动,形成以片麻状二长花岗岩为主的壳源型钙碱性花岗岩体,同时导致戈枕村组和峨文岭组分别发生了不同程度的高角闪岩相(局部达到了麻粒岩相)和低角闪岩相区域变质作用,前者还伴生混合岩化作用,形成海南岛结晶基底。该构造阶段完成了抱板群中金的初始富集,为后期戈枕剪切带金矿的形成奠定了物质基础。

新元古代早期石碌地区沉积了一套具类复理石韵律特征的碎屑岩、碳酸盐岩,局部夹有少量的酸性火山岩、含铁硅质岩、铁矿层。晚晋宁运动使石碌群褶皱隆起并发生绿片岩相变质作用,形成海南岛的褶皱变质基底。新元古代晚期石碌地区沉积了石灰顶组,其岩性主要为含砾石英细砂岩、石英细砂岩、铁质石英细砂岩、含黄铁矿石英细砂岩夹含铁矿粉砂岩、砂质泥岩、含铁泥岩及贫铁矿层。

早古生代寒武纪时期,五指山地区为陆缘裂谷盆地,美子林组代表了裂解早期相对稳定的沉积,具滨海-浅海相碎屑岩夹碳酸盐岩建造特点。奥陶纪时接受了南碧沟组一套厚达上千米的具有复理石、类复理石特征的深海-半深海相碎屑岩夹基性、中基性火山岩建造沉积,岩石类型有玄武岩、变安山岩、变流纹岩。志留纪早期为滨海相砂质岩沉积,中期进入浅海-半深海-深海相砂泥质、泥砂质沉积,晚期进入滨海、浅海砂质岩、泥砂质岩和碳酸盐岩沉积,构成了一个相对完整的沉积旋回。

晚古生代—三叠纪区内大地构造演化包括早石炭世海南岛发生裂解,重新接受海相沉积,海西—印支运动使地壳再次隆起,并导致华南板块(包含海南岛)与印支地体发生陆陆碰撞,使得中元古代结晶基底、新元古代、早晚古生代地层卷入到琼西结合带含蛇绿岩片的俯冲增生杂岩中,并呈现构造岩片状产出,同时也造成海南岛中新元古代发生绿片岩相退变质和叠加变形,古生代地层产生低绿片岩相变质,并形成了区域尺度上展布的褶皱带和断裂带。伴随该构造运动的岩浆侵入活动(以酸性岩为主)强烈而持久,从早二叠世一直持续至晚三叠世,从早至晚,形成了俯冲型、同碰撞型、后碰撞型侵入岩,构成了一个比较完整的造山作用侵入岩浆演化序列,形成了五指山岩浆弧和那大-尖峰增生岩浆弧。

晚中生代区内伸展和拉分剪切活动强烈,形成一系列上叠于花岗岩和古生代基底的火山-沉积盆地和火山岩盆地，同期形成了北东向、北西向、东西向和南北向韧脆性断裂，奠定了海南岛的大地构造格局。白垩纪晚期军营-红岭和戈枕地区断裂带再次复活，发生了由北西往南东的逆冲推覆作用。

2）矿产特征

成矿带内矿产资源丰富，有金、铁、钴、铜、铅、锌、钼等矿产，成因类型主要有热液型、沉积变质型、火山岩型、构造蚀变岩型和韧性剪切带型，主要成矿时代为新元古代、志留纪和燕山期等，典型矿床有石碌铁铜钴矿、二甲金矿、抱伦金矿、金昌金矿和罗葵洞钼矿等。

3）成矿规律

五指山褶皱带在成矿地质历史发展过程中，经历了晋宁期、加里东期、海西期、印支期、燕山期和喜马拉雅期等构造运动，其结果不仅导致地壳沉降或隆起，还在各构造单元中留下不同形态和不同性质的构造形迹组合，而且导致不同源岩浆形成、侵位和喷发，控制着区域成矿作用。

五指山隆起Fe-Co-Au-Cu-Pb-Zn-Mo-REE成矿亚带可进一步划分为琼西结合带Fe-Co-Cu-Au-REE成矿区、白沙陆内盆地Au-Pb-Zn成矿区和五指山岩浆弧Fe-Mo-Pb-Zn成矿区，3个成矿区矿床分布的时空特征及控矿因素各具有如下特征。

（1）琼西结合带Fe-Co-Cu-Au-REE成矿区

成矿区矿床分布主要受赋矿地层、褶皱构造、断裂构造及岩浆岩控制。北部红岭-昌江地区发育有铁、铜、钴、铅、锌等矿产，主要受赋矿地层及向斜构造控制，石碌地区已发现有石碌大型铁矿床，且共伴生有铜、钴、银、重晶石等矿产，矿床成因为沉积变质型，主要受新元古代石碌群第六层的分布、向斜构造等控制，成矿时代为青白口纪；那大地区发育有锡（钨）、铌、钽、铅、锌、金矿等矿产，主要与燕山期岩浆岩及北东向红岭-军营断裂带、南北向洛基-南丰断裂控矿构造有关，成矿时代主要为燕山期。中部戈枕地区已发现有金昌、抱板、北牛、戈枕、二甲、不磨等数个金矿床，矿床主要沿北东向戈枕断裂带分布，受韧性剪切带、矿源层抱板群及后期岩浆岩控制，矿床类型主要为构造蚀变岩型、韧性剪切带型和热液型，成矿时代为印支期—燕山期；南部尖峰岭岩体分布区及附近发育有金、钨、钼矿产，其中有著名的抱伦金矿床，成矿时代为印支期。铅、锌、钼矿围岩蚀变主要有硅化、绢云母化、绿泥石化、黄铁矿化等，成因与岩浆热液有关，受赋矿地层、构造破碎带及岩浆岩控制，成矿时代为燕山期。稀土矿产主要受岩浆岩种类（以二长花岗岩、正长花岗岩为主）及风化程度控制，成矿时代为第四纪。

（2）白沙陆内盆地Au-Pb-Zn成矿区

成矿区内金、铅锌矿主要受盆地北东向的断裂构造控制，成矿与岩浆热液有关，成矿时代为燕山期；钨、锡、水晶、重晶石等矿产主要与印支期侵入岩有关。

（3）五指山岩浆弧Fe-Mo-Pb-Zn成矿区

成矿区北东部烟塘地区钼、铜矿发育，已发现琼海市烟塘梅岭铜钼矿、琼海市烟塘文斗坡铜钼矿等，钼、铜矿成矿主要受火山机构、火山岩岩相及燕山晚期斑岩控制，为斑岩型铜、钼矿，成矿时代为燕山期；在成矿区北部定安县新竹—雷鸣地区发育有金、银等矿产，金矿床主要赋存于白垩系鹿母湾组层间破碎带中，受地层、层间破碎带、燕山期岩浆岩控制,成矿时代为燕山期;成矿区中部屯昌地区发育有钼、钨、锡、铅、锌、金等矿产,与燕山晚期花岗岩类关系密切,同时受构造破碎带等控制,成矿时代为燕山期;在成矿区南部琼中地区发育有金、铅、锌等矿产,产于海西期—印支期花岗岩裂隙中,为热液型矿床,受岩体及构造裂隙控制,成矿时代为燕山期;在成矿区南部保亭县南好—三亚红石地区发育有铁、铜、铅、锌等矿产,产于足赛岭组结晶灰岩、含钙质千枚岩与燕山晚期花岗岩接触带部位,成因类型为夕卡岩型铁、铜多金属矿床,矿床主要受地层岩性、燕山期岩浆岩、接触带构造控制,成矿时代为燕山期;成矿区南部乐东县千家-福报地区发育有钼、铅、锌、银、铜等矿产,成矿受燕山期岩浆岩、北西向及南北向构造带控制,成矿时代为燕山期;成矿区南部三亚市牛腊岭—崖城—高峰至保亭县同安岭地区发育有钼、铜、金等矿产,区内已发现有大型罗葵洞钼矿、中型新村钼矿、小型南改金矿等,矿床主要产于火山盆地内缘火山岩中,成矿受火山机构、火山岩岩相、次火山岩、构造带控制,成矿时代为燕山期。

4.2 找矿远景区划分及特征

4.2.1 划分依据

找矿远景区是指成矿作用相同或相似,矿产资源相对集中分布且有成因联系,具有有利的成矿地质条件,有可能发现某些矿产的地区。与成矿区带不同,找矿远景区没有严格的范围大小和级别之分,一般随研究区范围大小的变化而变化。本次研究以区域成矿地质条件和成矿规律为基础,以构造-沉积-岩浆-成矿事件的耦合性为主线,综合分析区域地质、地球物理、地球化学特征。地质特征包括有利成矿的区域地层、构造(板块结合带、深大断裂、不同方向深大断裂的复合部位、大型拗陷中的次级隆起与拗陷、构造岩浆带与浅表层构造的交叉复合部位)、岩浆岩(燕山期中酸性构造-岩浆带)、矿产(矿床密集分布区和分布特征);地球物理特征能够提供盖层下矿床存在的信息,预测找矿远景区段,圈定隐伏侵入岩体,研究其内部结构并确定其形态,圈定火山岩分布范围,研究火山机构和火山岩形成的地质条件;地球化学特征可以作为不同类型矿床的分带和有关蚀变晕的判别标志,尤其是成矿元素的高异常区。

本次圈定找矿远景区中心目标是地质找矿,原则上不跨越 III 级成矿带,命名原则为:地理名称+主攻矿种+找矿远景区。

4.2.2 找矿远景区特征

根据以上原则,在钦杭成矿带(西段)划分出 19 个找矿远景区,其中水口山-丫江桥铅锌多金属(YJ05)、锡田-彭公庙钨锡多金属(YJ06)、阳明山-上堡钨锡多金属(YJ07)、越城岭钨锡多金属(YJ08)、都庞岭-铜山岭锡铜多金属(YJ09)、骑田岭-九嶷山钨锡铅锌多金属(YJ10)、姑婆山-连阳铁铜铅锌多金属(YJ11) 7 个找矿远景区处于钦杭成矿带与南岭成矿带重叠范围内,本书则以资料收集和对比研究为主,以下重点对其他 12 个找矿远景区进行介绍和分析。

1. 幕阜山-望湘铜金铅锌钨多金属找矿远景区(YJ01)

该远景区位于钦杭成矿带(西段)东北部,大地构造位置处于江南岛弧中段幕阜山-九岭隆起西端,大云山-通山复式向斜北翼西部,长沙—平江断裂带北西侧,呈北东向展布,面积约8 227 km^2。

区内地层有青白口系冷家溪群、南华系—震旦系及白垩系、古近系和第四系。其中,冷家溪群构成区内褶皱基底,为一套浅变质复理石碎屑岩建造;南华系—震旦系组成下沉积盖层,为一套石英砂岩、冰碛岩、硅质岩与碳酸盐岩建造;白垩系为陆内裂谷红色碎屑岩建造。其中,新元古界青白口系是最重要的基底矿源层,第四系为砂金的赋矿层。该区经历了多期次构造运动。雪峰运动使区内青白口纪地层发生褶皱造山,形成褶皱基底,表现为北西西向紧闭倒转褶皱、透入性构造发育,其构造线方向主体为近东西向,强烈的挤压作用使区内蓟县系普遍发生强劈理化及低绿片岩相浅变质作用;印支运动、燕山运动表现为以挤压、逆冲走滑为主的多型式造山运动的叠加改造,并定型了本区的基本构造格架。区内岩浆活动强烈,具有多期次、多旋回活动的特点,从雪峰期到燕山期均有分布。从早到晚依次有雪峰期梅仙、三墩花岗闪长岩,加里东期西江、文家铺石英闪长岩,燕山期幕阜山、金井、望湘二长花岗岩等岩体。

区内矿产丰富,主要有铅、锌、锑、金、铜、钨、铌、钽等,已知大型矿床两处,中型矿床 3 处。典型矿床有桃林铅锌矿、虎形山钨铜多金属矿、万古金矿、三墩铜铅锌矿、栗山铜铅锌矿、香炉山钨矿。其中虎形山钨铜多金属矿是近年在该区发现的大型矿床。

主攻矿种:金、铜、铅、锌、钨。

主攻矿床类型:热液型金钨矿、热液型铜铅锌矿、构造蚀变岩型金矿。

2. 浏阳-醴陵铜铅锌钼金找矿远景区(YJ02)

该远景区位于钦杭成矿带(西段)东北部,大地构造位置处于扬子地块南缘江南古岛弧中段的浏阳-衡东断隆带北东段,北东端与九岭隆起相连,西与雪峰弧形构造带相接,呈北东向展布。面积约 5 518 km^2。

区内基底地层由新元古界冷家溪群组成,缺失板溪群及下古生界,南华系及上古生界超覆于冷家溪群之上。沉积盖层发育较全,自上古生界泥盆系至新生界第四系均有出露。本区浅(表)层构造总体特点是以东西向构造为基础、北(北)东向构造为主、北西向构造为次的相互交织的构造格架。区内岩浆活动强烈,花岗岩类自雪峰期至燕山期均有产出。岩浆演化自早至晚由偏基性到偏酸性,浅成、超浅成侵入体越来越发育,岩浆分异作用越来越强,矿化也越来越好。区内花岗岩类存在两个成因系列:一是以连云山、板杉铺、大围山等岩体为代表的壳源型系列(S 型花岗岩),控制钨、锡、稀有金属、稀土及铅锌矿化;二是以七宝山、料源等中酸性小岩体为代表的壳幔混源型系列(I 型花岗岩),控制以铜、铅、锌、金、银为主的矿化。本区自新元古代经历了多次构造岩浆活动,地质构造复杂,岩浆活动频繁,为本区铜多金属成矿创造了条件。

区内矿产丰富,已知有铜、铅、锌、金、银、钨、钼、钴、锑、铌、钽、铍、铁等十多个矿种,已知大型矿床1处,中型矿床3处。其中,七宝山金银铜多金属矿床总体规模为大型;井冲铜多金属矿床已达中型规模。此外,还评价了蕉溪岭铜钨矿床、鳌鱼山铜多金属矿床、东冲锌铅铜矿床,发现了一批可供进一步工作的铜多金属矿点,如枨冲、东茅山、石塘冲、官庄、龙王排等。就铜多金属矿床而言,区内存在两个成矿系列,一是以七宝山矿床为代表的与燕山期壳幔混源性浅成、超浅成中酸性侵入岩有关的铜、铅、锌、金、银矿床成矿系列,主要矿化类型为斑岩型、夕卡岩型、裂隙充填及充填-交代型,可统归为广义斑岩型;二是以井冲矿床为代表的与燕山期壳源性花岗岩有关的钨、钼、铅、锌、铜、钼矿床成矿系列,主要矿化类型为裂隙充填型及充填-交代型,统称热液脉型。典型矿床有七宝山铜多金属矿、井冲铜矿、黄金洞金矿、正冲金矿、蕉溪岭铜钨矿、鳌鱼山铜多金属矿、东冲锌铅铜矿。

主攻矿种:铜、铅、锌、钼、金。

主攻矿床类型:与构造热液蚀变作用有关的韧性剪切带型金矿、与中酸性岩浆热液有关的脉状钨银铜(铅锌)矿、与中酸性岩浆热液有关的银铅锌交代型矿床、夕卡岩型钼金银矿。

3. 龙山-板溪金锑铅锌找矿远景区(YJ03)

该远景区位于钦杭成矿带(西段)西北部,大地构造位置处于白马山—龙山东西向构造带与宁乡—新宁北东向基底断裂带交汇部位,是湘中地区最重要的锑金钨多金属成矿带,面积约8 400 km^2。

区内出露地层齐全,从南华系至第四系除缺失志留系、下泥盆统外均有出露。其中南华系江口组为区内主要金锑赋矿层和矿源层,泥盆纪跳马涧组为微细粒浸染型金矿赋矿层位,泥盆纪棋子桥组—佘田桥组是锡矿山式锑矿的主要赋矿层位。该区构造变形强烈,白马山—龙山东西向构造带、宁乡—新宁北东向基底断裂带、锡矿山—涟源与邵阳—郴州两条北西向基底断裂对本区岩浆活动和成矿作用具有明显的控制作用。复式背斜构造是区内主要控矿构造,北西西、北北东向断裂是区内主要容矿构造。区内岩浆岩较发育,有加里东期的白马山岩体,印支期的高坪、凉风界、天龙山,燕山期龙形山、南水山等岩体及花岗斑岩脉、煌斑岩脉群。

区内矿产较丰富,一批享有盛誉的大型-特大型有色金属矿床集中分布在这一地区,区内目前已发现矿床(点)65处,超大型矿床1处,大型矿床1处、中型矿床7处,小型矿床、矿点密布,以锑、钨、金、钒为主,铅、锌、铜次之,其中锑有13处、金有6处、钨有2处。金、锑矿是本区优势矿种之一,主要分布于龙山背斜核部,其次为两翼。典型矿床有锡矿山锑矿、童家院锑矿、禾青铅锌矿、龙山金锑矿、白云铺铅锌矿、高家坳金矿、青京寨金矿等。

主攻矿种:金、锑、铅、锌。

主攻矿床类型:构造蚀变岩型金银矿、与中酸性岩浆热液有关的银铅锌交代矿、变碎屑岩地层中热液型金矿、热液型锑矿。

4. 关帝庙-紫云山铁银铅锌多金属找矿远景区(YJ04)

该远景区位于钦杭成矿带(西段)中北部,大地构造位置处于衡阳断陷盆地西缘,常德—安仁、邵阳—郴州北西向基底断裂带与长沙—衡阳—双牌、潘家冲—水口山北东向深大断裂带的交汇部位,呈北北东向展布。面积为5 187 km^2。

区内地层出露齐全,从中元古界冷家溪群、板溪群至新生界古近系,除志留系缺失外均有出露,其中以古生界及白垩系—古近系分布最广。区内基底构造对岩浆岩、沉积建造和矿产的分布有着重要的控制作用。盖层构造主要有北东向、北西向和近南北向三组褶皱和断裂,它们往往是基底(或深大)断裂的次级构造,为成矿提供了良好的空间,是本区的主要容矿构造。本区岩浆活动频繁,加里东期—燕山晚期均有活动,岩类齐全,基性-中酸性-酸性均有,因多期次岩浆活动而形成复式岩体,其空间受基底构造控制,大小岩体沿盆地周边呈环带状分布,主要岩体有吴集岩体、川口岩体群、五峰仙岩体、水口山岩体、灯盏坪岩体、羊角塘岩体、鸡笼街岩体、关帝庙岩体、琵琶山岩体、沙泉铺岩体、白莲寺岩体及其晚期岩脉(花岗斑岩、花岗闪长斑岩和伟晶岩)等。其中以燕山期酸性岩、中酸性岩分布最广,成矿与小岩体关系较为密切。

区内主要金属矿产有铁、钨、锡、铅、锌、铜、金、银等。已知大型矿床1处,中型矿床两处,矿床主要分布于衡阳盆地边缘基底断裂带及其交汇部位,是湖南省钨、锡、铅、锌、(铜、金)的重要产地;矿床主要受断裂构造及岩体接触带等控制。典型矿床有王家老屋铁矿、三面山铁矿、猎马寨铅锌矿、砂子冲铅锌矿、金坑冲金矿、清水塘铅锌矿床、杨林坳钨矿等。

主攻矿种:铁、银、铅、锌。

主攻矿床类型:与侵入岩有关的热液型金矿、与中酸性岩浆热液有关的银铅锌交代矿床、与中酸性岩浆热液有关的脉状银铜铅锌矿、沉积型铁矿。

5. 大瑶山西侧铜铅锌金找矿远景区(YJ12)

该远景区位于钦杭成矿带(西段)中南段,大地构造位置处于大瑶山隆起与桂中晚古生代凹陷接合部位,呈北东向展布,面积为6 870 km^2。

东侧及南部出露寒武系黄洞口组巨厚-厚层状浊积岩;中西部泥盆系、石炭系、二叠系出露较齐全。其中,泥盆系上伦组、官桥组为区内铅锌矿的主要赋矿层位,含矿围岩主要为白云岩、白云质灰岩。岩浆岩主要发育于龙头山—马山一带,主要为燕山期岩浆岩,一般呈岩株状沿深断裂产出,主要侵入于寒武纪—泥盆纪地层中,代表性岩体有马山、两江、镇龙山、大天平山等岩体。马山岩体为燕山早期形成的混杂岩体,岩性有花岗闪长岩、石英闪长岩、石英正长岩、正长岩、辉绿岩等。据航磁、重磁资料,推测武宣县的东乡、九贺、古寨及象州县的寺村及镇龙山穹窿北缘有规模较大隐伏花岗岩体存在。岩体外接触带附近常有铜、铅锌矿产出;部分花岗岩脉金矿化形成工业矿体,如河塘岩体接触带金矿化较普遍,矿体位于岩体隐伏部分的上部泥盆系地层中。本区断裂构造发育,中部、北部为泥盆系—石炭系构成的北东向及近南北向褶断带。其中北段寺村—象州一带主要受控于龙胜—永福深断裂,走向近南北;中部为大瑶山隆起西南延伸带的龙山鼻状复背斜,寺村—

东龙一带主要受控于凭祥—大黎深断裂,走向北东。这两条主干深断裂带在地表表现为一系列平行展布的正断层及压扭性逆断层,是本区铅锌矿的主要控制性断裂。

区内已发现的矿产有铅锌、铜、金、重晶石等矿(床)点80多处,仅铜、铅锌矿床50多处,组成了大瑶山西侧成矿带。典型矿床有凤沿铅锌多金属矿、长乐铜矿、花鱼岭铅锌矿、那马铜矿、水村铜矿、朋村铅锌矿、古立黄铁铅锌矿、盘龙铅锌矿、龙头山金矿、新村金矿等。

主攻矿种:铜、铅、锌、金。

主攻矿床类型:与中酸性岩浆热液有关的脉状金铜矿、碳酸盐岩-细碎屑岩型铅锌银矿、构造蚀变岩型金银矿。

6. 大瑶山-怀集金铜钼稀土找矿远景区(YJ13)

该远景区处于钦杭成矿带(西段)中南段,大地构造位置处于大瑶山隆起核心部位,近东西向展布,面积为9 432 km^2。

出露地层主要有震旦系和寒武系浅变质浊积岩系,构成轴向近东西向和北西西向的紧密线状复式褶皱,地层倾角较陡,部分呈倒转状。局部有奥陶系出露,信都—黎埠一带分布有泥盆系滨海-浅海相碎屑岩系,另在南部分布有泥盆系—石炭系滨海-浅海相陆源碎屑岩-碳酸盐岩系和白垩系陆相紫红色碎屑岩系。

岩浆岩主要见于大黎、古龙、古袍等地,主要为加里东期、燕山晚期侵入体(徐德明等,2015;胡升奇 等,2012),沿凭祥—大黎深断裂两侧分布。而在马练地区尚有大量岩脉产出,岩性有花岗斑岩、石英斑岩、石英闪长岩(为燕山期侵入)及辉绿岩、苦橄玢岩(为喜马拉雅期侵入)等,另在平南里旺北侧早泥盆世地层分布区推测有隐伏花岗岩体。本区与金银成矿关系密切的岩浆岩为加里东期中酸性侵入岩,大量石英脉型金矿床(点)即为此期岩浆热液裂隙充填石英脉成矿;而铅锌铜成矿主要与寒武纪—泥盆纪地层不整合面分布带有关。

区内构造线主要有近东西向大瑶山-怀集-佛岗构造带及北东向断裂、近南北向断裂三组。近东西向构造带为大瑶山加里东褶皱带的主体构造,以震旦纪—寒武纪地层紧密线状褶皱为特征,褶皱轴沿走向呈波状起伏,并为近东西向组断裂切断。北东向凭祥-大黎深断裂及博白—梧州深断裂自南西而北东斜贯全区。其中,博白—梧州深断裂是一条多期活动的断裂,控制花岗闪长岩带的分布,沿断裂带旁侧发育白垩纪、古近纪断陷盆地,同时也是本区主干控矿断裂,其旁侧分枝断裂直接控制矿化带的展布;近南北向断裂组为逆掩断层,属燕山期构造。金矿控制断裂有近东西向及近南北向两组,以及由其派生的一系列其他方向的次级断裂。

区内典型矿床有金装砂金矿、金庄金矿、园珠顶铜钼矿、云荣顶金矿、古袍金矿、金竹洲金矿、锡基坑铅锌矿、多罗山钨矿、白鹤山钨矿、新平铜矿。

主攻矿种:金、铜、钼、钨、稀土。

主攻矿床类型:构造蚀变岩型金银矿、冲积型砂金矿、夕卡岩型铁铜钼金矿、斑岩型铜钼金矿、石英脉型钨钼矿、夕卡岩-云英岩型银钼矿、离子吸附型稀土矿。

7. 云浮-新洲金铅锌锡找矿远景区(YJ14)

该找矿远景区处于钦杭成矿带(西段)南段东南部,大地构造位置处于广宁—罗定断裂带与吴川—四会断裂带之间,呈北东东—北东向展布,面积约6 927 km^2。

区内出露的地层有南华系大绀山组、震旦系、奥陶系东冲组、泥盆系东岗岭组、石炭系石磴子组、三叠系小云雾山组和白垩系罗定组。大绀山组"黑色岩系"是黄铁矿、铅、锌、银、锡的矿源层;金矿床主要产在震旦纪地层中,主要由片岩、变粒岩或片麻岩、石英岩组成,部分地段已遭受强烈混合岩化;奥陶系白云质灰岩、中泥盆统白云岩、白云质灰岩是锰、银、铅、锌的含矿层位。

区内褶皱、断裂构造发育。南段大绀山地区发育大绀山弧形断裂和大金山弧形断裂带。中、北段河台—新洲一带构造形迹主要有东西向、南北向、北东东向及北北东向。东西向构造以褶皱为主,发育于四会—吴川大断裂的南东侧;南北向构造不甚发育,多表现为宽展型的褶皱;北东东向构造发育有短轴褶皱、区域性大断层和韧性剪切带(河台韧性剪切带);北北东向构造多为压剪性平移断层,常切割早期形成的岩体、矿体、褶皱和断层。

岩浆活动除震旦纪火山岩外,侵入岩也较发育,其中加里东期侵入岩呈岩基产出;印支期侵入岩零星分布于片麻状花岗岩边部;燕山期侵入岩多呈岩株或岩脉产出。

区内矿产较为丰富,大中型矿床分布众多,小型矿床和矿点密集分布,1999年新一轮国土资源大调查以来,在该区又新发现和初步评价了大金山钨锡矿、高枨银铅锌矿、尖山铅锌银矿、黄泥坑金矿等大型、中型矿床,找矿效果显著。典型矿床有大金山钨锡矿、高枨银铅锌矿、尖山铅锌银矿、黄泥坑金矿、九曲岭锡矿、河台金矿、新洲金矿、南沙河砂锡矿、大降坪特大型硫铁矿。

主攻矿种:金、铅、锌、锡。

主攻矿床类型:层控碳酸岩型铅锌银矿、夕卡岩型金银矿、构造蚀变岩型金银矿、与中酸性岩浆热液有关的银铅锌交代矿、与花岗岩体有关的脉状钨锡矿。

8. 博白-岑溪铅锌金银钨铜稀土找矿远景区(YJ15)

该远景区处于钦杭成矿带南段东南部,大地构造位置处于云开隆起西北缘、博白—岑溪深大断裂带及旁侧,呈北东向展布,面积约7 594 km^2。

区内主要出露震旦纪—泥盆纪地层,其中寒武系—志留系为本区铅锌、金银多金属矿的主要赋矿层位。褶皱主要有塘坪向斜、中庸岭背斜、黄凌背斜、六麻向斜等。断裂构造以北东向、北东东向为主,其次为北西向和近南北向,其中博白—岑溪断裂带纵贯全区。火山活动主要有中酸性火山喷发。侵入岩以中酸性岩为主,主要有黑云母花岗岩、花岗闪长岩。

区内已发现铅、锌、金、银、铜、稀土等矿床、矿点70余处,其中大型矿床3处、中型矿床6处。典型矿床有塘基稀土矿、白马稀土矿、安垌钼钨矿、油麻坡钨钼矿、中苏金银矿、金山金银矿、庞西洞银金矿、禾寨锌矿、诚谏铅锌矿等。

主攻矿种:铅、锌、金、银、铜、钨、稀土。

主攻矿床类型:层控碳酸盐岩型铅锌银矿、构造蚀变岩型金银矿、石英脉型金矿、夕卡岩-云英岩型钨锡萤石(银钼)矿、离子吸附型稀土矿。

9. 信宜-廉江金铜锡稀土找矿远景区(YJ16)

该找矿远景区位于钦杭成矿带南段东南部,构造位置处于云开隆起核部廉江古生代凹陷,受区域性北东向信宜—廉江断裂带控制,呈北东—北北东向延伸,面积约 7 428 km^2。

该远景区赋矿地层以中泥盆统东岗岭组灰岩为主(占矿床总数 75%),石炭系、寒武系和震旦系次之。区内岩浆活动与成矿关系密切。其中,与燕山早期酸性二长花岗岩、花岗岩有关的矿种主要有钨、锡、钼、铜、金、银等。以塘蓬岩体为例,其矿化分带表现为:岩体顶部有呈线型分布的含金石英脉和含锡花岗斑岩脉→边缘相有钨、钼矿床和铜矿化点→接触带有金、银、铅、锌矿点→外接蚀带有铅、锌矿点和铁、锡矿脉→构造蚀变岩型金矿等。显示出这些矿床(点)的形成与燕山期塘蓬复式岩体的侵位、交代及岩浆期后热液活动有成因联系,矿化则由岩浆侵位早期矿化阶段的面型,向岩浆期后热液矿化阶段的线型矿化演化,矿种显示高温→中温→低温的成矿分带性。与燕山晚期早白垩世中酸性-酸性黑云母花岗岩、花岗斑岩、石英斑岩、二长斑岩、闪长玢岩有关的矿种主要有铜、钼、铁(钨)、铅、锌(银)等。与燕山晚期晚白垩世酸性花岗斑岩有关的矿种主要有铅、锌、铜(银)矿床等。以对那岭小型铅银(金)矿床为例,花岗斑岩侵入于北北东向尖岗岭背斜东翼,原地爆破角砾岩发育。矿体为含金铅硫化物石英细脉和含金石英脉,赋存在外接触带和北北西-北西向断裂破碎带里,岩体内矿化较弱,金和铅品位呈正相关关系。

区内矿产资源丰富,金、银、铜、铅锌矿床遍布,有大型锡矿 1 个,大型银多金属矿 1 个;金矿中型矿床 1 个,小型矿床 2 个,矿点 15 个;银(金)矿小型矿床 1 个,矿点 5 个;铅锌铜矿小型矿床 2 个,矿点 2 个;铅锌矿中型矿床 1 个,小型矿床 8 个,矿点 7 个。典型矿床有新榕银锰矿、银岩锡矿、锡坪钼锡铜铁矿、旗山锡矿、三岔坳金矿、坡仔营钼矿。

主攻矿种:主要为金、铜、锡、稀土,次为铅、锌、钼。

主攻矿床类型:构造蚀变岩型金银矿、斑岩型铜钼金银矿、斑岩型锡矿、夕卡岩型铅锌银矿、夕卡岩型钼金银矿。

10. 新兴-阳春铜铅锌锡找矿远景区(YJ17)

该远景区处于钦杭成矿带南段东南部,位于粤西阳春—新兴一带,大致与阳春盆地范围相当,呈北东—南西向展布,面积约 4 932 km^2。

盆地内主要出露石炭系,边部出露泥盆系、寒武系、震旦系。其中震旦系片岩,上泥盆统大乌石组灰岩、砂页岩;下石炭统石磴子组灰岩、梓门桥组灰岩;上石炭统黄龙组灰岩;下二叠统栖霞组灰岩和侏罗系砂页岩是本区主要含矿层位和赋矿岩性。

该区构造上位于加里东隆起区与海西拗陷区接壤的构造脆弱带,构造活动十分频繁。北东—北北东向的吴川—四会深断裂带纵贯全区,北东向断裂与北西向(或北西西向)褶皱的复合部位控制了英武岭、锡山岩体的形成;有些岩体(岗尾、黑石岗)则主要受北东向褶皱轴部的虚脱部位控制。区内控矿构造较控岩构造更为复杂,细脉浸染型矿体一般直接产于岩体内,受北西西向和北东东向裂隙控制(如小南山、锡山、天堂等矿区);而脉状和似层状矿体则产于岩体接触带及其附近的围岩中。

本区岩浆活动强烈，其中燕山期岩浆活动最盛，与内生矿产成矿关系也最为密切，可分为两个系列：一是以酸性、超酸性岩为主的壳源重熔系列，呈北西向分布于盆地南部，岩石富含 Sn、W、Bi、Mo、Pb、Zn(Cu、Ag、As)等元素，属钨锡多金属成矿母岩，多形成高温-气成脉状钨锡多金属矿床，其次为夕卡岩型钨锡矿床和热液充填交代多金属矿床；二是以中酸性为主的混源同熔型系列，呈北东向分布于盆地边缘，岩石富含 Cr、Ni、Co、Cu、Zn 等元素，主要与夕卡岩型铜、银、铁、钼矿床关系密切。

区内已发现矿床(点)30 余个，其中大型矿床两个，中型矿床 3 个。铜、铅锌矿床主要产于古生代凹陷区内，与燕山晚期花岗岩类有关。典型矿床有天堂铜铅锌矿、石菉铜钼矿、锡山钨锡矿、石屋崩坑铅锌矿、茶地铅锌银多金属矿、芒鹅岭铁铜矿床。

主攻矿种：铜、铅、锌、锡。

主攻矿床类型：夕卡岩型铅锌银(铜铁)矿、斑岩型铜钼金银矿、斑岩-夕卡岩型铜钼矿、与花岗岩体有关的脉状钨(锡、钼)矿。

11. 抱板-尖峰岭金铜铁铅锌找矿远景区(YJ18)

该远景区处于工作区南部，位于海南岛西部，大地构造位置属五指山褶皱带西部的抱板隆起带，呈北东向带状展布，面积为 4 124 km^2。

区内地层主要出露中元古界抱板群，奥陶系南碧沟组和下志留统陀烈组，呈孤岛状分布于花岗岩中。此外，中北部有青白口系石碌群、震旦系；中南部有石炭系、二叠系；西北部和东南部有白垩系鹿母湾组出露。断裂构造发育，主要有北北西—近南北向，近东西向及北东向三组断裂。北东向戈枕韧性剪切带，是区抱板式金矿的主要导矿和容矿构造，北北西—近南北向，近东西向断裂是抱伦金矿的主要控矿构造。岩浆岩发育，以印支期钾长花岗岩、花岗闪长岩为主；其次为海西期二长花岗岩、石英闪长岩、花岗闪长岩、辉长岩，以及燕山早期钾长花岗岩。此外，中南部出露中元古代花岗岩。

该区矿产十分丰富，以金矿为特色，主要有金、铅锌、钨、锡、铌钽、稀土及铁、钴、铜矿等。已发现大型矿床 3 处，中型矿床 3 处，小型矿床 12 处，此外还有一批金、铁、铅、锌、钨、锡等矿(化)点。典型矿床有石碌铁钴矿、门岭金矿、不磨金矿、抱伦金矿、保由铅锌矿、北牛金矿、二甲金矿、金昌金矿等。

主攻矿种：金、铜、铁、铅、锌。

主攻矿床类型：与中酸性岩浆热液有关的铅锌钼矿、沉积变质型铁铜矿、韧性剪切带型金矿、构造蚀变岩型金矿、热液型金矿、与中酸性岩浆热液有关的银铅锌矿。

12. 五指山金铅锌钼找矿远景区(YJ19)

该远景区处于工作区南部，位于海南岛中东部，大地构造位置处于白沙断裂东南侧，属五指山褶皱带五指山隆起，以白沙拗陷与抱板隆起相隔。呈北东向展布，面积约 7 108 km^2。

区内地层出露少而零散，大部分被花岗岩所占据。以白垩纪阳江红层盆地为界，盆地北侧翰林-烟圹地区和西南侧五指山地区主要是古老基底中元界抱板群出露区。阳江盘地东南侧有下志留统陀烈组千枚岩和石炭系南好组、青天峡组砂岩、板岩、结晶灰岩及砾岩小面积分布。区内构造主要有北东、近东西及北西向断裂。区内岩浆岩发育,以海西期二长花岗岩为主,次为印支期钾长花岗岩、石英正长岩、二长花岗岩及燕山期闪长岩和辉长岩,少量燕山早期花岗岩。此外,燕山晚期花岗斑岩、石英斑岩及斜长花岗斑岩等脉岩较为发育,还有五指山酸性火山岩(纹斑岩、英安斑岩)、同安岭火岩带(主要岩性为流纹岩、流纹斑岩、英安岩、英安斑岩及玄武岩)。

区内主要有钼、铜、金、铀、钨、锡、铅、锌、石墨、水晶等矿化,矿产地主要有巨型水晶矿床 1 处,中型石墨矿床 1 处,中型钼矿床 1 处,金、铀、钨、铅、铁等小型矿床 15 处,此外,还有金、铅、锌、钨、锡等矿(化)点多处。典型矿床有富文金矿、高通岭钼矿、中平金矿、红石铅锌铁钨铜矿、后山铅锌矿、新村钼矿等。

主攻矿种:金、铅、锌、钼。

主攻矿床类型:与侵入岩有关热液型金矿、与中酸性岩浆热液有关的脉状铅锌钼矿床、夕卡岩-云英岩型钨锡萤石(银钼)矿、夕卡岩型铁铜硫(钼金银)矿。

4.3 成矿预测

4.3.1 成矿预测的原则和方法

1. 技术思路

以成矿系列理论为指导,以矿床模型综合地质信息预测方法体系为主要方法,围绕预测评价中的矿产预测要素信息提取、找矿模型建立、预测区圈定、优选和资源量估算等需要的方法展开,应用已有的地质、矿产、地球物理、地球化学、遥感和有关科研成果,全面全过程应用 GIS 技术,在分析钦杭成矿带(西段)的地质背景、局部地段控矿因素、成矿标志、总结成矿规律、划分成矿区(带)、建立区域(或矿田、矿床)成矿模式的基础上,对钦杭成矿带(西段)(铜多金属矿产为主)的相关信息进行空间分析,找出与成矿关系密切的各种变量,进行矿产预测要素信息提取与综合,建立区域评价预测模型和数字找矿模型,根据相似类比原则和"求异"理论,使用科学的预测方法,圈定不同类别的预测区,估算资源量,划定资源量级别,圈定成矿远景区,预测远景区优选排序,预测资源量,筛选找矿有利地段,明确矿产资源调查的主攻矿种和矿床类型。

2. 原则和方法

(1) 以矿产预测类型为纲,以地球大陆动力学、成矿系列理论和综合信息预测为理论基础,综合利用各专业的矿产预测信息,圈定预测区;对矿产预测要素进行综合分析,充分利用典型矿床和找矿预测区的各类预测要素。

(2) 系统整理已有的基础地质资料(包括区域地质、物探、化探、土壤剖面测量、遥感解译、自然重砂测量等),结合典型矿床考察研究成果,通过对已有矿床(点)成矿规律的研究,分析区域重点金属矿床的产出模式、矿床的成因模式,系统总结出成矿、控矿规律与各影响因素间的关系,确定区域的找矿模型和找矿标志,建立该区的综合信息找矿模型供预测使用。

(3) 在GIS环境下,根据综合信息找矿模型,选择预测变量,在单矿种预测成果图的基础上,对铜、铅、锌、金、银、钨、锡、锑、铁、锰、钼、稀土等矿种最小预测区进行筛选,对最小预测区根据空间丛聚性进行归并,形成综合预测区。

(4) 多种信息联合使用确定最小预测区的界线,遵循以地质信息为基础,以化探、重砂异常为先导,物探、遥感、矿产等成矿信息综合判断。

(5) 统计各综合预测区的查明资源量、预测资源量。

(6) 综合分析四省(区)铜多金属矿资源潜力评估成果,依据最小面积最大含矿率的原则,综合考虑矿产、矿床类型产出规律,确定最小找矿预测区边界,使预测区面积最小。

(7) 最小预测区面积一般控制在5～50 km^2。

(8) 对综合预测区根据其资源量大小进行分级,A类预测区为成矿概率高,成矿条件十分有利,预测依据充分,成矿匹配程度高,含有已知的大中型矿床且单矿种预测资源量达大型、超大型规模的预测区;B类预测区为成矿概率中等,成矿条件有利,有预测依据,成矿匹配程度高,含有大中型矿床但单矿种预测资源量达不到大型的预测区,以及小型矿床的预测区;C类预测区为成矿概率相对较低,具有成矿条件,不含矿床的预测区。

(9) 综合预测区的命名综合考虑地理名称、典型矿床及相关成矿花岗岩体、重要矿集区等要素进行命名。

4.3.2　成矿预测区的圈定

钦杭成矿带(西段)是华南地区最重要的Cu-Pb-Zn-Au、W-Sn-Bi-Mo和Fe-Mn-S多金属成矿带,找矿潜力巨大。本次对钦杭成矿带(西段)21个矿种进行了预测,涉及区域包括湖南、广东、广西和海南四省(自治区)。以下分省(自治区)作简要介绍。

1. 湖南省

湖南省境内共圈定了95个综合预测区,其中A级39个,B级35个,C级21个,预测单矿种包括煤、铁、锰、金、银、铜、铅、锌、钨、锡、钼、锑、稀土、硫铁、硫、萤石、重晶石、磷矿、硼矿、锂矿,主攻矿床类型包括与中酸性岩浆热液有关的金银铅锌交代型矿床及脉状锡银铜(铅锌)矿床、变碎屑岩地层中的热液型金矿、与花岗岩体有关的脉状锡(钼)矿床、夕卡岩型铁铜硫(钼金银)矿、沉积铁-锰-煤矿、夕卡岩-云英岩型钨锡萤石(银钼)矿、离子吸附型稀土矿、云英岩型锂矿。综合资料显示,铜、铅、锌、钨、锡、锑、稀土、锂、铁查明资源量具有明显优势性,以A类和B类资源量为主,钼B类预测资源量(2 000 m以浅)明显增加,显示该矿种的重要性。

2. 广东省

广东省境内共圈定了26个综合预测区,其中A级10个,B级4个,C级12个,预测单矿种包括煤、铁、锰、金、银、铜、铅、锌、钨、锡、钼、稀土、硫铁、硫、萤石、重晶石、磷矿、硼矿,主攻矿床类型包括与中酸性岩浆热液有关的交代型银铅锌矿和脉状钨(锡、钼)矿、层控碳酸岩型铅锌银矿、构造蚀变岩型金银矿、夕卡岩型铁铜(钼金银)矿、风化型锰矿、斑岩型铜钼金银矿、沉积变质型硫铁矿、夕卡岩型铅锌银(铜铁)矿。综合资料显示,金、铜、铅、锌、锡、钼、铁、锰、硫查明资源量具有明显优势性,以A类资源量为主,铁、金、铅、锌、硫铁、钨C类预测资源量(2 000 m以浅)明显增加,显示这些矿种的重要性。

3. 广西壮族自治区

广西壮族自治区境内共圈定了60个综合预测区,其中A级28个,B级32个,预测单矿种包括铁、锰、金、银、铜、铅、锌、钨、锡、钼、锑、铝土、稀土、硫铁、硫、萤石、重晶石、磷矿,主攻矿床类型包括夕卡岩-云英岩型钨锡萤石(银钼)矿、离子吸附型稀土矿、次火山热液型银铅锌矿、层控碳酸盐岩型铅锌银矿、碳酸盐岩-细碎屑岩型铅锌银矿、构造蚀变岩型金银矿、与花岗岩体有关的脉状锡(钼)矿床、与中酸性岩浆热液有关的脉状锡银钨铜(铅锌)矿床、沉积型铁-锰矿、风化型锰矿、红土型铝土矿。综合资料显示,铅、锌、稀土、铁、铝土查明资源量和预测资源量(2 000 m以浅)具有明显的优势性,铜、钨、锡、锰、重晶石A类和B类预测资源量增加,显示出这些矿种的重要性。

4. 海南省

海南省境内共圈定了21个综合预测区,其中A级12个,B级5个,C级4个,预测单矿种包括铁、金、银、铜、铅、锌、钨、钼、铝土、稀土、硫、萤石、重晶石,主攻矿床类型包括与中酸性岩浆热液有关的脉状钼铅锌矿、夕卡岩-云英岩型钨锡萤石(银钼)矿、沉积变质型铁铜矿、离子吸附型稀土矿、韧性剪切带型金矿、热液型金矿、构造蚀变岩型金银矿、夕卡岩型铁铜硫矿、与岩浆热液有关的脉状钼矿、陆相火山岩型钼矿。综合资料显示,钼、稀土、铁查明资源量具有优势性,以A类资源量为主,金、铜、铅、锌、钼预测资源量具有明显的优势性,金、铜的A类资源量(2 000 m以浅)明显增加,铅、锌、钼的B类和C类预测资源量(2 000 m以浅)明显增加。

综合四省(自治区)境内资源量分布情况,在钦杭成矿带(西段)范围内共圈定综合预测区202个,其中A级综合预测区89个,B级综合预测区76个,C级综合预测区37个,预测单矿种包括煤、铁、锰、金、银、铜、铅、锌、钨、锡、钼、锑、镍、铝土、稀土、硫铁、硫、萤石、重晶石、磷矿、硼矿、锂矿。综合资料显示,铜、铅、锌、钨、锡、钼、锑、稀土、铁、金查明资源量和预测资源量具有明显优势性,其中铁、铅、锌占据主导地位,且以A类和B类资源量为主,铁的C类预测资源量占据重要的比例。金、钼、锡、锌的查明资源量→500 m以浅预测资源量→1 000 m以浅预测资源量→2 000 m以浅预测资源量总量和所占比例均有增加;铜、稀土资源总量有所增加,所占比例明显降低;铅、铁、钨资源量总量增加,所占比例没有明显变化。

4.3.3 找矿远景区资源潜力分析

1. 幕阜山-望湘铜金铅锌钨多金属找矿远景区(YJ01)

该区内物探、化探、重砂异常重叠,磁异常明显而强烈,存在华容—临湘—羊楼司东西向异常带、汨罗—浏阳北西向串珠状异常带、连云山北东向异常带。化探异常以W-Mo-Bi-Cu-Pb-Zn-Au组合为主;重砂异常主要有白钨矿、黑钨矿、铅族矿物、闪锌矿、泡铋矿、黄金及铌、钽矿等。近年来在该区发现和评价了虎形山大型钨铜多金属矿,其他新发现的铅锌、钨锑等矿床(点)也已初具规模,是进一步寻找桃林式铅锌矿和江南式金锑钨矿的有利地区。此外,在幕阜山岩体内部也发现有云英岩型、构造蚀变岩型钨、铅锌、铜矿化。

综合资料显示,相比较查明资源量,金、钨预测资源量明显增加,金、铜、铅、锌、钨矿种显示出优势性,且以A类和B类资源量为主。

2. 浏阳-醴陵铜铅锌钼金找矿远景区(YJ02)

该区成矿地质条件优越,物探、化探异常显示良好,并与已知矿床(点)吻合,浏阳市枨冲—麻子坪、东茅山、井冲矿区外围、东冲、石塘冲等矿区找矿潜力巨大。其他矿区如醴陵连兴桥—官庄地区,已知有官庄热液脉型铜矿点,矿(化)体受北东向硅化破碎带控制,金属量测量与水系沉积物测量异常非常吻合,具良好的找矿前景;浏阳龙王排—文家市地区,有已知龙王排、坛前两个铜多金属矿点,醴陵—文家市俯冲断裂带呈北东向通过本区,伴有中酸性岩浆侵入,物探、化探异常与地表矿化吻合较好,推测深部有隐伏铜多金属矿体。

综合资料显示,相比较查明资源量,金、银、铅、钨、钼预测资源量明显增加,铜、铅、锌、钼、金矿种显示出优势性,且以A类和B类资源量为主,锌和钼的C类资源量占据重要的比例。

3. 龙山-板溪金锑铅锌找矿远景区(YJ03)

航磁、重力资料显示本区东段深部可能有与白马山岩体连为一体的隐伏酸性岩体存在。1∶20万和1∶5万水系沉积物测量在该区圈定异常面积较大、强度高、分带清楚、浓集中心明显、各元素组合相互套合的Au、As、Sb、Hg综合异常,白钨、金、锑、辰砂、重砂异常发育。近几年龙山危机矿山勘查在找矿区位、类型、规模上取得重大突破,不仅资源储量翻番,还新发现了一批矿脉。区内存在数处成矿地质条件与龙山金锑、梨树坳钨金等矿区相似,且见有矿化蚀变但工作程度相对不高的地段,如龙山背斜北部、西部的柿香冲、浆溪、后里冲,这些地段完全有可能找到相同类型和规模的矿床。

综合资料显示,相比较查明资源量,金、铜、锌、钨、锡、锑预测资源量明显增加,金以A类和B类资源量为主,铅、锌、锑以A类和C类资源量为主。

4. 关帝庙-紫云山铁银铅锌多金属找矿远景区(YJ04)

1:50万重力资料表明,区域重力负异常沿基底断裂带分布于岩体周围或隐伏岩体区;1:20万水系沉积物测量圈定了一系列Pb、Zn、Au、Ag、Sb、Hg、As等元素组合异常,异常规模大,浓集中心明显,元素组合齐全,吻合性好,且成群成带沿基底断裂分布,为地质找矿提供了重要信息。近年来,在该区发现了一批可供进一步工作的重要矿产地,主要有戴家岭、米塘、石势塘、胡家坳、山峰岭、招宾山、牛坪坳等铅锌矿及塘家冲金矿,在这些矿区已发现厚而富的铅锌矿体或金矿体,找矿潜力大,有寻找桃林式、水口山-康家湾式大型-超大型铅锌矿床的可能。

综合资料显示,相比较查明资源量,金、银、铅、钨预测资源量明显增加,银、铅、锌矿种显示出优势性,金以A类资源量为主,铅、锌的C类资源量占据重要的比例。

5. 大瑶山西侧铜铅锌金找矿远景区(YJ12)

据1:20万化探成果,区内Pb、Zn、Ag、Cu、Ba等元素异常显著,强度高,规模大,总面积达300 km^2,各元素异常套合好,分带明显,且沿北东向断裂带分布。区域地球化学场也显示多种异常组合分区特征,镇龙山地区、锡基坑地区以Cu、Pb、Zn、Au、Ag、As异常成群分布为特征,各元素异常相互套叠。在这些异常中尤其以Cu异常分布面积最大,多数已知铜矿点有Cu异常显示。该成矿带小型以上的矿床达18处,一系列矿(床)点和物探、化探异常区由于历史和认识的原因一直没有系统开展地质工作。

综合资料显示,相比较查明资源量,金、铜、铅、锌、钨预测资源量明显增加,铜、铅、锌矿种显示出优势性,其中金和铅的B类资源量占据重要的比例,锌以A类资源量为主。

6. 大瑶山-怀集金铜钼稀土找矿远景区(YJ13)

据1:20万地球化学扫面成果,本区地球化学场显高背景的元素有Au、Zr、K、Mo、Ba,均与地层背景有关。化探异常Ag、Au、Cu、As、Pb、Zn等元素综合异常发育,主要多金属异常区有桃花、古袍、隆盛、同斗、塘冲、安怀、罗平、内水寨、大黎、六练顶、信都、篓底、大宁、长发、祝洞、流山、金山顶、英元、大新等。已知金、金银多金属矿(化)点20多处,主要类型有构造蚀变岩型、斑岩型和石英脉型。而局部地区受凭祥—大黎深断裂影响,可见一系列元素异常呈带状分布,主要元素有Au、Cu、Pb、Zn、W、Sn、Mo、Bi、Cd、Ag、As、Sb、Hg、Ba、F等,与近东西向断裂构造有关的破碎带显示Au 、As、Pb、Zn等常指示有金银矿化存在。从地质背景及成矿特征看,本区分布有一连串花岗斑岩、花岗闪长岩、闪长玢岩的小岩体、岩脉,并伴随一连串Au、Cu异常,是寻找斑岩金铜矿的有利地区,已知铜金矿点工作程度低,是找矿的主要方向。

综合资料显示,相比较查明资源量,金、银、锡、钼、稀土资源量明显增加,金、铜、钼、钨、稀土显示出优势性,其中金、钨、稀土以B类资源量为主,铜、钼以A类资源量为主,钼的B类资源量占据重要的比例。

7. 云浮-新洲金铅锌锡找矿远景区(YJ14)

区内W、Sn、Bi、Cu、Pb、Zn、Ag等元素1∶5万水系沉积物化探异常呈环状分带，强度高、套合好，找矿前景较好的地段有：云浮金星顶-西圹铅锌矿带，在金星顶已发现较富铅锌矿体；云浮大金山钨锡矿区北端，已发现有高品位钨、铜矿体，东段发现有北西向高品位钨、钼矿体群；河台矿区深部及外围。

综合资料显示，相比较查明资源量，金、铅、锌、钨、锡、硫铁预测资源量明显增加，金、铅、锌矿种显示出明显优势性，锡也显示出一定的重要性，其中金的A类、B类和C类资源量比例相当，铅以B类和C类资源量为主且比例相当，锌以C类资源量为主，锡以A类资源量为主。

8. 博白-岑溪铅锌金银钨铜稀土找矿远景区(YJ15)

水系沉积物地球化学测量在区内圈定Pb、Zn、Au、Ag等综合异常100余处，异常总面积达1000 km^2以上，异常范围与断裂构造带或含矿蚀变岩、矿(化)体位置相吻合，找矿前景较大；圈定了佛子冲外围、水汶盆地周边、陆川—博白3个找矿靶区和8处具大中型找矿远景的找矿靶位，其中以佛子冲外围的周公顶—诚谏、筋竹，陆川—博白的黄凌、沙坡找矿靶位最具找矿远景，近年在佛子冲矿田已知矿床的深部及外围的大冲、火分、纯塘、塘坪、石岗、南大、黄茅田等地均有一系列新发现或新进展，显示出该远景区仍具巨大的铅锌多金属找矿潜力；该区伟晶岩脉较发育，主要分布于加里东期混合岩和印支期花岗岩中，富含铌铁矿、钽铌铁矿、细晶石、富铪锆石、褐钇铌矿、磷钇矿、锡石等稀有矿物，Nb、Ta、Sn、Zr、Be、B、Y、Yb等稀有金属、稀土元素含量较高，具有寻找伟晶岩型铌钽矿有利条件。

综合资料显示，相比较查明资源量，金、铜、铅、锌、锡、钼、稀土预测资源量明显增加，铅、锌矿种显示出明显优势性，金、铜、钨也显示出较明显的优势性，且均以A类资源量为主。

9. 信宜-廉江金铜锡稀土找矿远景区(YJ16)

信宜贵子地区锡矿床(点)或锡多金属矿床(点)星罗棋布，其外围又分布有众多的金或银锰矿床(点)，矿化分带特征十分明显，因此，除注意区内寻找大型的锡多金属矿床外，还应注意周边寻找大型的金银多金属矿床。双德锡矿地表显露的特征，与银岩斑岩锡矿有些类似，双德锡矿位于新榕—贵子1∶20万水系沉积物大片锡异常范围内，水系沉积物异常有Sn、Ag、Cu、Pb、Zn综合异常和锡石重砂异常。区内有已知大小锡矿脉110多条，其中规模较大的有34条，成群、成组密集成脉带，区内有石英闪长玢岩脉侵入，石英闪长玢岩侵入北西向构造，并与三家店断裂交汇。其三家店断裂的北东侧云致附近见有花岗斑岩，是一个寻找隐伏斑岩型锡多金属矿床的远景区。

综合资料显示，相比较查明资源量，金、铜、铅、锌、钼、稀土预测资源量明显增加，金、铜、锡、稀土显示出明显优势性，铅、锌、钼也显示出一定的优势，且均以A类资源量为主。

10. 新兴-阳春铜铅锌锡找矿远景区(YJ17)

区内构造-岩浆活动明显，斑岩发育，含矿断裂延长大，金银多金属矿化较强，是寻找斑岩型铜多金属矿的有利地区。其中那软西南部的1:20万Cu、Mo、W、Ag、As异常，各元素套合好、规模大；黄坡地区激电异常明显，有必要进行检查验证，可作为主攻地段。近年来，广东阳春市鹦鹉岭铜多金属矿详查、合水龙仔铜金多金属矿普查、宝山矿区铜多金属矿普查、马水龙田矿区铜多金属矿普查、陂面荔枝山矿区金多金属矿普查取得重要进展，均有望达到中型以上矿床。

综合资料显示，相比较查明资源量，金、铜、铅、锌、钨、锡、钼、铁预测资源量明显增加，铜、铅、锌显示出明显优势性，锡、钼也显示出一定的优势，且均以A类资源量为主，铅、锌的B类资源量占据一定的比例。

11. 抱板-尖峰岭金铜铁铅锌找矿远景区(YJ18)

该区是海南最主要的金及多金属地球化学异常分布区。近年来，在金昌矿区外围新发现40余条金矿(化)脉；王下矿区金矿普查取得初步突破，通过进一步工作，可望再找到类似于二甲、抱伦式大型金矿床。

综合资料显示，相比较查明资源量，金、铜、铅、锌、钼、铁预测资源量明显增加，金、铜、铅、锌显示出明显优势性，其中金和铜以A类资源量为主，铅和锌以B类资源量为主。

12. 五指山金铅锌钼找矿远景区(YJ19)

区内东北部烟塘一带为金地球化学异常区，中部阜堡笔岩体一带为铅地球化学异常分布区之一，南部南好地区有Au、Sn、Mo 3个地球化学异常，保城岩体东端有一金异常区域，千家岩体是铅地球化学分布区，均有较好找矿潜力。

综合资料显示，相比较查明资源量，金、铅、锌、钨、钼预测资源量明显增加，金、铅、锌、钼显示出明显优势性，钨显示出较明显的重要性，其中金、钨、钼以A类资源量为主，铅、锌以B类和C类资源量为主。

参考文献

柏道远，贾宝华，刘伟，等，2010.湖南城步火成岩锆石 SHRIMP U-Pb 年龄及其对江南造山带新元古代构造演化的约束.地质学报，84(12)：1715-1726.

蔡宏渊，张国林，1985.试论广西大厂锡多金属矿床海底火山热泉（喷气）成矿作用.矿产与地质(4)：13-21.

蔡明海，孟祥金，刘国庆，2002a.大瑶山金成矿带成矿时代研究.矿床地质，21(S1)：945-948.

蔡明海，战明国，彭松柏，等，2002b.云开地区中生代成矿地质背景及成矿动力学机制研究.矿床地质，21(3)：264-269.

蔡明海，陈开旭，屈文俊，等，2006.湘南荷花坪锡多金属矿床地质特征及辉钼矿 Re-Os 测年.矿床地质，25(3)：263-268.

蔡明海，韩凤彬，何龙清，等，2008.湘南新田岭白钨矿床 He，Ar 同位素特征及 Rb-Sr 测年.地球学报，29(02)：167-173.

蔡杨，马东升，陆建军，等，2012.湖南邓阜仙钨矿辉钼矿铼-锇同位素定年及硫同位素地球化学研究.岩石学报，28(12)：3798-3808.

车勤建，彭和求，李金冬，等，2005.湘北益阳古火山岩的成因及其地质意义.地质通报，26(6)：513-619.

陈柏林，丁时江，李中坚，等，2001.海南抱伦金矿床成矿时代研究.地球化学，30(6)：525-532.

陈必河，1994.宁远保安地区基性-超基性火山岩基本特征.湖南地质，13(4)：193-198.

陈大经，谢世业，2004.广西热水沉积成矿作用的基本特征.矿产与地质，18(5)：415-421.

陈富文，李华芹，梅玉萍，2008.广西龙头山斑岩型金矿成岩成矿锆石 SHRIMP U-Pb 年代学研究.地质学报，82(7)：921-926.

陈富文，李华芹，王登红，等，2012.粤西园珠顶斑岩型铜钼矿床成矿地质特征及成岩成矿作用年代学研究.地质学报，86(8)：1298-1305.

陈国达，1956.中国地台“活化区”的实例并着重讨论“华夏古陆”问题.地质学报，36(3)：239-271.

陈国达，陈家超，魏柏林，等，1975.中国大地构造简述.地质科学，3：205-221.

陈好寿，1996.海南金矿成矿作用年代学.地质找矿论丛(2)：59-75.

陈好寿，李华芹，1991.云开隆起金矿带流体包裹体 Rb-Sr 等时线年龄.矿床地质，10(4)：333-341.

陈懋弘，莫次生，黄智忠，等，2011.广西苍梧县社洞钨钼矿床花岗岩类锆石 LA-ICP-MS 和辉钼矿 Re-Os 年龄及其地质意义.矿床地质，30(6)：963-1078.

陈懋弘，郭云起，梁宾，等，2012.广西苍梧县武界钨钼矿点成岩成矿年龄及岩体地球化学特征.桂林理工大学学报，32(1)：1-13.

陈培荣，华仁民，章邦桐，等，2002.南岭燕山早期后造山花岗岩类：岩石学制约和地球动力学背景.中国科学：D辑，32(4)：279-289.

陈希清，付建明，程顺波，等，2015.湖南宝峰仙花岗岩地球化学特征与锆石 SHRIMP U-Pb 定年.矿床地质.34(3)：602-616

陈新跃，王岳军，范蔚茗，等，2011.海南五指山地区花岗片麻岩锆石 LA-ICP-MS U-Pb 年代学特征及其地质意义.地球化学，40(5)：454-463.

陈衍景,1995.陆内碰撞造山体制的流体演化模式:理论推导和东秦岭金矿氧同位素证据.地学前缘,3(4):282-289.

陈衍景,王海华,陈华勇,等,1999.碰撞造山体制的流体作用与矿床、花岗岩的空间分带//陈毓川.当代矿产资源勘查评价的理论与方法.北京:地震出版社.

陈毓川,毛景文,等,1995.桂北地区矿床成矿系列和成矿历史演化轨迹.南宁:广西科学技术出版社.

陈毓川,裴荣富,王登红,2006.三论矿床的成矿系列问题.地质学报,80(10):1501-1508.

陈毓川,王登红,朱裕生,等,2007.中国成矿体系与区域成矿评价.北京:地质出版社.

谌后成,孙宝德,陈光辉,2008.广东省清远市铜锣塘铁矿床地质特征分析.中国科技信息(13):27-29.

程海,胡世玲,唐朝辉,1991.赣东北铁砂街变质混杂岩块的同位素年代.中国区域地质(2):151-154.

程顺波,付建明,徐德明,等,2009.桂东北大宁岩体锆石 SHRIMP 年代学和地球化学研究.中国地质,36(6):1278-1288.

程顺波,付建明,马丽艳,等,2012.广西佛子冲矿田大冲花岗闪长岩锆石 SHRIMP U-Pb 定年及其地质意义.华南地质与矿产,28(4):315-320.

程裕淇,陈毓川,赵一鸣,1979.初论矿床成矿系列问题。中国地质科学院院报,1:32-58.

程裕淇,陈毓川,赵一鸣,等,1983.再论矿床的成矿系列问题.中国地质科学院院报,6:1-64.

程裕淇,沈永和,张良臣,等,1994.中国区域地质概论.北京:地质出版社.

池际尚,1988.中国东部新生代玄武岩及上地幔研究(附金伯利岩).武汉:中国地质大学出版社.

崔晓庄,江新胜,邓奇,等,2016.桂北地区丹洲群锆石 U-Pb 年代学及对华南新元古代裂谷作用期次的启示.大地构造与成矿学,40(5):1049-1063.

邓希光,陈志刚,李献华,等,2004.桂东南地区大容山-十万大山花岗岩带 SHRIMP 锆石 U-Pb 定年.地质论评,50(4):426-432.

丁式江,1995.琼西戈枕侵入体的地质特征及其发现意义.大地构造与成矿学,19(4):336-343.

丁兴,陈培荣,陈卫锋,等,2005.湖南沩山花岗岩中锆石 LA-ICPMSU-Pb 定年:成岩启示和意义.中国科学:D辑 地球科学,35(7):606-616.

丁振举,刘丛强,2000.海底热液沉积物稀土元素组成及其意义.地质科技情报,19(1):27-30.

丁振举,姚书振,2000.海底热液系统高温流体的稀土元素组成及其控制因素.地球科学进展,15(3):307-312.

董宝林,1990.广西四堡群及其成矿特征.广西地质,3(1):53-68.

董树文,1999.造山带构造岩浆演化与成矿作用//陈毓川.当代矿产资源勘查评价的理论与方法.北京:地震出版社.

董国军,许德如,王力,等,2008.湘东地区金矿床矿化年龄的测定及含矿流体来源的示踪.大地构造与成矿学,32(4):482-491.

杜保峰,魏俊浩,李艳军,等,2012.海南石碌铁钴铜矿床成因及其成矿模式.中国地质,39(1):170-182.

段瑞春,凌文黎,李青,等,2011.华南燕山晚期构造-岩浆事件与成矿作用:来自广西大瑶山龙头山金矿床的地球化学约束.地质学报,85(10):1644-1658.

段瑞春,杨红梅,张利国,等,2013.广东阳春盆地石菉铜矿床 U-Pb 年代学及其地质意义.大地构造与成矿学,37(4):754-764.

范小林,陆国新,蒋洪堪,等,1994.雪峰古陆地区深部地质构造探讨.西安地质学院学报,16(1):40-46.

丰成友,张德全,项新葵,等,2012.赣西北大湖塘钨矿床辉钼矿 Re-Os 同位素定年及其意义.岩石学报,28(12):3858-3868.

付建明,马昌前,谢才富,等,2004.湖南九嶷山复式花岗岩体 SHRIMP 锆石定年及其地质意义.大地构造与成矿学,28(4):370-378.

付建明，李华芹，屈文俊，等，2007.湘南九嶷山大坳钨锡矿的 Re-Os 同位素定年研究.中国地质，34(4)：651-656.

付建明，徐德明，杨晓君，等，2011.南岭锡矿.武汉：中国地质大学出版社.

傅昭仁，李先福，李德威，等，1991.不同样式的剥离断层控矿研究.地球科学，16(6)：627-634.

甘晓春，李惠民，孙大中，等，1993.闽北前寒武纪基底的地质年代学研究.福建地质(1)：17-32.

高林志，杨明桂，丁孝忠，等，2008.华南双桥山群及河上镇群凝灰岩中的锆石 SHRIMP U-Pb 年龄-对江南新元古代造山带地质演化的制约.地质通报，27(10)：1744-1758.

高林志，戴传固，刘燕学，等，2010.黔东南—桂北地区四堡群凝灰岩锆石 SHRIMP U-Pb 年龄及其地层学意义.地质通报，29(9)：1259-1267.

高林志，陈峻，丁孝忠，等，2011.湘东北岳阳地区冷家溪群和板溪群凝灰岩 SHRIMP 锆石 U-Pb 年龄：对武陵运动的制约.地质通报，30(7)：1001-1008.

高林志，陆济璞，丁孝忠，等，2013.桂北地区新元古代地层凝灰岩锆石 U-Pb 年龄及地质意义.中国地质，40(5)：1443-1452.

郜兆典，王道利，张妮，1997.广西岩浆与热液矿床成矿系列划分.广西地质，10(1)：11-22.

葛文春，李献华，李正祥，等，2001.龙胜地区镁铁质侵入体：年龄及其地质意义.地质科学，36(1)：112-118.

葛小月，李献华，周汉文，2003.琼南晚白垩世基性岩墙群的年代学、元素地球化学和 Sm-Nd 同位素研究.地球化学，32(1)：11-20.

耿红燕，徐夕生，O'REILLY S Y，等，2006.粤西白垩纪火山-侵入岩浆活动及其地质意义.中国科学：D辑 地球科学，36(7)：601-617.

顾江年，宁钧陶，吴俊，2012.湘东北九岭—清水地区韧性剪切带型金矿控矿特征及找矿方向.华南地质与矿产，(2)：27-34.

顾晟彦，华仁民，戚华文，2007.广西新路-水岩坝钨锡矿田的成因探讨.矿床地质，26(3)：265-276.

广东省地质调查院，2007.广东省云安县高枨矿区铅锌银矿详查报告.广州：广东省地质调查院.

广东省地质调查院，广东省佛山地质局，2013.1∶25 万梧州市幅(F49C001003)区域地质调查报告.广州：广东省地质调查院.

广东省有色金属地质局 933 地质队，1988.广东省阳春县石菉铜钼矿区勘探报告.肇庆：广东省有色金属地质局 933 地质队.

广西壮族自治区地质矿产局，1992.广西贵港市龙头山金矿床地质特征及找矿方向.南宁：广西壮族自治区地质矿产局.

广西壮族自治区地质矿产局 204 队，1987.佛子冲矿区成矿规律与成矿预测.南宁：广西壮族自治区地质矿产勘查开发局.

广西壮族自治区第六地质队，1994.广西贵港市龙头山金矿 III 矿体，IX 矿体南段勘探地质报告.贵港：广西壮族自治区第六地质队.

桂林冶金地质学院，1986.古袍金矿成矿规律及找矿方向研究报告.桂林：桂林冶金地质学院：52-57.

郭春丽，许以明，楼法生，等，2013.钦杭带侏罗纪与铜和锡矿有关的两类花岗岩对比及动力学背景探讨.岩石矿物学杂志，32(4)：463-584.

郭春丽，李超，伍式崇，等，2014 湘东南锡田辉钼矿 Re-Os 同位素定年及其地质意义.岩矿测试，33(1)：142-152.

郭锋，范蔚茗，林舸，等，1997.湘南道县中生代辉长岩包体的 Sm-Nd 定年和岩石成因.科学通报，42(17)：1661-1663.

郭福祥，1994.华南大地构造演化的几点认识.广西地质，7(1)：1-14.

郭令智,俞剑华,施央申,1965.华南加里东地槽褶皱区大地构造发展的基本特征.中国大地构造问题.北京:科学出版社.

郭令智,施央申,马瑞士,1980.华南大陆构造格架与地壳演化//第26届国际地质大会.国际交流学术论文集(一)构造地质、地质力学,北京:地质出版社.

郭令智,施央申,马瑞士,等,1984.中国南部地体构造的研究.南京大学学报,20(4):732-739.

郭良田,洪裕荣,黄继春,等,2005.粤西信宜地区坑坪细碧-角斑岩系的发现及其地质意义.地质通报,24(7):648-654.

郭敏,2014.广东云浮大金山地区区域成矿规律分析.矿床地质,33(S1):677-678.

郭新生,陈江峰,张巽,等,2001.桂东南富钾岩浆杂岩的Nd同位素组成:华南中生代地幔物质上涌事件.岩石学报,17(1):19-27.

韩发,HARISON R W,1990.大厂锡多金属矿床喷气沉积成因的证据:矿床地质、地球化学特征.矿床地质,9(4):309-324.

韩凤彬,常亮,莱明海,等,2010.湘东北地区金矿成矿时代研究.矿床地质,29(3):563-571.

贺菊瑞,王爱国,芮行健,2008.江西弋阳铁砂街中元古代海底火山喷流成矿作用.资源调查与环境,29(12):261-269.

洪大卫,谢锡林,张季生,2002.试析杭州-诸广山-花山高ε_{Nd}值花岗岩带的地质意义.地质通报,21(6):348-354.

侯宗林,郭光裕,1991.云南腾冲-梁河地热系统与现代热泉型金矿化作用.地质论评,37(3):243-249.

胡明安,李青,凌文黎,等,2009.广西贵港龙头山—龙山地区金铜多金属矿床成矿系列与找矿预测研究.南宁:广西地质矿产勘查开发局.

胡升奇,周国发,彭松柏,等,2012.广西大黎铜钼矿石英二长(斑)岩年代学、地球化学特征及其地质意义.地球学报,33(1):23-37.

胡圣标,汪集旸,汪屹华,1994.黑水—泉州地学断面东段深部温度与岩石层厚度.地球物理学报,37(3):330-337.

胡受奚,叶瑛,2006.对"华夏古陆"、"华夏地块"及"扬子-华夏古陆统一体"等观点的质疑.高校地质学报,12(4):432-439.

胡受奚,林潜龙,等,1988.华北与华南古板块拼合带地质和成矿.南京:南京大学出版社:1-558.

胡祥昭,1989.银岩含锡花岗斑岩的岩石学特征及成因探讨.地球化学(3):251-259.

胡祥昭,肖宪国,杨中宝,2002.七宝山花岗斑岩的地质地球化学特征.中南工业大学学报,33(6):551-554.

胡雄健,许金坤,康海男,等,1991.浙西南下元古界八都群的地质特征及意义.地质通报,23(3):234-240.

胡云中,2006.中国地球化学场及其与成矿的关系.北京:地质出版社.

湖南省地质调查院,2000.1∶5万长寿街幅区域地质调查报告.长沙:湖南省地质调查院.

湖南省地质调查院,2003.1∶25万长沙市幅区域地质调查报告.长沙:湖南省地质调查院.

湖南省地质调查院,2017.中国区域地质志:湖南卷.北京:地质出版社.

华仁民,陈培荣,张文兰,等,2003.华南中、新生代与花岗岩类有关的成矿系统.中国科学:D辑,33(4):335-343.

华仁民,陈培荣,张文兰,等,2005.论华南地区中生代3次大规模成矿作用.矿床地质,24(2):99-107.

华仁民,张文兰,陈培荣,等,2013.初论华南加里东花岗岩与大规模成矿作用的关系.高校地质学报,19(1):1-11.

黄安杰,温祖高,刘善宝,等,2013.江西乐平塔前钨钼矿中辉钼矿Re-Os定年及其地质意义.岩石矿物学杂志,32(4):496-504.

黄炳诚,许华,潘艺文,等,2012.钦杭成矿带(西段)罗容杂岩体岩石学、地球化学及年代学.华南地质与矿产,28(4):321-330.

黄诚,樊光明,姜高磊,等,2012.湘东北雁林寺金矿构造控矿特征及金成矿ESR测年.大地构造与成矿学,36(1):76-84.

黄国祥,1989.新田宁远道县一带玄武质火山岩的地球化学研究.湖南地质(3):33-38.

黄汲清,1945.中国主要地质构造单位.北京:地质出版社.

黄汲清,1960.中国地质构造特征的初步总结.地质学报,40(1):1-31.

黄汲清,任纪舜,姜春发,等,1977.中国大地构造基本轮廓.地质学报,51(2):117-135.

黄民智,陈伟十,李蔚铮,等,1999.广西龙头山次火山-隐爆角砾岩型金矿床.地球学报,20(1):39-46.

黄有年,1992.浙江西裘含铜块状硫化物矿床特征及成矿模式.地质找矿论丛,7(3):22-34.

霍敏多夫斯基,1952.中国东部地质构造基本特征.地质学报,32(4):243-297

贾宝华,1991.雪峰山区韧性剪切构造带.湖南地质(3):203-208.

贾宝华,1994.湖南雪峰隆起区构造变形研究.中国区域地质(1):65-71.

贾宝华,彭和求,唐晓珊,等,2004.湘东北文家市蛇绿混杂岩带的发现及意义.现代地质(2):229-236.

贾大成,胡瑞忠,卢焱,2003.湘东南汝城盆地火山岩的元素地球化学及源区性质讨论.现代地质,17(2):131-136.

金宠,李三忠,王岳军,等,2009.雪峰山陆内复合构造系统印支-燕山期构造变形的递变、穿时特征.石油与天然气地质,30(5):598-607.

康先济,付建明,1991.海南岛新生代火山岩//汪啸风,等.海南岛地质(二):岩浆岩.北京:地质出版社:167-267.

康志强,冯佐海,李晓峰,等,2012.桂东北水岩坝钨锡矿田白云母^{40}Ar-^{39}Ar年代学研究及其地质意义.矿物岩石地球化学通报,31(6):606-611.

劳秋元,叶真华,胡世玲,等,1997.云开群硅质岩的$^{40}Ar/^{39}Ar$年龄及其地质意义.地球学报(增刊),18:98-101

雷良奇,1995.广西佛子冲铅锌(银)矿田岩浆岩的时代及地球化学特征.岩石学报,11(1):77-82.

雷泽恒,陈富文,陈郑辉,等,2010.黄沙坪铅锌多金属矿成岩成矿年龄测定及地质意义.地球学报,31(4):532-540.

黎彤,袁怀雨,1998.中国花岗岩类和世界花岗岩类平均化学成分的对比研究.大地构造与成矿学(1):29-34.

李春昱,1980.中国板块构造的轮廓.中国地质科学院院报,2(1):11-20.

李春昱,郭令智,朱夏,等,1986.板块构造基本问题.北京:地震出版社.

李光来,华仁民,黄小娥,等,2011a.赣中下桐岭钨矿辉钼矿Re-Os年龄及其地质意义.矿床地质,30(6):1075-1084.

李光来,华仁民,韦星林,等,2011b.江西中部徐山钨铜矿床单颗粒白云母Rb-Sr等时线定年及其地质意义.地球科学(中国地质大学学报),36(2):282-288.

李红艳,毛景文,孙亚利,等,1996.柿竹园钨多金属矿床的Re-Os同位素等时线年龄研究.地质论评,42(3):261-267.

李华芹,路远发,王登红,等,2006.湖南骑田岭芙蓉矿田成岩成矿时代的厘定及其地质意义.地质论评,52(1):113-121.

李华芹,王登红,陈富文,等,2008.湖南雪峰山地区铲子坪和大坪金矿成矿作用年代学研究.地质学报,82(7):900-905.

李继亮,孙枢,许靖华,等,1989.南华夏造山带构造演化的新证据.地质科学(3):217-225.
李金刚,陈植文,李自卫,2006.云浮高枨银多金属矿特征及成因.西部探矿工程,18(9):124-126.
李军,孙治雷,黄威,2014.现代海底热液过程及成矿.地球科学(中国地质大学学报),39(3):312-324.
李鹏春,许德如,陈广浩,等,2005.湘东北金井地区花岗岩成因及地球动力学暗示:岩石学、地球化学和Sr-Nd同位素制约.岩石学报,21(3):921-934.
李四光,1943.南岭何在.地质论评,7(6):253-266
李四光,1952.受了歪曲的亚洲大陆//湖北省李四光研究会,中国地质学会地质力学专业委员会.李四光学术研究文集.北京:地质出版社:1,298-315.
李四光,1973.地壳构造与地壳运动.中国科学(A辑),16(4):400-429.
李孙雄,陈沐龙,杨东生,等,2014.海南岛钼矿床Re-Os年龄及其成矿地球动力学背景探讨.华南地质与矿产,30(3):272-279.
李先富,余研,1991.湖南桃林幕阜山地洼期变质核杂岩及剥离断层有关的铅锌矿化作用.大地构造与成矿,15(2):90-99.
李献华,1998.华南晋宁期造山运动-地质年代学和地球化学制约.地球物理学报,41:184-194.
李献华,赵振华,桂顺塘,等,1991.华南前寒武纪地壳形成时代的Sm-Nd和锆石U-Pb同位素制约.地球化学(3):255-264.
李献华,周国庆,赵建新,1994.赣东北蛇绿岩的离子探针锆石U-Pb年龄及其构造意义.地球化学,23(2):125-131.
李献华,周汉文,丁式江,等,2000a.海南岛“邦溪-晨星蛇绿岩片”的时代及其构造意义:Sm-Nd同位素制约.岩石学报,16(3):425-432.
李献华,周汉文,刘颖,等,2000b.粤西阳春中生代钾玄质侵入岩及其构造意义:I.岩石学和同位素地质年代学.地球化学,29(6):513-620.
李献华,李正祥,葛文春,等,2001a.华南新元古代花岗岩的锆石U-Pb年龄及其构造意义.矿物岩石地球化学通报,20(4):271-273.
李献华,周汉文,刘颖,等,2001b.粤西阳春中生代钾玄质侵入岩及其构造意义:II.微量元素和Sr-Nd同位素地球化学.地球化学,30(1):57-65.
李献华,王选策,李武显,等,2008.华南新元古代玄武质岩石成因与构造意义:从造山运动到陆内裂谷.地球化学,37(4):382-398.
李晓峰,陈文,毛景文,等,2006.江西银山多金属矿床蚀变绢云母^{40}Ar-^{39}Ar年龄及其地质意义.矿床地质,25(1):17-26.
李晓峰,冯佐海,李容森,等,2009.华南志留纪钼的矿化:白石顶钼矿锆石SHRIMP U-Pb年龄和辉钼矿Re-Os年龄证据.矿床地质,28(4):403-512.
李晓峰,冯佐海,肖荣,等,2012.桂东北钨锡稀有金属矿床的成矿类型、成矿时代及其地质背景.地质学报,44(9):1713-1725.
李毅,苏夏征,陈大经,等,2007.广西热水沉积矿床中硅质岩岩石学及岩石化学特征.矿产与地质,21(4):445-451.
练志强,1992.湘南多金属矿成矿特征、成矿模式和找矿模式的建立及其应用.矿产与地质,6(1):9-18.
梁华英,喻亨祥,曾提,等,2006.富湾超大型银矿床Ar-Ar年龄、铅同位素特征及形成条件分析.吉林大学学报(地球科学版),36(5):767-773.
梁华英,伍静,孙卫东,等,2011.华南印支成矿讨论.矿物学报(增刊):53-64.
梁家山,陈友良,何忠庠,等,2015.广东阳春石菉夕卡岩型铜钼矿床成矿岩体微量元素地球化学特征.矿物学报(增刊):312-313.

梁新权,1995.海南岛前寒武纪花岗岩-绿岩系 Sm-Nd 同位素年龄及其地质意义.岩石学报,11(1):72-76.
林方成,2005.扬子地台西缘大渡河谷超大型层状铅锌矿床地质地球化学特征及成因.地质学报,79(4):540-556.
林秀广,顾锡明,王艳党,2011.广东封开园珠顶铜钼矿地质特征及成因初探.西部探矿工程,9:208-211.
蔺志永,王登红,李水如,2008.广西王社铜钨矿床的 Re-Os 同位素年龄及其地质意义.地质学报,82(11):1565-1571.
刘宝珺,许效松,潘杏南,等,1993.中国南方古大陆沉积、地壳演化与成矿.北京:科学出版社.
刘垢群 ,张录秀,2001.湘东北斑岩型和热液脉型铜矿成矿物质来源探讨.华南地质与矿产(1):40-47
刘垢群,杨世义,张秀兰,1985.粤北大宝山多金属矿床成因的初步探讨.地质学报,61(1):47-61.
刘国庆,伍式崇,杜安道,等,2008.湘东锡田钨锡矿区成岩成矿时代研究.大地构造与成矿学,32(1):63-71.
刘鸿允,李曰俊,郝杰,1994.论华南的板溪群及其有关的大地构造问题.地球学报(Z2):88-96.
刘家军,曹淑英,1997.浙江建德块状硫化物矿床地球化学特征及其成因意义.地质地球化学(2):31-35.
刘建生,李国华,颜彬,等,1993.中国大陆岩石圈厚度特征研究及其在金刚石原生矿预测中的作用.地质科技情报,12(1):85-94.
刘亮明,彭省临,吴延之,1999.湘东北地区脉型金矿床的活化转移,中南工业大学学报,31(1):4-7.
刘腾飞,1995.桂东金矿床地质特征及成因.黄金地质(3):17-23.
刘晓菲,袁顺达,吴胜华,2012.湖南金船塘锡铋矿床辉钼矿 Re-Os 同位素测年及其地质意义.岩石学报,28(1):39-51.
刘亚新,李时谦,徐惠长,等,2004.湖南省热(卤)水矿床成矿控制及成矿规律.华南地质与矿产(3):31-37.
刘英俊,孙承辕,崔卫东,等,1989.湖南黄金洞金矿床毒砂中金的赋存状态的研究.地质找矿论丛(3):42-48.
刘勇,李廷栋,肖庆辉,等,2010.湘南宁远地区碱性玄武岩形成时代的新证据:锆石 LA-ICP-MS U-Pb 定年.地质通报,29(6):833-841.
刘勇,李廷栋,肖庆辉,等,2012.湘南宜章地区辉绿岩、花岗斑岩、安山岩的形成时代和成因:锆石 U-Pb 年龄和 Hf 同位素组成.地质通报,31(9):1363-1378.
刘玉琳,丁式江,张小文,等,2002.海南乐东抱伦金矿床成矿时代研究.地质论评,48(增刊):84-87.
柳德荣,吴延之,刘石年,1994.平江万古金矿床地球化学研究.湖南地质,13(2):83-100.
龙文国,王磊,周岱,等,2013.钦杭成矿带(西段)基础地质调查综合研究成果报告.武汉:中国地质调查局武汉地质调查中心.
卢友月,付建明,程顺波,等,2015.湘南铜山岭铜多金属矿田成岩成矿作用年代学研究.大地构造与成矿学,39(6):1061-1071.
陆玉梅,殷浩然,沈瑞锦,1984.七宝山多金属矿床成因模式.矿床地质(4):53-60.
路远发,2004.Geokit:一个用 VBA 构建的地球化学工具软件包.地球化学,33(5):459-464.
路远发,马丽艳,屈文俊,等,2006.湖南宝山铜-钼多金属矿床成岩成矿的 U-Pb 和 Re-Os 同位素定年研究.岩石学报,22(10):2483-2492.
罗大略,2004.广东大绀山地区铅锌银矿地质特征及成因探讨.华南地质与矿产(2):9-14.
罗年华,1988.广东石篆铜相矿床的地球化学特征及成因.桂林冶金地质学院学报,8(1):77-87.
罗献林,1988.论湖南黄金洞金矿床的成因及成矿模式.桂林冶金地质学院学报,8(3):225-239.
罗献林,1990.论湖南前寒武系金矿床的成矿物质来源.桂林冶金地质学院学报,10(1):13-25.

罗小洪,余忠珍,丁少辉,等,2006.江西万载县罗城铜矿地质特征及找矿前景.华南地质与矿产(1):28-33.

马大铨,黄香定,陈哲培,等,1998.海南岛结晶基底:抱板群层序与时代.武汉:中国地质大学出版社.

马丽艳,路远发,梅玉萍,等,2006.湖南水口山矿区花岗闪长岩中的锆石 SHRIMP U-Pb 定年及其地质意义.岩石学报,22(10):2475-2482.

马丽艳,路远发,屈文俊,等,2007.湖南黄沙坪铅锌多金属矿床的 Re-Os 同位素等时线年龄及其地质意义.矿床地质(4):425-431.

马丽艳,付建明,伍式崇,等,2008.湘东锡田垄上锡多金属矿床$^{40}Ar/^{39}Ar$同位素定年研究.中国地质,35(4):706-713.

马丽艳,路远发,付建明,等,2010.湖南东坡矿田金船塘、红旗岭锡多金属矿床 Rb-Sr、Sm-Nd 同位素年代学研究.华南地质与矿产(4):23-29.

马瑞士,2006.华南构造演化新思考兼论“华夏古陆”说中的几个问题.高校地质学报,12(4):448-456.

马铁球,王先辉,柏道远,2004.锡田含 W、Sn 花岗岩体的地球化学特征及其形成构造背景.华南地质与矿产(1):11-16.

马铁球,陈俊,郭乐群,等,2010.湘东北临湘地区钾质煌斑岩^{40}Ar-^{39}Ar定年及其地球化学特征.中国地质,37(1): 56-63.

马杏垣,游振东,谭应佳,等,1961.中国大地构造的几个基本问题.地质学报,41(1):30-44.

毛景文,杜安道,2001.广西宝坛地区铜镍硫化物矿石 982 Ma Re-Os 同位素年龄及其地质意义.中国科学:D 辑,31(12) : 992-998.

毛景文,李红艳,1997.江南古陆某些金矿床成因讨论.地球化学,26(5):71-81.

毛景文,陈晴勋,杨开泰,等,1988.桂北地区中元古代层纹状锡矿化的发现及其意义.矿床地质,7(1):63.

毛景文,谢桂青,李晓峰,等,2004.华南地区中生代大规模成矿作用与岩石圈多阶段伸展.地学前缘,11(1): 45-55.

毛景文,谢桂青,郭春丽,等,2007.南岭地区大规模钨锡多金属成矿作用:成矿时限及地球动力学背景.岩石学报,23(10):2329-2338.

毛光周,华仁民,龙光明,等,2008.江西金山金矿成矿时代探讨:来自石英流体包裹体 Rb-Sr 年龄的证据.地质学报,82(4):532-539.

毛景文,陈懋弘,袁顺达,2011.华南地区钦杭成矿带地质特征和矿床时空分布规律.地质学报,85(5):636-658.

毛建仁,厉子龙,叶海敏,2014.华南中生代构造-岩浆活动研究:现状与前景.中国科学:地球科学,44(12):2593-2617.

彭大良,冼柏琪,1985.广西罗定宝坛地区花岗岩与锡矿成矿作用的关系.南宁:广西壮族自治区地质矿产局.

彭建堂,胡瑞忠,赵军红,等,2002.锡矿山锑矿床热液方解石的 Sm-Nd 同位素定年.科学通报,47(10):789-792.

彭建堂,胡瑞忠,漆亮,等,2004.锡矿山热液方解石的 REE 分配模式及其制约因素.地质论评,50(1):25-32.

彭建堂,胡瑞忠,毕献武,等,2007.湖南芙蓉锡矿床$^{40}Ar/^{39}Ar$同位素年龄及地质意义.矿床地质,26(3):237-248.

彭少梅,符力奋,周国强,等,1995.云开地块构造演化及片麻状花岗质岩石的剪切深熔作用.武汉:中国地质大学出版社.

彭松柏,占明国,彭少梅,等,1999.云开地区蛇绿混杂岩的发现及意义.华南地质与矿产(1):24-25.

彭松柏,金振民,付建明,等,2006a.云开造山带强过铝深熔花岗岩地球化学、年代学及构造背景.地球科学,31(1):110-119.

彭松柏,金振民,付建明,等,2006b.云开地区新元古代蛇绿岩的地球化学证据及其构造意义.地质学报,80(6):814-825.

彭头平,王岳军,范蔚茗,等,2006.澜沧江南段早中生代酸性火成岩SHRIMP锆石U-Pb定年及构造意义.中国科学:D辑,36(2):123-132.

秦德先,黎应书,谈树成,2006.云南个旧锡矿的成矿时代.地质科学,41(1):122-132.

丘元禧,马文璞,范小林,等,1996."雪峰古陆"加里东期的构造性质和构造演化.中国区域地质(2):150-160.

丘元禧,张渝昌,马文璞,等,1998.雪峰山陆内造山带的构造特征与演化.高校地质学报,4(4):432-443.

全铁军,王高,钟江临,等,2013.湖南铜山岭矿区花岗闪长岩岩石成因:岩石地球化学、U-Pb年代学及Hf同位素制约.矿物岩石,33(1):43-62.

饶家荣,肖海云,刘耀荣,等,2012.扬子、华夏古板块会聚带在湖南的位置.地球物理学报,55(2):484-502.

任天祥,伍宗华,羌荣生,1998.区域化探异常筛选与查证的方法技术.北京:地质出版社.

沈渭洲,2006.华夏地块基底变质岩同位素年龄数据评述.高校地质学报,12(4):475-482.

沈瑞锦,陆玉梅,1996.湖南七宝山多金属矿床成因模式//钨家达.湖南地学新进展.长沙:湖南科学技术出版社.

史长义,鄢明才,刘崇民,等,2005.中国花岗岩类化学元素丰度及特征.地球化学,34(5):470-482.

史明魁,熊成云,贾德裕,等,1993.湘桂粤赣地区有色金属隐伏矿床综合预测.北京:地质出版社.

舒斌,王平安,李中坚,等,2004.海南抱伦金矿的成矿时代研究及其意义.现代地质(3):316-320.

舒良树,2012.华南构造演化的基本特征.地质通报,31(7):1035-1053.

舒良树,施央申,郭令智,等,1995.江南中段板块-地体构造与碰撞造山运动学.南京:南京大学出版社.

舒良树,周新民,邓平,等,2006.南岭构造带的基本地质特征.地质论评,52(2):251-265.

水涛,1987.中国东南大陆基底构造格局.中国科学:B辑(4):414-422.

水涛,1995.华夏造山带基底年代学研究的评析.浙江地质,11(2):14-19.

水涛,徐步台,梁如华,等,1986.绍兴-江山古陆对接带.科学通报,31(6):444-448.

宋学旺,王汝兴,2012.广东新兴县天堂多金属矿地质特征及钼矿床找矿方向.矿产与地质,26(5):395-400.

孙宝德,谌后成,成功,2008.广东阳春石菉铜矿地质特征与成矿规律.西部探矿工程,5:106-109.

孙殿卿,高庆华,邓乃恭,1982.中生代以来中国大地构造体系与构造运动程式.地质学报(3):200-211.

孙海清,黄建中,郭乐群,等,2012.湖南冷家溪群划分及同位素年龄约束.华南地质与矿产,28(1):20-26.

覃小锋,周府生,胡贵昂,等,2005.云开地块北缘MORB型火山岩的首次发现及其大地构造意义.地质科技情报,24(3):20-24.

覃小锋,潘元明,李江,等,2006.桂东南云开地区变质核杂岩锆石SHRIMP U-Pb年代学.地质通报,25(5):553-659.

覃小锋,潘元明,夏斌,等,2007.云开地块北缘构造带中变质基性火山岩的地球化学特征及其大地构造意义.地球化学,36(3):311-322.

汤家富,1994.华南变质基底的组成、边界与构造演化.安徽地质,4(1/2):104-111.

唐晓珊,黄建中,郭乐群,1997.再论湖南板溪群及其大地构造环境.湖南地质,16(4):219-226.

陶平,肖旭东,张慧,2009.湘黔桂浅变质岩区含金建造及其与金矿的关系.地质科技情报,28(2):110-114.

田洋,谢国刚,王令占,等,2015.鄂西南齐岳山须家河组物源及构造背景:来自岩石学、地球化学和锆石年代学的制约.地球科学(中国地质大学学报),40(12):2021-2036.

涂光炽,1987.中国层控矿床地球化学.北京:科学出版社.

涂光炽,2000.初议铂族元素成矿及找矿问题.有色金属矿产与勘查,9(S1):2.

汪金榜,唐怀禹,1988.广西牛塘界白钨矿床地质特征及其成因的探讨.广西地质,1(1):11-18.

汪劲草,胡云炉,叶琳,2010.桂东大瑶山地区金矿床的成矿构造类型及成矿指示.桂林理工大学学报(4):467-473.

汪洋,邓晋福,2003.广西南部三叠纪强过铝质火成岩岩石化学特征的动力学意义.地质地球化学,31(4):35-41.

王朝文,洪汉烈,钟增球,等,2011.海南抱伦金矿含金石英脉流体包裹体特征及其意义.地球科学(中国地质大学学报),36(6):1009-1020.

王国芝,胡瑞忠,刘颖,等,2003.黔西南晴隆锑矿区萤石的稀土元素地球化学特征.矿物岩石,23(2):62-65.

王鸿祯,1986.中国华南地区地壳构造发展的轮廓//王鸿祯,等.华南地区古大陆边缘构造史.武汉:武汉地质学院出版社.

王剑,2000.华南新元古代裂谷盆地沉积演化-兼论与Rodinia解体的关系.北京:地质出版社.

王磊,龙文国,周岱,2013.云开地区加里东期花岗岩锆石U-Pb年龄及其地质意义.中国地质,40(4):1016-1029.

王磊,龙文国,徐德明,等,2015.云开地区变质基底锆石U-Pb年代学及对华夏地块Grenvillian事件的指示.地学前缘,22(2):25-40.

王磊,龙文国,周岱,等,2016.桂东南大容山晚二叠世花岗岩锆石U-Pb年龄和Sr-Nd-Hf同位素特征及其地质意义.地质通报,35(8):1291-1303.

王懋基,1994.黑水—泉州地学断面的重磁解释.地球物理学报(3):321-329.

王希斌,鲍佩声,戎合,1996.中国蛇绿岩中变质橄榄岩的稀土元素地球化学.岩石学报,11(增刊):24-41.

王孝磊,周金城,邱检生,等,2006.桂北新元古代强过铝花岗岩的成因:锆石年代学和Hf同位素制约.岩石学报, 22(2):326-342.

王秀璋,梁华英,单强,等,1999.金山金矿成矿年龄测定及华南加里东成金期的讨论.地质论评(1):19-25.

王岳军,范蔚茗,郭锋,等,2001.湘东南中生代花岗闪长质小岩体的岩石地球化学特征.岩石学报,17(1):169-175.

王执均,赵筱福,1980.西裘铜矿矿床特征及其成因探讨.地质与勘探(2):19-25.

王志洪,卢华复,1997.中国东南大陆岩石圈演化研究中的有关问题刍议.高校地质学报,3(1):118-126.

王志强,陈斌,马星华,2014.南岭芙蓉锡矿田锡石原位LA-ICP-MS U-Pb年代学及地球化学研究:对成矿流体来源和演化的意义.科学通报,59(25):2505-2519.

王中刚,于学元,赵振华,等,1989.稀土元素地球化学.北京:科学出版社.

魏道芳,鲍征宇,付建明,2007.湖南铜山岭花岗岩体的地球化学特征及锆石SHRIMP定年.大地构造与成矿学,31(4):482-489.

吴烈善,彭省临,覃宗光,等,2004.广西佛子冲铅锌矿田喷流沉积岩地球化学特征.矿物岩石地球化学通报,23(4):326-331.

吴寿宁,2006.湖南郴州荷花坪锡多金属矿床地质特征.矿产与地质,20(1):43-56.

吴元保,郑永飞,2004.锆石成因矿物学研究及其对U-Pb年龄解释的制约.科学通报,49(16):1589-1604.

伍光英,马铁球,柏道远,等,2005.湖南宝山花岗闪长质隐爆角砾岩的岩石学、地球化学特征及锆石SHRIMP定年.现代地质,19(2):198-204.

伍光英,马铁球,冯艳芳,等,2008.南岭万洋山加里东期花岗岩地质地球化学特征及其成因.中国地质(4):608-617.

伍静,梁华英,黄文婷,等,2012.桂东北苗儿山-越城岭南西部岩体和矿床同位素年龄及华南印支期成矿分析.科学通报,57(13):1126-1136.

武国忠,陈郑辉,肖光铭,2012.广东云浮高枨银铅锌多金属矿区成矿地质特征及成岩时代研究.大地构造与成矿学,36(3):434-439.

夏斌,1984.广西龙胜元古代二种不同成因蛇绿岩岩石地球化学及侵位方式研究.南京大学学报(自然科学版)3):554-566.

肖柳阳,陈懋弘,张志强,等,2015.广西昭平湾岛金矿矿床类型、成矿时代及其地质意义.地学前缘,22(2):118-130.

肖荣,李晓峰,冯佐海,等,2011.广西珊瑚钨锡矿床含钨石英脉中白云母^{40}Ar-^{39}Ar年龄及其地质意义.矿床地质,30(3):488-496.

肖拥军,陈广浩,2004.湘东北大洞—万古地区金矿构造成矿定位机制的初步研究.大地构造与成矿学(2):38-44.

谢才富,熊成云,胡宁,等,2004.南秦岭十里坪锑矿床成矿时代及成因的初步研究.矿床地质,23(4):473-483.

谢才富,朱金初,丁时江,等,2006.海南尖峰岭花岗岩的形成时代、成因及其与抱伦金矿的关系.岩石学报,22(10):2493-2508.

谢抡司,孙邦东,1993.广西贵港市龙头山火山-次火山岩型金矿床地质特征.广西地质,6(4):27-42.

谢清辉,刘细元,李宜春,2001.九岭南缘逆冲推覆构造中段上推覆体构造格局分析.江西地质,15(1):18-21.

邢光福,杨祝良,陈志洪,等,2015.华夏地块龙泉地区发现亚洲最古老的锆石.地球学报.36(4):395-402.

徐备,郭令智,施央申,1992.皖浙赣地区元古代地体和多期碰撞造山带.北京:地质出版社.

徐斌,蒋少涌,罗兰,2015.江西彭山锡多金属矿集区尖峰坡锡矿床LA-MC-ICP-MS锡石U-Pb测年及其地质意义.岩石学报,31(3):701-708.

徐德明,黄圭成,雷义均,2007.西藏西南部休古嘎布蛇绿岩的成因:岩石学和地球化学证据.大地构造与成矿学,31(4):490—501.

徐德明,蔺志永,龙文国,等,2012.钦杭成矿带的研究历史和现状.华南地质与矿产,28(4):277-289.

徐德明,蔺志永,骆学全,等,2015.钦杭成矿带主要金属矿床成矿系列.地学前缘,22(2):7-24.

徐海,1995.广西佛子冲地区成矿模式与找矿模式研究.有色金属矿产与勘查,4(6):341-345.

徐辉煌,熊峥嵘,伍式崇,等,2009.湘东龙王排钼多金属矿地质特征及辉钼矿铼-锇同位素定年.岩矿测试,28(3):244-248.

徐夕生,谢昕,2005.中国东南部晚中生代—新生代玄武岩与壳幔作用.高校地质学报,11(3):318-334.

徐燕君,罗义付,肖光铭,等,2012.粤西黄泥坑金矿床地质特征及成因浅析.华南地质与矿产,28(4):369-375.

徐贻赣,吴淦国,王长明,等,2013.江西冷水坑银铅锌矿田闪锌矿铷-锶测年及地质意义.地质学报,

87(5):621-633.

徐跃通,尚树川,张邦花,2000.浙江西裘铜块状硫化物矿床火山—热泉沉积成矿的地质地球化学证据.地球化学,29(1):14-20.

许德如,夏斌,李鹏春,等,2006.海南岛北西部前寒武纪花岗质岩 SHRIMP 锆石 U-Pb 年龄及地质意义.大地构造与成矿学,30(4):510-518.

许德如,马驰,李鹏春,等,2007.海南岛变碎屑沉积岩锆石 SHRIMP U-Pb 年龄及地质意义.地质学报,81(3):381-393.

许华,黄炳诚,倪战旭,等,2015.桂东南藤县印支期基性侵入岩锆石 U-Pb 年龄、岩石地球化学及其区域构造意义.沉积与特提斯地质,35(2):76-87.

许靖华,孙枢,李继亮,1987.是华南造山带而不是华南地台.中国科学:B辑(10):1107-1115.

薛静,戴塔根,付松武,2012.广西武宣县盘龙铅锌矿矿床成矿地球化学特征.中国有色金属学报,22(2):533-645.

燕长海,徐勇航,彭翼,等,2008.东秦岭二郎坪群中火山成因块状硫化物矿床地质地球化学特征及其成因讨论.矿床地质,27(1):14-27.

杨斌,骆良羽,罗世金,2000.广西佛子冲铅锌矿田成因刍议.广西地质,13(1):21-27.

杨斌,刘兴德,刘建明,2002.广西佛子冲铅锌矿田两种矿石类型及其成因意义.桂林工学院学报,22(2):109-114.

杨斌,彭省临,李水如,等,2007.广西有色金属成矿系列与成矿区带.矿产与地质,21(1):8-11.

杨锋,李晓峰,冯佐海,等,2009.栗木锡矿云英岩化花岗岩白云母 $^{40}Ar/^{39}Ar$ 年龄及其地质意义.桂林工学院学报,29(1):21-24.

杨鸿达,1953.中国地质.南京:南京大学.

杨明桂,梅勇文,1997.钦-杭古板块结合带与成矿带的主要特征.华南地质与矿产(3): 52-59.

杨明桂,梅勇文,周子英,等,1998.罗霄-武夷隆起及郴州-上饶坳陷成矿规律及预测.北京:地质出版社.

杨明桂,黄水保,楼法生,等,2009.中国东南陆区岩石圈结构与大规模成矿作用.中国地质,36(3):528-543.

杨明桂,祝平俊,熊清华,等,2012.新元古代—早古生代华南裂谷系的格局及其演化.地质学报,86(9):1367-1375.

杨瑞东,程玛莉,魏怀瑞,2009.贵州水城二叠系茅口组含锰岩系地质地球化学特征与锰矿成因分析.大地构造与成矿学,33(4):613-619.

杨森楠,1989.华南裂陷系的建造特征和构造演化.地球科学(1):29-36.

杨振,张文兰,王汝成,等,2013.桂北油麻岭钨矿区成矿岩体的年代学、地球化学及其地质意义.高校地质学报,19(1):159-172.

杨振,王汝成,张文兰,等,2014.桂北牛塘界加里东期花岗岩及其矽卡岩型钨矿成矿作用研究.中国科学:地球科学,44(7):1357-1373.

杨中宝,彭省临,胡祥昭,等,2004.浏阳七宝山铜多金属矿床流体包裹体特征及成矿意义.球科学与环境学报,26(2):11-15.

姚军明,华仁民,林锦富,2006.湘南宝山矿床 REE、Pb-S 同位素地球化学及黄铁矿 Rb-Sr 同位素定年.地质学报(7):1045-1054.

姚军明,华仁民,屈文俊,等,2007.湘南黄沙坪铅锌钨钼多金属矿床辉钼矿的 Re-Os 同位素定年及其意义.中国科学:D辑,37(4):471-477.

叶伯丹,朱家平,1990.海南东方二甲抱板群和金矿的时代.地质找矿论丛(1):12-17.

殷鸿福,吴宝顺,杜远生,等,1999.华南是特提斯多岛洋体系的一部分.地球科学,24(1):1-12.

尹福光，万方，陈明，2003. 泛华夏大陆群东南缘多岛弧盆系统. 成都理工大学学报(自然科学版)，30(2)：126-131.

于津海，O'REILLY Y S，王丽绢，等，2007. 华夏地块古老物质的发现和前寒武纪地壳的形成. 科学通报，52(1)：11-18.

于津生，桂训唐，李培忠，1988. 广东阳春盆地花岗岩类同位素、微量元素地球化学研究. 广东地质，13：1-10.

余长发，毛景文，赵海杰，等，2012. 粤西大金山钨锡多金属矿床地质特征及成岩成矿年代学研究. 岩石学报，28(12)：3967-3979.

余达淦，1993. 华南(东)晋宁—加里东海盆地形成、演化及封闭. 华东地质学院学报(4)：301-319.

余勇，李晓峰，肖荣，等，2014. 广西珊瑚钨锡矿田锆石 U-Pb 和绢云母$^{40}Ar/^{39}Ar$年龄及其地质意义. 矿物学报，34(3)：297-304.

喻爱南，叶柏龙，彭恩生，1998. 湖南桃林大云山变质核杂岩构造与成矿的关系. 大地构造与成矿，22(1)：82-88.

袁少平，张振贤，周怀玲，1989. 广西大瑶山西侧层控矿床成因类型及成矿机理. 广西地质(4)：33-41

袁顺达，刘晓菲，王旭东，等，2012a. 湘南红旗岭锡多金属矿床地质特征及 Ar-Ar 同位素年代学研究. 岩石学报，28(12)：3787-3797.

袁顺达，张东亮，双燕，等，2012b. 湘南新田岭大型钨钼矿床辉钼矿 Re-Os 同位素测年及其地质意义. 岩石学报，28(1)：27-38.

袁学诚，华九如，2011. 华南岩石圈三维结构. 中国地质，38(1)：1-19.

袁正新，1995. 粤西及其邻区的区域构造对金(银)成矿作用的控制. 武汉：中国地质大学出版社.

袁正新，黄富强，朱应华，1988. 粤西云浮-罗定推覆构造带的确定及其意义//中国地质科学院宜昌地质矿产研究所文集(13). 北京：地质出版社.

曾南石，张春鹏，徐文炘，等，2011. 广西龙头山斑岩金矿成矿岩体的岩石学、岩石地球化学及热液蚀变作用特征. 桂林理工大学学报，31(1)：1-10.

曾书明，周建廷，王学平，等，2011. 江西新余铁矿田铁矿成矿地质特征与成因分析. 地质与勘探，47(2)：187-196.

曾祥福，1994. 江西有色、贵金属矿床成矿系列及综合找矿模型. 江西地质科技，21(4)：8-13.

曾允孚，杨卫东，1987. 云南昆阳、海口磷矿的富集机理. 沉积学报，5(3)：19-27.

曾允孚，何廷贵，沈丽娟，等，1993. 滇东下寒武统生物磷块岩的形成机制. 矿物岩石，13(2)：49-56.

翟丽娜，王建辉，韦昌山，等，2008. 广西佛子冲铅锌矿田成岩成矿时代研究. 华南地质与矿产，24(3)：46-49.

翟伟，李兆麟，黄栋林，等，2004. 粤西河台金矿床富硫化物石英脉 Rb-Sr 等时线年龄讨论. 地球学报，2(2)：243-247.

翟裕生，1997. 大型构造与超大型矿床. 北京：地质出版社.

张伯友，1994. 两广古特提斯构造带的地质研究. 北京：地质出版社.

张伯友，俞鸿年，1992. 糜棱岩、混合岩、花岗岩三者成因联系：粤西深层次推覆构造研究的特殊意义. 地质论评，38(5)：524-537.

张春红，范蔚茗，王岳军，等，2009. 湘西隘口新元古代基性-超基性岩墙年代学和地球化学特征：岩石成因及其构造意义. 大地构造与成矿学，33(2)：283-293.

张德科，陈毓蔚，1994. 广西贺县龙水金矿床的同位素地球化学研究及其成因探讨. 地球化学，23(S1)：39-47.

张更，孟宪民，1936. 湖南临武香花岭锡矿地质. 地质论评，1(2)：194-196.

张九龄,1990.桃林铅锌矿矿床成矿条件及找矿预测.矿山地质,11(2):7-12.

张九龄,符策美,1987.临湘县桃林铅锌矿矿床成矿条件及成因的重新讨论.湖南地质(3):14-22.

张理刚,1985.莲花山斑岩型钨矿床的氢、氧、硫、碳和铅同位素地球化学.矿床地质,4(1):54-63.

张乾,1993.广西河三铅锌矿田同位素和微量元素特征及矿床成因.有色金属矿产与勘查,2(4):245-263.

张仁杰,马国干,冯少南,等,1992.海南石碌铁矿的Sm-Nd法年龄及其意义.地质科学(1):38-43.

张文兰,王汝成,雷泽恒,等,2011.湘南彭公庙加里东期含白钨矿细晶岩脉的发现.科学通报,56(18):1448-1454.

张文佑,1959.中国大地构造纲要及1:400万中国及邻区大地构造图.北京:科学出版社.

张文佑,1984.断块构造导论.北京:石油工业出版社.

张晓军,罗华,吴志华,等,2014.湖南大义山矿田白沙子岭锡矿床Rb-Sr同位素等时线年龄及其地质意义.地球科学(中国地质大学学报),39(10):1422-1432.

张业明,彭松柏,2000.云开元古宙陆壳基底年代格架及华南前震旦纪构造演化初论.华南地质与矿产(1):1-10.

张岳桥,1999.广西十万大山前陆冲断推覆构造.现代地质,13(2):150-156.

张志兰,袁海华,南颐,1998.用颗粒锆石分层蒸发法确定云开群罗罅组的时代.矿物岩石,18(1):86-91.

章邦桐,凌洪飞,沈渭洲,等,1990.浙江绍兴西裘双溪坞群细碧-角斑岩的Sm-Nd等时线年龄.南京大学学报(地球科学版)(2):9-12.

赵崇贺,何科昭,周正国,等,1996.关于华南大地构造问题的再认识.现代地质,10(4):512-517.

赵国英,覃小锋,王宗起,等,2016.桂东南新地-安平地区辉长岩的年代学、地球化学特征及其地质意义.岩石矿物学杂志,35(5):791-803.

赵海杰,余长发,关炳庭,等,2012a.粤西高枨铅锌银矿区黑云母花岗岩的年代学及岩石成因.岩石学报,28(12):3951-3966.

赵海杰,郑伟,余长发,等,2012b.粤西石菉铜钼矿床Re-Os同位素年龄及其地质意义.中国地质,39(6):1604-1613.

赵明德,张培垚,1983.浙江板块构造初探.地质学报,57(4):369-377.

赵一鸣,吴良士,白鸽,等,2006.中国主要金属矿床成矿规律.北京:地质出版社.

赵振华,包志伟,张伯友,1998.湘南中生代玄武岩类地球化学特征.中国科学:D辑(S2):7-14.

郑荣才,文华国,高红灿,等,2006.酒西盆地青西凹陷下沟组湖相喷流岩稀土元素地球化学特征.矿物岩石,26(4):41-47.

郑伟,陈懋弘,赵海杰,等,2012.广东省天堂铜铅锌多金属矿床矿物学、硫化物S-Pb同位素特征及地质意义.中国地质,39(6):1830-1845.

郑伟,陈懋弘,徐林刚,等,2013a.广东天堂铜铅锌多金属矿床Rb-Sr等时线年龄及其地质意义.矿床地质,32(2):259-272.

郑伟,陈懋弘,赵海杰,等,2013b.广东省天堂铜铅锌多金属矿床夕卡岩矿物学特征及其地质意义.岩石矿物学杂志,32(1):23-50.

郑永飞,陈江峰,2000.稳定同位素地球化学.北京:科学出版社.

郑永飞,张少兵,2007.华南前寒武纪大陆地壳的形成和演化.科学通报,52(1):1-10.

钟九思,周厚祥,蔡新华,等,2009.江口式铁矿地质特征矿床类型及资源远景.国土资源导刊,6(9):68-70.

钟立峰,夏斌,刘立文,等,2010.粤西-桂东成矿带园珠顶铜钼矿床成矿年代学及其地质意义.矿床地质,29(3):395-404.

钟南昌,1985.利用遥感图像探讨华南燕山期的构造特征及其与钨矿的关系.遥感地质,4:110-116.

钟南昌,1992.江西萍乡-乐平地区推覆构造.中国区域地质(1):1-13.

钟玉芳,马昌前,佘振兵,等,2005.江西九岭花岗岩类复式岩基锆石 SHRIMP U-Pb 年代学.地球科学,30(6):685-691.

周岱,龙文国,王磊,等,2007.云开地区早古生代竹雅-石板辉长岩锆石 U-Pb 定年与 Lu-Hf 同位素特征.地质通报,36(5):726-737.

周汉文,李献华,王汉荣,等,2002.广西鹰阳关基性火山岩的锆石 U-Pb 年龄及其地质意义.地质论评,48(增刊):22-25.

周继彬,李献华,葛文春,等,2007.桂北元宝山地区超镁铁岩的年代、源区及其地质意义.地质科技情报(1):11-18.

周金城,王孝磊,邱检生,等,2003.桂北中—新元古代镁铁质-超镁铁质岩的岩石地球化学.岩石学报,19(1):9-18.

周树青,黄海平,史晓颖,等,2008.稳定同位素记录与环境、生命演化中的重大事件.地质论评,54(2):225-231.

周涛发,范裕,袁峰,2008.长江中下游成矿带成岩成矿作用研究进展.岩石学报,24(8):1665-1678.

周新华,程海,陈海泓,1992.湖南黔阳镁铁-超镁铁质岩 Sm-Nd 年龄测定.地质科学(4):391-393.

周新民,2003.对华南花岗岩研究的若干思考.高校地质学报,9(4):556-565.

周新民,李武显,2002.中国东南部晚中生代花岗质火山-侵入杂岩形成的构造岩浆模式//王德滋,周新民.中国东南部晚中生代花岗质火山-侵入杂岩成因与地壳演化,北京:科学出版社.

周新民,朱云鹤,1993.中国东南部晚元古代碰撞造山带与地缝合带的岩石学证据//李继亮.东南大陆岩石圈结构与地质演化.北京:冶金工业出版社.

周新民,邹海波,杨杰东,等,1989.安徽歙县伏川蛇绿岩 Sm-Nd 等时线年龄及其地质意义.科学通报,34(16):1243-1245.

周永章,郑义,曾长育,等,2015.关于钦-杭成矿带的若干认识.地学前缘,22(2):1-6.

朱安庆,张永山,2002.浙江省主要成矿系列和成矿谱系.浙江国土资源(3):28-35.

朱桂田,徐文忻,李蘅,等,2005.广西古袍金矿区花岗斑岩侵入期后多期热液成矿作用的$^{40}Ar/^{38}Ar$年龄证据.地球学报,26(增刊):156-159.

朱桂田,2002.广西龙头山金矿床地质特征及成因研究.矿产与地质,16(5):266-272.

朱夏,陈焕疆,孙肇才,等,1983.中国中、新生代构造与含油气盆地.地质学报(3):235-242.

朱志澄,叶俊林,杨坤光,1987.幕阜山-九岭隆起侧缘逆冲推覆和滑动拆离以及山体的不对称性.地球科学,12(5):503-610.

邹先武,崔森,屈文俊,2009.广西都庞岭李贵福钨锡多金属矿 Re-Os 同位素定年研究.中国地质,36(4):837-844.

ARNDT N T,CZAMANSKE G K,WALKER R J,et al.,2003. Geochemistry and origin of the intrusive hosts of the Noril'sk-Talnakh Cu-Ni-PGE sulfide deposits. Economic geology,98:495-515.

ARRHENIUS G,BONATTI E,1963. Neptunism and vulcanism in the ocean. Progress in oceanography,3:7-22.

BACKER H,LANG J,MARCHIG V,1985. Hydrothermal activity and sulfide formation in axial valleys of the East Pacific Rise crest between 18° S and 22° S. Earth and planet science letters,72(1):9-22

BARTH M G,MCDONOUGH W F,RUDNICK R L,2000. Tracking the budget of Nb and Ta in the continental crust. Chemical geology,165(3/4):197-213.

BELOUSOVA E A, GRIFFIN W L, O'REILLY S Y, et al., 2002. Igneous zircon: trace element composition as an indicator of source rock type. Contributions to mineralogy and petrology,143(5):602-622.

BISCHOFF J L,1969. Red Sea geothermal brine deposits//DEGENS E T,ROSS D A. Hot brines and recent heavy metal deposits of the Red Sea. New York:Springer-Verlag,338-401.

BLEVIN P L,CHAPPELL B W,1995 . Chemistry,origin and evolution of mineralized granites in the Lachlan Fold Belt,Australia;the metallogeny of I-and S-type granites. Economic geology,90(6):1604-1619.

CANFIELD D E,HABICHT K S,THAMDRUP B,2000. The Archean sulfur cycle and the early history of atmosphere oxygen. Science,288(5466):658-661.

CARTER A,ROQUES D,BRISTOW C,et al. ,2001. Understanding Mesozoic accretion in southeast Asia:significance of Triassic thermotectonism(Indosinian orogen) in Vietnam. Geology,29(3):211-214.

CHEN J F,FOLAND K A,XING F,et al. ,1991. Magmatism along the southeast margin of the Yangtze block:Precambrain collsion of the Yangtze and Cathaysia block of China. Geology,19(8):815-818.

CHEN C H,LIU Y H,LEE C Y,et al. ,2012. Geochronology of granulite,charnockite and gneiss in the poly-metamorphosed Gaozhou Complex(Yunkai Massif),South China:emphasis on the *in-situ* EMP monazite dating. Lithos,144-145(7):109-129.

CRANE K,1991. Hydrothermal vents in Lake Baikal. Nature,350:281 .

DAVIDSON G J,1992. Hydrothermal geochemistry and ore genesis of seafloor volcanogenic copper-bearing oxide ores. Economic geology,87(3):889-912.

DOE B R,STACEY J S,1974. The application of lead isotopes to the problems of ore genesis and ore prospect evaluation:a review. Economic geology,69(6):757-776.

FAURE G,1986. Principle of Isotope Geology:2nd Edition . New York:John Wiley & Sons,183-199.

FOUQUET Y,STACKELBERG U,CHARLOU J L,et al. ,1991. Hydrothermal activity in the Lau back-arc basin:Sulfides and water chemistry. Geology,19(4):303-306.

FOUQUET Y,WAFIK A,CAMBON P,et al. ,1993. Tectonic setting and mineralogical and geochemical zonation in the Snake Pit sulfide deposit(Mid-Atlantic ridge at 23°N). Economic geology,88(8):2018-2036.

GILDER S A,GILL J B,COE R S,et al. ,1996. Isotopic and paleomagnetic constraints on the Mesozoic tectonic evolution of South China. Journal of geophysical research,101(B7):16137-16154.

GRABAU A W,1923. Stratigraphy of China,Part I,Paleozoic and Older. The geological survey of agriculture and commerce,528:1-6.

GRABAU A W,1924. Migration of geosycline. Bulletin of the geological society of China,3(3/4):207-349.

GROOTENBOER J,SCHWARCZ H P,1969. Experimentally determined sulfur isotope fractionations between sulfide minerals. Earth and planetary science letters. 162-166.

HALBACH P,PRACEJUS B,1993. Geology and Mineralogy of massive sulfide ores from the central Okinawa trough,Japan. Economic geology,88(8):2210-2225.

HALBACH P,BLUM N,MUNCH U,et al. ,1998. Formation and decay of a modern massive sulfide deposit in the Indian Ocean. Mineralium deposita,33(3):302-309.

HALBACH P,NAKAMURA K,WASHSNER M,et al. ,1989. Probable modern analogue of Kuroko-type massive sulphide deposits in the Okinawa trough back-arc basin. Nature,338(6215):496-499.

HANNINGTON M D, JAMIESON J, MONECKE T, et al., 2011. The Abundance of Seafloor massive sulfide deposits. Geology, 39(12): 1155-1158.

ISHIHARA S, 1981. The granitoid series and mineralization. Economic geology, 75: 458-484.

JIANG Y H, JIANG S Y, DAI B Z, et al., 2008. Middle to late Jurassic felsic and mafic magmatism in southern Hunan province, southeast China: implications for a continental arc to rifting. Lithos, 107(3/4): 185-204.

JOHNSON C A, EMSBO P, POOLE F G, et al., 2009. Sulfur and oxygen isotopes in sediment-hosted stratiform barite deposits. Geochimica et cosmochimica acta, 73(1): 133-147.

JORGENSEN C J, JACOBSEN O S, ELBERLING B, et al., 2009. Microbial oxidation of pyrite coupled to nitrate reduction in anoxic groundwater sediment. Environmental science and technology, 43(13): 4851-4857.

KIMURA M, UYEDA S, KATO M, et al., 1988. Active hydrothermal mounds in the Okinawa trough back-arc basin, Japan. Tectonophysics, 145(3): 319-324.

KLINKHAMMER G P, ELDERFIELD H, EDMOND J M, et al., 1994. Geochemical implications of rare earth element patterns in hydrothermal fluids from mid-ocean ridges. Geochimica et cosmochimica acta, 58(23): 5105-5113.

LEE J S, 1939. The geology of China. London: Thomas Murby and Co.

LEHMANN B, 1990. Metallogeny of Tin. Berlin: Springer-Verlag.

LI Z X, ZHANG L, POWELL C M, 1995. South China in Rodinia: part of the missing link between Australia-East Antarctic and Laurentia? Geology, 23(5): 407-410.

LI Z X, LI X H, KINNY P D, et al., 1999. The break-up of Rodinia: did it start with a mantle plume beneath South China? Earth and planetary science letters, 173(3): 171-181.

LI Z X, LI X H, ZHOU H W, et al., 2002. Grenvillian continental collision in South China: new SHRIMP U-Pb zircon results and implications for the configuration of Rodinia. Geology, 30(2): 163-166.

LI X H, LI Z X, GE W C, et al., 2003a. Neoproterozoic granitods in South China: crustal melting above a mantle plume at ca. 825 Ma? Precambrian research, 122(1/4): 45-83.

LI Z X, LI X H, KINNY P D, et al., 2003b. Geochronology of Neoproterozoic syn-rift magmatism in the Yangtze Craton, south China and correlations with other continents: Evidence for a mantle superplume that broke up Rodinia. Precambrian research, 122(1/4): 85-109.

LI X H, CHUNG S L, ZHOU H W, et al., 2004. Jurassic intraplate magmatism in southern Hunan-eastern Guangxi: $^{40}Ar/^{39}Ar$ dating, geochemistry, Sr-Nd isotopes and implications for the tectonic evolution of SE China. Geological society, London, special publications, 226(1): 193-215.

LI W X, LI X H, LI Z X, 2005. Neoproterozoic bimodal magmatism in the Cathaysia Block of South China and its tectonic significance. Precambrian research, 136(1): 51-66.

LI X H, LI W X, LI Z X, et al., 2009. Amalgamation between the Yangtze and Cathaya blocks in South China: Constrains from SHRIMP U-Pb zircon ages, geochemistry and Nd-Hf isotopes of the Shuangxiwu volcanic rocks. Precambrian research, 174(1): 117-128.

LI Z X, LI X H, WARTHO J A, et al., 2010. Magmatic and metamorphic events during the Early Paleozoic Wuyi-Yunkai, southeastern South China: new age constraints and *P-T* conditions. GSA bulletin, 122(516): 772-793.

LI L M, LIN S F, XIN G F, et al., 2013. Geochemistry and tectonic implications of late Mesoproterozoic alkaline bimodal volcanic rocks from the Tieshajie Group in the southeastern Yangtze Block, South

China. Precambrian research,230(2):179-192.

LU H Z,LIU Y,WANG C,at al. ,2003. Minerdlization and fluid inclusion study of the Shizhuyuan W-Sn-Bi-Mo-F skarn deposit,Hunan Province,China. Economic geology,98(5):955-974.

LUDWIG K R,2003. ISOPLOT 3. 00:a Geochronological Toolkit for Microsoft Excel. Berkeley:Berkeley Geochronology Center,California.

MA X X,SHU L S,JAHN B M,et al. ,2012. Precambrian tectonic evolution of Central Tiansha,NW China:Constraints from U-Pb dating and in situ Hf isotopic analysis of detrital zircons. Precambrian research,222(3):450-473.

MAO J W,ZHANG Z C,ZHANG Z H,et al. ,1999. Re-Os isotopic dating of molybdenites in the Xiaoliugou W(Mo)deposit in the northern Qinlian mountains and its geological significance. Geochimica et cosmochimica acta,63(11/12):1815-1818.

MAO J W,XIE G Q,BIERLEIN F,et al. ,2008a. Tectonic implications from Re-Os dating of Mesozoic molybdenum deposits in the East Qinling-Dabie Orogenic Belt. Geochimica et cosmochimica acta,72(18):4607-4626.

MAO J W,WANG Y T,LI H M,et al. ,2008b. The relationship of mantle-derived fluids to gold metallogenesis in the Jiaodong Peninsula:evidence from D-O-C-S isotope systematic. Ore geology reviews,33(3/4):361-381.

MENG H M,CHANG K,1935. Geology of the Hsianghualing tin deposits Lingwu,Hunan. Mem. National Res,Inst. of Geology,15:15-72.

MILLER A R,DENSMORE C D,DEGENS E T,et al. ,1966. Hot brines and recent iron deposits in deeps of the Red Sea. Geochimica et cosmochimica acta,30(3):341-359.

MURRAY R W,BUCHHOLTZ T B,MARILYN R,et al. ,1991. Rare earth,major,and trace elements in chert from the Franciscan Complex and Monterey Group:assessing REE sources to fine-grained marine sediment. Geochimicaetica et cosmochimica acta,55(7):1875-1895.

NATLAND J H,HEKINIAN R,1982. Hydrothermal alteration of basalts and sediments at Deep Sea Drilling Project Site 456,Mariana trough. Deep sea drilling project initial reports,60:759-768.

OHMOTO H,RYE R O,1979. Isotopes of sulfur and carbon// BARNES H L,Geochemistry of hydrothermal ore deposits. 2nd Edition. New York:Wiley:639-567.

OLIVIER N,MAUD B,2006. Rare earth and trace elements of microbialitea in Upper Jurassic coral-and sponge-microbialitereefs. Chemical geology,230(1):105-123.

RONA P A,1978. Criteria for recognition of hydrothermal mineral deposits in ocean crust. Economic geology,73(2):135-160.

RONA P A,MCGREGOR B A,BETZER P R,et al. ,1975. Anomalous water temperatures over Mid-Atlantic Ridge crest at 26°N latitude. Deep-sea research,22(9):611-618.

RONA P A,KLINKHAMMER G,NELSEN T A,et al. ,1986. Black smokers,massive sulphides and vent biota at the Mid-Atlantic Ridge. Nature,321(6065):33-37.

SHANKS W C,CALLENDER E,1992. Thermal springs in Lake Baikal. Geology,20(6):495-497.

TIERCELIN J,PFLUMIO C,CASTREC M,et al. ,1993. Hydrothermal vents in lake Tanganyika,East African,rift system. Geology,21:499-502.

URABE T,KUSAKABE M,1990. Barite silica chimneys from the Sumisu Rift,Izu-Bonin arc:possible analog to hematitic chert associated with kuroko deposits. Earth and planetary science letters,100(1/3):283-290.

WAN Y S,LIU D Y,XU M H,et al. ,2007. SHRIMP U-Pb zircon geochronology and geochemistry of metavolcanic and metasedimentary rocks in Northwestern Fujian, Cathaysia block, China: tectonic implications and the need to redefinelithostratigraphic units. Gondwana research,12(1/2):166-183.

WAN Y S,LIU D Y,WILDE S A,et al. ,2010. Evolution of the Yunkai Terrane, South China:evidence from SHRIMP zircon U-Pb dating, geochemistry and Nd isotope. Journal of Asian earth sciences, 37(2):140-153.

WANG D Z,SHU L S,2012. Late Mesozoic basin and rage tectonics and related magmatism in Southeast China. Geoscience frontier,3(2):109-124.

WANG Y J,ZHANG Y H,FAN W M,et al. ,2005. Structural signatures and $^{40}Ar/^{39}Ar$ geochronology of the Indosinian Xuefengshan tectonic belt,South China. Journal structure of geology,27(6):985-999.

WANG Y J, FAN W M, CAWOOD P A, et al. , 2007. Indosinian high-strain deformation for the Yunkaidashan tectonic belt, south China: kinematics and $^{40}Ar/^{39}Ar$ geochronological constraints. Tectonics,26(6):229-247.

WANG X L,ZHOU J C,QIU J S,et al. ,2008. Geochronology and geochemistry of Neoproterozoic mafic rocks from western Hunan, South China: implications for petrogenesis and post-orogenic extension. Geological magazine,145(2):215-233.

WANG Y J,ZHANG A M,FAN W M,et al. ,2011. Kwangsian crustal anatexis within the eastern South China Block:Geochemical,zircon U-Pb geochronological and Hf isotopic fingerprints from the gneissoid granites of Wugong and Wuyi-Yunkai Domains. Lithos,127(1/2):239-260.

WANG Y J, ZHANG A M, FAN W M, et al. , 2013. Origin of paleosubduction-modified mantle for Silurian gabbro in the Cathaysia Block:geochronological and geochemical evidence. Lithos,160-161(1): 37-54.

WANG Y B, ZENG Q D, LIU J M, et al. , 2017. Cretaceous magmatism and Mo mineralization in the South China Mo Province:U-Pb and Re-Os geochronology constraints from the Sanzhishu porphyry Mo deposit. Ore geology reviews,81(2),912-924.

WEDEPOHL K H,1995. The composition of the continental crust. Geochimica et Cosmochimica Acta,59 (7):1217-1232.

XIE G Q,MAO J W,HU R Z,et al. ,2006. K-Ar dating,geochemical and Sr-Nd-Pb isotopic systematics of Paleocene mafic rocks in Central Jiangxi, SE China: evidence for lithosphere replacement. Geochemical journal,40(5):485-500.

XING G F,WANG X L,WAN Y S,et al. ,2014. Diversity in early crustal evolution:4100 Ma zircons in the Cathaysia Block of southern China. Scientific reports,4(22):5143.

XU D R,WANG Z L,CAI J X,et al. ,2013. Geological characteristics and metallogenesis of the Shilu Fe-ore deposit in Hainan Province,South China. Ore geology reviews,53(3):318-342.

YAO J L, SHU L S, SANTOSH M, 2011. Detrital zircon U-Pb geochronology, Hf-isotopes and geochemistry: New clues for the Precambrian crustal evolution of Cathaysia Block, South China. Gondwana research,20(2):553-567.

YUAN S D, PENG J T, SHEN N P, et al. , 2007. ^{40}Ar-^{39}Ar isotopic dating of the Xianghualing Sn-polymetallic orefield in Southern Hunan,China and its geological implications. Acta geologica sinica (English Edition),81(2):278-286.

YUAN S D,PENG J T,HU R Z,et al. ,2008. A precise on U-Pb age on cassiterite from the Xianghualing tin-polymetallic deposit(Hunan,South China). Mineralium deposita,43(4):375-382.

ZARTMAN R E,DOE B R,1981. Plumbotectonics-the model. Tectonophysics,75:135-162.

ZHANG S B,ZHENG Y F,WU Y B,et al. ,2006. Zircon U-Pb age and Hf isotope evidence for 3. 8 Ga crustal remnant and episodic reworking of Archean crust in South China. Earth and planetary science letters,252:56-71.

ZHANG A M,WANG Y J,FAN W M,et al. ,2012a. Earliest Neoproterozoic(ca. 1. 0Ga) arc-back-arc basin nature along the northern Yunkai Domain of the Cathaysia Block: Geochronological and geochemical evidence from the metabasite. Precambrian research,220-221(8):217-233.

ZHANG Y Z,WANG Y J,FAN W M,et al. ,2012b. Geochronological and geochemical constraints on the metasomatised source for the Neoproterozoic(~825 Ma) high-Mg volcanic rocks from the Cangshuipu area (Hunan Province) along the Jiangnan domain and their tectonic implications. Precambrian research,220-221(154):139-157.

ZHANG R Q,LU J J,WANG R C,et al. ,2015. Constraints of in situ zircon and cassiterite U-Pb, molybdenite Re-Os and muscovite ^{40}Ar-^{39}Ar ages on multiple generations of granitic magmatism and related W-Sn mineralization in the Wangxianling area, Nanling Range, South China. Ore geology reviews,65(4),1021-1042.

ZHOU X M,SUN T,SHEN W Z,2006. Petrogenesis of Mesozoic granitoids and volcanic rocks in South China:a response to tectonic evolution. Episodes,29:26-33.